Spark
机器学习实战

Apache Spark 2.x
Machine Learning Cookbook

[美] 西亚玛克·阿米尔霍吉（Siamak Amirghodsi） [印] 明那什·拉杰德兰（Meenakshi Rajendran） 著
[美] 布罗德里克·霍尔（Broderick Hall） [美] 肖恩·梅（Shuen Mei）

陆靖桥 译

人民邮电出版社
北京

图书在版编目（CIP）数据

Spark机器学习实战 /（美）西亚玛克·阿米尔霍吉
等著；陆靖桥译. -- 北京：人民邮电出版社，2020.9（2022.8重印）
ISBN 978-7-115-54142-0

Ⅰ．①S… Ⅱ．①西… ②陆… Ⅲ．①数据处理软件—
机器学习 Ⅳ．①TP274

中国版本图书馆CIP数据核字(2020)第093589号

版权声明

Copyright ©2017 Packt Publishing. First published in the English language under the title
Apache Spark 2.x Machine Learning Cookbook.
All rights reserved.

本书由英国 Packt Publishing 公司授权人民邮电出版社出版。未经出版者书面许可，对本书的任何部分不得以任何方式或任何手段复制和传播。

版权所有，侵权必究。

◆ 著　　［美］西亚玛克·阿米尔霍吉（Siamak Amirghodsi）
　　　　［印］明那什·拉杰德兰（Meenakshi Rajendran）
　　　　［美］布罗德里克·霍尔（Broderick Hall）
　　　　［美］肖恩·梅（Shuen Mei）

译　　陆靖桥
责任编辑　胡俊英
责任印制　王　郁　焦志炜

◆ 人民邮电出版社出版发行　北京市丰台区成寿寺路11号
邮编 100164　电子邮件 315@ptpress.com.cn
网址 https://www.ptpress.com.cn
北京七彩京通数码快印有限公司印刷

◆ 开本：800×1000　1/16
印张：34.25　　　　　　2020年9月第1版
字数：677千字　　　　　2022年8月北京第4次印刷

著作权合同登记号　图字：01-2017-8631 号

定价：128.00 元
读者服务热线：(010)81055410　印装质量热线：(010)81055316
反盗版热线：(010)81055315
广告经营许可证：京东市监广登字 20170147 号

内容提要

机器学习是一门多领域交叉学科，可以通过模拟来让计算机获取新的知识或技能。Apache Spark 是一种通用大数据框架，也是一种近实时弹性分布式计算和数据虚拟化技术，Spark 使人们可以大规模使用机器学习技术，而无须在专用数据中心或硬件上进行大量投资。

本书提供了 Apache Spark 机器学习 API 的全面解决方案，不仅介绍了用 Spark 完成机器学习任务所需的基础知识，也涉及一些 Spark 机器学习的高级技能。全书共有 13 章，从环境配置讲起，陆续介绍了线性代数库、数据处理机制、构建机器学习系统的常见攻略、回归和分类、用 Spark 实现推荐引擎、无监督学习、梯度下降算法、决策树和集成模型、数据降维、文本分析和 Spark Steaming 的使用。

本书是为那些掌握了机器学习技术的 Scala 开发人员准备的，尤其适合缺乏 Spark 实践经验的读者。本书假定读者已经掌握机器学习算法的基础知识，并且具有使用 Scala 实现机器学习算法的一些实践经验。但不要求读者提前了解 Spark ML 库及其生态系统。

译者简介

陆靖桥，毕业于计算机系，获硕士学位，Python 爱好者，喜欢钻研机器学习、深度学习、大数据分析等技术，对网络科学和智能算法有浓厚的兴趣。

作者简介

西亚玛克·阿米尔霍吉（Siamak Amirghodsi）（Sammy）是世界级的高级技术执行主管，在大数据战略、云计算、定量风险管理、高级分析、大规模监管数据平台、企业架构、技术路线图、多项目执行等领域具有丰富的企业管理经验，而且入选了《财富》全球二十大人物。

Siamak是一位人工智能专家，精通大数据、云计算、机器学习，目前就职于美国的一级金融机构，负责大规模的云平台开发和高级风险分析。Siamak擅长多个领域：建立高级技术团队、执行管理、Spark、Hadoop、大数据分析、人工智能、深度学习网络、TensorFlow、认知模型、群体算法、实时流系统、量子计算、金融风险管理、交易信号发现、计量经济学、长期财务周期、物联网、区块链、概率图形模型、密码学和自然语言处理。

Siamak已获得Cloudera大数据认证，并熟悉Apache Spark、TensorFlow、Hadoop、Hive、Pig、Zookeeper、Amazon AWS、Cassandra、HBase、Neo4j、MongoDB和GPU架构，同时非常擅长传统IBM/Oracle/Microsoft技术栈解决商业连续和集成业务问题。

Siamak拥有PMP认证，拥有计算机科学的高级学位和芝加哥大学（ChicagoBooth）的MBA学位，擅长战略管理、量化金融和计量经济学。

明那什·拉杰德兰（Meenakshi Rajendran）是一位大数据分析和数据管理经理，在大规模数据平台和机器学习方面非常专业，在全球技术人才圈中也非常出类拔萃。她为顶尖金融机构提供一整套全面的数据分析和数据科学服务，经验非常丰富。Meenakshi拥有企业管理硕士学位，获得PMP认证，在全球软件交付行业拥有十几年的经验，不仅了解大数据和数据科学技术的基础知识，而且对人性也有很深刻的理解。

Meenakshi喜欢Python、R、Julia和Scala等语言，研究领域和兴趣包括Apache Spark、

云计算、数据治理、机器学习、Cassandra 和大规模全球数据团队管理，业余时间还对软件工程管理文献、认知心理学和国际象棋感兴趣。

布罗德里克·霍尔（Broderick Hall）是一位大数据分析专家，拥有计算机科学硕士学位，在设计和开发大规模的实时性和符合制度要求的复杂企业软件应用程序方面拥有 20 多年的经验。曾经为美国的一些顶级金融机构和交易所设计和构建实时金融应用程序，在这些方面拥有丰富的经验。此外，他还是深度学习的早期开拓者，目前正在开发具有深度学习网络扩展功能的大规模基于云的数据平台。

Broderick 在医疗保健、旅行、房地产和数据中心管理方面拥有丰富的经验，还担任副教授职务，教授 Java 编程和面向对象编程等课程。目前专注于在金融服务行业中交付实时大数据关键任务分析的应用程序。

很早以来，Broderick 一直积极应用 Hadoop、Spark、Cassandra、TensorFlow 和深度学习，同时积极追求机器学习、云架构、数据平台、数据科学和认知科学的实际应用，还喜欢使用 Scala、Python、R、Java 和 Julia 进行编程。

肖恩·梅（Shuen Mei）是一位大数据分析平台专家，在金融服务行业已经从业超过 15 年，在设计、构建和执行具有关键任务、低延迟要求的大型企业分布式财务系统方面具有丰富的经验。目前已通过 Apache Spark、Cloudera 大数据平台（包括 Developer、Admin 和 HBase）的认证。

Shuen 已经通过 AWS 解决方案架构师认证，擅长数据 PB 级数据的实时数据平台系统，是一位技能非常熟练的软件工程师，为《财富》一百强公司提供交易和金融基础设施、编码、数据体系结构以及性能优化等方面的解决方案，拥有丰富的经验。

Shuen 拥有伊利诺伊大学的 MIS 硕士学位，喜欢 Spark、TensorFlow、Hadoop、Spark、云体系结构、Apache Flink、Hive、HBase、Cassandra 等技术架构，还对 Scala、Python、Java、Julia、云计算、机器学习算法和大规模深度学习充满热情。

审阅者简介

苏米特·帕尔（Sumit Pal）是 *SQL on Big Data-Technology, Architecture and Innovations* 的作者，在软件行业中担任过从初创企业到企业的各种职位，已有 22 年以上的经验。

Sumit 是一位负责大数据、数据可视化和数据科学的独立顾问，也是一位构建端到端数据驱动分析系统的软件架构师。

Sumit 在 22 年的职业生涯中，就职过 Microsoft（SQL 服务器开发团队）、Oracle（OLAP 开发团队）和 Verizon（大数据分析团队）等大型公司。目前同时为多个客户提供服务，主要是针对数据体系结构和大数据解决方案提供建议，使用 Spark、Scala、Java 和 Python 等语言编码。

Sumit 曾经在下面的大数据会议上发表了讲话：

- 纽约数据峰会（2017 年 5 月）；
- 波士顿大数据研讨会（2017 年 5 月）；
- Apache Linux 基金会（2016 年 5 月，加拿大温哥华）；
- 数据中心世界（2016 年 3 月，美国拉斯维加斯）；
- 芝加哥数据峰会（2015 年 11 月）；
- 在波士顿举行的全球大数据会议中的大数据会议（2015 年 8 月）。

Sumit 还为 Experfy 开发了一个大数据分析师培训课程，有关更多详细信息可以访问 experfy 网站上的 big-data-analyst 课程。同时，他在运用大数据和 NoSQL DB 技术构建从中间层和数据层到分析应用程序可视化的可伸缩系统方面拥有丰富的经验。此外，对于数据库内部原理、数据仓库、维度建模、使用 Java 和 Python 的数据科学以及 SQL 技术，Sumit 也拥有深厚的专业知识。

Sumit 的职业生涯始于 1996 年和 1997 年，第一份工作是在 Microsoft SQL Server 开发团队，然后在马萨诸塞州伯灵顿的 OLAP 开发团队担任 Oracle Corporation 的核心服务器工程师。

Sumit 还曾在 Verizon 担任大数据架构副总监一职，负责分析和机器学习应用程序有关的战略、管理、架构、平台开发并提供解决方案。他还曾在 ModelN/LeapfrogRX（2006—2013 年）担任首席架构师，其间在 J2EE 上使用开源 OLAP 引擎（Mondrian）构建了中间层核心分析平台，并解决一些复杂的维度 ETL、建模和性能优化问题。

Sumit 拥有计算机科学的硕士学位和理学学士学位。2016 年 10 月，还参加过登山运动，到达了珠穆朗玛峰大本营。

前言

> 教育不是学习已有的知识，而是训练思想。
>
> ——爱因斯坦

数据是我们这个时代的新载体，机器学习与受生物学启发的认知系统结合在一起，不仅成为第四次工业革命的核心基础，而且还促进了第四次工业革命的诞生。本书的完成应该归功于我们的父母，他们通过异常的艰辛和牺牲，让我们接受教育，并教会我们始终保持友善。

本书由 4 个具有不同背景的作者编写而成，他们在多个行业和学术领域都拥有丰富的经验。这本书不仅是团队友谊的见证，更是一本讲述 Spark 和机器学习的图书。我们希望将大家的思想汇总起来，编写成一本书，不仅将 Spark 机器学习代码和现实世界的数据集结合在一起，而且还提供与之相关的解释和参考资料，便于读者深入理解并开展进一步的研究。本书反映了团队在开始使用 Apache Spark 时所希望拥有的知识和技能。

我对机器学习和人工智能的兴趣始于 20 世纪 80 年代中期，当时有机会阅读了在 1986 年 2 月出版的《人工智能》（国际期刊，第 28 卷，第 1 期）上列出的两个重要工件。尽管对于我们这一代的工程师和科学家来说，这是一段漫长的旅程。但是弹性分布式计算、云计算、GPU、认知计算、最优化和机器学习的技术进步实现了科学家们数十年的梦想。所有这些进步的相关技术对于当今的机器学习爱好者和数据科学家都是可以获取和学习的。

我们生活在历史上的一个特殊时期，一个多种技术和社会学趋势融合在一起的时期。云计算的灵活性以及对内嵌的机器学习和深度学习网络的结合，将为创建和占领新市场提供全新的机会。Apache Spark 是一种通用编程框架，也是一种近实时弹性分布式计算和数据虚拟化技术，它为众多的公司提供了机会，使人们可以大规模使用机器学习技术，而无须在专用数据中心或硬件上进行大量投资。

本书提供了 Apache Spark 机器学习 API 的全面解决方案，书中所选择的 Spark 组件示例不仅可以提供基础知识，还可以帮助掌握机器学习和 Apache Spark 的高级职业技能。本书在展示的时候力求清晰性和简洁，相关内容反映了作者团队的经验（包括阅读源代码）和 Apache Spark（从 Spark 1.0 开始）的学习曲线。

本书通过实践者的视角介绍 Apache Spark、机器学习和 Scala，在学习的过程中，开发人员和数据科学家需要从实践者的角度出发，不仅需要理解代码，而且还必须了解细节、理论和内部工作原理，这样才能在新经济中谋求一个理想的职业。

本书提供可运行的 Apache Spark 机器学习代码片段，结合相关理论、参考资料、各类数据集，这种全新形式的攻略有助于读者理解 Spark 机器学习背后的内容、方法和原因。本书有助于读者了解 Spark 机器学习的基础，便于开发人员迅速掌握 Apache Spark 机器学习算法。

本书的主要内容

第 1 章介绍 Apache Spark 在机器学习和实际的编码开发环境中的安装和配置。首先，书中的屏幕截图用于下载、安装和配置 Apache Spark 和 IntelliJ IDEA 以及必要的库，这些配置会在开发人员的开发环境中生效。然后列出 40 多个真实世界数据集的数据存储库目录，这些数据可以帮助读者进一步尝试和改进代码片段。最后在 Spark 上运行第一个机器学习程序，此外还讲解如何在机器学习程序中添加图形，这些操作将在后续章节中使用。

第 2 章介绍 Spark 机器学习最核心的一个应用——线性代数（向量和矩阵）的使用。这一章会使用若干攻略阐述 Apache Spark 中 DenseVector、SparseVector 和矩阵工具的详细用法。这一章还提供关于单机（或本地）和分布式矩阵的攻略，包括 RowMatrix、IndexedRowMatrix、CoordinateMatrix 和 BlockMatrix，这些攻略会详细阐述相关技术的用法。之所以有这一章，是因为只有通过逐行阅读大多数源代码、了解矩阵分解和向量/矩阵算术在 Spark 众多粗粒度算法中的运行机制，才能熟练掌握 Spark、Spark ML 和 MLlib。

第 3 章提供有关 Apache Spark 弹性分布式数据操作和处理的端到端的数据处理机制。这一章从实践者的角度出发，提供了包括 RDD、DataFrame 和 Dataset 工具的详细攻略。本章一共有 17 个攻略（包括示例、参考资料和原理解释），这些攻略可以帮助读者在机器学习学科领域打下坚实的职业基础。本章之所以提供函数（代码）和非函数（SQL 接口）的编程方法，不仅是为了巩固相关知识，也是展示前沿公司 Spark 机器学习工程师的实际需求。

第4章包含16个简短且实用的代码攻略,这些攻略覆盖了大多数机器学习系统中常见的任务,读者可以在自己的实际系统中使用这些代码攻略。这一章涵盖了各种各样的技术,包括使用Spark ML/MLlib工具进行数据标准化到评估模型输出的最佳实践。在日常工作的大多数情况下,我们需要组合使用这些攻略,但是单独讲解每个攻略可以节省内容、降低其他攻略难度。

第5章是关于Apache Spark回归和分类的第一部分。这一章首先从广义线性模型(GLM)开始,再扩展到Spark中具有不同优化技术的Lasso和岭回归。然后,本章将介绍等渗回归、具有多层感知器(神经网络)的分类器和One-vs-Rest分类器的生存回归模型。

第6章是关于Apache Spark回归和分类的第二部分,主要讲解基于RDD的回归系统,包括Spark中使用随机梯度下降和L_BFGS优化机制的线性模型、逻辑回归、岭回归。本章的最后3个攻略会涉及支持向量机、朴素贝叶斯,还会包含Spark机器学习生态系统中常用的机器学习管道技术。

第7章使用Spark ML工具处理数据集和构建电影推荐引擎。在介绍Spark协同过滤技术之前,本章首先会研究一个大型数据集,还会使用一些额外攻略介绍如何绘图以进一步研究各种推荐技术。

第8章介绍无监督学习中使用的技术,例如KMeans、混合和期望最大化(EM)、幂迭代聚类(PIC)和潜在狄利克雷分配(LDA),同时还会深入讲解这些技术的原理以更好地帮助读者掌握这些核心概念。基于Spark Streaming,本章通过一个实时的KMeans聚类攻略讲解如何结合无监督聚类技术将输入流转为有标签的类别。

第9章是专门讲解机器学习中的最优化技术。这一章会从解析解和二次函数优化技术出发,再使用梯度下降技术从头到尾完整地解决一个回归问题。本章会同步涉及Scala编码技能,介绍如何编码和真正理解随机梯度下降算法。需要说明的是,Spark ML库中已经包含需要完整实现的API,可直接使用。

第10章介绍使用Spark机器学习库的树模型和集成模型处理分类和回归模型。针对3个现实中的数据集,分别使用决策树、随机森林和梯度提升树解决分类问题和回归问题。这一章会深入分析这些方法的背后原理,还会通过额外的章节逐步深入研究Apache Spark的机器学习库源码。

第11章描述了数据降维的艺术和科学思想,并提供一个完整Spark ML/MLLib库的使用案例,这个案例会涉及"大规模机器学习"这一重要概念。这一章首先充分和全面地讲解数据降维的概念，然后再使用两个 Spark 案例帮助读者加深理解。本章会涉及第 2 章提及的奇异值分解（SVD），同时也会深入剖析主成分分析。

第 12 章包含 Spark 技术在大规模文本分析领域的应用案例。本章首先包含一个比较全面的基本攻略，例如词频和相似度技术（如 Word2Vec），然后使用真实的 Spark 机器学习技术分析海量的维基百科语料数据集。在这一章中，我们会深入探讨和编码实现 Spark 中的隐语义分析（LSA）和隐狄利克雷分配的主题模型。

第 13 章首先介绍一个 Spark Streaming 的入门指导攻略，然后讲述如何使用基于 RDD 和结构化的 Streaming 构建一个基准测试。本章会包含 Spark 全部已有的机器学习 Streaming 算法（在本书完成之时）。这一章会提供流式 DataFrame 和流式 Dataset 的代码和案例，还会涉及如何使用 queueStream 进行调试，以及如何使用流式 KMeans 和流式线性模型（例如使用现实数据集的线性和逻辑回归模型）。

在阅读本书前，你需要的环境配置

请参考下面的详细软件列表。

读者如果想运行本书中的代码，需要 Windows 7 以及以上的系统，或者 macOS 10，所需要的安装软件参考下方列出的软件。

- Apache Spark 2.x
- Oracle JDK SE 1.8.x
- JetBrain IntelliJ Community Edition 2016.2.X or later version
- Scala plug-in for IntelliJ 2016.2.x
- Jfreechart 1.0.19
- breeze-core 0.12
- Cloud9 1.5.0 JAR
- Bliki-core 3.0.19
- hadoop-streaming 2.2.0
- Jcommon 1.0.23
- Lucene-analyzers-common 6.0.0

- Lucene-core-6.0.0
- Spark-streaming-flume-assembly 2.0.0
- Spark-streaming-kafka-assembly 2.0.0

在本书的代码示例中会包含这些软件所需要的硬件需求。

编写本书的目的

本书是为那些已经掌握了机器学习技术的 Scala 开发人员准备的，面向缺乏 Spark 实践经验的读者。本书假定读者已经掌握机器学习算法的基础知识，并且具有使用 Scala 实现机器学习算法的一些实践经验。但是，读者无须了解 Spark ML 库和相关的生态系统。

体例

在本书中，你会发现几个频繁出现的小标题（准备工作、操作步骤、工作原理、更多和参考资料），这是为了更好地描述一个攻略中的相关内容，我们使用下面几部分内容。

准备工作

描述当前攻略所要讲述的内容，所需要的软件包，以及掌握攻略所需要的先验配置。

操作步骤

当前攻略每一步的详细步骤。

工作原理

用于解释"操作步骤"中的各个步骤的详细原理。

更多

这部分会包含一些额外的内容，读者通过这部分内容可以更好和更深入地掌握当前攻略。

参考资料

提供当前攻略之外的一些有用的参考信息。

约定

在本书中，你会发现有许多用以区分不同类型信息的文本样式。以下是这些样式的一些示例，并对其含义进行了解释。文本中的代码、数据库表名称、文件夹名称、文件名、文件扩展名、路径名、虚拟 URL、用户输入和 Twitter 句柄如下所示："Mac 用户注意，Spark2.0 的安装目录位于/Users/USERNAME/spark/spark-2.0.0-bin-hadoop2.7//"。

代码块如下所示：

```
object HelloWorld extends App {
   println("Hello World!")
 }
```

命令行输入或输出的编写方式如下：

mysql -u root -p

 警告或重要提示。

 提示和技巧。

资源与支持

本书由异步社区出品，社区（https://www.epubit.com/）为您提供相关资源和后续服务。

配套资源

本书提供配套资源，请在异步社区本书页面中点击 [配套资源] ，跳转到下载界面，按提示进行操作即可获取。注意：为保证购书读者的权益，该操作会给出相关提示，要求输入提取码进行验证。

提交勘误

作者和编辑尽最大努力来确保书中内容的准确性，但难免会存在疏漏。欢迎您将发现的问题反馈给我们，帮助我们提升图书的质量。

当您发现错误时，请登录异步社区，按书名搜索，进入本书页面，点击"提交勘误"，输入勘误信息，单击"提交"按钮即可。本书的作者和编辑会对您提交的勘误进行审核，确认并接受后，您将获赠异步社区的 100 积分。积分可用于在异步社区兑换优惠券、样书或奖品。

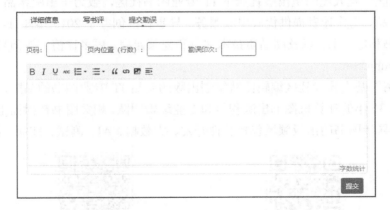

扫码关注本书

扫描下方二维码，您将会在异步社区微信服务号中看到本书信息及相关的服务提示。

与我们联系

我们的联系邮箱是 contact@epubit.com.cn。

如果您对本书有任何疑问或建议,请您发邮件给我们,并请在邮件标题中注明本书书名,以便我们更高效地做出反馈。

如果您有兴趣出版图书、录制教学视频,或者参与图书翻译、技术审校等工作,可以发邮件给我们;有意出版图书的作者也可以到异步社区在线投稿(直接访问 www.epubit.com/selfpublish/submission 即可)。

如果您是学校、培训机构或企业,想批量购买本书或异步社区出版的其他图书,也可以发邮件给我们。

如果您在网上发现有针对异步社区出品图书的各种形式的盗版行为,包括对图书全部或部分内容的非授权传播,请您将怀疑有侵权行为的链接发邮件给我们。您的这一举动是对作者权益的保护,也是我们持续为您提供有价值的内容的动力之源。

关于异步社区和异步图书

"异步社区"是人民邮电出版社旗下IT专业图书社区,致力于出版精品IT技术图书和相关学习产品,为作译者提供优质出版服务。异步社区创办于2015年8月,提供大量精品IT技术图书和电子书,以及高品质技术文章和视频课程。更多详情请访问异步社区官网 https://www.epubit.com。

"异步图书"是由异步社区编辑团队策划出版的精品IT专业图书的品牌,依托于人民邮电出版社近30年的计算机图书出版积累和专业编辑团队,相关图书在封面上印有异步图书的LOGO。异步图书的出版领域包括软件开发、大数据、AI、测试、前端、网络技术等。

异步社区

微信服务号

目录

第 1 章 Scala 和 Spark 的机器学习实战 ·············· 1

1.1 引言 ·············· 1
    1.1.1 Apache Spark ·············· 2
    1.1.2 机器学习 ·············· 3
    1.1.3 Scala ·············· 4
    1.1.4 本书的软件版本和使用的类库 ·············· 5

1.2 下载和安装 JDK ·············· 6
    1.2.1 准备工作 ·············· 6
    1.2.2 操作步骤 ·············· 6

1.3 下载和安装 IntelliJ ·············· 6
    1.3.1 准备工作 ·············· 7
    1.3.2 操作步骤 ·············· 7

1.4 下载和安装 Spark ·············· 7
    1.4.1 准备工作 ·············· 7
    1.4.2 操作步骤 ·············· 7

1.5 用 IntelliJ 配置 Spark ·············· 8
    1.5.1 准备工作 ·············· 8
    1.5.2 操作步骤 ·············· 8
    1.5.3 更多 ·············· 19
    1.5.4 参考资料 ·············· 19

1.6 运行 Spark 机器学习示例代码 ·············· 20
    1.6.1 准备工作 ·············· 20
    1.6.2 操作步骤 ·············· 20

1.7 获取机器学习实战所需的数据源 ·············· 22
    1.7.1 准备工作 ·············· 22
    1.7.2 操作步骤 ·············· 22
    1.7.3 更多 ·············· 23

1.8 用 IntelliJ IDE 运行第一个 Apache Spark 2.0 程序 ·············· 25
    1.8.1 操作步骤 ·············· 25
    1.8.2 工作原理 ·············· 31
    1.8.3 更多 ·············· 31
    1.8.4 参考资料 ·············· 32

1.9 在 Spark 程序中添加图表 ·············· 32
    1.9.1 操作步骤 ·············· 32
    1.9.2 工作原理 ·············· 36
    1.9.3 更多 ·············· 37
    1.9.4 参考资料 ·············· 37

第 2 章 Spark 机器学习中的线性代数库 ······38

- 2.1 引言 ······38
- 2.2 Vector 和 Matrix 的包引入和初始化设置 ······40
  - 2.2.1 操作步骤 ······40
  - 2.2.2 更多 ······41
  - 2.2.3 参考资料 ······42
- 2.3 用 Spark 2.0 创建和配置 DenseVector ······42
  - 2.3.1 操作步骤 ······43
  - 2.3.2 工作原理 ······43
  - 2.3.3 更多 ······44
  - 2.3.4 参考资料 ······45
- 2.4 用 Spark 2.0 创建和配置 SparseVector ······45
  - 2.4.1 操作步骤 ······45
  - 2.4.2 工作原理 ······47
  - 2.4.3 更多 ······48
  - 2.4.4 参考资料 ······48
- 2.5 用 Spark 2.0 创建和配置 DenseMatrix ······48
  - 2.5.1 操作步骤 ······49
  - 2.5.2 工作原理 ······50
  - 2.5.3 更多 ······52
  - 2.5.4 参考资料 ······52
- 2.6 用 Spark 2.0 的本地 SparseMatrix ······52
  - 2.6.1 操作步骤 ······53
  - 2.6.2 工作原理 ······55
  - 2.6.3 更多 ······56
  - 2.6.4 参考资料 ······57
- 2.7 用 Spark 2.0 进行 Vector 运算 ······57
  - 2.7.1 操作步骤 ······57
  - 2.7.2 工作原理 ······59
  - 2.7.3 更多 ······60
  - 2.7.4 参考资料 ······61
- 2.8 用 Spark 2.0 进行 Matrix 运算 ······61
  - 2.8.1 操作步骤 ······61
  - 2.8.2 工作原理 ······64
- 2.9 研究 Spark 2.0 分布式 RowMatrix ······66
  - 2.9.1 操作步骤 ······67
  - 2.9.2 工作原理 ······70
  - 2.9.3 更多 ······71
  - 2.9.4 参考资料 ······72
- 2.10 研究 Spark 2.0 分布式 IndexedRowMatrix ······72
  - 2.10.1 操作步骤 ······72
  - 2.10.2 工作原理 ······74
  - 2.10.3 参考资料 ······75
- 2.11 研究 Spark 2.0 分布式 CoordinateMatrix ······75
  - 2.11.1 操作步骤 ······75
  - 2.11.2 工作原理 ······76
  - 2.11.3 参考资料 ······77
- 2.12 研究 Spark 2.0 分布式 BlockMatrix ······77
  - 2.12.1 操作步骤 ······78
  - 2.12.2 工作原理 ······79
  - 2.12.3 参考资料 ······79

第3章 Spark 机器学习的三剑客 ……… 80

3.1 引言 ……… 81
3.1.1 RDD——一切是从什么开始 ……… 81
3.1.2 DataFrame——使用高级 API 统一 API 和 SQL 的自然演变 ……… 82
3.1.3 Dataset——一个高级的统一数据 API ……… 83

3.2 用 Spark 2.0 的内部数据源创建 RDD ……… 85
3.2.1 操作步骤 ……… 86
3.2.2 工作原理 ……… 88

3.3 用 Spark 2.0 的外部数据源创建 RDD ……… 88
3.3.1 操作步骤 ……… 88
3.3.2 工作原理 ……… 90
3.3.3 更多 ……… 90
3.3.4 参考资料 ……… 91

3.4 用 Spark 2.0 的 filter() API 转换 RDD ……… 92
3.4.1 操作步骤 ……… 92
3.4.2 工作原理 ……… 95
3.4.3 更多 ……… 95
3.4.4 参考资料 ……… 95

3.5 用 flatMap() API 转换 RDD ……… 96
3.5.1 操作步骤 ……… 96
3.5.2 工作原理 ……… 98
3.5.3 更多 ……… 98
3.5.4 参考资料 ……… 99

3.6 用集合操作 API 转换 RDD ……… 99
3.6.1 操作步骤 ……… 99
3.6.2 工作原理 ……… 101
3.6.3 参考资料 ……… 101

3.7 用 groupBy() 和 reduceByKey() 函数对 RDD 转换/聚合 ……… 102
3.7.1 操作步骤 ……… 102
3.7.2 工作原理 ……… 104
3.7.3 更多 ……… 104
3.7.4 参考资料 ……… 105

3.8 用 zip() API 转换 RDD ……… 105
3.8.1 操作步骤 ……… 105
3.8.2 工作原理 ……… 107
3.8.3 参考资料 ……… 107

3.9 用 paired 键值 RDD 进行关联转换 ……… 107
3.9.1 操作步骤 ……… 107
3.9.2 工作原理 ……… 110
3.9.3 更多 ……… 110

3.10 用 paired 键值 RDD 进行汇总和分组转换 ……… 110
3.10.1 操作步骤 ……… 110
3.10.2 工作原理 ……… 112
3.10.3 参考资料 ……… 112

3.11 根据 Scala 数据结构创建 DataFrame ……… 112
3.11.1 操作步骤 ……… 113
3.11.2 工作原理 ……… 115
3.11.3 更多 ……… 115
3.11.4 参考资料 ……… 116

3.12 不使用 SQL 方式创建 DataFrame ……… 116
3.12.1 操作步骤 ……… 116

3.12.2 工作原理 ······120
3.12.3 更多 ······121
3.12.4 参考资料 ······121
3.13 根据外部源加载 DataFrame 和配置 ······121
3.13.1 操作步骤 ······121
3.13.2 工作原理 ······125
3.13.3 更多 ······125
3.13.4 参考资料 ······125
3.14 用标准 SQL 语言（即 SparkSQL）创建 DataFrame ······126
3.14.1 操作步骤 ······126
3.14.2 工作原理 ······130
3.14.3 更多 ······130
3.14.4 参考资料 ······131
3.15 用 Scala 序列处理 Dataset API ······132
3.15.1 操作步骤 ······132
3.15.2 工作原理 ······135
3.15.3 更多 ······135
3.15.4 参考资料 ······135
3.16 根据 RDD 创建和使用 Dataset，再反向操作 ······136
3.16.1 操作步骤 ······136
3.16.2 工作原理 ······140
3.16.3 更多 ······140
3.16.4 参考资料 ······140
3.17 用 Dataset API 和 SQL 一起处理 JSON ······140
3.17.1 操作步骤 ······141
3.17.2 工作原理 ······144
3.17.3 更多 ······144
3.17.4 参考资料 ······144
3.18 用领域对象对 Dataset API 进行函数式编程 ······145
3.18.1 操作步骤 ······145
3.18.2 工作原理 ······148
3.18.3 更多 ······149
3.18.4 参考资料 ······149

第 4 章 构建一个稳健的机器学习系统的常用攻略 ······150

4.1 引言 ······151
4.2 借助 Spark 的基本统计 API 构建属于自己的算法 ······151
4.2.1 操作步骤 ······151
4.2.2 工作原理 ······153
4.2.3 更多 ······153
4.2.4 参考资料 ······154
4.3 用于真实机器学习应用的 ML 管道 ······154
4.3.1 操作步骤 ······154
4.3.2 工作原理 ······156
4.3.3 更多 ······157
4.3.4 参考资料 ······157
4.4 用 Spark 标准化数据 ······157
4.4.1 操作步骤 ······158
4.4.2 工作原理 ······160
4.4.3 更多 ······160
4.4.4 参考资料 ······161
4.5 将数据划分为训练集和测试集 ······161
4.5.1 操作步骤 ······161
4.5.2 工作原理 ······163

4.5.3　更多 163
　　　4.5.4　参考资料 163
　4.6　新 Dataset API 的常见操作 163
　　　4.6.1　操作步骤 163
　　　4.6.2　工作原理 166
　　　4.6.3　更多 166
　　　4.6.4　参考资料 167
　4.7　在 Spark 2.0 中从文本文件创建和使用 RDD、DataFrame 和 Dataset 167
　　　4.7.1　操作步骤 167
　　　4.7.2　工作原理 170
　　　4.7.3　更多 170
　　　4.7.4　参考资料 171
　4.8　Spark ML 的 LabeledPoint 数据结构 171
　　　4.8.1　操作步骤 171
　　　4.8.2　工作原理 173
　　　4.8.3　更多 173
　　　4.8.4　参考资料 174
　4.9　用 Spark 2.0 访问 Spark 集群 174
　　　4.9.1　操作步骤 174
　　　4.9.2　工作原理 176
　　　4.9.3　更多 176
　　　4.9.4　参考资料 177
　4.10　用 Spark 2.0 之前的版本访问 Spark 集群 178
　　　4.10.1　操作步骤 178
　　　4.10.2　工作原理 180
　　　4.10.3　更多 180
　　　4.10.4　参考资料 180
　4.11　在 Spark 2.0 中使用 SparkSession 对象访问 SparkContext 180
　　　4.11.1　操作步骤 181
　　　4.11.2　工作原理 184
　　　4.11.3　更多 184
　　　4.11.4　参考资料 184
　4.12　Spark 2.0 中的新模型导出及 PMML 标记 185
　　　4.12.1　操作步骤 185
　　　4.12.2　工作原理 188
　　　4.12.3　更多 188
　　　4.12.4　参考资料 189
　4.13　用 Spark 2.0 进行回归模型评估 189
　　　4.13.1　操作步骤 189
　　　4.13.2　工作原理 191
　　　4.13.3　更多 191
　　　4.13.4　参考资料 192
　4.14　用 Spark 2.0 进行二分类模型评估 192
　　　4.14.1　操作步骤 192
　　　4.14.2　工作原理 196
　　　4.14.3　更多 196
　　　4.14.4　参考资料 196
　4.15　用 Spark 2.0 进行多类分类模型评估 197
　　　4.15.1　操作步骤 197
　　　4.15.2　工作原理 200
　　　4.15.3　更多 200
　　　4.15.4　参考资料 201
　4.16　用 Spark 2.0 进行多标签分类模型评估 201
　　　4.16.1　操作步骤 201

4.16.2 工作原理 203
4.16.3 更多 203
4.16.4 参考资料 204
4.17 在 Spark 2.0 中使用 Scala Breeze 库处理图像 204
4.17.1 操作步骤 204
4.17.2 工作原理 207
4.17.3 更多 207
4.17.4 参考资料 208

第 5 章 使用 Spark 2.0 实践机器学习中的回归和分类——第一部分 209
5.1 引言 209
5.2 用传统方式拟合一条线性回归直线 211
5.2.1 操作步骤 211
5.2.2 工作原理 214
5.2.3 更多 215
5.2.4 参考资料 215
5.3 Spark 2.0 中的广义线性回归 216
5.3.1 操作步骤 216
5.3.2 工作原理 219
5.3.3 更多 219
5.3.4 参考资料 220
5.4 Spark 2.0 中 Lasso 和 L-BFGS 的线性回归 API 221
5.4.1 操作步骤 221
5.4.2 工作原理 224
5.4.3 更多 225
5.4.4 参考资料 225
5.5 Spark 2.0 中 Lasso 和自动优化选择的线性回归 API 226
5.5.1 操作步骤 226
5.5.2 工作原理 229
5.5.3 更多 229
5.5.4 参考资料 230
5.6 Spark 2.0 中岭回归和自动优化选择的线性回归 API 230
5.6.1 操作步骤 230
5.6.2 工作原理 233
5.6.3 更多 233
5.6.4 参考资料 233
5.7 Spark 2.0 中的保序回归 233
5.7.1 操作步骤 234
5.7.2 工作原理 236
5.7.3 更多 237
5.7.4 参考资料 237
5.8 Spark 2.0 中的多层感知机分类器 238
5.8.1 操作步骤 238
5.8.2 工作原理 241
5.8.3 更多 242
5.8.4 参考资料 243
5.9 Spark 2.0 中的一对多分类器 244
5.9.1 操作步骤 244
5.9.2 工作原理 247
5.9.3 更多 247
5.9.4 参考资料 248
5.10 Spark 2.0 中的生存回归——参数化的加速失效时间模型 248
5.10.1 操作步骤 249
5.10.2 工作原理 252
5.10.3 更多 253
5.10.4 参考资料 254

第6章 用 Spark 2.0 实践机器学习中的回归和分类——第二部分 255

- 6.1 引言 255
- 6.2 Spark 2.0 使用 SGD 优化的线性回归 257
  - 6.2.1 操作步骤 257
  - 6.2.2 工作原理 260
  - 6.2.3 更多 261
  - 6.2.4 参考资料 261
- 6.3 Spark 2.0 使用 SGD 优化的逻辑回归 262
  - 6.3.1 操作步骤 262
  - 6.3.2 工作原理 266
  - 6.3.3 更多 267
  - 6.3.4 参考资料 268
- 6.4 Spark 2.0 使用 SGD 优化的岭回归 268
  - 6.4.1 操作步骤 268
  - 6.4.2 工作原理 272
  - 6.4.3 更多 273
  - 6.4.4 参考资料 274
- 6.5 Spark 2.0 使用 SGD 优化的 Lasso 回归 274
  - 6.5.1 操作步骤 274
  - 6.5.2 工作原理 277
  - 6.5.3 更多 278
  - 6.5.4 参考资料 279
- 6.6 Spark 2.0 使用 L-BFGS 优化的逻辑回归 279
  - 6.6.1 操作步骤 279
  - 6.6.2 工作原理 282
  - 6.6.3 更多 283
  - 6.6.4 参考资料 283
- 6.7 Spark 2.0 的支持向量机（SVM） 283
  - 6.7.1 操作步骤 284
  - 6.7.2 工作原理 287
  - 6.7.3 更多 288
  - 6.7.4 参考资料 289
- 6.8 Spark 2.0 使用 MLlib 库的朴素贝叶斯分类器 289
  - 6.8.1 操作步骤 289
  - 6.8.2 工作原理 294
  - 6.8.3 更多 294
  - 6.8.4 参考资料 294
- 6.9 Spark 2.0 使用逻辑回归研究 ML 管道和 DataFrame 295
  - 6.9.1 操作步骤 295
  - 6.9.2 工作原理 302
  - 6.9.3 更多 302
  - 6.9.4 参考资料 303

第7章 使用 Spark 实现大规模的推荐引擎 304

- 7.1 引言 304
  - 7.1.1 内容过滤 306
  - 7.1.2 协同过滤 306
  - 7.1.3 近邻方法 306
  - 7.1.4 隐因子模型技术 306
- 7.2 用 Spark 2.0 生成可扩展推荐引擎所需的数据 307
  - 7.2.1 操作步骤 307
  - 7.2.2 工作原理 308
  - 7.2.3 更多 308

7.3 用 Spark 2.0 研究推荐系统的电影数据

- 7.2.4 参考资料 ·············· 309
- 7.3 用 Spark 2.0 研究推荐系统的电影数据 ·············· 309
  - 7.3.1 操作步骤 ·············· 310
  - 7.3.2 工作原理 ·············· 313
  - 7.3.3 更多 ·············· 313
  - 7.3.4 参考资料 ·············· 313
- 7.4 用 Spark 2.0 研究推荐系统的评分数据 ·············· 314
  - 7.4.1 操作步骤 ·············· 314
  - 7.4.2 工作原理 ·············· 317
  - 7.4.3 更多 ·············· 318
  - 7.4.4 参考资料 ·············· 318
- 7.5 用 Spark 2.0 和协同过滤构建可扩展的推荐引擎 ·············· 318
  - 7.5.1 操作步骤 ·············· 318
  - 7.5.2 工作原理 ·············· 324
  - 7.5.3 更多 ·············· 326
  - 7.5.4 参考资料 ·············· 327
  - 7.5.5 在训练过程中处理隐式的输入数据 ·············· 327

第 8 章 Spark 2.0 的无监督聚类算法 ·············· 329

- 8.1 引言 ·············· 329
- 8.2 用 Spark 2.0 构建 KMeans 分类系统 ·············· 331
  - 8.2.1 操作步骤 ·············· 331
  - 8.2.2 工作原理 ·············· 334
  - 8.2.3 更多 ·············· 337
  - 8.2.4 参考资料 ·············· 337
- 8.3 介绍 Spark 2.0 中的新算法，二分 KMeans ·············· 337
  - 8.3.1 操作步骤 ·············· 338
  - 8.3.2 工作原理 ·············· 342
  - 8.3.3 更多 ·············· 342
  - 8.3.4 参考资料 ·············· 343
- 8.4 在 Spark 2.0 中使用高斯混合和期望最大化（EM）对数据分类 ·············· 343
  - 8.4.1 操作步骤 ·············· 343
  - 8.4.2 工作原理 ·············· 347
  - 8.4.3 更多 ·············· 348
  - 8.4.4 参考资料 ·············· 349
- 8.5 在 Spark 2.0 中使用幂迭代聚类（PIC）对图中节点进行分类 ·············· 349
  - 8.5.1 操作步骤 ·············· 349
  - 8.5.2 工作原理 ·············· 352
  - 8.5.3 更多 ·············· 353
  - 8.5.4 参考资料 ·············· 353
- 8.6 用隐狄利克雷分布（LDA）将文档和文本划分为不同主题 ·············· 353
  - 8.6.1 操作步骤 ·············· 354
  - 8.6.2 工作原理 ·············· 357
  - 8.6.3 更多 ·············· 358
  - 8.6.4 参考资料 ·············· 359
- 8.7 用 Streaming KMeans 实现近实时的数据分类 ·············· 359
  - 8.7.1 操作步骤 ·············· 359
  - 8.7.2 工作原理 ·············· 363
  - 8.7.3 更多 ·············· 364
  - 8.7.4 参考资料 ·············· 365

第 9 章 最优化——用梯度下降法寻找最小值 ·············· 366

- 9.1 引言 ·············· 366

9.2 优化二次损失函数，使用数学方法寻找最小值进行分析 ········ 369
   9.2.1 操作步骤 ········ 369
   9.2.2 工作原理 ········ 372
   9.2.3 更多 ········ 372
   9.2.4 参考资料 ········ 372
9.3 用梯度下降法（GD）编码实现二次损失函数的优化过程 ········ 373
   9.3.1 操作步骤 ········ 374
   9.3.2 工作原理 ········ 377
   9.3.3 更多 ········ 380
   9.3.4 参考资料 ········ 382
9.4 用梯度下降优化算法解决线性回归问题 ········ 383
   9.4.1 操作步骤 ········ 383
   9.4.2 工作原理 ········ 391
   9.4.3 更多 ········ 393
   9.4.4 参考资料 ········ 393
9.5 在 Spark 2.0 中使用正规方程法解决线性回归问题 ········ 393
   9.5.1 操作步骤 ········ 394
   9.5.2 工作原理 ········ 396
   9.5.3 更多 ········ 396
   9.5.4 参考资料 ········ 396

第 10 章 使用决策树和集成模型构建机器学习系统 ········ 397

10.1 引言 ········ 397
   10.1.1 集成方法 ········ 399
   10.1.2 不纯度的度量 ········ 401
10.2 获取和预处理实际的医疗数据，在 Spark 2.0 中研究决策树和集成模型 ········ 404
   10.2.1 操作步骤 ········ 404
   10.2.2 工作原理 ········ 406
10.3 用 Spark 2.0 的决策树构建分类系统 ········ 406
   10.3.1 操作步骤 ········ 407
   10.3.2 工作原理 ········ 411
   10.3.3 更多 ········ 411
   10.3.4 参考资料 ········ 412
10.4 用 Spark 2.0 的决策树解决回归问题 ········ 412
   10.4.1 操作步骤 ········ 412
   10.4.2 工作原理 ········ 416
   10.4.3 参考资料 ········ 417
10.5 用 Spark 2.0 的随机森林构建分类系统 ········ 417
   10.5.1 操作步骤 ········ 417
   10.5.2 工作原理 ········ 420
   10.5.3 参考资料 ········ 421
10.6 用 Spark 2.0 的随机森林解决回归问题 ········ 421
   10.6.1 操作步骤 ········ 421
   10.6.2 工作原理 ········ 425
   10.6.3 参考资料 ········ 425
10.7 用 Spark 2.0 的梯度提升树（GBR）构建分类系统 ········ 425
   10.7.1 操作步骤 ········ 425
   10.7.2 工作原理 ········ 428
   10.7.3 更多 ········ 429
   10.7.4 参考资料 ········ 429
10.8 用 Spark 2.0 的梯度提升树（GBT）解决回归问题 ········ 429

10.8.1　操作步骤……………429
　　10.8.2　工作原理……………432
　　10.8.3　更多…………………433
　　10.8.4　参考资料……………433

第11章　大数据中的高维灾难……434
11.1　引言………………………434
11.2　Spark 提取和准备 CSV 文件的
　　　2 种处理方法………………438
　　11.2.1　操作步骤……………438
　　11.2.2　工作原理……………441
　　11.2.3　更多…………………442
　　11.2.4　参考资料……………442
11.3　Spark 使用奇异值分解（SVD）
　　　对高维数据降维……………442
　　11.3.1　操作步骤……………443
　　11.3.2　工作原理……………448
　　11.3.3　更多…………………449
　　11.3.4　参考资料……………450
11.4　Spark 使用主成分分析（PCA）
　　　为机器学习挑选最有效的
　　　潜在因子……………………450
　　11.4.1　操作步骤……………451
　　11.4.2　工作原理……………455
　　11.4.3　更多…………………458
　　11.4.4　参考资料……………458

第12章　使用 Spark 2.0 ML 库实现
　　　　文本分析……………………459
12.1　引言………………………459
12.2　用 Spark 统计词频…………462
　　12.2.1　操作步骤……………462

　　12.2.2　工作原理……………465
　　12.2.3　更多…………………465
　　12.2.4　参考资料……………465
12.3　用 Spark 和 Word2Vec 查找
　　　相似词………………………465
　　12.3.1　操作步骤……………466
　　12.3.2　工作原理……………468
　　12.3.3　更多…………………468
　　12.3.4　参考资料……………469
12.4　构建真实的 Spark 机器学习
　　　项目…………………………469
　　12.4.1　操作步骤……………469
　　12.4.2　更多…………………471
　　12.4.3　参考资料……………471
12.5　用 Spark 2.0 和潜在语义分析
　　　实现文本分析………………472
　　12.5.1　操作步骤……………472
　　12.5.2　工作原理……………476
　　12.5.3　更多…………………476
　　12.5.4　参考资料……………477
12.6　用 Spark 2.0 和潜在狄利克雷
　　　实现主题模型………………477
　　12.6.1　操作步骤……………477
　　12.6.2　工作原理……………481
　　12.6.3　更多…………………481
　　12.6.4　参考资料……………482

第13章　Spark Streaming 和机器
　　　　学习库………………………483
13.1　引言………………………483
13.2　用于近实时机器学习的
　　　structured streaming ………487

- 13.2.1 操作步骤 ……………… 487
- 13.2.2 工作原理 ……………… 490
- 13.2.3 更多 ………………… 491
- 13.2.4 参考资料 ……………… 491
- 13.3 用于实时机器学习的流式 DataFrame ……………… 492
  - 13.3.1 操作步骤 ……………… 492
  - 13.3.2 工作原理 ……………… 494
  - 13.3.3 更多 ………………… 494
  - 13.3.4 参考资料 ……………… 494
- 13.4 用于实时机器学习的流式 Dataset ……………… 494
  - 13.4.1 操作步骤 ……………… 495
  - 13.4.2 工作原理 ……………… 497
  - 13.4.3 更多 ………………… 497
  - 13.4.4 参考资料 ……………… 498
- 13.5 流式数据和用于调试的 queueStream ……………… 498
  - 13.5.1 操作步骤 ……………… 498
  - 13.5.2 工作原理 ……………… 501
  - 13.5.3 参考资料 ……………… 502
- 13.6 下载并熟悉著名的 Iris 数据，用于无监督分类 ……………… 502
  - 13.6.1 操作步骤 ……………… 502
  - 13.6.2 工作原理 ……………… 503
  - 13.6.3 更多 ………………… 503
  - 13.6.4 参考资料 ……………… 504
- 13.7 用于实时在线分类器的流式 KMeans ……………… 504
  - 13.7.1 操作步骤 ……………… 504
  - 13.7.2 工作原理 ……………… 508
  - 13.7.3 更多 ………………… 508
  - 13.7.4 参考资料 ……………… 508
- 13.8 下载葡萄酒质量数据，用于流式回归 ……………… 509
  - 13.8.1 操作步骤 ……………… 509
  - 13.8.2 工作原理 ……………… 509
  - 13.8.3 更多 ………………… 510
- 13.9 用于实时回归的流式线性回归 ……………… 510
  - 13.9.1 操作步骤 ……………… 510
  - 13.9.2 参考资料 ……………… 514
  - 13.9.3 更多 ………………… 514
  - 13.9.4 参考资料 ……………… 514
- 13.10 下载 Pima 糖尿病数据，用于监督分类 ……………… 514
  - 13.10.1 操作步骤 ……………… 515
  - 13.10.2 工作原理 ……………… 515
  - 13.10.3 更多 ………………… 516
  - 13.10.4 参考资料 ……………… 516
- 13.11 用于在线分类器的流式逻辑回归 ……………… 516
  - 13.11.1 操作步骤 ……………… 516
  - 13.11.2 工作原理 ……………… 519
  - 13.11.3 更多 ………………… 520
  - 13.11.4 参考资料 ……………… 520

第 1 章
Scala 和 Spark 的机器学习实战

在本章,我们将涵盖以下内容:

- 下载和安装 JDK;
- 下载和安装 IntelliJ;
- 下载和安装 Spark;
- 使用 IntelliJ 配置 Spark;
- 运行 Spark 机器学习示例代码;
- 获取机器学习实战所需的数据源;
- 使用 IntelliJ IDE 运行第一个 Apache Spark 2.0 程序;
- 在 Spark 程序中添加图表。

1.1 引言

随着集群计算的快速发展和大数据的兴起,机器学习领域已经被推到了计算的最前沿。长久以来,交互平台对大规模的数据科学来说一直是个遥不可及的梦,而现在已经变为一个现实。

有 3 个技术领域促进和加速了交互数据科学的发展。

- **Apache Spark**:一个数据科学的统一技术平台,结合快速计算引擎和容错数据结构,具备良好的设计结构和统一对外服务的特性。
- **机器学习**:人工智能的一个领域,使机器能够模仿人类大脑,解决最初仅限于人类大脑能解决的一些问题。

- **Scala**：一种基于 Java 虚拟机的现代语言，尽管建立在传统语言之上，但结合了函数式和面向对象特征，而且没有其他语言的冗余特征。

首先，需要配置包含以下几个组件的开发环境：

- Spark；
- IntelliJ community edition IDE；
- Scala。

本章会提供若干攻略详细讲解安装和配置 IntelliJ IDE、Scala 插件和 Spark。在成功配置开发环境之后，接着会运行一个 Spark 机器学习示例代码，测试开发配置是否正确。

1.1.1 Apache Spark

Apache Spark 正在逐步成为大数据分析领域的事实平台和交流语言，并作为 Hadoop 范式的补充。Spark 让数据科学家能用最有效、适合的工作流进行工作，Spark 不需要使用 MapReduce（MR）或将中间结果重复写入磁盘，而是使用完全分布式的方式来处理负载。

Spark 通过统一的技术栈提供一个易于使用的分布式框架，使其成为无须迭代算法（来产生最终结果）的数据科学项目的首选平台。数据科学项目中的迭代算法由于内部的工作机制会产生大量的中间结果，这些中间结果需要在中间步骤从一个阶段转到下一个阶段。由于交互式工具需要一个健壮的本地分布式机器学习库（MLlib），因此大多数的数据科学项目会舍弃使用基于磁盘的方法。

Spark 对集群计算使用不同的方法，它将问题的解决视作一个技术栈而非生态系统。大量集中式管理的库和支持容错数据结构的快速计算引擎，使得 Spark 成为替代 Hadoop 的大数据平台的首选。如图 1-1 所示，Spark 采用模块化的方式进行组织。

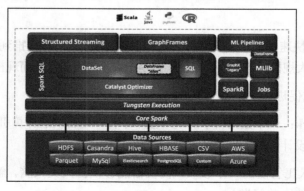

图 1-1

1.1.2 机器学习

机器学习的目的是提供一些能够模仿人类智能,将传统依靠人脑才能解决的任务自动化处理的机器和设备。机器学习算法被设计在相对较短的时间内处理大量数据,并能得到近似答案,而这些工作在过去需要花费大量人力和处理时间。

机器学习领域可以划分为许多形式,高层次来说可以分为有监督学习和无监督学习。有监督学习算法是一类使用训练数据(有标签)计算概率分布或图模型的机器学习算法,可以在没有人为干预的情况下对一个新的数据点分类。无监督学习是一类可以从没有标签的输入数据集中获取推断知识的机器学习算法。

Spark 创造性地提供了一套丰富的机器学习算法,不需要较多编码即可应用在大数据上。图 1-2 的思维导图(可以从异步社区下载大图)描述了 Spark 的 MLlib 算法范围。Spark MLlib 库利用了可并行、容错的分布式数据结构,这种数据结构称为弹性分布式数据集或 RDD。

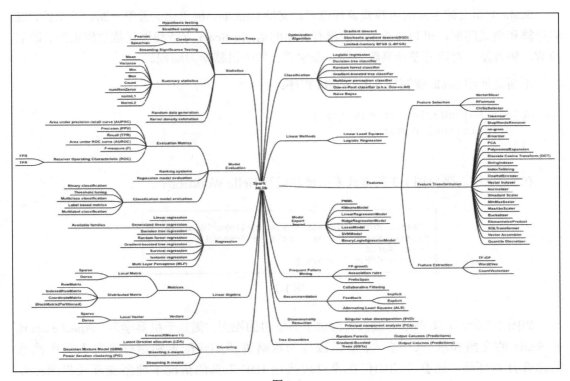

图 1-2

1.1.3 Scala

Scala 是一种现代化的编程语言，正在逐步替换传统编程语言（如 Java 和 C++）。Scala 基于 Java 虚拟机（JVM-based），语法简洁，没有传统模块化的代码特性，还融合了面向对象和函数式编程，正在成为一种非常清晰且非常强大的类型安全的语言。

Scala 采用了灵活多变且富有表现力的方法，非常适合和 Spark MLlib 进行交互。事实上，Spark 本身就是用 Scala 编写的，这一强有力的证据表明 Scala 语言是一个全方位的编程语言，可以被用来创建高性能需求的复杂系统。

Scala 建立在 Java 的传统之上，但解决了 Java 的一些缺点，同时又没有全盘接受或全盘否定。Scala 代码被编译为 Java 字节码，可以和丰富的 Java 类库交互共存。Scala 可以使用 Java 类库的能力为软件工程师提供一个持续和丰富的环境，可以在不全部丢弃 Java 传统和代码的前提下构建现代和复杂的机器学习系统。

Scala 全面支持丰富的函数式编程范式，支持 lambda、柯里化、类型推断、不变性、延迟计算和模式匹配，和 Perl 类似，但没有神秘的语法。Scala 支持线性代数数据类型、匿名函数、协方差、对数方差和高阶函数，非常适合用于机器学习编程。

下面是使用 Scala 编写的 hello world 程序：

```
object HelloWorld extends App {
  println("Hello World!")
}
```

在 Scala 中，采用图 1-3 的方式来编译和运行 Hello World 程序。

```
Siamaks-MBP:~ Siamak$ scalac HelloWorld.scala
Siamaks-MBP:~ Siamak$ scala HelloWorld
Hello World!
Siamaks-MBP:~ Siamak$
```

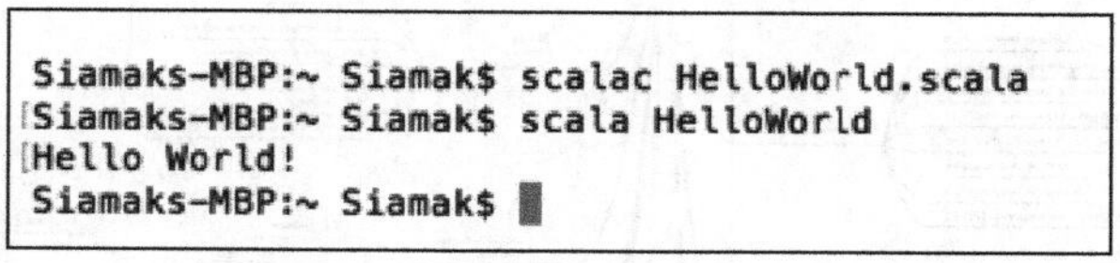

图 1-3

如图 1-4 所示，本书给开发人员提供了多学科的视图，侧重于机器学习、Apache Spark 和 Scala 的交集和统一。这一章提供额外的攻略讲解如何配置和运行开发人员所熟悉的综合开发环境，还会介绍如何在没有现代化 IDE 工具的情况下使用交互式界面运行代码片段。

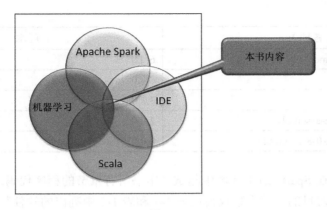

图 1-4

1.1.4 本书的软件版本和使用的类库

表 1-1 列出了本书所涉及的软件版本和使用类库的详细信息。如果读者依据本章所提及的说明要求进行操作,那么所需要的大部分软件包都会包含在表 1-1 中。特定攻略所需要的 Jar 或类文件,会在对应的章节提供额外的安装说明。

表 1-1

核心系统	版本
Spark	2.0.0
Java	1.8
IntelliJ IDEA	2016.2.4
Scala-sdk	2.11.8

可能需要的其他 Jar 如表 1-2 所示。

表 1-2

各种 Jar	版本
bliki-core	3.0.19
breeze-viz	0.12
Cloud9	1.5.0
Hadoop-streaming	2.2.0
JCommon	1.0.23
JFreeChart	1.0.19

续表

各种 Jar	版本
lucene-analyzers-common	6.0.0
Lucene-Core	6.0.0
scopt	3.3.0
spark-streaming-flume-assembly	2.0.0
spark-streaming-kafka-0-8-assembly	2.0.0

此外，我们还在 Spark 2.1.1 环境中测试了本书所有章节的程序代码，执行结果符合预期。如果是出于学习目的，那么建议使用表 1-1 和表 1-2 中列出的软件版本和类库。

为了和快速变化的 Spark 设计和文档保持一致，本书提及的 Spark API 参考链接是指最新版本的 Spark 2.x.x，但具体章节中的 API 参考资料会明确说明针对 Spark 2.0.0。

本书提及的所有 Spark 文档均指 Spark 网站的最新文档，如果读者倾向于查阅特定版本的 Spark 文档（如 Spark 2.0.0），那么需要在 Spark 网站上查阅相应版本的文档。

考虑到本书的目的是清晰阐述 Spark 机器学习的用法，而不是展示 Scala 的高级特性，所以本书对代码做了简化处理。

1.2　下载和安装 JDK

首先下载 Scala 和 Spark 开发所需要的 JDK。

1.2.1　准备工作

访问 Oracle 官网，下载和安装指定版本的 JDK。

1.2.2　操作步骤

下载成功之后，按照屏幕上的说明指南安装 JDK。

1.3　下载和安装 IntelliJ

IntelliJ 社区版本是一个适用于 Java SE、Groovy、Scala 和 Kotlin 的轻量级 IDE。配置 Spark 机器学习开发环境，需要安装 IntelliJ IDE。

1.3.1 准备工作

访问 jetbrains 网站,下载和安装 IntelliJ。

1.3.2 操作步骤

在编写本书时,测试示例代码所用的 IntelliJ 版本是 15.x 或更新(如版本 2016.2.4),不过读者也可以自由使用最新版本,如图 1-5 所示。文件下载之后,双击下载文件(.exe),开始安装 IDE。如果不想做任何的改变,则将安装选项设置为默认值,并按照屏幕上的指引说明完成安装。

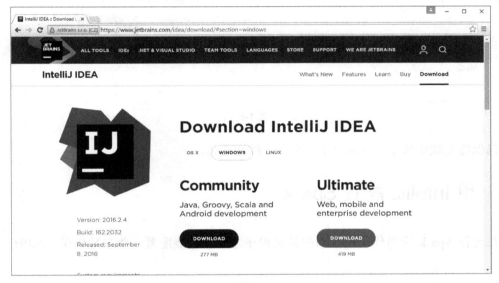

图 1-5

1.4 下载和安装 Spark

1.4.1 准备工作

访问 Spark 网站,下载和安装 Spark。

1.4.2 操作步骤

访问 Apache 网站,如图 1-6 所示,勾选参数并下载指定版本 Spark。

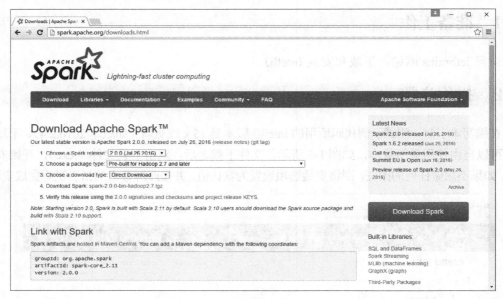

图 1-6

确保接受默认选项（单击"下一步"），继续安装。

1.5 用 IntelliJ 配置 Spark

在运行 Spark 示例代码或本书的其他程序之前，需要配置一些参数确保 IntelliJ 设置正确。

1.5.1 准备工作

在配置项目结构和全局库时，读者需要特别仔细。一旦完成所有设置之后，接着运行 Spark 机器学习示例代码以检查是否正确设置。示例代码可以在 Spark 目录下找到，也可以下载包含示例的 Spark 源码。

1.5.2 操作步骤

图 1-7 是针对 Spark MLlib 和运行 Spark 机器学习代码（examples 目录）的 IntelliJ 的配置，示例代码位于 Spark 的 home 目录下。我们继续使用 Scala 示例进行演示。

1. 依据图 1-7 所示，单击"Project Structure"，对项目结构进行设置。

1.5 用 IntelliJ 配置 Spark 9

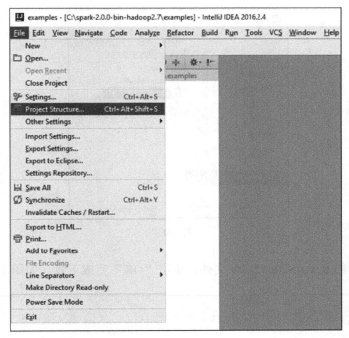

图 1-7

2. 核对"Project Structure"选项卡上的信息，如图 1-8 所示。

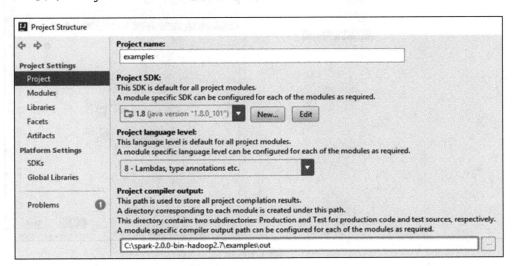

图 1-8

3. 配置"Global Libraries"，将 Scala SDK 作为 Global Library，如图 1-9 所示。

图 1-9

4. 选择最新的 Scala SDK 的 Jar 文件，单击 "OK" 完成下载，如图 1-10 所示。

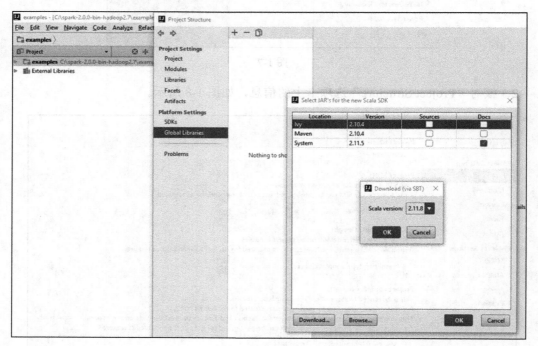

图 1-10

5. 选择项目名称，如图 1-11 所示。

1.5 用 IntelliJ 配置 Spark 11

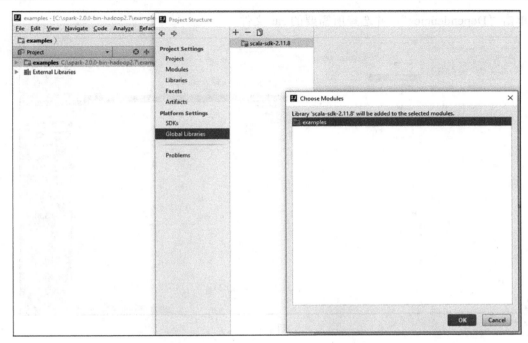

图 1-11

6. 确认设置项和其他类库是否正确，如图 1-12 所示。

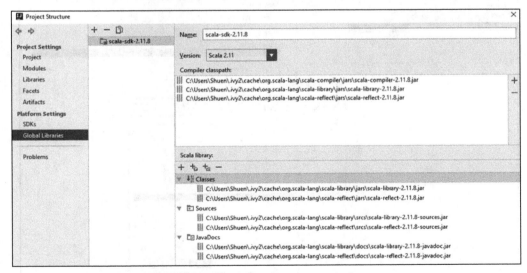

图 1-12

7. 添加依赖的 Jars。在"Project Structure"左侧窗口选择"Modules"，按照图 1-13 所

示单击"Dependencies",并选择所需要的 Jar 文件。

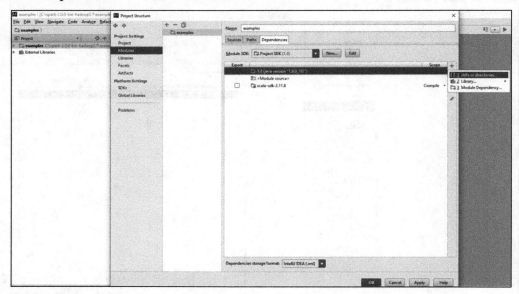

图 1-13

8. 选择 Spark 提供的 Jar 文件:选择 Spark 默认安装目录,并选择 lib 目录,如图 1-14 所示。

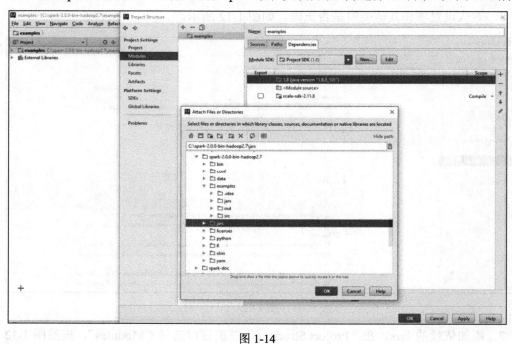

图 1-14

9．选择专为 Spark 提供的 Jar 示例文件，如图 1-15 所示。

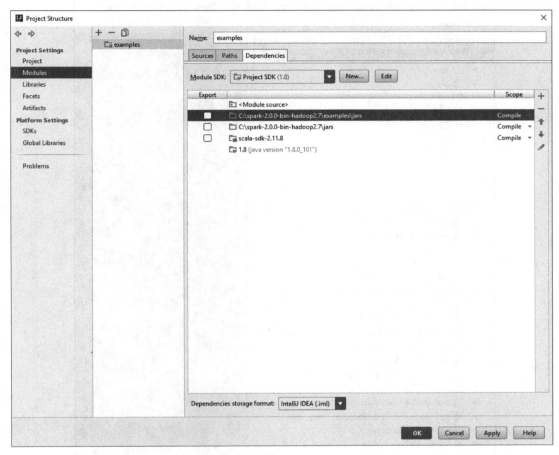

图 1-15

10．选择和导入的所有 Jar 文件位于左侧窗格的"External Libraries"目录下，同时检查所导入的 Jar 文件是否正确，如图 1-16 所示。

11．Spark 2.0 使用 Scala 2.11，运行示例程序还需要两个新的 streaming Jar 文件：Flume 和 Kafka，从 Maven 仓库可以下载得到。

下一步是下载和安装 Flume 和 Kafka 的 Jar 文件，如图 1-17 所示。

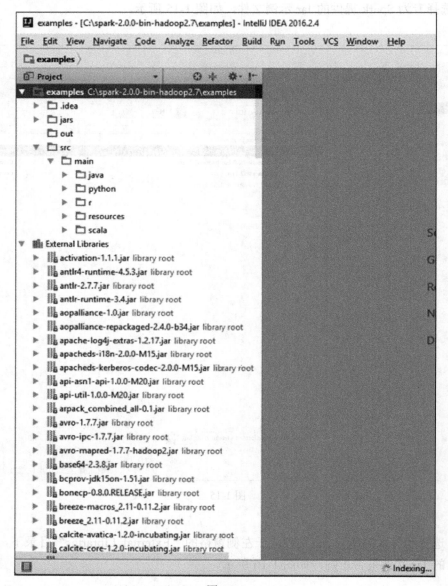

图 1-16

12. 下载和安装 Kafka 组件，如图 1-18 所示。

1.5 用 IntelliJ 配置 Spark

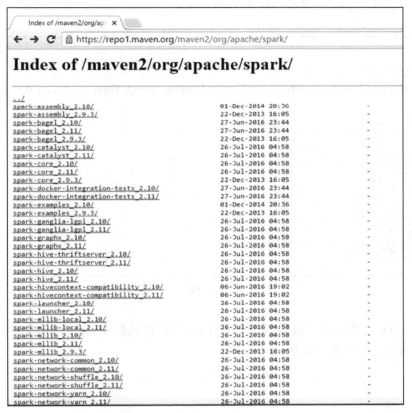

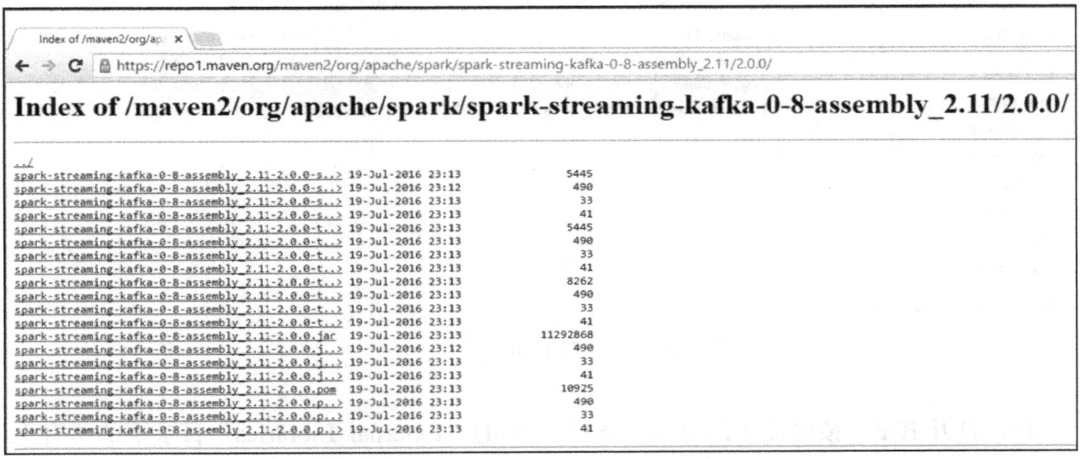

图 1-17

图 1-18

13．下载和安装 Flume 组件，如图 1-19 所示。

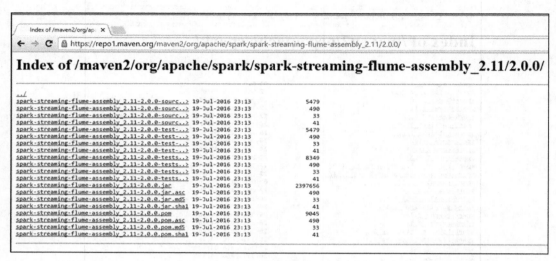

图 1-19

14．所有 Jar 文件下载完成之后，将所有 Jar 文件移动到 Spark 的 jars 目录中，本书选择 C 盘安装 Spark，如图 1-20 所示。

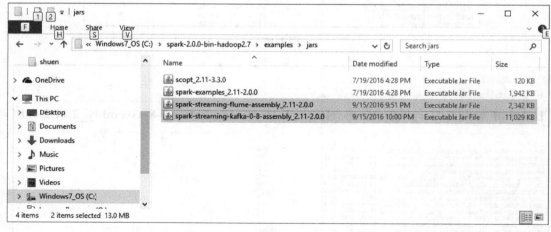

图 1-20

15．打开 IDE，按照图 1-21 所示，检查左侧的"External Libraries"目录下的所有 Jar 文件是否都已正确配置。

1.5 用 IntelliJ 配置 Spark 17

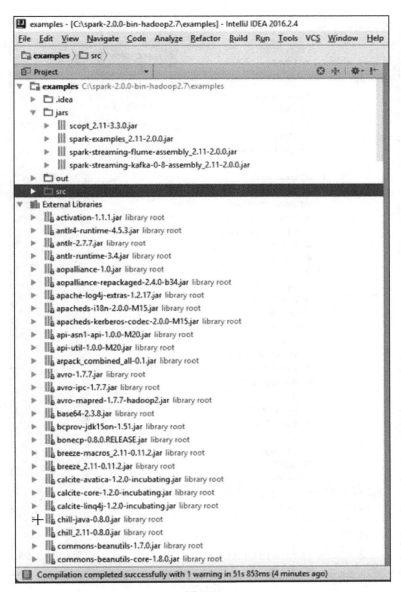

图 1-21

16．单击 build 菜单栏，对 Spark 示例项目执行 build 操作，确认设置成功，如图 1-22 所示。

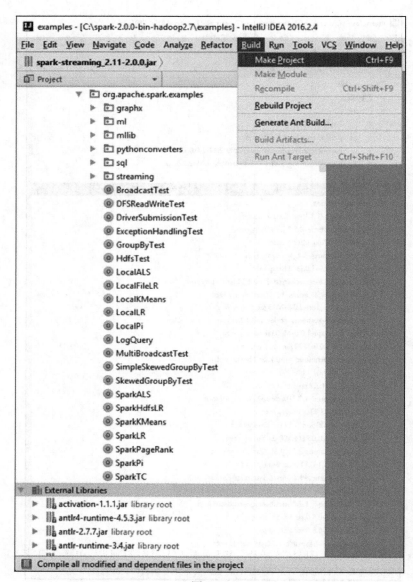

图 1-22

17. 检查 build 操作是否成功,如图 1-23 所示。

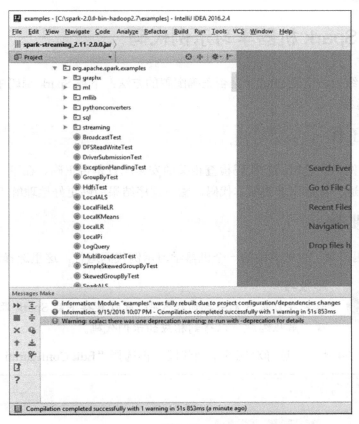

图 1-23

1.5.3 更多

如果选用 Spark 2.0 之前的版本，那么需要 Google 的类库 Guava 提供 I/O 和表定义方法，以实现在集群中广播数据。由于存在难以解决的依赖问题，Spark 2.0 不再使用 Guava 类库。如果需要使用 Spark 2.0 之前的版本（如 1.5.2 版本），Guava 类库可以从 GitHub 的 Guava 项目下载得到。

如果读者需要使用 Guava 15.0，可以从 Maven 仓库下载。

如果读者按照前述内容进行安装，请确保从已有的 Jar 文件中移除 Guava 类库。

1.5.4 参考资料

在安装完成过程中需要的其他第三方类库或 Jar 文件，都可以从 Maven 仓库中下载得到。

1.6 运行 Spark 机器学习示例代码

这个攻略介绍一种检查 IntelliJ 是否正确配置的方法：下载 Spark 源码中的示例代码，并导入 IntelliJ 运行。

1.6.1 准备工作

首选运行示例中的逻辑回归代码检查相关的安装配置是否正确。在下一节，会继续将这个程序扩展为适合特定需求的版本代码，输出程序结果能够更好地理解工作机制。

1.6.2 操作步骤

1. 进入源码目录，挑选其中的一个机器学习示例代码运行，这里选择逻辑回归示例。

   小技巧
   如果在目录下无法找到源代码，可以直接下载 Spark 源码，解压缩就可以得到相应的示例代码。

2. 按照图 1-24 所示，选择对应的示例代码，再选择"Edit Configurations"菜单。

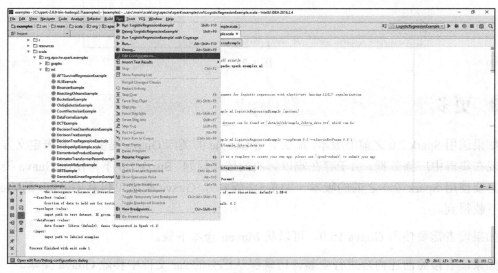

图 1-24

3. 如图 1-25 所示，在"Configurations"选项卡中，选择如下选项。

   - VM options：配置一个 Standalone 集群（本地模式）。

- **Program arguments**：配置期望传入程序的参数。

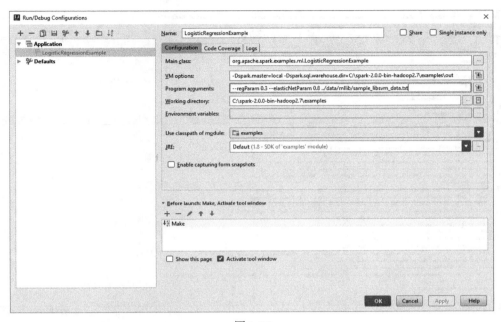

图 1-25

4. 按照图 1-26 所示，点击 "Run 'LogisticRegressionExample'" 运行逻辑回归。

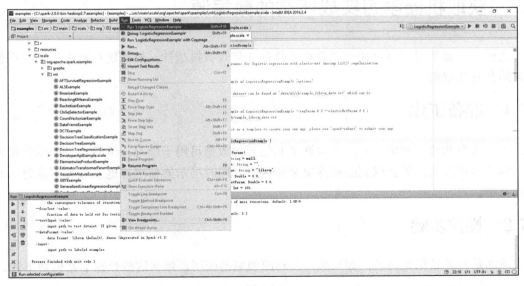

图 1-26

5. 检查程序的退出代码,确保和图 1-27 所显示的一致。

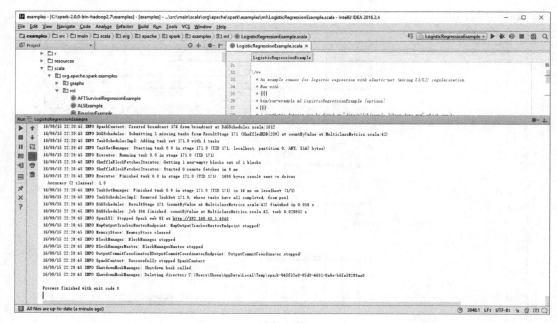

图 1-27

1.7 获取机器学习实战所需的数据源

之前为机器学习项目寻找一个合适的数据非常具有挑战性,然而现在有大量适合机器学习的公开数据源。

1.7.1 准备工作

除了大学和政府的资源外,还有许多其他开源数据可用于学习、编写自己的示例和项目。本节尽可能列出能获取到的数据集来源列表,同时展示如何更好地获取和下载每一章的数据集。

1.7.2 操作步骤

下面是开源数据集列表,如果想开发对应领域的应用,那么这些数据非常值得下载。

- UCI 机器学习仓库:这是一个具有搜索功能的大型扩展库,在本书编写之时已经存在 350 个数据集。可以访问加利福尼亚大学欧文分校（简称 UCI）网站，查看更多数据集，或者使用简单的查询功能搜索特定的数据集（快捷键为 Ctrl + F）。

- Kaggle 数据集：下载这个数据集需要先创建一个账号，但下载得到的数据集可自由用于学习和机器学习竞赛。Kaggle 网站上有很多有关研究和学习的细节，还有很多机器学习竞赛的内部资料。
- MLdata：一个公开的网站，为机器学习爱好者提供所有数据的列表。
- Google Trends：访问 Google 网站的 trends 栏目，可以找到 2004 年以来任何给定期限的搜索量统计数据。
- The CIA World Factbook：CIA 网站提供很多国家的历史、人口、经济、基础设施和军事方面的数据。

1.7.3 更多

机器学习的其他数据集。

- 垃圾短信数：DT 官网。
- 贷款俱乐部的金融数据：lendingclub 官网。
- Yahoo 的研究数据：Yahoo 官网。
- 亚马逊云服务的公共数据：Amazon 官网。
- ImageNet 的可视化标注数据：image-net 网站。
- 人口普查数据：census 网站。
- YouTube 数据集：西门菲沙大学官网。
- MovieLens 电影评级数据：grouplens 官网。
- Enron 公司的公开数据：卡纳基梅隆大学官网。
- 统计学习经典书籍数据：斯坦福大学官网。
- 电影数据：imdb 网站。
- 百万歌曲数据：哥伦比亚大学官网。
- 语言和音频数据集：哥伦比亚大学官网。
- 人脸识别数据：face-rec 网站。

- 社会科学的数据：密西根大学网站。
- 康奈尔大学的数据：arxiv 网站。
- Guttenberg 项目的数据：gutenberg 网站的 wiki 栏目。
- 世界银行数据：worldbank 网站。
- WorldNet 的词汇数据：普林斯顿大学网站。
- NYPD 的意见数据：openscrape 网站。
- 美国国会咨询和其他数据：voteview 网站。
- 斯坦福大学的大型图像数据：斯坦福大学官网。
- datahub 的数据：datahub 网站。
- Yelp 的学术数据：Yelp 官网。
- GitHub 的来源数据：GitHub 的 caesar0301 仓库。
- Reddit 的数据：Reddit 官网。

还有一些可能感兴趣的专业数据集（例如文本挖掘领域的西班牙数据、基因数据和 IMF 数据）。

- 哥伦比亚（西班牙文）数据集。
- 癌症研究的数据集。
- 皮尤研究数据集。
- 美国伊利诺斯州的数据。
- freebase 数据集。
- 联合国和相关机构的数据集。
- 国际货币基金组织的数据集。
- 美国政府数据集。
- 爱沙尼亚的开放数据。
- R 语言机器学习库中的数据（可被导出为 CSV 文件）。
- 基因数据集。

1.8 用 IntelliJ IDE 运行第一个 Apache Spark 2.0 程序

在前面已经讲解了如何配置 Spark 2.0 开发环境，通过这个攻略可以进一步熟悉编译和运行示例代码，示例的各个步骤和详细内容将在后续章节进行讲解。

针对 Spark 2.0 编写个性化的程序，检查输出结果以更好地理解程序的工作原理。强调一下，这个攻略只是一个使用 Scala 语法糖的简单 RDD 程序，通过运行这个程序可以检查配置环境是否正确，以便后续编写更复杂的攻略。

1.8.1 操作步骤

1．使用 IntelliJ 或其他所喜欢的 IDE 创建一个新项目。检查是否包含必要的 Jar 文件。

2．下载本书中的示例代码，找到 myFirstSpark20.scala 文件，将其放在下面的目录下。

在 Windows 环境下，Spark 2.0 安装在 C 盘根目录的 spark-2.0.0-bin-hadoop2.7 目录下。

3．myFirstSpark20.scala 存放的目录位置如图 1-28 所示。

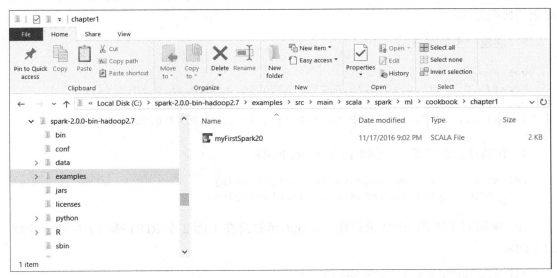

图 1-28

4．创建程序所在的 package 目录：

```
package spark.ml.cookbook.chapter1
```

5. 导入 SparkSession 上下文访问集群所需的依赖包，减少 Spark 的输出数据：

```
import org.apache.spark.sql.SparkSession
import org.apache.log4j.Logger
import org.apache.log4j.Level
```

6. 设置日志输出级别为 ERROR，减少 Spark 日志输出：

```
Logger.getLogger("org").setLevel(Level.ERROR)
```

7. 使用 Builder 模型，指定配置项初始化 SparkSession，作为访问 Spark 集群的入口：

```
val spark = SparkSession
.builder
.master("local[*]")
.appName("myFirstSpark20")
.config("spark.sql.warehouse.dir", ".")
.getOrCreate()
```

myFirstSpark20 对象将运行在本地模型下。前面几个步骤中的代码块是创建 SparkSession 对象的典型方法。

8. 创建一个数组变量：

```
val x =
Array(1.0,5.0,8.0,10.0,15.0,21.0,27.0,30.0,38.0,45.0,50.0,64.0)
val y =
Array(5.0,1.0,4.0,11.0,25.0,18.0,33.0,20.0,30.0,43.0,55.0,57.0)
```

9. 在前述数组基础上，创建两个 Spark RDD：

```
val xRDD = spark.sparkContext.parallelize(x)
val yRDD = spark.sparkContext.parallelize(y)
```

10. 继续对上面的 RDD 进行操作，zip()函数将在上面 2 个 RDD 基础上创建一个新的 RDD：

```
val zipedRDD = xRDD.zip(yRDD)
zipedRDD.collect().foreach(println)
```

在运行时，将看到控制台输出下面消息（关于 IntelliJ 如何运行的详细信息将在后续步骤讲解），如图 1-29 所示。

```
(1.0,5.0)
(5.0, 1.0)
(8.0,4.0)
(10.0,11.0)
(15.0,25.0)
(21.0,18.0)
(27.0,33.0)
(30.0,20.0)
(38.0,30.0)
(45.0,43.0)
(50.0,55.0)
(64.0,57.0)
```

图 1-29

11. 对 xRDD 和 yRDD 求和，对 zipedRDD 求和。同时，求 zipedRDD 记录数目。

```
val xSum = zipedRDD.map(_._1).sum()
val ySum = zipedRDD.map(_._2).sum()
val xySum= zipedRDD.map(c => c._1 * c._2).sum()
val n= zipedRDD.count()
```

12. 在控制台上，打印前面计算的结果值：

```
println("RDD X Sum: " +xSum)
println("RDD Y Sum: " +ySum)
println("RDD X*Y Sum: "+xySum)
println("Total count: "+n)
```

下面是控制台输出结果，如图 1-30 所示。

```
RDD X Sum: 314.0
RDD Y Sum: 302.0
RDD X*Y Sum: 11869.0
Total count: 12
```

图 1-30

13. 停止 SparkSession,关闭程序:

```
spark.stop()
```

14. 当整个程序完成之后,IntelliJ 项目浏览器中 myFirstSpark20.scala 文件的布局如图 1-31 所示。

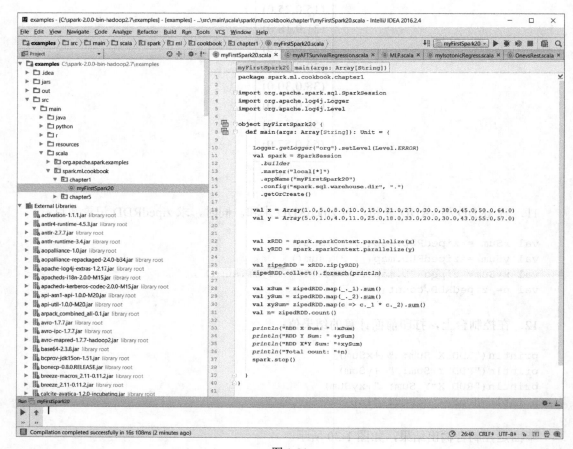

图 1-31

15. 确保没有编译错误。如果发现问题,可以 rebuild 进行检查,如图 1-32 所示。

1.8 用 IntelliJ IDE 运行第一个 Apache Spark 2.0 程序

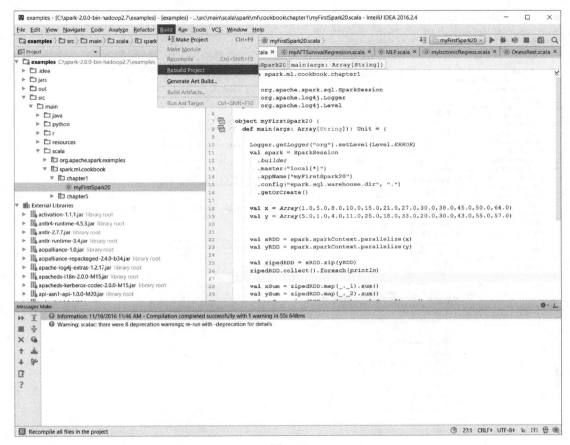

图 1-32

如果 rebuild 成功，在控制台上会出现构建成功的消息，如图 1-33 所示。

```
Information: November 18, 2016, 11:46 AM - Compilation completed
successfully with 1 warning in 55s 648ms
```

图 1-33

16．在"项目浏览器"中选中 **myFirstSpark20** 文件运行程序，在弹出的内容菜单选项中选择"Run 'myFirstSpark20'"，如图 1-34 所示。

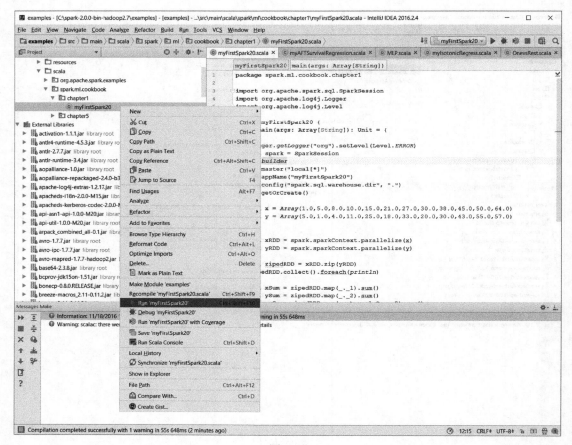

图 1-34

此外，也可以选择菜单栏中的"运行"菜单执行相同的操作。

17. 程序成功执行之后，能看到以下的消息：

Process finished with exit code 0

图 1-35 展示了相应的输出消息。

18. Mac 用户使用 IntelliJ 时可以菜单上执行相同的操作，需要注意将代码放在正确的路径下。

1.8 用 IntelliJ IDE 运行第一个 Apache Spark 2.0 程序 31

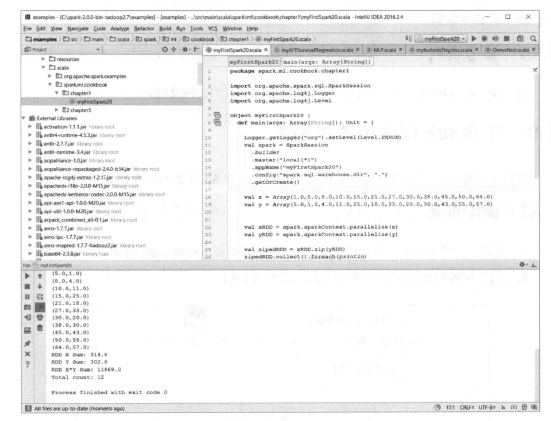

图 1-35

1.8.2 工作原理

在这个例子中，在 myFirstSpark20.scala 文件中编写第一个 Scala 程序，展示在 IntelliJ 中的执行步骤。对于 Windows 和 macOS，需要将代码放在各自对应的正确路径下。

在 myFirstSpark20.scala 代码中，展示了创建 SparkSession 的典型方法、本地模型下使用 master 函数配置和运行程序。根据数组对象创建两个 RDD 对象、使用 zip 函数创建一个新的 RDD。

此外，对创建的 RDD 计算求和，在控制台上展示了计算结果。最后，调用 spark.stop() 退出程序和释放资源。

1.8.3 更多

Spark 安装文件可以从 Spark 网站下载，关于 RDD 的文档也可以在 Spark 网站的"编程指南"栏目获取到。

1.8.4 参考资料

对于 JetBrain IntelliJ 的更多信息可以翻阅 jetbrains 的官网文档。

1.9 在 Spark 程序中添加图表

在这个攻略中,我们将讨论如何使用 JFreeChart 在 Spark 2.0 程序中添加图表。

1.9.1 操作步骤

1. 安装 JFreeChart 库,JFreeChart 的 Jar 文件可以在 sourceforge 网站上下载得到。
2. 从图 1-36 可知本书中的 JFreeChart 版本为 1.0.1。

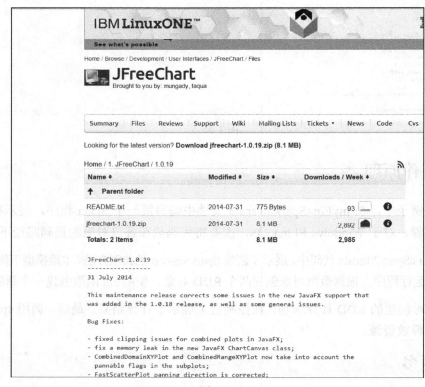

图 1-36

3．下载 zip 文件并解压。将 zip 文件解压到 Windows 的 C 盘下，并在解压的目录下找到 lib 目录。

4．找到所要的两个 Jar 类库（JfreeChart 需要 JCommon）：JFreeChart-1.0.19.jar 和 JCommon-1.0.23，如图 1-37 所示。

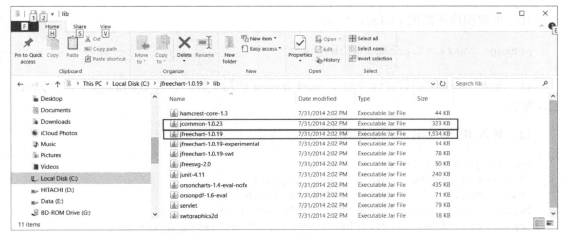

图 1-37

5．将前面的两个 Jar 文件拷贝到图 1-38 所示的目录下。

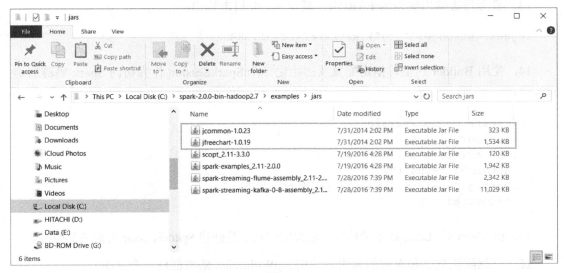

图 1-38

6．正如前面安装章节中所述，这个目录是 IntelliJ 项目设置的类路径。

7．使用 IntelliJ 或其他喜欢的 IDE 创建一个新项目，确保已经包含必要的 Jar 文件。

8．下载本书中的示例代码，找到 MyChart.scala，将代码放在相应的目录下。

9．在 Windows 环境下，Spark 2.0 安装在 C 盘的 spark-2.0.0-bin-hadoop2.7 目录下，将 MyChart.scala 代码放在整个示例代码的 chapter1 目录下。

10．创建程序所需的 package 目录：

```
package spark.ml.cookbook.chapter1
```

11．导入一些必要的软件包并通过 SparkSession 访问集群，导入 log4j.Logger 减少 Spark 日志输出。

12．导入 JFreeChart 包用于绘图：

```
import java.awt.Color
import org.apache.log4j.{Level, Logger}
import org.apache.spark.sql.SparkSession
import org.jfree.chart.plot.{PlotOrientation, XYPlot}
import org.jfree.chart.{ChartFactory, ChartFrame, JFreeChart}
import org.jfree.data.xy.{XYSeries, XYSeriesCollection}
import scala.util.Random
```

13．设置日志输出级别为 ERROR，减少 Spark 日志输出：

```
Logger.getLogger("org").setLevel(Level.ERROR)
```

14．使用 Builder 模型，指定配置项初始化一个 SparkSession 作为访问 Spark 集群的访问入口。

```
val spark = SparkSession
  .builder
  .master("local[*]")
  .appName("myChart")
  .config("spark.sql.warehouse.dir", ".")
  .getOrCreate()
```

15．myChart 对象运行在本地模型，前面的代码块是创建 SparkSession 对象的典型方式。

16．根据随机数字和对应的索引，使用 zipWithIndex 函数创建一个 RDD。

```
val data = spark.sparkContext.parallelize(Random.shuffle(1 to 15).zipWithIndex)
```

17．将 RDD 的结果打印在控制台上：

```
data.foreach(println)
```

下面是控制台的输出结果，如图 1-39 所示。

18．创建数据 Series，提供给 JFreeChart 展示使用：

```
val xy = new XYSeries("")
data.collect().foreach{ case (y: Int, x: Int) => xy.add(x,y) }
val dataset = new XYSeriesCollection(xy)
```

19．使用 JFreeChart 的 ChartFactory 方法创建一个 chart 对象，设置基本的参数：

```
val chart = ChartFactory.createXYLineChart(
  "MyChart",        // chart title
  "x",              // x axis label
  "y",              // y axis label
  dataset,          // data
  PlotOrientation.VERTICAL,
  false,            // include legend
  true,             // tooltips
  false             // urls
)
```

(14,10)
(6,2)
(7,7)
(8,12)
(13,5)
(15,13)
(10,8)
(4,3)
(3,11)
(1,0)
(2,4)
(11,9)
(12,14)
(9,6)
(5,1)

图 1-39

20．根据 chart 对象创建一个 plot 对象，用于后续图表展示：

```
val plot = chart.getXYPlot()
```

21．配置 plot：

```
configurePlot(plot)
```

22．configurePlot 函数定义如下，该函数为图表配置了一些基本的配色方案：

```
def configurePlot(plot: XYPlot): Unit = {
  plot.setBackgroundPaint(Color.WHITE)
  plot.setDomainGridlinePaint(Color.BLACK)
  plot.setRangeGridlinePaint(Color.BLACK)
  plot.setOutlineVisible(false)
}
```

23．展示 chart：

```
show(chart)
```

24. show 函数定义如下,它包含了一个标准的基于框架的图形显示功能:

```
def show(chart: JFreeChart) {
  val frame = new ChartFrame("plot", chart)
  frame.pack()
  frame.setVisible(true)
}
```

25. 一旦图表 show 函数成功执行,将弹出图 1-40 所示的图表。

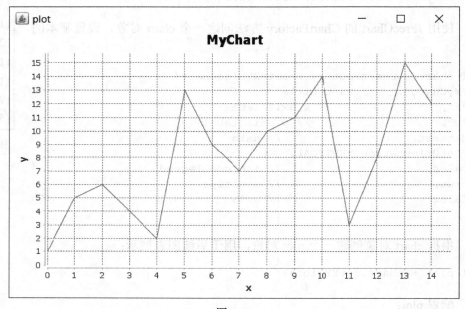

图 1-40

26. 对 SparkSession 函数调用 stop 函数关闭程序:

```
spark.stop()
```

1.9.2 工作原理

在这个示例代码中,编写 MyChart.scala 文件,学习 IntelliJ 执行程序的步骤。根据 Windows 和 Mac OS 的不同,将代码置于对应的目录下。在代码中可以看到创建 SparkSession 对象的典型方法,以及如何使用 master()函数。通过 zip 函数根据将数字 1~12 与对应的索引创建一个包含 Array 的 RDD。

使用 JFreeChart 构建一个包含 x 和 y 坐标轴的基本 chart，使用前述步骤中创建的原始 RDD 作为数据源，将其应用到 chart 上。

设置 chart 模式，调用 JFreeChart 的 show()函数在 x 和 y 轴的线性图表中展示结果。

最后，调用 spark.stop()来退出和释放资源。

1.9.3　更多

关于 JFreeChart 的更多信息可以在 JFree 网站查阅得到。

1.9.4　参考资料

有关 JFreeChart 特性和功能的其他示例，可以在 JFree 网站下载得到。

第 2 章
Spark 机器学习中的线性代数库

在本章中，我们将讲解下面的攻略：

- Vector 和 Matrix 的包引入和初始化设置；
- 使用 Spark 2.0 创建和配置 DenseVector；
- 使用 Spark 2.0 创建和配置 SparseVector；
- 使用 Spark 2.0 创建和配置 DenseMatrix；
- 使用 Spark 2.0 的本地 SparseMatrix；
- 使用 Spark 2.0 进行 Vector 运算；
- 使用 Spark 2.0 进行 Matrix 运算；
- 研究 Spark 2.0 分布式 RowMatrix；
- 研究 Spark 2.0 分布式 IndexedRowMatrix；
- 研究 Spark 2.0 分布式 CoordinateMatrix；
- 研究 Spark 2.0 分布式 BlockMatrix。

2.1 引言

线性代数是机器学习（Machine Learning，ML）和数学规划（Mathematical Programming，MP）的基础。在使用 Spark 机器学习库时，需要清楚知道 Scala（默认导入）的 Vector/Matrix 和 Spark 的 ML、MLlib Vector、Matrix 是不同的，后者是使用 Spark（并行计算）解决大规模 Matrix/Vector 计算（例如，在某些领域运用衍生品定价和风险分析需要更高数值精度的

SVD 实现方案）时用到的一种由 RDD 所支持的数据结构。Scala 的 Vector/Matrix 函数库提供了一套丰富的线性代数操作（例如点积、加法等），在机器学习管道的应用中仍然占有一席之地。总而言之，使用 Scala Breeze 和 Spark/Spark ML 的关键区别在于 Spark 由 RDD 所支持，在不需要额外的并发模块或其他开销时，同时支持分布式、并发计算和弹性机制。

绝大多数的机器学习算法使用某种形式的分类和回归机制（不一定是线性）来训练模型，并极小化训练输出和实际输出之间的误差。例如，使用 Spark 实现的任何推荐系统都严重依赖矩阵分解、因子分解、近似求解和奇异值分解（SVD）等操作。机器学习领域另一个有趣的技术是大数据降维处理中的主成分分析（PCA）方法，PCA 严重依赖线性代数、因子分析和矩阵处理等操作。

Spark 1.x.x 的 ML 和 MLlib 库的很多重要算法都是基于 RDD 实现的 Vector 和 Matrix。对于 Spark 2.0 的算法源码和机器学习库，发生了一些有趣、值得注意的改变，例如 Spark 1.6.2 升级到 Spark 2.0.0，相应的线性代数源码：

- 在早期的 Spark 1.6.x 版本中，可以直接使用 toBreeze()函数转换 DenseVector 或 SparseVector，如下所示：

```
val w3 = w1.toBreeze // spark 1.6.x code
val w4 = w2.toBreeze //spark 1.6.x code
```

- 在 Spark 2.0 中，toBreeze()函数被改写为 asBreeze()，同时被降为私有函数。
- 为解决这个问题，可以使用下面的代码块将前文的 Vector 转换为常用的 BreezeVector 实例：

```
val w3 = new BreezeVector(x.toArray)//x.asBreeze, spark 2.0
val w4 = new BreezeVector(y.toArray)//y.asBreeze, spark 2.0
```

Scala 是一门同时包含面向对象和函数式编程范式性质的简洁语言，而且这两个性质间不存在冲突。机器学习范式更倾向于使用函数式编程，但是面向对象的方法也可以用于初始数据收集和后续阶段的展示。

对于大规模的分布式矩阵，实际经验表明处理大规模矩阵集合（例如 10^9、10^{12}、10^{27} 等数量级）必须深入分析分布式操作所涉及的网络和混洗操作的结果。根据我们的经验，对于大规模数据操作，本地和分布式 Matrix/Vector 操作结合使用（例如点积、乘法等）的效果最好。

图 2-1 是对 Spark 中 Vector 和 Matrix 的类别说明。

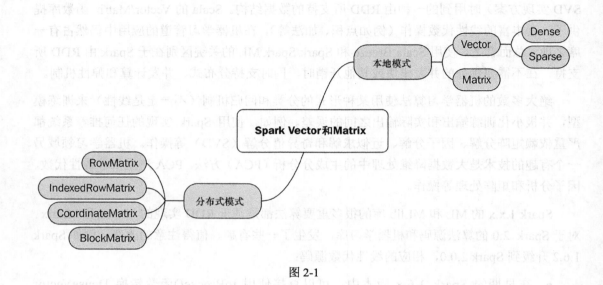

图 2-1

2.2 Vector 和 Matrix 的包引入和初始化设置

在使用 Spark 或 Vector、Matrix 编程之前,首先需要导入正确的软件包,然后配置 SparkSession 作为访问 Spark 群集的句柄。

这个攻略比较简短,但会尽可能全面地覆盖 Spark 中绝大部分的线性代数操作包。在后续的其他各个攻略中,特定程序代码将包含所需的指定子集软件包。

2.2.1 操作步骤

1. 使用 IntelliJ 或其他所喜欢的 IDE 创建一个新项目,确保已经导入必要的 Jar 包。

2. 创建程序所在的 package 目录:

```
package spark.ml.cookbook.chapter2
```

3. 导入 Vector 和 Matrix 操作所需的必要包:

```
import org.apache.spark.mllib.linalg.distributed.RowMatrix
import org.apache.spark.mllib.linalg.distributed.{IndexedRow, IndexedRowMatrix}
import org.apache.spark.mllib.linalg.distributed.{CoordinateMatrix,
```

```
MatrixEntry}
import org.apache.spark.sql.{SparkSession}
import org.apache.spark.rdd._
import org.apache.spark.mllib.linalg._
import breeze.linalg.{DenseVector => BreezeVector}
import Array._
import org.apache.spark.mllib.linalg.DenseMatrix
import org.apache.spark.mllib.linalg.SparseVector
```

4．导入 log4j 设置日志级别。这是一个可选步骤，但强烈建议执行这一步（在开发周期中可根据需要改变日志级别）：

```
import org.apache.log4j.Logger
import org.apache.log4j.Level
```

5．将日志级别设置为 ERROR 以减少输出，所需导入的包在前面步骤已经有说明：

```
Logger.getLogger("org").setLevel(Level.ERROR)
Logger.getLogger("akka").setLevel(Level.ERROR)
```

6．设置 Spark 上下文和应用程序参数，运行 Spark：

```
val spark = SparkSession
 .builder
 .master("local[*]")
 .appName("myVectorMatrix")
 .config("spark.sql.warehouse.dir", ".")
 .getOrCreate()
```

2.2.2 更多

对于 Spark 2.0 之前的版本，必须分开初始化 SparkContext 和 SQLContext。如果需要运行 Spark 早期版本的代码（例如 Spark 1.5.2 或 Spark 1.6.1），可以参考下面的代码块：

```
val conf = new
SparkConf().setMaster("local[*]").setAppName("myVectorMatrix").setS
parkHome("C:\\spark-1.5.2-bin-hadoop2.6")
 val sc = new SparkContext(conf)
 val sqlContext = new SQLContext(sc)
```

2.2.3 参考资料

在 Spark 2.x.x 及更高版本中，SparkSession 是访问集群的新入口。SparkSession 统一了访问集群和所有数据的入口，即统一 SparkContext、SQLContext 和 HiveContext 的访问，使得 DataFrame 和 Dataset API 更容易使用，如图 2-2 所示。我们将在第 4 章中使用一个专门的攻略来讲解 SparkSession 的使用。

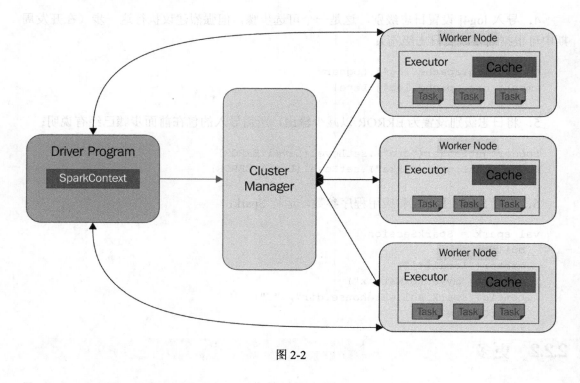

图 2-2

SparkSession 的 API 调用方法可以查阅官方文档。

2.3 用 Spark 2.0 创建和配置 DenseVector

这个攻略将研究 Spark 2.0 ML 库中的 DenseVector。Spark 提供两种不同类型的 Vector：密集向量（DenseVector）和稀疏向量（SparseVector），来存储和处理特征向量，这些特征向量会用于机器学习或者优化算法中。

2.3.1 操作步骤

1．这一攻略将学习 DenseVector 的相关示例，实际工作中会有很大机会用来实现和扩充现有的机器学习程序。这些示例还有助于更好地理解 Spark ML 或 MLlib 的源码，以及底层实现机制（例如奇异值分解）。

2．按照常规做法，首先从数组 Array 创建一个机器学习特征向量（独立变量）。在这个示例中，已有的 3 个赋值后的 Scala Array 分别对应客户和产品的特征集合。将这些 Array 转换为 Scala 中 DenseVector 的类型：

```
val CustomerFeatures1: Array[Double] =
Array(1,3,5,7,9,1,3,2,4,5,6,1,2,5,3,7,4,3,4,1)
 val CustomerFeatures2: Array[Double] =
Array(2,5,5,8,6,1,3,2,4,5,2,1,2,5,3,2,1,1,1,1)
 val ProductFeatures1: Array[Double] =
Array(0,1,1,0,1,1,1,0,0,1,1,1,1,0,1,2,0,1,1,0)
```

创建变量以保存从 Array 转换而来的 Vector。Array 转为 DenseVector 的示例如下：

```
val x = Vectors.dense(CustomerFeatures1)
 val y = Vectors.dense(CustomerFeatures2)
 val z = Vectors.dense(ProductFeatures1)
```

3．下一步通过初始化赋值的方式创建一个 DenseVector。这种做法很常见，经常用于批量输入数据时的类构造：

```
val denseVec2 = Vectors.dense(5,3,5,8,5,3,4,2,1,6)
```

4．下面的另一个示例展示在初始化过程中如何将 string 转换为 double。使用内联方式，对字符串调用 toDouble 函数：

```
val xyz = Vectors.dense("2".toDouble, "3".toDouble, "4".toDouble)
 println(xyz)
```

输出如下：

[2.0,3.0,4.0]

2.3.2 工作原理

1．构造方法的签名如下：

```
DenseVector (double[] values)
```

2. 这个方法继承下面的接口,它的具体方法可以用于所有常规的程序中:

```
interface class java.lang.Object
interface org.apache.spark.mllib.linalg. Vector
```

3. 下面是几个有用的调用方法。

(1) Vector 的深拷贝:

```
DenseVector copy()
```

(2) 转换为 SparseVector。当 Vector 较长,经过一系列操作可以降低 Vector 密度(例如,将没有贡献的成员置为零):

```
SparseVector toSparse()
```

(3) 查询非零元素的数目。这个方法比较有用:当 Vector 密度很低时,可以直接将 DenseVector 转换为 SparseVector:

```
Int numNonzeros()
```

(4) 将 Vector 转为 Array。当所处理的分布式操作需要和 RDD 密切交互或者特定算法需要将 Spark 机器学习作为子系统时,需要经常使用这个方法,代码如下:

```
Double[] toArray()
```

2.3.3 更多

开发者需要注意不要混淆 Breeze 库的 Vector 和 Spark 机器学习的 Vector。使用 Spark 机器学习库算法时需要使用本地数据结构,可以先将 Spark ML 库的 Vector 转为 Breeze 的 Vector,再执行所有的数学操作,也可以再次转换为 Spark ML 库中的算法(例如 ALS 或者 SVD)所需要的数据结构。

在使用 Spark ML 库时,需要执行 Vector 和 Matrix 的导入语句,否则将会默认使用 Scala 的 Vector 和 Matrix,而这正是 Spark 程序在集群上无法扩展的问题根源。

图 2-3 有助于进一步理解这个问题。

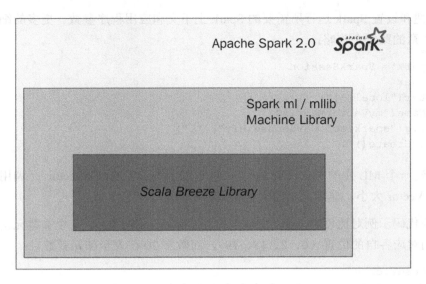

图 2-3

2.3.4 参考资料

想要了解 DenseVector 的构造器和调用方法可以翻阅 Spark 的官网。

2.4 用 Spark 2.0 创建和配置 SparseVector

这个攻略将研究 SparseVector 的多种创建方法。当 Vector 长度增大，而 Vector 密度依然保持较低时，对比使用 DenseVector，使用 Vector 稀疏表示带来的优势会越来越大。

2.4.1 操作步骤

1. 使用 IntelliJ 或其他所喜欢的 IDE 创建一个新项目，确保已经导入必要的 Jar 包。

2. 导入 Vector 和 Matrix 操作所需要的软件包：

```
import org.apache.spark.sql.{SparkSession}
import org.apache.spark.mllib.linalg._
import breeze.linalg.{DenseVector => BreezeVector}
import Array._
import org.apache.spark.mllib.linalg.SparseVector
```

3. 创建和设置 Spark 运行所需要的 Spark 上下文和应用程序参数。更多的细节和变种可以参考本章的第一个攻略：

```
val spark = SparkSession
 .builder
 .master("local[*]")
 .appName("myVectorMatrix")
 .config("spark.sql.warehouse.dir", ".")
 .getOrCreate()
```

4. 创建一个 ML 库的 SparseVector（某种程度上等价于 DenseVector），调用方法包含 3 个参数：Vector 大小、非零元素的索引和数据本身。

下面的代码示例对比创建 DenseVector 和 SparseVector 的差异：4 个非零元素（5、3、8、9）分别对应各自的位置（0、2、18、19），而数字 20 代表全部元素数目：

```
val denseVec1 =
Vectors.dense(5,0,3,0,0,0,0,0,0,0,0,0,0,0,0,0,0,0,8,9)
val sparseVec1 = Vectors.sparse(20, Array(0,2,18,19), Array(5, 3,
8,9))
```

5. 为了更好地理解数据结构，需要对比输出和一些有助于理解的重要属性值，尤其是使用 Vector 动态编程的时候。

首先，输出 DenseVector 的打印结果，查看数据表示：

```
println(denseVec1.size)
println(denseVec1.numActives)
println(denseVec1.numNonzeros)
println("denceVec1 presentation = ",denseVec1)
```

输出如下：

denseVec1.size = 20

denseVec1.numActives = 20
denseVec1.numNonzeros = 4
(denseVec1 presentation = ,[5.0,0.0,3.0,0.0,0.0,
0.0,0.0,0.0,0.0,0.0,0.0,0.0,0.0,0.0,0.0,0.0,0.0,0.0,8.0,9.0])

6. 接着，输出 SparseVector 查看数据的内部表示：

```
println(sparseVec1.size)
println(sparseVec1.numActives)
```

```
println(sparseVec1.numNonzeros)
println("sparseVec1 presentation = ",sparseVec1)
```

对比数据的内部表示、有效和非零的元素数目，可以发现 SparseVector 为了降低存储量，仅仅存储非零元素值和索引。

输出如下：

```
denseVec1.size = 20
println(sparseVec1.numActives)= 4
sparseVec1.numNonzeros = 4
  (sparseVec1 presentation = ,(20,[0,2,18,19],[5.0,3.0,8.0,9.0]))
```

7. 可以根据需要对 SparseVector 和 DenseVector 进行相互转换，相互转换一般是因为外部数学和线性代数操作与 Spark 内部表示不一致。下面的代码为了说明这一点添加了变量说明，但在实际操作中可以移除额外的变量类型说明：

```
val ConvertedDenseVect : DenseVector= sparseVec1.toDense
 val ConvertedSparseVect : SparseVector= denseVec1.toSparse
println("ConvertedDenseVect =", ConvertedDenseVect)
 println("ConvertedSparseVect =", ConvertedSparseVect)
```

输出如下：

```
(ConvertedDenseVect =,[5.0,0.0,3.0,0.0,0.0,0.0,0.0,0.0,
0.0,0.0,0.0,0.0,0.0,0.0,0.0,0.0,0.0,0.0,8.0,9.0])
(ConvertedSparseVect =,(20,[0,2,18,19],[5.0,3.0,8.0,9.0]))
```

2.4.2 工作原理

构造方法的签名如下：

`SparseVector(int size, int[] indices, double[] values)`

这个方法继承下面的接口，它的具体方法可以用于所有常规程序中：

`interface class java.lang.Object`

下面是几个与 Vector 调用相关的有用方法。

1. Vector 的深拷贝：

`SparseVector Copy()`

2. 转换为 DenseVector：

```
DenseVector toDense()
```

3. 查看非零元素的数目：

```
Int numNonzeros()
```

4. Vector 转为 Array。当所处理的分布式操作需要和 RDD 依据 1∶1 比例交互，或者特定算法需要将 Spark 机器学习作为子系统时，需要经常使用这个方法。

```
Double[] toArray()
```

2.4.3 更多

1. 开发者需要牢记一点：DenseVector 和 SparseVector 都是本地 Vector，切记不要和分布式的其他 Vector 混淆（例如，分布式 Matrix 中的 RowMatrix 类）。

2. 在本地机器上，Vector 底层数据的支持库是 Breeze 和 JBLAS。

另一个和 Vector 直接有关的数据结构是 LabeledPoint，这个数据结构将在第 4 章详细介绍。简单来说，LabeledPoint 是一种由特征向量和标签组成的用于存储机器学习数据的数据结构，该数据结构与 LIBSVM 和 LIBLINEAR 格式一致（例如回归分析中的因变量和自变量）。

2.4.4 参考资料

SparseMatrix 的构造器和 API 调用方法的文档可以查阅 Spark 官网。

2.5 用 Spark 2.0 创建和配置 DenseMatrix

在这个攻略将研究创建 Matrix 的方法，这种用法经常用于 Scala 编程中，而且在阅读机器学习的许多开源库时会遇到这种源码。

Spark 提供了两种截然不同的本地 Matrix 工具，用于在本地级别上存储和操作数据。简单来说，Matrix 的一种理解方式是将 Vector 作为 Matrix 的列来看待。

在这里需要牢记一点：这个攻略讲解在单台机器上存储本地 Matrix，而不是分布式

Matrix 的存储和操作（将在本章的另一个攻略中介绍）！

2.5.1 操作步骤

1. 使用 IntelliJ 或其他所喜欢的 IDE 创建一个新项目，确保已经导入必要的 Jar 包。
2. 导入 Vector 和 Matrix 操作所需要的包：

```
import org.apache.spark.sql.{SparkSession}
import org.apache.spark.mllib.linalg._
import breeze.linalg.{DenseVector => BreezeVector}
import Array._
import org.apache.spark.mllib.linalg.SparseVector
```

3. 创建运行 Spark 所需要的 SparkSession 和应用程序参数：

```
val spark = SparkSession
 .builder
 .master("local[*]")
 .appName("myVectorMatrix")
 .config("spark.sql.warehouse.dir", ".")
 .getOrCreate()
```

这里根据 Scala Array 创建一个机器学习特征向量（Vector）。通过 Array 实例化的方式创建一个 2×2 的 DenseMatrix：

```
val MyArray1= Array(10.0, 11.0, 20.0, 30.3)
val denseMat3 = Matrices.dense(2,2,MyArray1)
```

输出如下：

```
DenseMat3=
10.0  20.0
11.0  30.3
```

在这个步骤中，构造一个 DenseMatrix，并通过实例化赋值。

直接使用内联方式定义一个 Array，创建一个 DenseMatrix。Array 大小为 3×3，一共 9 个元素，可以认为是 3 个 Vector 作为三列的形式（3×3）：

```
val denseMat1 = Matrices.dense(3,3,Array(23.0, 11.0, 17.0, 34.3, 33.0,
24.5, 21.3,22.6,22.2))
```

输出如下：

```
denseMat1=
23.0  34.3  21.3
11.0  33.0  22.6
17.0  24.5  22.2
```

这是另外一个使用内联初始化和 Vector 创建本地 DenseMatrix 的例子。这种用法很常见，将 Vector 汇总（collect）为一个 Matrix，从而在整个数据集上执行操作。最常见的用法是汇总 Vector，然后使用分布式 Matrix 执行分布式操作。

在 Scala 中，可以对 Array 使用++操作符得到连接结果：

```
val v1 = Vectors.dense(5,6,2,5)
 val v2 = Vectors.dense(8,7,6,7)
 val v3 = Vectors.dense(3,6,9,1)
 val v4 = Vectors.dense(7,4,9,2)

 val Mat11 = Matrices.dense(4,4,v1.toArray ++ v2.toArray ++ v3.toArray ++ v4.toArray)
 println("Mat11=\n", Mat11)
```

输出如下：

```
  Mat11=
5.0  8.0  3.0  7.0
6.0  7.0  6.0  4.0
2.0  6.0  9.0  9.0
5.0  7.0  1.0  2.0
```

2.5.2 工作原理

1. 构造方法的签名如下（列优先的 DenseMatrix）：

```
DenseMatrix(int numRows, int numCols, double[] values)
DenseMatrix(int numRows, int numCols, double[] values, boolean isTransposed)
```

2. 方法继承关系如下，具体的方法可以用于全部的常规程序中：

- interface class java.lang.Object；
- java.io.Serializable；

- Matrix。
3．下面是几个有用的调用方法。

（1）根据 vector 的数值创建对角 Matrix：

static DenseMatrix(Vector vector)

（2）创建恒等（单位）Matrix，单位 Matrix 的对角线元素为 1，其他元素为 0：

static eye(int n)

（3）判断 Matrix 是否转置过：

boolean isTransposed()

（4）随机抽样均匀分布，创建一个 Matrix：

static DenseMatrix rand(int numRows, int numCols, java.util.Random rng)

（5）随机抽样高斯分布，创建一个 Matrix：

static DenseMatrix randn(int numRows, int numCols, java.util.Random rng)

（6）转置 Matrix：

DenseMatrix transpose()

（7）Matrix 的深拷贝：

DenseVector Copy()

（8）转换为 SparseMatrix：

SparseVector toSparse()

（9）查看非零元素的数目：

Int numNonzeros()

（10）获取 Matrix 中的数值：

Double[] Values()

2.5.3　更多

使用 Spark 操作 Matrix 最困难的地方是处理列优先和行优先的习惯。记住 Spark 机器学习所使用的底层库在列优先存储机制下的性能更好。下面是一个演示示例：

1. 给定一个 2×2 的 Matrix 定义：

val denseMat3 = Matrices.dense(2,2, Array(10.0, 11.0, 20.0, 30.3))

2. Matrix 实际存储的值是：

10.0　20.0
11.0　30.3

可以在值集合中从左向右移动，然后在 Matrix 中一列接着一列地访问。

3. 正如前文所示，假定 Matrix 使用和 Spark 不一样的行优先存储，那么下面示例中的元素顺序对于 Spark 而言是错误的：

10.0　11.0
20.0　30.3

2.5.4　参考资料

DenseMatrix 构造器和 API 调用方法的文档可以查阅 Spark 官网。

2.6　用 Spark 2.0 的本地 SparseMatrix

这个攻略将重点关注如何创建 SparseMatrix。前面的攻略演示了如何定义和存储一个本地 DenseMatrix。可以将大多数的机器学习问题域认为是结合了 Matrix 的一组特征和标签集合。对于大规模机器学习问题（例如，大型人口中心区域疾病的进展、安全欺诈、政治运动建模等），大多数元素值会为 0 或空（例如，给定一种疾病，相当多的人是健康状态）。

为了实现实时存储和有效操作，本地 SparseMatrix 以"列表+索引"的形式专门用于高效存储，实现更快速的数据加载和实时操作。

2.6.1 操作步骤

1. 使用 IntelliJ 或其他所喜欢的 IDE 创建一个新项目，确保已经导入必要的 Jar 包。
2. 导入 Vector 和 Matrix 操作所需要的软件包：

```
import org.apache.spark.mllib.linalg.distributed.RowMatrix
import org.apache.spark.mllib.linalg.distributed.{IndexedRow,
IndexedRowMatrix}
import
org.apache.spark.mllib.linalg.distributed.{CoordinateMatrix,
MatrixEntry}
import org.apache.spark.sql.{SparkSession}
import org.apache.spark.mllib.linalg._
import breeze.linalg.{DenseVector => BreezeVector}
import Array._
import org.apache.spark.mllib.linalg.DenseMatrix
import org.apache.spark.mllib.linalg.SparseVector
```

3. 创建 Spark 上下文和应用程序参数，运行 Spark。更详细的信息和变种可以参见本章的第一个攻略：

```
val spark = SparkSession
.builder
.master("local[*]")
.appName("myVectorMatrix")
.config("spark.sql.warehouse.dir", ".")
.getOrCreate()
```

4. SparseMatrix 的创建过程有点复杂，因为数据以稀疏方式表示为列压缩存储（CCS），这种格式也被称为 Harwell-Boeing SparseMatrix。详细解释可以参看 2.6.2 节。

声明和创建一个只包含 3 个非零元素、大小为 3×2 的本地 SparseMatrix：

```
val sparseMat1= Matrices.sparse(3,2 ,Array(0,1,3), Array(0,1,2),
Array(11,22,33))
```

查看输出信息，以便全面理解底层的发生机制。3 个元素所在位置分别为(0,0),(1,1),(2,1)：

```
println("Number of Columns=",sparseMat1.numCols)
println("Number of Rows=",sparseMat1.numRows)
```

```
println("Number of Active elements=",sparseMat1.numActives)
println("Number of Non Zero elements=",sparseMat1.numNonzeros)
println("sparseMat1 representation of a sparse matrix and its
value=\n",sparseMat1)
```

输出如下：

```
(Number of Columns=,2)
(Number of Rows=,3)
(Number of Active elements=,3)
(Number of Non Zero elements=,3)
sparseMat1 representation of a sparse matrix and its value= 3 x 2 CSCMatrix
(0,0) 11.0
(1,1) 22.0
(2,1) 33.0
```

为进一步理解清楚，下面的代码块摘自 Spark 文档上 SparseMatrix 的内容（可以进一步查看 2.6.4 节）。这个 Matrix 只有 6 个非零元素值、大小为 3×3。注意函数声明中的参数顺序：Matrix 大小、列索引、行索引和实际值。

```
/* from documentation page
1.0 0.0 4.0
0.0 3.0 5.0
2.0 0.0 6.0
*
*/
//[1.0, 2.0, 3.0, 4.0, 5.0, 6.0], rowIndices=[0, 2, 1, 0, 1, 2],
colPointers=[0, 2, 3, 6]
 val sparseMat33= Matrices.sparse(3,3 ,Array(0, 2, 3, 6) ,Array(0,
2, 1, 0, 1, 2),Array(1.0, 2.0, 3.0, 4.0, 5.0, 6.0))
 println(sparseMat33)
```

输出如下：

```
3 x 3 CSCMatrix
(0,0) 1.0
(2,0) 2.0
(1,1) 3.0
(0,2) 4.0
(1,2) 5.0
(2,2) 6.0
```

列索引：[0,2,3,6]

行索引：[0,2,1,0,1,2]

非零元素值：[1.0,2.0,3.0,4.0,5.0,6.0]

2.6.2 工作原理

根据经验，使用 SparseMatrix 时遇到的困难主要是没有理解"压缩行存储（CRS）"和"压缩列存储（CCS）"之间的差异。需要强调的是，对于想要在这个领域深入研究的人员来说，需要清楚地理解 CRS 和 CCS 之间的差异。

简单来说，CCS 格式是 Spark 使用的格式，可以用于转置目标 Matrix。

1. 对于这个方法的构造函数，有两个不同的签名：

- SparseMatrix (int numRows, int numCols, int[] colPtrs, int[] rowIndices, double[] values)
- SparseMatrix(int numRows, int numCols, int[] colPtrs, int[] rowIndices, double[] values, boolean isTransposed)

对于第二种方法，可以声明 Matrix 已经转置过，这样 Matrix 就可以使用不同的处理方法。

2. 这个方法继承下面的接口，它的具体方法可以用于所有常规程序中：

- interface class java.lang.Object；
- java.io.Serializable；
- Matrix。

3. 存在下面几个有用的调用方法。

（1）根据 Vector 创建一个对角 Matrix：

static SparseMatrix spdiag(Vector vector)

（2）创建单位 Matrix。单位 Matrix 的对角线的元素为 1，其他元素为 0：

static speye(int n)

（3）判断 Matrix 是否经过转置：

boolean isTransposed()

（4）从均匀分布随机抽样，创建 Matrix：

```
static SparseMatrix sprand(int numRows, int numCols,
java.util.Random rng)
```

（5）从高斯分布随机抽样，创建 Matrix：

```
static SparseMatrix sprandn(int numRows, int numCols,
java.util.Random rng)
```

（6）转置 Matrix：

```
SparseMatrix transpose()
```

（7）深拷贝 SparseMatrix：

```
SparseMatrix Copy()
```

（8）转换为 DenseMatrix：

```
DenseMatrix toDense()
```

（9）查找非零元素的数目：

```
Int numNonzeros()
```

（10）获取 Matrix 中的数值：

```
Double[] Values()
```

（11）还存在一些专用于 SparseMatrix 的特殊操作函数。下面只是一些示例，推荐查看 Spark 官网的参考页面（详见 2.6.4 节）。

- 获取行索引：`int rowIndices()`
- 检查是否转置过：`booleanisTransposed()`
- 获取列索引：`int[]colPtrs()`

2.6.3 更多

再次强调下，大多数机器学习应用都会涉及稀疏性的处理，因为非线性分布的特征空间具有高维性质。为了进一步说明，我们提供一个简单的示例：10 个顾客对 4 个产品主题的关注程度：

如表 2-1 所示，大多数元素为 0，使用 DenseMatrix 存储不是一个好的方案，实际的顾客数目和主题数目会不断增加到数千万级别（$M \times N$）。SparseVector 和 SparseMatrix 可以使用稀疏结构对数据进行有效的存储和操作。

表 2-1

	Theme 1	Theme 2	Theme 3	Theme 4
Cust 1	1	0	0	0
Cust 2	0	0	0	1
Cust 3	0	0	0	0
Cust 4	0	1	0	0
Cust 5	1	1	1	0
Cust 6	0	0	0	0
Cust 7	0	0	1	0
Cust 8	0	0	0	0
Cust 9	1	0	1	1
Cust 10	0	0	0	0

2.6.4 参考资料

SparseMatrix 的构造器和 API 调用方法的文档可以从 Spark 官网查看。

2.7 用 Spark 2.0 进行 Vector 运算

这个攻略研究在 Spark 环境下使用 Breeze 库进行 Vector 操作。Vectors 可以用于汇总特征，也可以使用线性代数操作（例如，加法、减法、转置和点积操作等）处理 Vector。

2.7.1 操作步骤

1. 使用 IntelliJ 或其他所喜欢的 IDE 创建一个新项目，确保已经导入必要的 Jar 包。

2. 导入 Vector 和 Matrix 操作所需要的包：

```
import org.apache.spark.mllib.linalg.distributed.RowMatrix
import org.apache.spark.mllib.linalg.distributed.{IndexedRow, IndexedRowMatrix}
import org.apache.spark.mllib.linalg.distributed.{CoordinateMatrix,
```

```
MatrixEntry}
import org.apache.spark.sql.{SparkSession}
import org.apache.spark.mllib.linalg._
import breeze.linalg.{DenseVector => BreezeVector}
import Array._
import org.apache.spark.mllib.linalg.DenseMatrix
import org.apache.spark.mllib.linalg.SparseVector
```

3. 创建 SparkSession 和应用参数，运行 Spark：

```
val spark = SparkSession
 .builder
 .master("local[*]")
 .appName("myVectorMatrix")
 .config("spark.sql.warehouse.dir", ".")
 .getOrCreate()
```

4. 创建 Vector：

```
val w1 = Vectors.dense(1,2,3)
val w2 = Vectors.dense(4,-5,6)
```

5. 将 Spark 公共接口支持的 Vector 转为 Breeze 库所支持的 Vector，可以使用 Breeze 库所支持一套丰富的 Vector 操作集合：

```
val w1 = Vectors.dense(1,2,3)
val w2 = Vectors.dense(4,-5,6)
val w3 = new BreezeVector(w1.toArray)//w1.asBreeze
val w4 = new BreezeVector(w2.toArray)// w2.asBreeze
println("w3 + w4 =",w3+w4)
println("w3 - w4 =",w3+w4)
println("w3 * w4 =",w3.dot(w4))
```

6. 观察和理解输出结果。对向量加法、减法和乘法的操作理解可以查看 2.6.2 节。

输出如下：

```
w3 + w4 = DenseVector(5.0, -3.0, 9.0)
w3 - w4 = DenseVector(5.0, -3.0, 9.0)
w3 * w4 =12.0
```

7. 使用 Breeze 库进行 Vector（SparseVector 和 DenseVector）操作的转换如下：

```
val sv1 = Vectors.sparse(10, Array(0,2,9), Array(5, 3, 13))
val sv2 = Vectors.dense(1,0,1,1,0,0,1,0,0,13)
```

```
println("sv1 - Sparse Vector = ",sv1)
println("sv2 - Dense Vector = ",sv2)
println("sv1 * sv2 =", new
BreezeVector(sv1.toArray).dot(new
BreezeVector(sv2.toArray)))
```

这是另一个方法，但缺点是使用了私有方法（可以查看 Spark 2.x.x 的实际源码）。推荐使用前面的方法：

```
println("sv1 * sve2 =", sv1.asBreeze.dot(sv2.asBreeze))
```

输出如下：

```
sv1 - Sparse Vector = (10,[0,2,9],[5.0,3.0,13.0])
sv2 - Dense  Vector = [1.0,0.0,1.0,1.0,0.0,0.0,1.0,0.0,0.0,13.0]
sv1 * sv2 = 177.0
```

2.7.2 工作原理

Vector 是一种数学工具，可以用来表示大小和方向。对于机器学习而言，可以将对象和用户的偏好汇总为 Vector 和 Matrix，实现大规模的分布式操作。

Vector 是数字元组的形式，通常对应机器学习算法收集的一些属性。向量通常是实数（测量值），但很多时候也使用二值来显示特定主题的偏好（或偏差）的存在与否。

Vector 可以认为是一个行向量或一个列向量。列向量适合用于机器学习中，列向量表示如下：

$$x = \begin{pmatrix} x_1 \\ \vdots \\ x_n \end{pmatrix}$$

行向量表示如下：

$$x^T = (x_1 \cdots x_n)$$

Vector 加法表示如下：

$$x + y = \begin{pmatrix} x_1 \\ x_2 \\ \vdots \\ x_n \end{pmatrix} + \begin{pmatrix} y_1 \\ y_2 \\ \vdots \\ y_n \end{pmatrix} = \begin{pmatrix} x_1 + y_1 \\ x_2 + y_2 \\ \vdots \\ x_n + y_n \end{pmatrix}$$

Vector 减法表示如下:

$$x - y = \begin{pmatrix} x_1 \\ x_2 \\ \vdots \\ x_n \end{pmatrix} - \begin{pmatrix} y_1 \\ y_2 \\ \vdots \\ y_n \end{pmatrix} = \begin{pmatrix} x_1 - y_1 \\ x_2 - y_2 \\ \vdots \\ x_n - y_n \end{pmatrix}$$

Vector 乘法或点积表示如下:

$$\boldsymbol{a} \cdot \boldsymbol{b} = \boldsymbol{a}^\mathrm{T} \boldsymbol{b} = [a_1 \;\; a_2 \;\; a_3] \begin{bmatrix} b_1 \\ b_2 \\ b_3 \end{bmatrix} = a_1 b_1 + a_2 b_2 + a_3 b_3$$

$$W = X = \sum_{i=1}^{n} w_i x_i = W^\mathrm{T} X$$

2.7.3 更多

Spark ML 和 MLlib 库所提供的公共接口(SparseVector 和 DenseVector)目前缺少一些必要的运算符,无法执行完整的 Vector 运算。如果想要获取线性代数的相关操作,必须将本地 Vector 转换为 Breeze 库的 Vector。

对于 Spark 2.0 之前的版本,转换操作可以使用 Breeze(toBreeze()函数),但是现在这个方法变为私有的 asBreeze()。如果读者想要更好地理解新的范式则必须阅读 Spark 的源码。可能这个改变也反映出 Spark 核心开发者减少对底层 Breeze 库依赖的想法。

如果使用 Spark 2.0 之前的版本(Spark 15.1 或 Spark 1.6.1),可以使用下面的代码块进行转换。

示例 1:Spark 2.0 之前的版本。

```
val w1 = Vectors.dense(1,2,3)
val w2 = Vectors.dense(4,-5,6)
val w3 = w1.toBreeze
val w4= w2.toBreeze
println("w3 + w4 =",w3+w4)
println("w3 - w4 =",w3+w4)
println("w3 * w4 =",w3.dot(w4))
```

示例 2:Spark 2.0 之前的版本。

```
println("sv1 - Sparse Vector = ",sv1)
```

```
println("sv2 - Dense Vector = ",sv2)
println("sv1 * sv2 =", sv1.toBreeze.dot(sv2.toBreeze))
```

2.7.4　参考资料

- 关于 Breeze 库的文档可以查阅 scalanlp 网站。
- 关于 Linalg 库的文档可以查阅 Spark 官网。

2.8　用 Spark 2.0 进行 Matrix 运算

在这个攻略中，将研究 Spark 中加法、转置和乘法等矩阵运算，而矩阵求逆、SVD 等更复杂的操作将在后续章节介绍。Spark ML 库对原生的 SparseMatrix 和 DenseMatrix 提供了乘法运算，不需要显式地转换为 Breeze 库中的相应类型。

Matrix 是分布式计算中的关键环节，机器学习可以对特征汇总，并按照 Matrix 配置重新组织，然后用于大规模操作。许多的机器学习方法，例如 ALS（交替最小二乘法）和 SVD（奇异值分解），都依赖有效的 Matrix 和 Vector 操作实现大规模的机器学习和模型训练。

2.8.1　操作步骤

1．使用 IntelliJ 或其他所喜欢的 IDE 创建一个新项目，确保已经导入必要的 Jar 包。

2．导入 Vector 和 Matrix 操作所需要的包：

```
import org.apache.spark.mllib.linalg.distributed.RowMatrix
import org.apache.spark.mllib.linalg.distributed.{IndexedRow,
IndexedRowMatrix}
import
org.apache.spark.mllib.linalg.distributed.{CoordinateMatrix,
MatrixEntry}
import org.apache.spark.sql.{SparkSession}
import org.apache.spark.mllib.linalg._
import breeze.linalg.{DenseVector => BreezeVector}
import Array._
import org.apache.spark.mllib.linalg.DenseMatrix
import org.apache.spark.mllib.linalg.SparseVector
```

3．创建 SparkSession 和应用程序参数，运行 Spark：

```
val spark = SparkSession
 .builder
 .master("local[*]")
 .appName("myVectorMatrix")
 .config("spark.sql.warehouse.dir", ".")
 .getOrCreate()
```

4. 创建 Matrix：

```
val sparseMat33= Matrices.sparse(3,3 ,Array(0, 2, 3, 6) ,Array(0,
2, 1, 0, 1, 2),Array(1.0, 2.0, 3.0, 4.0, 5.0, 6.0))
val denseFeatureVector= Vectors.dense(1,2,1)
val denseVec13 = Vectors.dense(5,3,0)
```

5. Matrix 和 Vector 相乘，输出结果。对于大多数 Spark 机器学习应用，这种操作已经成为一种常规操作，非常有用。这里使用 SparseMatrix 说明一个事实：DenseMatrix、SparseMatrix 和 Matrix 之间可以互相转换，选择使用哪一种 Matrix 只需要考虑密度（例如非零元素的比例）和性能。

```
val result0 = sparseMat33.multiply(denseFeatureVector)
println("SparseMat33 =", sparseMat33)
 println("denseFeatureVector =", denseFeatureVector)
 println("SparseMat33 * DenseFeatureVector =", result0)
```

输出如下：

```
(SparseMat33 =,3 x 3 CSCMatrix
(0,0) 1.0
(2,0) 2.0
(1,1) 3.0
(0,2) 4.0
(1,2) 5.0
(2,2) 6.0)
denseFeatureVector =,[1.0,2.0,1.0]
SparseMat33 * DenseFeatureVector = [5.0,11.0,8.0]
```

6. DenseMatrix 乘以 DenseVector。这个操作提供了一个全面的理解，让开发者在无须考虑稀疏性的情况下更容易使用 Matrix 和 Vector 操作：

```
println("denseVec2 =", denseVec13)
println("denseMat1 =", denseMat1)
val result3= denseMat1.multiply(denseVec13)
println("denseMat1 * denseVect13 =", result3)
```

输出如下：

```
denseVec2 =,[5.0,3.0,0.0]
denseMat1 = 23.0 34.3 21.3
            11.0 33.0 22.6
            17.0 24.5 22.2
denseMat1 * denseVect13 =,[217.89,154.0,158.5]
```

7. 进一步演示 Matrix 的转置操作，实现列和行交换。这个操作很重要，对于从事 Spark 机器学习或者数据工程的人来说，几乎每天都会使用。

操作步骤如下：

（1）转置 SparseMatrix，输出检查新的 Matrix 结果：

```
val transposedMat1= sparseMat1.transpose
 println("transposedMat1=\n",transposedMat1)
```

输出如下：

```
Original sparseMat1 =,3 x 2 CSCMatrix
(0,0) 11.0
(1,1) 22.0
(2,1) 33.0)

(transposedMat1=,2 x 3 CSCMatrix
(0,0) 11.0
(1,1) 22.0
(1,2) 33.0)

1.0 4.0 7.0
2.0 5.0 8.0
3.0 6.0 9.0
```

（2）对 Matrix 进行两次转置会得到原始 Matrix：

```
val transposedMat1= sparseMat1.transpose
println("transposedMat1=\n",transposedMat1)
println("Transposed twice", denseMat33.transpose.transpose)
// we get the original back
```

输出如下：

```
Matrix transposed twice=
1.0 4.0 7.0
2.0 5.0 8.0
3.0 6.0 9.0
```

对 DenseMatrix 转置，输出检查新的 Matrix，这种方式更容易观察行和列的索引是如何交换的：

```
val transposedMat2= denseMat1.transpose
 println("Original sparseMat1 =", denseMat1)
 println("transposedMat2=" ,transposedMat2)
Original sparseMat1 =
23.0  34.3  21.3
11.0  33.0  22.6
17.0  24.5  22.2
transposedMat2=
23.0  11.0  17.0
34.3  33.0  24.5
21.3  22.6  22.2
```

（3）执行 Matrix 乘法，查看在代码层面是如何运行的。

声明两个大小为 2×2 的 DenseMatrix：

```
// Matrix multiplication
 val dMat1: DenseMatrix= new DenseMatrix(2, 2, Array(1.0,
3.0, 2.0, 4.0))
 val dMat2: DenseMatrix = new DenseMatrix(2, 2,
Array(2.0,1.0,0.0,2.0))

 println("dMat1 * dMat2 =", dMat1.multiply(dMat2)) //A x B
 println("dMat2 * dMat1 =", dMat2.multiply(dMat1)) //B x A
not the same as A xB
```

输出如下：

```
dMat1 =,1.0  2.0
       3.0  4.0
dMat2 =,2.0  0.0
       1.0  2.0
dMat1 * dMat2 =,4.0  4.0
               10.0 8.0
//Note: A x B is not the same as B x A
dMat2 * dMat1 = 2.0  4.0
                7.0  10.0
```

2.8.2 工作原理

Matrix 的列可以认为是 Vector，Matrix 是用于处理线性代数转换操作的强大的分布式计算工具。使用 Matrix 可以汇总各种属性或特征表示，执行各种操作。

简单来说，Matrix 是一个二维的 $m \times n$ 的数组（Array），其中的每个元素都是使用两个下标 i 和 j 进行索引。

Matrix 可以表示如下：

$$\begin{pmatrix} a_{11} & a_{12} & \cdots & a_{1n} \\ a_{21} & a_{22} & \cdots & a_{2n} \\ \vdots & \vdots & \ddots & \vdots \\ a_{m1} & a_{m2} & \cdots & a_{mn} \end{pmatrix}$$

Matrix 转置可以表示如下：

$$A = \begin{bmatrix} 111 & 222 \\ 333 & 444 \\ 555 & 666 \end{bmatrix} \quad A' = \begin{bmatrix} 111 & 333 & 555 \\ 222 & 444 & 666 \end{bmatrix}$$

Matrix 乘法可以表示如下：

$$\begin{pmatrix} a_{11} & a_{12} & a_{13} \\ a_{21} & a_{22} & a_{23} \\ a_{31} & a_{32} & a_{33} \end{pmatrix} \begin{pmatrix} b_{11} & b_{12} \\ b_{21} & b_{22} \\ b_{31} & b_{32} \end{pmatrix} = \begin{pmatrix} a_{11}b_{11} + a_{12}b_{21} + a_{13}b_{31} & a_{11}b_{12} + a_{12}b_{22} + a_{13}b_{32} \\ a_{21}b_{11} + a_{22}b_{21} + a_{23}b_{31} & a_{21}b_{12} + a_{22}b_{22} + a_{23}b_{32} \\ a_{31}b_{11} + a_{32}b_{21} + a_{33}b_{31} & a_{31}b_{12} + a_{32}b_{22} + a_{33}b_{32} \end{pmatrix}$$

Vector 和 Matrix 乘法操作或点积操作表示如下：

$$\boldsymbol{a} \cdot \boldsymbol{b} = \boldsymbol{a}^{\mathrm{T}} \boldsymbol{b} = [a_1 \ a_2 \ a_3] \begin{bmatrix} b_1 \\ b_2 \\ b_3 \end{bmatrix} = a_1 b_1 + a_2 b_2 + a_3 b_3$$

$$W = X = \sum_{i=1}^{n} w_i x_i = W^{\mathrm{T}} X$$

在接下来的 4 个攻略中，会进一步讲解 Spark 2.0 机器学习库中的分布式 Matrix，即 Spark 中的 4 种不同类型的分布式 Matrix。Spark 目前完全支持基于 RDD 的分布式 Matrix，然而 Spark 所支持的分布式计算并没有减少开发人员在处理算法时的工作量。

底层 RDD 为存储在 Matrix 中的底层数据提供了完全并行计算和容错处理能力。Spark 捆绑了 MLLIB 和 LINALG，二者提供公共接口并支持非本地 Matrix，但是由于链式操作的复杂性和 Matrix 的大小等限制还是需要完整的群集支持。

为了支持并行能力，Spark 机器学习提供了 4 种不同类型的分布式 Matrix：RowMatrix、

IndexedRowMatrix、CoordinateMatrix 和 BlockMatrix。

- RowMatrix：机器学习库中面向行的分布式 Matrix。
- IndexedRowMatrix：和 RowMatrix 类似，但多了额外的行索引。这是一种特殊类型的 RowMatrix，需要通过 IndexedRow(Index, Vector)数据结构的 RDD 创建。从可视化角度看，Matrix 是每一行一个数据对（long，RDD），以配对（zip 函数）的方式执行。对于一个给定的算法（大规模的 Matrix 操作），可以在一个计算路径上获取 RDD 的索引。
- CoordinateMatrix：对于坐标数据（例如投影空间中的 x、y、z 坐标）非常有用。
- BlockMatrix：由若干个本地 Metrix 块所组成的分布式 Matrix。

首先使用一个简短攻略讲解 4 个不同类型分布式矩阵的创建方式，然后讲解一个更复杂的 RowMatrix 案例，这是一个典型的机器学习案例：涉及一个本地 Matrix 和海量并行分布式 Matrix 相关的操作。

对大型 Matrix 进行编码或涉及相关操作时，必须深入理解 Spark 内部机制，例如各个 Spark 版本的 Spark 核心、stage 划分、管道化、混洗操作（Spark 的性能和优化机制在每个版本都有提升和优化）。

在深入研究大规模 Matrix 和 Spark 优化之前，推荐首先查看下面的资料：

- Apache Spark 中的 Matrix 计算和优化机制（kdd 网站）；
- Spark 中大规模分布式 Matrix 计算的源码（comuter 网站）；
- 一个非常有效的与分布式矩阵计算相关的 Matrix 依赖代码（北京大学网站的资料库）。

2.9 研究 Spark 2.0 分布式 RowMatrix

在这个攻略中，我们将研究 Spark 提供的 RowMatrix。顾名思义，RowMatrix 是一个面向行的 Matrix，缺点是生命周期计算中缺少用来追踪的索引。RowMatrix 的行是 RDD，可以用来提供分布式计算能力和容错的弹性机制。

RowMatrix 由本地 Vector 作为行组成，并借助 RDD 实现并行和分布式能力。简单来说，RowMatrix 的每一行都是一个 RDD，但是最大列数目由本地 Vector 的大小所限制。在大多数情况下，这个问题无关紧要，但是为了保持内容的完整性还是需要在这则攻略中提及。

2.9.1 操作步骤

1. 使用 IntelliJ 或其他所喜欢的 IDE 创建一个新项目，确保已经导入必要的 Jar 包。
2. 导入 Vector 和 Matrix 操作所需要的包：

```
import org.apache.spark.mllib.linalg.distributed.RowMatrix
import org.apache.spark.mllib.linalg.distributed.{IndexedRow,
IndexedRowMatrix}
import org.apache.spark.mllib.linalg.distributed.{CoordinateMatrix,
MatrixEntry}
import org.apache.spark.sql.{SparkSession}
import org.apache.spark.mllib.linalg._
import breeze.linalg.{DenseVector => BreezeVector}
import Array._
import org.apache.spark.mllib.linalg.DenseMatrix
import org.apache.spark.mllib.linalg.SparseVector
```

3. 创建 SparkSession 和应用程序参数，运行 Spark；更详细的信息和变种可以查阅本章的第一个攻略：

```
val spark = SparkSession
 .builder
 .master("local[*]")
 .appName("myVectorMatrix")
 .config("spark.sql.warehouse.dir", ".")
 .getOrCreate()
```

4. 在执行分布式 Matrix 时，分布式计算的性质会导致 warning 语句的输出数量和时间会不断发生变化。但是实际输出的交叉信息会依赖于具体的执行计划，而且输出信息难以阅读。下面的语句为了减少输出信息，将 log4j 的输出级别从 warning（默认提供的是 WARN）提升到 ERROR。建议开发者阅读详细的 warning 信息，这样才能更好地理解这些操作的并行性和 RDD 概念：

```
import Log4J logger and the level
import org.apache.log4j.Logger
 import org.apache.log4j.Level
```

设置日志级别为 ERROR：

```
Logger.getLogger("org").setLevel(Level.ERROR)
```

```
Logger.getLogger("akka").setLevel(Level.ERROR)
```

原始的默认值如下：

```
Logger.getLogger("org").setLevel(Level.WARN)
Logger.getLogger("akka").setLevel(Level.WARN)
```

5. 定义两个 DenseVector 数据结构类型的序列。本地 DenseVector 的 Scala 序列可以作为分布式 RowMatrix 的数据来源：

```
val dataVectors = Seq(
   Vectors.dense(0.0, 1.0, 0.0),
   Vectors.dense(3.0, 1.0, 5.0),
   Vectors.dense(0.0, 7.0, 0.0)
)
```

本地 DenseVector 的 Scala 序列可以作为分布式 RowMatrix 的数据来源。线性代数操作的一个快速检查方式是：任何矩阵乘以一个单位矩阵是否会产生一个相同的原始矩阵（也就是 $A \times I = A$）。因此，我们可以通过单位矩阵校验矩阵乘法运算是否正确，也可以检查结果矩阵（$A \times I$）的统计结果是否和原始矩阵（A）一致：

```
val identityVectors = Seq(
   Vectors.dense(1.0, 0.0, 0.0),
   Vectors.dense(0.0, 1.0, 0.0),
   Vectors.dense(0.0, 0.0, 1.0)
)
```

6. 将底层的 DenseVector 并行化为 RDD，创建第一个分布式矩阵。

这时 DenseVector 现在已经变为由 RDD 所支持的新的分布式矩阵中的行数据（即可以支持所有的 RDD 操作）。

获取原始序列（由 Vector 所构成），并转为 RDD，在第 3 章将详细介绍 RDD。下面的单行语句将一个本地数据结构转为一个分布式数据结构：

```
val distMat33 = new RowMatrix(sc.parallelize(dataVectors))
```

计算一些基本的统计量校验 RowMatrix 是否正确创建。需要记住，DenseVector 已经成为行数据，而不是列数据（这一点比较让人困惑）：

```
println("distMatt33 columns - Count =",
distMat33.computeColumnSummaryStatistics().count)
```

```
 println("distMatt33 columns - Mean =",
distMat33.computeColumnSummaryStatistics().mean)
 println("distMatt33 columns - Variance =",
distMat33.computeColumnSummaryStatistics().variance)
 println("distMatt33 columns - CoVariance =",
distMat33.computeCovariance())
```

输出如下:

```
distMatt33 columns - Count = 3
distMatt33 columns - Mean = [ 1.0, 3.0, 1.66 ]
(distMatt33 columns - Variance = [ 3.0,12.0,8.33 ]
(distMatt33 columns - CoVariance = 3.0 -3.0 5.0
                                  -3.0 12.0 -5.0
                                   5.0 -5.0 8.33
```

小技巧
得到的统计量(均值、方差、最小值、最大值等)是根据每列而不是整个矩阵计算,所以可以看到均值和方差具有 3 个数值,分别对应每一列。

7. 在这一步,从单位向量中创建所需要的本地矩阵。需要注意,这里的乘法运算需要的是本地矩阵,而不是分布式矩阵。可以通过检查构造方法的签名来校验是否正确。使用 map()、toArray()和 flatten()操作得到一个扁平化的 Scala 数组,然后作为一个参数传递到下一步的本地矩阵创建过程中:

```
val flatArray = identityVectors.map(x => x.toArray).flatten.toArray
 dd.foreach(println(_))
```

8. 创建一个本地矩阵作为单位矩阵,用来校验乘法操作 $A \times I = A$:

```
val dmIdentity: Matrix = Matrices.dense(3, 3, flatArray)
```

9. 通过分布式矩阵乘以本地矩阵,得到一个新的分布式矩阵。在大规模的分布式矩阵计算中,这是一个典型案例:通过乘以一个细长、竖直矩阵和一个扁平、长形的本地矩阵,实现数据量的降低和结果矩阵的维度约减:

```
val distMat44 = distMat33.multiply(dmIdentity)
 println("distMatt44 columns - Count =",
distMat44.computeColumnSummaryStatistics().count)
 println("distMatt44 columns - Mean =",
```

```
distMat44.computeColumnSummaryStatistics().mean)
 println("distMatt44 columns - Variance =",
distMat44.computeColumnSummaryStatistics().variance)
 println("distMatt44 columns - CoVariance =",
distMat44.computeCovariance())
```

10. 对比步骤 7 和步骤 8，可以发现前面的矩阵操作正确，还可以进一步通过描述性统计量和协方差矩阵（$A \times I = A$，分布式矩阵乘以本地矩阵）验证结果。

输出如下：

```
distMatt44 columns - Count = 3
distMatt44 columns - Mean = [ 1.0, 3.0, 1.66 ]
distMatt44 columns - Variance = [ 3.0,12.0,8.33 ]
distMatt44 columns - CoVariance = 3.0 -3.0 5.0
                                 -3.0 12.0 -5.0
                                  5.0 -5.0 8.33
```

2.9.2　工作原理

1. 构造方法的签名如下：

- `RowMatrix(RDD<Vector> rows)`
- `RowMatrix(RDD<Vector>, long nRows, Int nCols)`

2. 这个方法继承下面的接口，它的具体方法可以用于所有常规程序中：

- 接口类 java.lang.Object

- 实现了以下接口：

    - `Logging`

    - `Distributed matrix`

3. 下面是几个有用的调用方法。

- 计算描述性统计量，例如均值、最小值、最大值、方差等：

    - `MultivariateStatisticalSummary`

    - `computeColumnSummaryStatistics()`

- 根据原始矩阵计算协方差矩阵：

    - `Matrix computeCovariance()`

- 参考 Gram 矩阵计算 Gramian 矩阵（ATA）：
  - `Matrix computeGramianMatrix()`
- 计算 PCA 主成分：
  - `Matrix computePrincipalComponents(int k)`

其中的 k 代表主成分的数目。

- 根据原始矩阵计算 SVD 分解：
  - `SingularValueDecomposition<RowMatrix, Matrix> computeSVD(int k, boolean compute, double rCond)`

其中 k 代表需要保留的主要奇异值数目（$0<k\leqslant n$）。

- 乘法：
  - `RowMatrix Multiply(Matrix B)`
- 行：
  - `RDD<Vector> rows()`
- 计算 QR 分解：
  - `QRDecomposition<RowMatrix, Matrix>tallSkinnyQR(boolean computeQ))`
- 查询非零元素数目：
  - `Int numNonzeros()`
- 获取矩阵中的存储的数值：
  - `Double[] Values()`
- 其他：
  - 计算列相似度（在文档分析中很有用），在第 12 章中将讲解两种文本分析方法。
  - 列数目和行数目在动态编程中很有用。

2.9.3 更多

在使用 sparse 或者 dense 成员时（vector 或 block matrix），还有其他因素需要考虑。一般更倾向于乘以一个本地矩阵,因为这样不会引起昂贵的混洗操作。

在处理大型矩阵时候,更倾向于考虑简便和可控因素,文中的 4 种类型的分布式矩阵可以简化创建和操作步骤。这 4 种分布式矩阵都具有优先和缺点,使用时候需要根据下面的 3 个准确进行考虑和权衡。

- 底层数据的类型属于稀疏还是密集?
- 在执行操作时候是否会引起混洗操作?
- 在处理边缘数据时候,网络容量是否有效利用?

对于上面提及的几个因素,在处理分布式矩阵操作的时候(例如两个 RowMatrixes 相乘),需要特别降低混洗操作(该操作是网络瓶颈),实际中倾向于乘以本地矩阵以便显著降低混洗操作。尽管这一点有点违反直觉,但是在实际操作中这样做的效果更好。这里的原因可能是当一个大型矩阵乘以一个向量或者高瘦矩阵或者扁平矩阵时候,结果矩阵足够小,可以全部加载到内存中。

还有一个需要注意,当返回信息量(一行或本地矩阵)足够小,返回信息就可以存储到驱动器中。

对于导入语句,我们需要同时导入本地和分布式向量和矩阵,以便可以和机器学习库协同工作。否则,将默认使用 Scala 向量和矩阵。

2.9.4 参考资料

RowMatrix 构造器和 API 调用方法文档可以查询 Spark 官网。

2.10 研究 Spark 2.0 分布式 IndexedRowMatrix

这个攻略将使用 IndexedRowMatrix,这是本章的第一个特殊的分布式矩阵,主要优点是在计算过程中可以同时携带索引和实际的数据行 RDD。

在编写 IndexedRowMatrix 的代码时,可以由开发者提供一个索引和给定的行数据永久配对,这种操作在随机访问时候很有作用。索引不仅有助于随机访问,还可以在执行 join 操作中定位数据行。

2.10.1 操作步骤

1. 使用 IntelliJ 或其他所喜欢的 IDE 创建一个新项目,确保已经导入必要的 Jar 包。

2. 导入 Vector 和 Matrix 操作所需要的包：

```
import org.apache.spark.mllib.linalg.distributed.RowMatrix
import org.apache.spark.mllib.linalg.distributed.{IndexedRow,IndexedRowMatrix}
import org.apache.spark.mllib.linalg.distributed.{CoordinateMatrix,MatrixEntry}
import org.apache.spark.sql.{SparkSession}
import org.apache.spark.mllib.linalg._
import breeze.linalg.{DenseVector => BreezeVector}
import Array._
import org.apache.spark.mllib.linalg.DenseMatrix
import org.apache.spark.mllib.linalg.SparseVector
```

3. 创建运行 Spark 所需要的 SparkSession 和应用程序参数，详细参数说明和变化可以参考本章的第一个攻略内容：

```
val spark = SparkSession
 .builder
 .master("local[*]")
 .appName("myVectorMatrix")
 .config("spark.sql.warehouse.dir", ".")
 .getOrCreate()
```

4. 首先创建原始数据向量，然后构造合适的数据结构（RowIndex）来保存索引和向量。

5. 继续构造 IndexedRowMatrix，并展示使用方法。对于那些使用 LIBSVM 的人来说，这种格式接近于标签和向量工具，其中的标签对应现在的索引（long 类型）。

6. 创建一个向量序列，作为 IndexedRowMatrix 的基础数据结构：

```
val dataVectors = Seq(
   Vectors.dense(0.0, 1.0, 0.0),
   Vectors.dense(3.0, 1.0, 5.0),
   Vectors.dense(0.0, 7.0, 0.0)
)
```

7. 将向量序列作为 IndexedRowMatrix 基础数据结构的示例如下：

```
  val distInxMat1
 = sc.parallelize( List( IndexedRow( 0L, dataVectors(0)),
IndexedRow( 1L, dataVectors(1)), IndexedRow( 1L, dataVectors(2))))
println("distinct elements=", distInxMat1.distinct().count())
```

输出如下：

```
(distinct elements=,3)
```

2.10.2 工作原理

索引是一个 long 数据结构，可以提供给 IndexedRowMatrix 行数据，作为一个有意义的行索引。IndexedRowMatrix 功能强大的原因在于 RDD 可以在并行环境下提供分布式弹性数据结构的全部优点。

IndexedRowMatrix 的主要优点在于索引可以和行数据（RDD）捆绑在一起参与计算。在实际工作中，定义捆绑索引的数据并传递使用很有价值，尤其是在执行 join 操作时需要一个 key 选择指定的行数据。

IndexedRowMatrix 说明如图 2-4 所示，有助于我们简化概念。

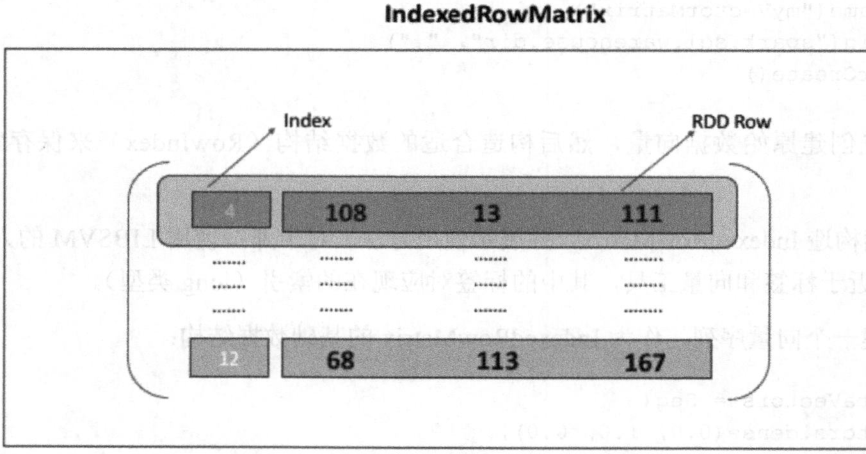

图 2-4

前面的定义可能不清楚，因为存在需要重复定义的索引和数据构成原始矩阵。下面的代码块展示了需要重复内部列表的情况，可以用来参考：

```
List( IndexedRow( 0L, dataVectors(0)), IndexedRow( 1L, dataVectors(1)),
IndexedRow( 1L, dataVectors(2)))
```

其他的操作和前面攻略中提及的 IndexcRow 类似。

2.10.3 参考资料

IndexedRowMatrix 的构造函数和 API 调用函数可以参考 Spark 官方文档。

2.11 研究 Spark 2.0 分布式 CoordinateMatrix

在这个攻略中,我们将讲解第二种特殊形式的分布式矩阵。当需要处理的机器学习实现涉及大量 3D 坐标系统（x、y、z）数据时候,这个形式的矩阵非常有用,将坐标数据结构包装为分布式矩阵很方便。

2.11.1 操作步骤

1. 使用 IntelliJ 或其他所喜欢的 IDE 创建一个新项目,确保已经导入必要的 Jar 包。

2. 导入 Vector 和 Matrix 操作所需要的包:

```
import org.apache.spark.mllib.linalg.distributed.RowMatrix
import org.apache.spark.mllib.linalg.distributed.{IndexedRow,
IndexedRowMatrix}
import
org.apache.spark.mllib.linalg.distributed.{CoordinateMatrix,
MatrixEntry}
import org.apache.spark.sql.{SparkSession}
import org.apache.spark.mllib.linalg._
import breeze.linalg.{DenseVector => BreezeVector}
import Array._
import org.apache.spark.mllib.linalg.DenseMatrix
import org.apache.spark.mllib.linalg.SparseVector
```

3. 创建运行 Spark 所需要的 SparkSession 和应用程序参数,详细的参数说明和变化可以参考本章的第一个攻略内容:

```
val spark = SparkSession
 .builder
 .master("local[*]")
 .appName("myVectorMatrix")
 .config("spark.sql.warehouse.dir", ".")
 .getOrCreate()
```

4. 首选创建一个 MatrixEntry 序列（序列的元素对应单个坐标）,并放置于 CoordinateMatrix

中。需要注意，不能将所有的元素项都设置为小数，因为是 x、y、z 坐标形式（x 和 y 必须是 long 类型，而 z 是 double 类型）：

```
val CoordinateEntries = Seq(
    MatrixEntry(1, 6, 300),
    MatrixEntry(3, 1, 5),
    MatrixEntry(1, 7, 10)
)
```

5. 实例化构造函数并创建 CoordinateMatrix。创建 RDD 需要额外增加一步，如在构造器中使用 SparkContext 并行化（也就是 sc.parallelize）：

```
val distCordMat1 = new CoordinateMatrix(
sc.parallelize(CoordinateEntries.toList))
```

6. 首先输出 MatrixEntry 校验模型元素是否正确。在后面的章节中，我们将讲解如何处理 RDD，需要注意 count()操作已经是 action 操作，这时使用 collect()操作是多余的：

```
println("First Row (MatrixEntry) =",distCordMat1.entries.first())
```

输出如下：

First Row (MatrixEntry) =,MatrixEntry(1,6,300.0)

2.11.2 工作原理

1. CoordinateMatrix 是一种特殊的矩阵，其中每个 entry 都是一个坐标系统或 3 个数组的元组（long、long、double 对应坐标 x、y、z）。相关的数据结构是 MatrixEntry，用于存储坐标数据，然后作为 CoordinateMatrix 的一个数据点。

2. 图 2-5 是 CoordinateMatrix 的图示描述，有助于简化概念、帮助理解。

以下的代码块包含 3 个坐标：

```
MatrixEntry(1, 6, 300), MatrixEntry(3, 1, 5), MatrixEntry(1, 7, 10)
```

MaxEntry 只是一个用于存储坐标的数据结构，除非需要修改 Spark 的源码（GitHub 的 CoordinateMatrix.scala）实现一个更特殊的容器（压缩表示），否则开发者不需要对其有进一步的了解。

- CoordinateMatrix 由 RDD 所支持，允许实现并行计算。

- 在实例化 IndexedRowMatrix 之前，需要导入 IndexedRow 才可以定义数据行。
- 这个矩阵可以转为 RowMatrix、IndexedRowMatrix 和 BlockMatrix

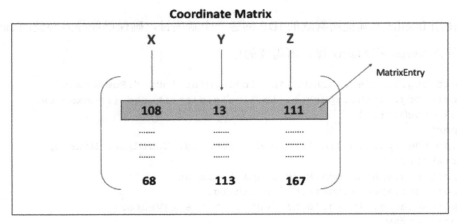

图 2-5

使用稀疏坐标系统（例如，对于位置而言的所有设备的"安全威胁矩阵"）还具有高效存储、检索和操作等额外优点。

2.11.3 参考资料

Spark 官方文档：

- CoordinateMatrix 构造器；
- CoordinateMatrix API；
- MatrixEntry。

2.12 研究 Spark 2.0 分布式 BlockMatrix

在这个攻略中，我们将研究 BlockMatrix，对于其他矩阵构成的一个块而言，这种矩阵是一种优雅的抽象和一种占位符。简单来说，这是一个其他矩阵（单个矩阵作为单元来访问）所构成的一种矩阵（矩阵块）。

在这里，我们提供一个将 CoordinateMatrix 转换为 BlockMatrix 的简短代码块，然后快速检查数据是否合理，以及访问各个属性判断创建结果是否正确。编写 BlockMatrix 代码需要较长的时间，而且需要一个真实的应用程序才能检查属性是否正确。

2.12.1 操作步骤

1. 使用 IntelliJ 或其他所喜欢的 IDE 创建一个新项目，确保已经导入必要的 Jar 包。

2. 导入 Vector 和 Matrix 操作所需要的包：

```
import org.apache.spark.mllib.linalg.distributed.RowMatrix
import org.apache.spark.mllib.linalg.distributed.{IndexedRow, IndexedRowMatrix}
import org.apache.spark.mllib.linalg.distributed.{CoordinateMatrix, MatrixEntry}
import org.apache.spark.sql.{SparkSession}
import org.apache.spark.mllib.linalg._
import breeze.linalg.{DenseVector => BreezeVector}
import Array._
import org.apache.spark.mllib.linalg.DenseMatrix
import org.apache.spark.mllib.linalg.SparseVector
```

3. 创建运行 Spark 所需要的 SparkSession 和应用程序参数，详细参数说明和变化可以参考本章的第一个攻略内容：

```
val spark = SparkSession
.builder
.master("local[*]")
.appName("myVectorMatrix")
.config("spark.sql.warehouse.dir", ".")
.getOrCreate()
```

4. 创建一个 CoordinateMatrix，用以作为转换操作的基础数据：

```
val distCordMat1 = new CoordinateMatrix(
sc.parallelize(CoordinateEntries.toList))
```

5. 获取 CoordinateMatrix，并转为 BlockMatrix：

```
val distBlkMat1 = distCordMat1.toBlockMatrix().cache()
```

6. 这种矩阵非常有用，但在真实的情况下，在继续下一步计算时经常需要检查创建步骤是否正确：

```
distBlkMat1.validate()
println("Is block empty =", distBlkMat1.blocks.isEmpty())
```

输出如下:

Is block empty =,false

2.12.2 工作原理

BlockMatrix 定义为一个(int, int, Matrix)形式的元组，这个矩阵的特殊之处在于，相应的 Add()和 Multiply()函数可以将其他的 BlockMatrix 作为第二个参数，从而构成一个分布式矩阵。在开始创建的时候会有一点困惑（尤其是作为最初数据时候），这时就需要更多的函数帮助校验已有的工作和确保所创建的 BlockMatrix 正确无误。BlockMatrix 可以转换为本地矩阵、IndexRowMatrix 和 CoordinateMatrix。BlockMatrix 的一个最常用情况是处理包含 CoordinateMatrix 的 BlockMatrix。

2.12.3 参考资料

BlockMatrix 构造器和 API 调用函数可以查阅 Spark 官方文档。

第 3 章
Spark 机器学习的三剑客

在这一章,将讨论以下内容:

- 使用 Spark 2.0 的内部数据源创建 RDD;
- 使用 Spark 2.0 的外部数据源创建 RDD;
- 使用 Spark 2.0 的 filter() API 转换 RDD;
- 使用非常实用的 flatMap() API 转换 RDD;
- 使用集合操作 API 转换 RDD;
- 使用 groupBy()和 reduceByKey()函数对 RDD 转换/聚合;
- 使用 zip() API 转换 RDD;
- 使用 paired 键值 RDD 进行关联转换;
- 使用 paired 键值 RDD 进行汇总和分组转换;
- 根据 Scala 数据结构创建 DataFrame;
- 不使用 SQL 方式创建 DataFrame;
- 根据外部源加载和设置 DataFrame;
- 使用标准 SQL 语言(即 SparkSQL)创建 DataFrame;
- 使用 Scala 序列处理 Dataset API;
- 根据 RDD 创建和使用 Dataset,再反向操作;
- 使用 DatasetAPI 和 SQL 一起处理 JSON;

- 使用领域对象对 Dataset API 进行函数式编程。

3.1 引言

Spark 有效处理大规模数据的 3 个主要工具是 RDD、DataFrame 和 Dataset API。虽然每个 API 都有自己的优点，但新范式转变支持 Dataset 作为统一数据 API，以满足在单个界面中所有数据处理需求。

新的 Spark 2.0 Dataset API 是一个类型安全的领域对象集合，可以使用函数运算或关系操作方式执行（类似于 RDD 的 filter、map 和 flatMap()等）并行转换。为了向后兼容，Dataset 有一个称为 DataFrame 的视图，它是无类型的行集合。在本章中，我们将演示 3 个 API 集。图 3-1 总结了 Spark 用于数据处理的关键组件的优缺点。

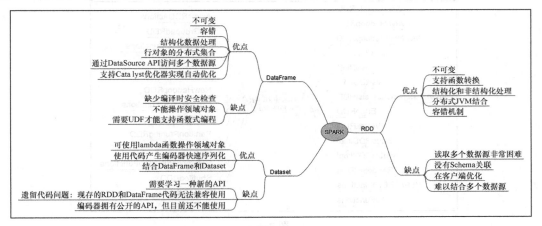

图 3-1

由于算法扩充或历史遗留原因，机器学习的高级开发人员必须理解并能够使用所有 3 个 API 而不会出现任何问题。尽管我们建议每个开发人员都应该迁移到高级的 Dataset API，但你仍需要知道对 Spark 核心系统如何使用 RDD 编程。例如，投资银行和对冲基金通常会阅读机器学习、数学规划、金融、统计或人工智能等领先期刊，然后在低级 API 中编写代码以获得竞争优势。

3.1.1 RDD——一切是从什么开始

RDD API 是 Spark 开发人员需要使用的一个关键工具包，它同时提供了对数据的低层次控制和函数式编程范式。RDD 的强大之处也让许多新程序员难以使用。尽管 RDD API

和手动优化技术比较容易理解，但是编写高质量代码仍需要经过长期练习。

当数据文件、块或数据结构转换为 RDD 时，数据被拆分为许多称为"分区"的更小单元（类似于 Hadoop 中的分裂），并分布在大量节点之上，使得它们可以同时并行操作。对于大规模数据，Spark 目前已经提供了很多功能，开发人员无须任何额外的编码。该框架将处理所有细节，开发人员可以专注于编写代码而无须担心数据。

如果想要更好地理解 RDD 底层的精巧和优美，必须查阅 RDD 的原始论文，这是掌握这一内容最好的办法。

Spark 中有许多可用的 RDD 类型，可以简化编程。图 3-2 描述 RDD 的部分分类情况。建议 Spark 程序员至少知道现有的 RDD 类型，哪怕是 RandomRDD、VertexRDD、HadoopRDD、JdbcRDD 和 UnionRDD 等这些鲜为人知的 RDD，以避免不必要的编码问题。

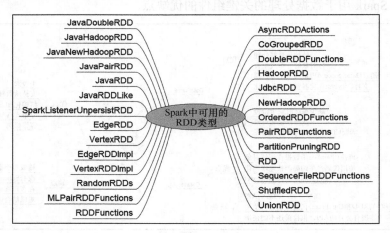

图 3-2

3.1.2 DataFrame——使用高级 API 统一 API 和 SQL 的自然演变

从伯克利的 AMPlab 实验室时代开始，Spark 开发人员社区一直致力于为社区提供易于使用的高级 API。当 Michael Armbrust 向社区提供 SparkSQL 和 Catalyst 优化器时，数据 API 的下一次演变开始具体化，该优化器使用简单且易于理解的 SQL 接口使 Spark 能够实现数据可视化。DataFrame API 是一种自然演变，通过将数据组织成列（例如关系表）的形式来使用 SparkSQL。

DataFrame API 使用 SQL 进行数据处理，可供众多熟悉 R（data.frame）或 Python/Pandas（pandas.DataFrame）中的 DataFrame 的数据科学家和开发人员使用。

3.1.3 Dataset——一个高级的统一数据 API

Dataset 是一个不可变的对象集合，被建模/映射到传统的关系模式。作为未来的首选方法，有 4 个属性用以区分。我们特别发现 Dataset API 很有吸引力，因为它的用法与 RDD 常用的转换运算符（例如 filter()、map()、flatMap()等）很相似。Dataset 将遵循类似于 RDD 的惰性执行范式。一种统一 DataFrame 和 Dataset 的最佳方法是将 DataFrame 视作 Dataset[Row]的别名。

1．强类型安全

统一的 Dataset API 中同时具备编译时（语法错误）和运行时安全特性，这不仅可以给机器学习开发人员在开发期间提供帮助，还可以在运行时防止发生意外。开发人员采用 Scala 或 Python 使用 DataFrame 或 RDD Lambda，在遇到意外运行时错误（数据存在缺陷）时将会更好地理解和欣赏 Spark 社区和 Databricks 的这一新贡献。

2．Tungsten 内存管理

Tungsten 让 Spark 将硬件性能压榨到极限（即利用 sun.misc.Unsafe 接口）。编码器将 JVM 对象映射到表格格式（请参见图 3-3）。如果使用 Dataset API，Spark 会将 JVM 对象映射到内部 Tungsten 堆外二进制格式，这样更有效。虽然 Tungsten 内部的细节超出了机器学习手册的范围，但基准测试显示使用堆外内存管理比 JVM 对象更有效。值得一提的是，堆外内存管理的概念在用于 Spark 之前，就一直是 Apache Flink 固有的。Spark 1.4、1.5、1.6 到现在的 Spark 2.0，Spark 开发人员已经意识到 Tungsten 项目的重要性。尽管我们强调 DataFrame 在编写时会受到支持，并且已经有详细介绍（大多数生产系统仍然是 Spark 2.0 之前的版本），但我们鼓励你开始探索和思考 Dataset 范式。图 3-3 显示了 RDD、DataFrame 和 Dataset 如何与 Tungsten 项目演变的路线图。

3．编码器

编码器是 Spark 2.0 中序列化和反序列化（也就是 SerDe）的框架。编码器能无缝地处理 JVM 对象到表格格式的映射，通过编码器可以获取底层信息，并根据需要进行修改（专家级别）。

与标准 Java 序列化和其他序列化方案（例如 Kryo）不同，Spark 编码器不使用运行时反射来检测内部对象进行实时序列化。相反，Spark 的编译器代码在编译期间生成，并编译为指定对象的字节码，这使得序列化和反序列化对象的操作更快。内部对象的运行时反射

机制（例如查找字段及格式）会导致额外的开销，这种机制不存在于 Spark 2.0 中。但是如有需要，Kryo、标准 Java 序列化或任何其他序列化技术仍然可以作为一种配置选择（极端示例和向后兼容）。

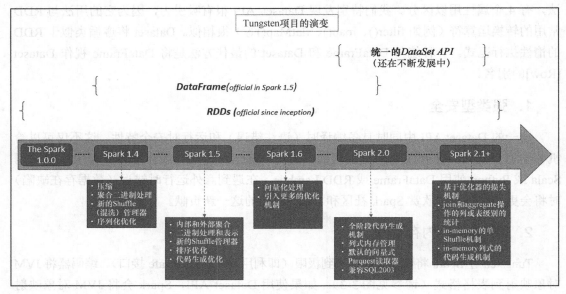

图 3-3

标准数据类型和对象（由标准数据类型组成）的编码器目前已经可以在 Tungsten 中使用。使用一个快速非正式的程序基准，和编码器相比，采用 Kryo 序列化机制来回反复序列化对象（Hadoop MapReduce 开发人员的流行做法）有 4~8 倍的效率提升。当深入查看源代码时，却发现编码器实际上使用运行时代码生成（在字节码级别）来打包和解包对象。为了完整起见，你只需要知道 Spark 编码器生成的对象大小似乎更小，但进一步的细节以及原因解释已经超出了本书的范围。

Encoder[T]是构成 Dataset[T]的一个内部组件，仅仅是一个记录模式。如果有需要，你可以使用基本数据元组（例如 Long、Double 和 Int）自定义编码器。在开始自定义编码器之前（例如在 Dataset[T]中存储自定义对象），请确保已经查看 Spark 源代码目录中的 Encoders.scala 和 SQLImplicits.scala 文件。在 Spark 的计划和战略方向中，会在将来版本中提供公共 API。

4．友好的 Catalyst 优化器

使用 Catalyst 可以将 API 动作转换为 catalog 表示（用户自定义函数）的逻辑查询计划，

逻辑查询计划转换为物理计划，这种方式比使用原始模式更有效（即使在 filter()之前放置 groupBy()，Catalyst 可以聪明到将前面 2 个函数调换位置）。更清晰的解释请参考图 3-4。

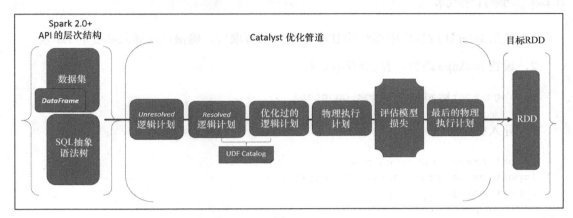

图 3-4

对于使用 Spark 2.0 以前版本的用户需要注意以下几点。

- SparkSession 现在是系统的单一入口点，SQLContext 和 HiveContext 已经被 SparkSession 取代。
- 对于 Java 用户，请确保将 DataFrame 替换为 Dataset< Row >。
- 通过 SparkSession 使用新的 catalog 接口来执行 cacheTable()、dropTempView()、createExternalTable()、ListTable()等。
- 对于 DataFrame 和 Dataset API 有：
  - unionALL()已经被抛弃，现在应该使用 union()；
  - explode()应该替换为 functions.explode()和 select()或 flatMap()；
  - registerTempTable 已经被弃用，并替换为 createOrReplaceTempView()。

3.2 用 Spark 2.0 的内部数据源创建 RDD

在 Spark 中有 4 方式创建 RDD，其范围包括使用 parallelize()方法创建用于在客户端驱动程序代码中的简单测试和调试的 RDD，以及用于近实时响应的 streaming RDD（流式 RDD）。在本攻略中，我们将提供几个示例，用于演示使用内部数据源创建 RDD。流式示例将在第 13 章的 Spark 流式示例中介绍，因此这里我们可以使用其他方式处理。

3.2.1 操作步骤

1. 使用 IntelliJ 或其他所喜欢的 IDE 创建一个新项目，确保已经导入必要的 Jar 包。

2. 设置 package 路径，存放程序代码：

```
package spark.ml.cookbook.chapter3
```

3. 导入必要的包：

```
import breeze.numerics.pow
import org.apache.spark.sql.SparkSession
import Array._
```

4. 导入相应的软件包，设置 log4j 的日志级别。这个步骤是可选的，但是我们仍推荐设置（在开发周期中适当地改变日志级别）。

```
import org.apache.log4j.Logger
import org.apache.log4j.Level
```

5. 将日志级别设置为 ERROR 以减少输出。检查前面的步骤是否已经导入必要的软件包。

```
Logger.getLogger("org").setLevel(Level.ERROR)
Logger.getLogger("akka").setLevel(Level.ERROR)
```

6. 设置 Spark 的上下文和应用参数，以便运行 Spark：

```
val spark = SparkSession
 .builder
 .master("local[*]")
 .appName("myRDD")
 .config("Spark.sql.warehouse.dir", ".")
 .getOrCreate()
```

7. 在使用任何分布式 RDD 之前，我们先定义两个本地的数据结构来保存数据。需要注意的是，通过本地数据结构创建的数据将保存在驱动程序的堆栈空间。再次强调的是，许多程序员在使用 parallelize() 技术测试大型数据时，会遇到大量问题。如果使用这种技术需要确保在本地驱动器上有足够的空间存放数据。

```
val SignalNoise: Array[Double] =
Array(0.2,1.2,0.1,0.4,0.3,0.3,0.1,0.3,0.3,0.9,1.8,0.2,3.5,0.5,0.3,0
.3,0.2,0.4,0.5,0.9,0.1)
val SignalStrength: Array[Double] =
Array(6.2,1.2,1.2,6.4,5.5,5.3,4.7,2.4,3.2,9.4,1.8,1.2,3.5,5.5,7.7,9
.3,1.1,3.1,2.1,4.1,5.1)
```

8. 使用 parallelize() 函数接受本地数据，并将其在整个集群上分布式存放。

```
val parSN=spark.sparkContext.parallelize(SignalNoise) //
parallelized signal noise RDD
val parSS=spark.sparkContext.parallelize(SignalStrength) //
parallelized signal strength
```

9. 仔细查看在使用 Spark 时这两种数据结构之间的差异，可以打印这两种数据结构的句柄：一个本地数组和一个集群并行集合（也就是 RDD）。

输出如下所示：

```
Signal Noise Local Array ,[D@2ab0702e)
RDD Version of Signal Noise on the cluster
,ParallelCollectionRDD[0] at parallelize at myRDD.scala:45)
```

10. Spark 会根据群集的配置尝试设置分区数目（也就是 Hadoop 的分割数目），但有时我们也需要手动设置分区数。parallelize() 函数的第二个参数允许手动设置分区数目。

```
val parSN=spark.sparkContext.parallelize(SignalNoise) //
parallelized signal noise RDD set with default partition
val parSS=spark.sparkContext.parallelize(SignalStrength) //
parallelized signal strength set with default partition
val parSN2=spark.sparkContext.parallelize(SignalNoise,4) //
parallelized signal noise set with 4 partition
val parSS2=spark.sparkContext.parallelize(SignalStrength,8) //
parallelized signal strength set with 8 partition
println("parSN partition length ", parSN.partitions.length )
println("parSS partition length ", parSS.partitions.length )
println("parSN2 partition length ",parSN2.partitions.length )
println("parSS2 partition length ",parSS2.partitions.length )
```

输出如下所示：

```
parSN partition length ,2
parSS partition length ,2
parSN2 partition length ,4
```

```
parSS2 partition length ,8
```

如上述结果所示,开始的两行表明 Spark 默认设置 2 个分区,后面两行分别表明手动设置分区数目为 4 和 8。

3.2.2 工作原理

通过指定 RDD 的分区数目(parallelize 函数的第二个参数),存放在客户端驱动器中的数据被并行化,并在整个集群上分布式存储。产生的结果 RDD 正是 Spark 的神奇之处(可查阅 Matei Zaharia 的原始白皮书)。

结果 RDD 是一个具有容错和血统特性的完全分布式数据结构,可以使用 Spark 框架进行并行操作。

我们读取 Gutenberg 网站上的文本文件 "A Tale of Two Cities by Charles Dickens",将其转变为 Spark RDD 形式。我们继续使用 Spark 操作(例如 map、flatMap()等)对数据分割、分词和打印全部单词的数目。

3.3 用 Spark 2.0 的外部数据源创建 RDD

在这个攻略中,我们将提供多个示例介绍使用外部数据源创建 RDD。

3.3.1 操作步骤

1. 使用 IntelliJ 或其他所喜欢的 IDE 创建一个新项目,确保已经导入必要的 Jar 包。

2. 设置 package 路径,存放程序代码:

```
package spark.ml.cookbook.chapter3
```

3. 导入必要的包:

```
import breeze.numerics.pow
import org.apache.spark.sql.SparkSession
import Array._
```

4. 导入相应的软件包,设置 log4j 的日志级别。这个步骤是可选的,但是我们仍推荐设置(在开发周期中适当地改变日志级别)。

```
import org.apache.log4j.Logger
```

```
import org.apache.log4j.Level
```

5．将日志级别设置为 ERROR 以减少输出。检查前面的步骤是否已经导入必要的软件包。

```
Logger.getLogger("org").setLevel(Level.ERROR)
Logger.getLogger("akka").setLevel(Level.ERROR)
```

6．设置 Spark 的上下文和应用参数，以便运行 Spark：

```
val spark = SparkSession
  .builder
  .master("local[*]")
  .appName("myRDD")
  .config("Spark.sql.warehouse.dir", ".")
  .getOrCreate()
```

7．我们从 Gutenberg 项目获得数据，这个项目是获取实际文本的绝佳来源，包括从莎士比亚到查尔斯·狄更斯的全集。

8．根据下面来源下载文本，并将其存储在本地目录。

数据源：Gutenberg 网站。

选择的书籍：*A Tale of Two Cities*。

9．我们再一次通过 SparkSession，使用 SparkContext 的 textFile()函数读取外部数据源，并将其在整个集群上并行化。值得注意的是，所有工作都是由 Spark 在幕后进行的，只需一次调用即可加载各种格式文件（例如文本、S3 和 HDFS），这些格式使用 protocol:filepath 组合，实现数据在整个集群上的并行化。

10．为了满足演示的需要，我们通过 SparkSession，使用 SparkContext 的 textFile()方法加载 ASCII 格式的书籍，这些操作在背后自动进行，并在整个群集上创建 RDD。

```
val book1 =
spark.sparkContext.textFile("../data/sparkml2/chapter3/a.txt")
```

输出如下所示：

Number of lines = 16271

11．尽管没有介绍 Spark 转换运算符，我们也会看到一个小代码片段，其使用空格作为分隔符将文件分割为单词。在现实情形中，需要使用正则表达式来覆盖所有空白变种情况的边界案例（请参考本章中 filter() API 攻略，其中有涉及 Spark 转换 RDD 的内容）。

- 使用 lambda 函数读取每一行文本，以空格作为分隔符，将文本切割为单词。
- 使用 flatMap 函数将单词列表的数组打散（一行文本对应一组单词，每一组单词又对应唯一的一个数组或列表）。简而言之，我们想要的是单词列表，而不是单词列表的列表。

```
val book2 = book1.flatMap(l => l.split(" "))
println(book1.count())
```

输出如下所示：

```
Number of words = 143228
```

3.3.2 工作原理

将文本文件 *A Tale of Two Cities*（来自 Gutenberg 网站）读取为 RDD，使用 RDD 的 split() 和 flatMap() 函数，结合 lambda 表达式以空格作为分隔符对文件进行分词。继续使用 RDD 的 count() 函数，输出单词总数。尽管这很简单，但你必须记住，使用 Spark 的分布式并行框架进行这些操作仅仅需要几行代码。

3.3.3 更多

当使用外部数据源，不论文本文件、Hadoop 的 HDFS、序列文件、Casandra 还是 Parquet 文件，创建 RDD 非常简单。需要再次强调的是，我们使用 SparkSession（Spark 2.0 之前是 SparkContext）获取集群的句柄。一旦某个函数（比如 textFile Rrotocal:filepath）被执行，数据会被分拆为许多更小的切片，并且自动流动到集群，这使得可以将计算认为是一种可并行计算且具备容错特性的分布式集合。

1. 在处理现实情况时，必须考虑许多变化。根据我们自己的经验，最好的建议是在编写自己的功能或连接器之前先查阅文档。Spark 可以直接支持自定义的数据源，也可以支持具有下载功能的代理，其可以执行相同的操作。

2. 另外一种常见的情况是有很多的小文件（通常是 HDFS 目录），需要并行化转为 RDD 来使用。SparkContext 有一个 wholeTextFiles() 的方法，允许读取包含多个文件的目录，并将每个文件按照（文件名：内容）键-值对的形式返回。我们发现这种方法在 lambda 架构的多阶段机器学习情况下非常有用，其中模型参数作为批处理进行计算，并通过 Spark 按天更新。

在这个例子中，我们读取多个文件，并打印第一个文件进行解释。

spark.sparkContext.wholeTextFiles()用来读取大量的小文件集合，以(K,V)或键值对的形式展示。

```
val dirKVrdd =
spark.sparkContext.wholeTextFiles("../data/sparkml2/chapter3/*.txt") //
place a large number of small files for demo
println ("files in the directory as RDD ", dirKVrdd)
println("total number of files ", dirKVrdd.count())
println("Keys ", dirKVrdd.keys.count())
println("Values ", dirKVrdd.values.count())
dirKVrdd.collect()
println("Values ", dirKVrdd.first())
```

运行上面的代码，得到如下输出：

```
files in the directory as RDD ,../data/sparkml2/chapter3/*.txt
WholeTextFileRDD[10] at wholeTextFiles at myRDD.scala:88)
total number of files 2
Keys ,2
Values ,2
Values ,(file:/C:/spark-2.0.0-binhadoop2.7/
data/sparkml2/chapter3/a.txt,
The Project Gutenberg EBook of A Tale of Two Cities,
by Charles Dickens
```

3.3.4 参考资料

有关 textFile()和 wholeTextFiles()的文档可以查阅 Spark 官网，textFile()的 API 是连接外部数据源的单一抽象。设置 protocol/path 可以保证调用正确的解码器。我们将演示从 ASCII 文本文件、Amazon AWS S3 和 HDFS 读取的代码片段，用户可以利用这些代码片段来构建自己的系统。

- path 可以表示为一个简单路径（例如本地文本文件），或指定所需协议的完整 URL（例如用于 AWS 存储分区的 s3n），或包含服务器和端口配置的完全资源路径（例如读取 Hadoop 集群中的 HDFS 文件）。

- textFile()方法支持完整目录、正则表达式通配符和压缩格式。看看下面的示例代码：

```
val book1 = spark.sparkContext.textFile("C:/xyz/dailyBuySel/*.tif")
```

- textFile()方法还有一个可选的参数，用以设置 RDD 所需要的最小分区数目。

比如，我们可以显式地使用 Spark 将文件读取为 13 个分区：

```
val book1 = spark.sparkContext.textFile("../data/sparkml2/chapter3/a.txt",
13)
```

你也可以针对其他数据源［HDFS、完全 URL 的 S3（protocol:path）］设置可选的 URL，并创建 RDD。下面的示例证实了上面的几点：

1. 从 Amazon S3 分区中读取和创建文件。需要注意的是，假如 AWS 密钥具有正斜杠，则 URL 中的 AWS 内置凭证将失效。请参阅此示例文件：

```
spark.sparkContext.hadoopConfiguration.set("fs.s3n.awsAccessKeyId",
"xyz")
spark.sparkContext.hadoopConfiguration.set("fs.s3n.awsSecretAccessK
ey", "....xyz...")
S3Rdd = spark.sparkContext.textFile("s3n://myBucket01/MyFile01")
```

2. 从 HDFS 中读取文件也很类似。在这个示例中，我们从一个本地 Hadoop 集群中读取数据，在真实情况下，端口号需要根据管理员需要进行动态设置，与示例中不一样。

```
val hdfsRDD =
spark.sparkContext.textFile("hdfs:///localhost:9000/xyz/top10Vector
s.txt")
```

3.4 用 Spark 2.0 的 filter() API 转换 RDD

在这个攻略中，我们将探索 RDD 的 filter()方法，该方法用于从 RDD 中选择一部分子集并返回新的过滤后的 RDD。格式与 map()类似，但 lambda 函数选择将哪些成员包含在结果 RDD 中。

3.4.1 操作步骤

1. 使用 IntelliJ 或其他所喜欢的 IDE 创建一个新项目，确保已经导入必要的 Jar 包。

2．设置 package 路径，存放程序代码：

```
package spark.ml.cookbook.chapter3
```

3．导入必要的包：

```
import breeze.numerics.pow
import org.apache.spark.sql.SparkSession
import Array._
```

4．导入相应的软件包，设置 log4j 的日志级别。这个步骤是可选的，但是我们仍推荐设置（在开发周期中适当地改变日志级别）。

```
import org.apache.log4j.Logger
import org.apache.log4j.Level
```

5．将日志级别设置为 ERROR 以减少输出。检查前面的步骤是否已经导入必要的软件包。

```
Logger.getLogger("org").setLevel(Level.ERROR)
Logger.getLogger("akka").setLevel(Level.ERROR)
```

6．设置 Spark 的上下文和应用参数，用以运行 Spark：

```
val spark = SparkSession
  .builder
  .master("local[*]")
  .appName("myRDD")
  .config("Spark.sql.warehouse.dir", ".")
  .getOrCreate()
```

7．给要编译的示例添加如下行，其中 pow() 函数允许我们将任何数字提升到任何幂次（例如数字的平方）：

```
import breeze.numerics.pow
```

8．创建数据，使用 parallelize() 方法返回需要的基本 RDD。首先下载文件，然后使用 textFile 函数读取文件，创建初始数据（如基本 RDD）。

```
val num : Array[Double] = Array(1,2,3,4,5,6,7,8,9,10,11,12,13)
  val numRDD=sc.parallelize(num)
  val book1 =
spark.sparkContext.textFile("../data/sparkml2/chapter3/a.txt")
```

9. 对 RDD 应用 filter()函数，演示 filter()函数的转换用法。使用 filter()函数从原始 RDD 中选择奇数成员。

10. filter()函数遍历（并行方式）RDD 中的成员，使用 mod 函数（%），并与 1 做比较。简而言之，如果在除以 2 的操作后满足判断条件，那么成员肯定是奇数。

```
val myOdd= num.filter( i => (i%2) == 1)
```

以下代码是上面代码的变种，在这里演示了_（下划线）的用法，其充当了通配符。在 Scala 中使用这种缩写表示法是很自然的：

```
val myOdd2= num.filter(_ %2 == 1) // 2nd variation using scala notation
myOdd.take(3).foreach(println)
```

运行上面的代码，得到如下输出：

```
1.0
3.0
5.0
```

11. 另一个示例结合 map 和 filter 函数。代码片段先对每个成员求均方，再应用 filter 函数对原始 RDD 过滤得到奇数成员。

```
val myOdd3= num.map(pow(_,2)).filter(_ %2 == 1)
myOdd3.take(3).foreach(println)
```

输出如下：

```
1.0
9.0
25.0
```

12. 在这个示例中，我们使用 filter()方法来标识少于 30 个字符的行，结果 RDD 只包含短行。快速检查相应的计数和输出，验证结果。只要格式符合函数语法，RDD 转换函数就可以链接在一起。

```
val shortLines = book1.filter(_.length < 30).filter(_.length > 0)
  println("Total number of lines = ", book1.count())
  println("Number of Short Lines = ", shortLines.count())
  shortLines.take(3).foreach(println)
```

运行上面的代码，得到如图 3-5 所示的输出。

```
(Total number of lines = 16271)
(Number of Short Lines = 1424)
Title: A Tale of Two Cities
Author: Charles Dickens
Language: English
```

图 3-5

13．在这个例子中，我们使用 contains()方法过滤得到任何大写/小写组合中包含单词 two 的句子。使用链接在一起的几种方法来找到所需的句子。

```
val theLines =
book1.map(_.trim.toUpperCase()).filter(_.contains("TWO"))
println("Total number of lines = ", book1.count())
println("Number of lines with TWO = ", theLines.count())
theLines.take(3).foreach(println)
```

3.4.2　工作原理

使用多个示例演示 filter() 的 API 用法。第一个示例中，我们遍历 RDD，使用 mod（取模）函数和 lambda 表达式.filter (i =>(i%2) == 1)输出奇数成员。

在第二个示例中，我们使用 lambda 表达式 num.map(pow(_,2)).filter(_ %2 == 1)，先使用 map 函数再使用均方函数对结果做映射。

在第三个示例中，我们遍历文件，并使用 lambda 表达式.filter(_.length < 30).filter(_.length > 0)过滤得到短行的文本，打印过滤得到的短行文本数目和原始的全部行数（.count()）作为输出。

3.4.3　更多

filter()的 API 遍历并行化、分布式的集合，使用 filter()的选择条件作为 lambda 表达式，从结果 RDD 中选择或排除元素。结合 map()（对每个元素做转换）和 filter()（选择子集），可以形成一个非常强大的 Spark 机器学习编程组合。

接下来，我们会看到 DataFrame 中的相似 Filter()API 可以在 R 和 Python（Pandas）中使用高级框架实现相似效果。

3.4.4　参考资料

有关 RDD 函数 filter 的文档可以查阅 Spark 官网。

BloomFilter()函数（为保证内容完整，顺带介绍）是一个已经存在、可使用的布隆过滤函数，应该避免自己重复编写，该函数会在第13章介绍，并复习Spark的整个布局。BloomFilter()函数用法可以查阅Spark官网文档。

3.5 用flatMap() API转换RDD

在这个攻略中，我们介绍flatMap()方法，这个方法经常令初学者混淆。然而，经过仔细研究，我们会证明这个方法的概念非常清晰：将lambda函数应用于每个元素（和map一样），然后将结果RDD展平为单个结构（而不是列表的列表，即列表的元素为包含所有元素的子列表）。

3.5.1 操作步骤

1. 使用IntelliJ或其他所喜欢的IDE创建一个新项目，确保已经导入必要的Jar包。

2. 设置package路径，存放程序代码：

```
package spark.ml.cookbook.chapter3
```

3. 导入必要的包：

```
import breeze.numerics.pow
import org.apache.spark.sql.SparkSession
import Array._
```

4. 导入相应的软件包，设置log4j的日志级别。这个步骤是可选的，但是我们仍推荐设置（在开发周期中适当的改变日志级别）。

```
import org.apache.log4j.Logger
import org.apache.log4j.Level
```

5. 将日志级别设置为ERROR以减少输出。检查前面的步骤是否已经导入必要的软件包。

```
Logger.getLogger("org").setLevel(Level.ERROR)
Logger.getLogger("akka").setLevel(Level.ERROR)
```

6. 设置Spark的上下文和应用参数，用以运行Spark：

```
val spark = SparkSession
  .builder
```

```
.master("local[*]")
.appName("myRDD")
.config("Spark.sql.warehouse.dir", ".")
.getOrCreate()
```

7．从 Gutenberg 网站下载 pg98.txt 文件，使用 textFile()函数读取下载的文件，创建初始数据（基本 RDD）：

```
val book1 =
spark.sparkContext.textFile("../data/sparkml2/chapter3/a.txt")
```

8．通过 RDD 操作介绍 map()函数的转换用法。首先，我们使用一种错误的方法进行说明：基于正则表达式[\s\W]+，仅仅使用 map()分割所有单词，得到结果 RDD 是列表的列表形式，其中每个子列表对应原始的一行文本，分词操作在一行文本内部进行。在使用 flatMap()时，这个示例会让初学者很困惑。

9．下面的代码对每一行移除空格，并将文本切割为单词。结果 RDD（也就是 wordRDD2）的形式是列表的列表，而非一个简单的单词列表（对于整个文件而言）。

```
val wordRDD2 = book1.map(_.trim.split("""[\s\W]+""")
).filter(_.length > 0)
wordRDD2.take(3)foreach(println(_))
```

运行上面的代码，结果如下：

[Ljava.lang.String;@1e60b459
[Ljava.lang.String;@717d7587
[Ljava.lang.String;@3e906375

10．使用 flatMap()用于 map 映射，还用于展平列表的列表，得到仅由单词本身构成的 RDD。移除空格、切割单词（即分词）、对长度大于 0 的单词进行过滤，最后转为大写。

```
val wordRDD3 = book1.flatMap(_.trim.split("""[\s\W]+""")
).filter(_.length > 0).map(_.toUpperCase())
println("Total number of lines = ", book1.count())
println("Number of words = ", wordRDD3.count())
```

在这个例子中，使用 flatMap()展平列表，可以获取预期的单词列表。

```
wordRDD3.take(5)foreach(println(_))
```

输出如下：

Total number of lines = 16271

```
Number of words = 141603
THE
PROJECT
GUTENBERG
EBOOK
OF
```

3.5.2 工作原理

在这个简短的示例中,读取文本文件,使用 flatMap(_.trim.split("""[\s\W]+"""))的 lambda 表达式切割单词(即分词),得到一个分词后的简单 RDD。此外,使用 filter()的 API filter(_.length >0)移除空行,在 map()的 API 中使用 lambda 表达式.map(_.toUpperCase())将单词映射为大写。

在某些情况下,对 RDD 的每个元素,我们不想获取对应的列表(例如一行对应一个单词列表)。有时,我们更倾向于获取一个扁平化的列表,列表元素对应文档中的单词。简而言之,我们想要的不是一个列表的列表,而是一个包含所有元素的简单列表。

3.5.3 更多

glom()函数可以将 RDD 中的每一个分区转换为一个数组,而非一个行列表。尽管在大多数情况下前面的方法可以产生想要的结果,但是 glom()函数可以减少分区之间的混洗次数。

表面上来看,以下的方法 1 和方法 2 很相似,都是计算 RDD 中的最小值元素,glom()函数首先将 min()函数应用到所有分区,然后基于第一步结果再混洗数据。检查上述区别的最好办法是在大于 10MB 的 RDD 上面应用这两种方法,并相应地观察 IO 和 CPU 使用情况。

- 第一种方法:不使用 glom()查找最小值

```
val minValue1= numRDD.reduce(_ min _)
println("minValue1 = ", minValue1)
```

运行上面的代码,输出如下:

minValue1 = 1.0

- 第二种方法:使用 glom()函数查找最小值,这会先在每个分区上应用一个本地的 min 函数,再通过混洗操作得到结果。

```
val minValue2 = numRDD.glom().map(_.min).reduce(_ min _)
println("minValue2 = ", minValue2)
```

运行以上代码可以得到以下结果：

```
minValuel = 1.0
```

3.5.4 参考资料

Spark 官网上的函数文档。

- 有关 flatMap()、PairFlatMap() 以及 RDD 中其他变种的方法。
- RDD 中 flatMap() 函数。
- PairFlatMap() 函数：针对成对数据元素的非常有用的变种函数。
- flatMap()：在每个元素上应用相关函数（lambda 或通过 def 命名的函数），对数据扁平化处理以产生新的 RDD。

3.6 用集合操作 API 转换 RDD

在这个攻略中，我们将研究 RDD 中的集合操作，例如 intersection()、union()、subtract()、distinct() 和 Cartesian()。让我们以分布式方式实现常规的集合操作。

3.6.1 操作步骤

1. 使用 IntelliJ 或其他所喜欢的 IDE 创建一个新项目，确保已经导入必要的 Jar 包。

2. 设置 package 路径，存放程序代码：

```
package spark.ml.cookbook.chapter3
```

3. 导入必要的包：

```
import breeze.numerics.pow
import org.apache.spark.sql.SparkSession
import Array._
```

4. 导入相应的软件包，设置 log4j 的日志级别。这个步骤是可选的，但是我们仍推荐设置（在开发周期中适当地改变日志级别）。

```
import org.apache.log4j.Logger
import org.apache.log4j.Level
```

5. 将日志级别设置为 ERROR 以减少输出。检查前面的步骤是否已经导入必要的软件包。

```
Logger.getLogger("org").setLevel(Level.ERROR)
Logger.getLogger("akka").setLevel(Level.ERROR)
```

6. 设置 Spark 的上下文和应用参数,用以运行 Spark:

```
val spark = SparkSession
  .builder
  .master("local[*]")
  .appName("myRDD")
  .config("Spark.sql.warehouse.dir", ".")
  .getOrCreate()
```

7. 设置示例所需的数据结构和 RDD:

```
val num  : Array[Double]    = Array(1,2,3,4,5,6,7,8,9,10,11,12,13)
val odd  : Array[Double]    = Array(1,3,5,7,9,11,13)
val even : Array[Double]    = Array(2,4,6,8,10,12)
```

8. 在 RDD 上应用 intersection()函数,演示转换用法:

```
val intersectRDD = numRDD.intersection(oddRDD)
```

运行上面代码,输出如下:

```
1.0
3.0
5.0
```

9. 在 RDD 上应用 union()函数,演示转换用法:

```
val unionRDD = oddRDD.union(evenRDD)
```

运行上面代码,输出如下:

```
1.0
2.0
3.0
4.0
```

10. 在 RDD 上应用 subtract ()函数,演示转换用法:

```
val subtractRDD = numRDD.subtract(oddRDD)
```

运行上面代码，输出如下：

```
2.0
4.0
6.0
8.0
```

11. 在 RDD 上应用 distinct() 函数，演示转换用法：

```
val namesRDD = spark.sparkContext.parallelize(List("Ed","Jain",
"Laura", "Ed"))
val ditinctRDD = namesRDD.distinct()
```

运行上面代码，输出如下：

```
"ED"
"Jain"
"Laura"
```

12. 在 RDD 上应用 cartesian () 函数，演示转换用法：

```
val cartesianRDD = oddRDD.cartesian(evenRDD)
cartesianRDD.collect.foreach(println)
```

运行上面代码，输出如下：

```
(1.0,2.0)
(1.0,4.0)
(1.0,6.0)
(3.0,2.0)
(3.0,4.0)
(3.0,6.0)
```

3.6.2 工作原理

在这个示例中，我们定义 3 个数字数组（odd、even 以及两者的结合体），将它们作为参数，传递给集合操作 API 中。我们介绍了如何使用 intersection()、union()、subtract()、distinct() 和 cartesian() 等 RDD 运算符。

3.6.3 参考资料

尽管 RDD 的集合操作很简单，但是必须小心数据的混洗操作，Spark 会在后台自动混洗操作（为了完成集合交集 intersection 等集合操作）。需要注意的是，union 操作不会移除结果 RDD 中的重复数据。

3.7 用 groupBy()和 reduceByKey()函数对 RDD 转换/聚合

在这个攻略中，我们将研究 groupBy()和 reduceByKey()方法，这 2 个方法允许我们根据 key 做分组统计。由于内部混洗机制，根据 key 分组统计是一个非常昂贵的操作。我们首先详细介绍 groupby()，继续在代码中使用 reduceByKey()展示这 2 种方法的相似点，同时强调 reduceByKey()操作的优势。

3.7.1 操作步骤

1. 使用 IntelliJ 或其他所喜欢的 IDE 创建一个新项目，确保已经导入必要的 Jar 包。

2. 设置 package 路径，存放程序代码：

```
package spark.ml.cookbook.chapter3
```

3. 导入必要的包：

```
import breeze.numerics.pow
import org.apache.spark.sql.SparkSession
import Array._
```

4. 导入相应的软件包，设置 log4j 的日志级别。这个步骤是可选的，但是我们仍推荐设置（在开发周期中适当地改变日志级别）。

```
import org.apache.log4j.Logger
import org.apache.log4j.Level
```

5. 将日志级别设置为 ERROR 以减少输出。检查前面的步骤是否已经导入必要的软件包。

```
Logger.getLogger("org").setLevel(Level.ERROR)
Logger.getLogger("akka").setLevel(Level.ERROR)
```

6. 设置 Spark 的上下文和应用参数，用以运行 Spark：

```
val spark = SparkSession
```

```
.builder
.master("local[*]")
.appName("myRDD")
.config("Spark.sql.warehouse.dir", ".")
.getOrCreate()
```

7. 设置示例所需的数据结构和 RDD。在这个示例中，使用 range 功能创建一个 RDD，并划分为 3 个分区（也就是显示设置参数）。简而言之，就是简单的创建一个 1~12 的数字，然后将它们划分到 3 个分区中。

```
val rangeRDD=sc.parallelize(1 to 12,3)
```

8. 在 RDD 上使用 groupBy() 函数演示转换用法。在这个示例中，我们获取包含序列元素的分区 RDD，使用 mod 函数将元素打标为奇数/偶数。

```
val groupByRDD= rangeRDD.groupBy( i => {if (i % 2 == 1) "Odd"
  else "Even"}).collect
groupByRDD.foreach(println)
```

运行上面的代码，输出如图 3-6 所示。

```
groupByRDD=
(Odd, CompactBuffer (1, 3, 5, 7, 9, 11))
(Even, CompactBuffer (2, 4, 6, 8, 10, 12))
```

图 3-6

9. 现在已经知晓如何使用 groupBy() 函数，现在我们转换到 reduceByKey() 的使用上。

10. 为了对比编码的不同之处，以及区分在产生相同的输出时哪个方法更加有效，我们定义包含 2 个字母的数组，展示如何执行累加求和的聚合操作。

```
val alphabets = Array("a", "b", "a", "a", "a", "b") // two type
only to make it simple
```

11. 在这一步，我们使用 SparkContext 产生一个并行化的 RDD：

```
val alphabetsPairsRDD =
spark.sparkContext.parallelize(alphabets).map(alphabets =>
(alphabets, 1))
```

12. 在应用 groupByKey() 函数时，首先使用 Scala 语法（_+_）遍历 RDD 并累加求和，同时根据字母表的类型（也就是 key）进行聚类：

```
val countsUsingGroup = alphabetsPairsRDD.groupByKey()
```

```
    .map(c => (c._1, c._2.sum))
    .collect()
```

13. 在应用 reduceByKey()函数时，首先使用 Scala 语法（_+_）遍历 RDD 并累加求和，同时根据字母表的类型（也就是 key）进行聚类：

```
val countsUsingReduce = alphabetsPairsRDD
    .reduceByKey(_ + _)
    .collect()
```

14. 输出结果：

```
println("Output for  groupBy")
countsUsingGroup.foreach(println(_))
println("Output for  reduceByKey")
countsUsingReduce.foreach(println(_))
```

运行上面的代码，结果如下：

```
Output for groupBy
(b,2)
(a,4)
Output for reduceByKey
(b,2)
(a,4)
```

3.7.2 工作原理

在这个示例中，我们创建一个数字 1～12 的序列，将其存放到 3 个分区中。继续使用简单的取模操作判断数字的奇偶性，使用 groupBy()将数字聚合为到奇/偶两个组中。上面这种操作是一个经典的聚合问题，对于 SQL 用户来说很熟悉。在随后的章节中，我们将使用 DataFrame 进行这种操作，通过 DataFrame 可以利用 SparkSQL 引擎提供的性能优化技术。随后，我们继续演示 groupBy()和 reduceByKey()之间的相似性，设置一个字母（也就是字母 a 和 b）数组，转换为 RDD，根据 key（也就是唯一的字母，在这个示例中只有 2 个字母）进行聚合，打印每组内的元素数目。

3.7.3 更多

由于 Spark 对 Dataset/DataFrame 范例的支持程度高于低级 RDD 编码方式，读者在使用 RDD 的 groupBy()时候，需要慎重思考缘由。尽管 RDD 的 groupBy()和 ruduceByKey()函数存在合理的操作场景，但建议读者利用 SparkSQL 子系统及其 Catalyst 优化器重构解决方案。

Catalyst 优化器在构建优化查询计划时会利用 Scala 的强大功能，如模式匹配和 quasiquotes 等（Scala 官网有相关学习文档）。

运行时的效率注意事项如下：groupBy()函数按键对数据进行分组，该操作导致内部混洗，可能会导致执行时间爆炸。建议优先使用 reduceByKey()系列操作，来代替直接的 groupBy()方法。由于存在内部混洗，groupBy()方法是一个昂贵的操作，它的每个组都由键以及键对应的取值组成，Spark 不能保证键对应的取值顺序是有序。

这两个操作的详细解释，请参阅 Databricks 知识库博客。

3.7.4 参考资料

有关 RDD 的 groupBy() 和 reduceByKey()函数文档都可以在 Spark 官网查到。

3.8 用 zip() API 转换 RDD

在这个攻略中，我们将研究 zip()函数。对于那些使用 Python 或 Scala 的用户来说，会对 zip()比较熟悉，可以在使用内联函数之前先对元素项进行配对。对于 Spark 而言，zip()函数可以实现元素对之间的 RDD 运算。从概念上讲，它将两个 RDD 组合在一起，将第一个 RDD 的元素与第二个 RDD 中相同位置的元素配成一对（即对两个 RDD 对齐，相应元素配对）。

3.8.1 操作步骤

1．使用 IntelliJ 或其他所喜欢的 IDE 创建一个新项目，确保已经导入必要的 Jar 包。

2．设置 package 路径，存放程序代码：

```
package spark.ml.cookbook.chapter3
```

3．导入必要的包：

```
import org.apache.spark.sql.SparkSession
```

4．导入相应的软件包，设置 log4j 的日志级别。这个步骤是可选的，但是我们仍推荐设置（在开发周期中适当地改变日志级别）。

```
import org.apache.log4j.Logger
import org.apache.log4j.Level
```

5. 将日志级别设置为 error 以减少输出。检查前面的步骤是否已经导入必要的软件包。

```
Logger.getLogger("org").setLevel(Level.ERROR)
Logger.getLogger("akka").setLevel(Level.ERROR)
```

6. 设置 Spark 的上下文和应用参数，用以运行 Spark：

```
val spark = SparkSession
.builder
.master("local[*]")
.appName("myRDD")
.config("Spark.sql.warehouse.dir", ".")
.getOrCreate()
```

7. 设置示例所需的数据结构和 RDD。在这个示例中，我们根据 Array[]创建了两个 RDD，使用 Spark 默认的分区数目（parallelize()方法中的第二个参数不设置）。

```
val SignalNoise: Array[Double] =
Array(0.2,1.2,0.1,0.4,0.3,0.3,0.1,0.3,0.3,0.9,1.8,0.2,3.5,0.5,0.3,0
.3,0.2,0.4,0.5,0.9,0.1)
val SignalStrength: Array[Double] =
Array(6.2,1.2,1.2,6.4,5.5,5.3,4.7,2.4,3.2,9.4,1.8,1.2,3.5,5.5,7.7,9
.3,1.1,3.1,2.1,4.1,5.1)
val parSN=spark.sparkContext.parallelize(SignalNoise) //
parallelized signal noise RDD
val parSS=spark.sparkContext.parallelize(SignalStrength) //
parallelized signal strength
```

8. 在 RDD 上应用 zip()函数演示转换用法。在这个示例中，我们使用 zip()函数对 2 个 RDD（SignalNoiseRDD 和 SignalStrengthRDD）中的元素做配对，再使用 map()函数计算两者的比例（噪声与信号的比值）。对于包含单个元素的两个 RDD 来说，我们可以使用这种技术来执行几乎所有类型的算术或非算术运算。

9. 两个 RDD 中元素的配对结果是一个元组或行。zip()创建得到的配对中的单个元素可以通过位置（例如：._1 和._2）进行访问。

```
val zipRDD= parSN.zip(parSS).map(r => r._1 / r._2).collect()
println("zipRDD=")
zipRDD.foreach(println)
```

运行上面的代码，输出如下：

```
zipRDD=
0.03225806451612903
1.0
0.08333333333333334
0.0625
0.05454545454545454
```

3.8.2 工作原理

在这个示例中，首先设置两个数组，分别代表信号噪声和信号强度。这两个数组仅仅代表从物联网平台获取的测量数字。对这两个独立数组做配对，使得每个成员看起来是最初的输入对（x, y）。然后，使用下面的代码片段对数据配对相除，得到噪声与信号之比。

```
val zipRDD= parSN.zip(parSS).map(r => r._1 / r._2)
```

zip()方法还包含很多具备分区性质的变种，开发者应该熟悉拥有分区性质的 zip() 方法的各种变种（如 zipPartitions()）。

3.8.3 参考资料

读者可以进一步查阅 RDD zip() 和 zipPartitions() 的 Spark 文档。

3.9 用 paired 键值 RDD 进行关联转换

在这个攻略中，我们介绍键值形式的 RDD（即 pair RDD），其可以支持 RDD 的连接操作，比如 join()、leftOuterJoin()、rightOuterJoin()和 fullOuterJoin()，这些连接操作可以替代传统、昂贵的集合操作，例如 intersection()、union()、subtraction()、distinct()、cartesian()等。

我们将介绍 join()、leftOuterJoin()、rightOuterJoin()和 fullOuterJoin()，演示键值对 pair RDD 的强大和灵活。

```
println("Full Joined RDD = ")
val fullJoinedRDD = keyValueRDD.fullOuterJoin(keyValueCity2RDD)
fullJoinedRDD.collect().foreach(println(_))
```

3.9.1 操作步骤

1. 设置示例所需的数据结构和 RDD：

```
val keyValuePairs =
List(("north",1),("south",2),("east",3),("west",4))
val keyValueCity1 =
List(("north","Madison"),("south","Miami"),("east","NYC"),("west","
SanJose"))
val keyValueCity2 = List(("north","Madison"),("west","SanJose"))
```

2. 列表转为 RDD：

```
val keyValueRDD = spark.sparkContext.parallelize(keyValuePairs)
val keyValueCity1RDD =
spark.sparkContext.parallelize(keyValueCity1)
val keyValueCity2RDD =
spark.sparkContext.parallelize(keyValueCity2)
```

3. 访问 pair RDD 的 keys 和 values：

```
val keys=keyValueRDD.keys
val values=keyValueRDD.values
```

4. 对 pair RDD 应用 mapValues()函数演示转换用法。在这个示例中，使用一个 map 函数，通过给每个元素加上 100 增大元素值。这是一种对数据增大噪声的常用技术（即抖动）。

```
val kvMappedRDD = keyValueRDD.mapValues(_+100)
kvMappedRDD.collect().foreach(println(_))
```

运行上面的代码。输入如下：

```
(north,101)
(south,102)
(east,103)
(west,104)
```

5. 对 RDD 应用 join()函数演示转换效果，使用 join()函数连接两个 RDD，根据各个键（key）连接两个 RDD（也就是字符串"north""south"等）。

```
println("Joined RDD = ")
val joinedRDD = keyValueRDD.join(keyValueCity1RDD)
joinedRDD.collect().foreach(println(_))
```

运行上面的代码，输出如下：

```
(south,(2,Miami))
(north,(1,Madison))
```

```
(west,(4,SanJose))
(east,(3,NYC))
```

6. 对 RDD 应用 leftOuterJoin() 函数演示转换作用，leftOuterJoin() 函数的作用类似于关系型数据库中的左外连接。Spark 使用 None 替换元素的缺失值，而非关系型系统中常见的 NULL。

```
println("Left Joined RDD = ")
val leftJoinedRDD = keyValueRDD.leftOuterJoin(keyValueCity2RDD)
leftJoinedRDD.collect().foreach(println(_))
```

运行上面的代码，输出如下：

```
(south,(2,None))
(north,(1,Some(Madison)))
(west,(4,Some(SanJose)))
(east,(3,None))
```

7. 对 RDD 应用 rightOuterJoin() 函数演示转换作用，这与关系型系统中的右外连接很类似。

```
println("Right Joined RDD = ")
val rightJoinedRDD = keyValueRDD.rightOuterJoin(keyValueCity2RDD)
rightJoinedRDD.collect().foreach(println(_))
```

运行上面的代码，输出如下：

```
(north,(Some(1),Madison))
(west,(Some(4),SanJose))
```

8. 对 RDD 应用 fullOuterJoin() 函数演示转换作用，这与关系型系统中的全外连接很类似。

```
val fullJoinedRDD = keyValueRDD.fullOuterJoin(keyValueCity2RDD)
fullJoinedRDD.collect().foreach(println(_))
```

运行上面的代码，输出如下：

```
Full Joined RDD =
(south,(Some(2),None))
(north,(Some(1),Some(Madison)))
(west,(Some(4),Some(SanJose)))
(east,(Some(3),None))
```

3.9.2　工作原理

在这个攻略中，我们定义 3 个列表分别代表关系数据表中常用的数据，也可以使用 Casandra 或 RedShift 的连接器导入（这里为了简化攻略，不做具体展示）。我们使用 3 个代表性城市名称（也就是数据表）的列表中的其中两个与代表方位（如定义表格）的第一个列表连接。

第一步，定义 3 个代表配对数据的列表。然后，使用 Spark 将其并行化为键值对 RDD，使用第一个 RDD（即方位）和其他任意两个 RDD（即城市名称）执行连接操作。对 RDD 使用连接函数演示转换作用。

通过演示 join()、leftOuterJoin()、rightOuterJoin() 和 fullOuterJoin() 等函数作用，展示了键值对 pair RDD 的强大和灵活性。

3.9.3　更多

RDD join() 函数以及变种函数的 Spark 文档。

3.10　用 paired 键值 RDD 进行汇总和分组转换

在这个攻略中，我们研究根据键 key 对数据汇总（reduce）和分组（group）。在大多数情况下，reduceByKey() 和 groupByKey() 操作比 reduce() 和 groupBy() 等操作更高效。这些函数提供了方便的工具，根据键（key）对数据进行聚合和结合，但混洗操作更少，这种方式在处理大数据集时更有效。

3.10.1　操作步骤

1. 使用 IntelliJ 或其他所喜欢的 IDE 创建一个新项目，确保已经导入必要的 Jar 包。
2. 设置 package 路径，存放程序代码：

package spark.ml.cookbook.chapter3

3. 导入必要的包：

import org.apache.spark.sql.SparkSession

4. 导入相应的软件包，设置 log4j 的日志级别。这个步骤是可选的，但是我们仍推荐设置（在开发周期中适当地改变日志级别）。

```
import org.apache.log4j.Logger
import org.apache.log4j.Level
```

5．将日志级别设置为 ERROR 以减少输出。检查前面的步骤是否已经导入必要的软件包。

```
Logger.getLogger("org").setLevel(Level.ERROR)
Logger.getLogger("akka").setLevel(Level.ERROR)
```

6．设置 Spark 的上下文和应用参数，用以运行 Spark：

```
val spark = SparkSession
  .builder
  .master("local[*]")
  .appName("myRDD")
  .config("Spark.sql.warehouse.dir", ".")
  .getOrCreate()
```

7．设置示例程序所需要的数据结构和 RDD：

```
val signaltypeRDD =
spark.sparkContext.parallelize(List(("Buy",1000),("Sell",500),("Buy",600),("Sell",800)))
```

8．应用 groupByKey()函数演示转换作用。在这个示例中，我们使用分布式运行方式，根据字符串"Buy"和"Sell"分组：

```
val signaltypeRDD =
spark.sparkContext.parallelize(List(("Buy",1000),("Sell",500),("Buy",600),("Sell",800)))
val groupedRDD = signaltypeRDD.groupByKey()
groupedRDD.collect().foreach(println(_))
```

运行上面的代码，输出如下：

```
Group By Key RDD =
(Sell, CompactBuffer(500, 800))
(Buy, CompactBuffer(1000, 600))
```

9．对 pair RDD 应用 reduceByKey()函数演示转换作用。在这个示例中，这个程序计算字符串"Buy"和"Sell"对应的分组内总和。"_+_"是 Scala 的有个符号，代表对两个元素求和，同时返回一个结果值。正如 reduce()函数一样，我们可以在其中应用任意函数（也就是内置一个简单函数或复杂场景对应的函数名）。

```
println("Reduce By Key RDD = ")
val reducedRDD = signaltypeRDD.reduceByKey(_+_)
reducedRDD.collect().foreach(println(_))
```

运行上面的代码，输出如下：

```
Reduce By Key RDD =
(Sell,1300)
(Buy,1600)
```

3.10.2　工作原理

在这个示例中，我们声明一个元素项列表，代表购买或出售，以及它们各自的价格（也就是经典的商业事务处理）。使用 Scala 的简写符号"_+_"进行累加求和。在最后一步，我们计算得到了每个主键 key 分组的总和（也就是字符串 Buy 和 Sell）。pair 值 RDD 是一个功能强大的结构，可以缩减代码量，同时可以将配对值分到聚合的组内。groupByKey()和 reduceByKey()函数都实现了聚合的功能，但是 reduceByKey()产生的数据混洗操作更少，其运行效率更高。

3.10.3　参考资料

关于 RDD groupByKey()和 reduceByKey()函数的更多用法可以查看 Spark 文档。

3.11　根据 Scala 数据结构创建 DataFrame

在这个攻略中，我们将研究 DataFrame 的 API，它提供了一个比 RDD 更高级别的处理数据的抽象，与 R 和 Python 中的 DataFrame 工具很类似。

DataFrame 能够简化代码，使用标准 SQL 语法方式去获取和操作数据。Spark 保留 DataFrame 的其他信息，有助于更加方便地使用 API 操作数据表。每一个 DataFrame 都有一个 schema（即模式，可以从数据中推测，也可以显式定义），使得我们可以将 DataFrame 看成一张 SQL 数据表。DataFrame 的关键点在于 catalyst 优化器，借助优化器可以重新排列管道（pipeline）中的调用顺序，实现优化访问。

3.11.1 操作步骤

1. 使用 IntelliJ 或其他所喜欢的 IDE 创建一个新项目，确保已经导入必要的 Jar 包。
2. 设置 package 路径，存放程序代码：

```
package spark.ml.cookbook.chapter3
```

3. 导入必要的包：

```
import org.apache.spark.sql._
```

4. 导入相应的软件包，设置 log4j 的日志级别。这个步骤是可选的，但是我们仍推荐设置（在开发周期中适当地改变日志级别）。

```
import org.apache.log4j.Logger
import org.apache.log4j.Level
```

5. 将日志级别设置为 ERROR 以减少输出。检查前面的步骤是否已经导入必要的软件包。

```
Logger.getLogger("org").setLevel(Level.ERROR)
Logger.getLogger("akka").setLevel(Level.ERROR)
```

6. 设置 Spark 的上下文和应用参数，用以运行 Spark：

```
val spark = SparkSession
  .builder
  .master("local[*]")
  .appName("myDataFrame")
  .config("Spark.sql.warehouse.dir", ".")
  .getOrCreate()
```

7. 设置 Scala 数据结构，一个 List 对象和一个 Seq 对象。我们继续将 List 结构转为 RDD，为下一步转为 DataFrame 做准备。

```
val signaltypeRDD =
spark.sparkContext.parallelize(List(("Buy",1000),("Sell",500),("Buy",600),("Sell",800)))
val numList = List(1,2,3,4,5,6,7,8,9)
val numRDD = spark.sparkContext.parallelize(numList)
val myseq = Seq(
```

```
("Sammy","North",113,46.0),("Sumi","South",110,41.0),
("Sunny","East",111,51.0),("Safron","West",113,2.0 ))
```

8．上一步已经使用 parallelize()方法将一个列表（List）转为一个 RDD，再使用 RDD 的 toDF()方法将 RDD 转为一个 DataFrame。Show()方法可以采用类似 SQL 数据表的方式，查阅显示 DataFrame。

```
val numDF = numRDD.toDF("mylist")
numDF.show
```

运行上面的代码，输出如图 3-7 所示。

图 3-7

9．在接下来的代片段中，我们使用 Scala 的泛型 Seq（Sequence）数据结构和 createDataFrame()方法显式地创建一个 DataFrame，同时给各个列命名。

```
val df1 =
spark.createDataFrame(myseq).toDF("Name","Region","dept","Hours")
```

10．继续执行两步，使用 show()方法查看内容，使用 printSchema()方法查阅模式 schema（根据类型进行推断）。在这个示例中，可以将 Seq 中的 integer 和 double 正确识别为 DataFrame 中的有效列类型。

```
df1.show()
df1.printSchema()
```

运行上面的代码，输出如图 3-8 所示。

```
+------+------+----+-----+
| Name|Region|dept|Hours|
+------+------+----+-----+
| Sammy| North| 113| 46.0|
|  Sumi| South| 110| 41.0|
| Sunny|  East| 111| 51.0|
|Safron|  West| 113|  2.0|
+------+------+----+-----+

root
 |-- Name: string (nullable = true)
 |-- Region: string (nullable = true)
 |-- dept: integer (nullable = false)
 |-- Hours: double (nullable = false)
```

图 3-8

3.11.2 工作原理

在这个攻略中,我们创建一个 List 和一个 Seq 数据结构,并将其转为 DataFrame,使用 df1.show() 和 df1.printSchema() 以二维表的形式查阅内容和模式 schema。

DataFrame 可以根据内部和外部数据源创建。与 SQL 数据表一样,DataFrame 的模式 schema 既可以隐式推断,也可以在读取数据的时候使用 Scala 的 case classes 或 map() 函数显式地定义。

3.11.3 更多

为了保证完整性,我们使用 Spark 2.0.0 之前的 import 语句来运行代码(即 Spark 1.5.2):

```
import org.apache.spark._
import org.apache.spark.rdd.RDD
import org.apache.spark.sql.SQLContext
import org.apache.spark.mllib.linalg
import org.apache.spark.util
import Array._
import org.apache.spark.sql._
import org.apache.spark.sql.types
import org.apache.spark.sql.DataFrame
import org.apache.spark.sql.Row;
import org.apache.spark.sql.types.{ StructType, StructField, StringType};
```

3.11.4 参考资料

有关 DataFrame 的文档可以查阅 Spark 官网。如果遇到与隐式转换有关的任何问题，请仔细检查以确保是否已经包含 implicits 导入语句。

Spark 2.0 中的示例代码：

```
import sqlContext.implicits
```

3.12 不使用 SQL 方式创建 DataFrame

在这个攻略中，我们将研究如何仅仅使用代码和方法来操作 DataFrame（不使用 SQL）。DataFrame 有其特有的方法，允许使用编程方法执行类似 SQL 的操作。我们将演示 select()、show()、explain()等方法，学习 DataFrame 如何在不使用 SQL 时对数据进行处理和操作。

3.12.1 操作步骤

1. 使用 IntelliJ 或其他所喜欢的 IDE 创建一个新项目，确保已经导入必要的 Jar 包。

2. 设置 package 路径，存放程序代码：

```
package spark.ml.cookbook.chapter3
```

3. 导入必要的包：

```
import org.apache.spark.sql._
```

4. 导入相应的软件包，设置 log4j 的日志级别。这个步骤是可选的，但是我们仍推荐设置（在开发周期中适当地改变日志级别）。

```
import org.apache.log4j.Logger
import org.apache.log4j.Level
```

5. 将日志级别设置为 ERROR 以减少输出。检查前面的步骤是否已经导入必要的软件包。

```
Logger.getLogger("org").setLevel(Level.ERROR)
Logger.getLogger("akka").setLevel(Level.ERROR)
```

6. 设置 Spark 的上下文和应用参数，用以运行 Spark：

```
val spark = SparkSession
  .builder
  .master("local[*]")
  .appName("myDataFrame")
  .config("Spark.sql.warehouse.dir", ".")
  .getOrCreate()
```

7. 根据一个逗号分隔的文本文件的外部数据源创建一个 RDD：

```
val customersRDD =
spark.sparkContext.textFile("../data/sparkml2/chapter3/customers13.txt") //Customer file
```

8. 快速浏览一下 customer 数据文件：

```
Customer data file
1101,susan,nyc,23
1204,adam,chicago,76
1123,joe,london,65
1109,tiffany,chicago,20
```

9. 根据 customer 数据文件创建 RDD 之后，使用 map() 函数显式地解析和转换 RDD 中的数据类型。在这个示例中，我们希望最后一个字段（也就是年龄）为整数。

```
val custRDD = customersRDD.map {
  line => val cols = line.trim.split(",")
    (cols(0).toInt, cols(1), cols(2), cols(3).toInt)
}
```

10. 第三步，使用 toDF() 函数将 RDD 转换为 DataFrame：

```
val custDF = custRDD.toDF("custid","name","city","age")
```

11. 得到 DataFrame 之后，快速显示内容以便可视化验证，并打印和验证模式 schema。

```
custDF.show()
custDF.printSchema()
```

运行上面的代码，输出如图 3-9 所示。

12. 在获取 DataFrame 并检查之后，使用 show()、sort()、groupBy() 和 explain() 等方法演示如何访问和操作 DataFrame。

```
+------+-------+-------+---+
|custid|   name|   city|age|
+------+-------+-------+---+
|  1101|  susan|    nyc| 23|
|  1204|   adam|chicago| 76|
|  1123|    joe| london| 65|
|  1109|tiffany|chicago| 20|
+------+-------+-------+---+
root
 |-- custid: integer (nullable = false)
 |-- name: string (nullable = true)
 |-- city: string (nullable = true)
 |-- age: integer (nullable = false)
```

图 3-9

13．使用 filter()方法过滤得到年龄大于 25 岁的客户列表：

`custDF.filter("age > 25.0").show()`

运行上面的代码，输出如图 3-10 所示。

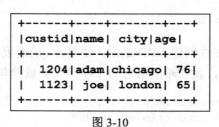

图 3-10

14．使用 select()方法显示客户的名称：

`custDF.select("name").show()`

运行上面的代码，输出如图 3-11 所示。

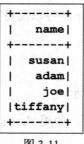

图 3-11

15. 使用 select()方法列出多列数据：

```
custDF.select("name","city").show()
```

运行上面的代码，输出如图 3-12 所示。

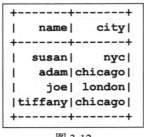

图 3-12

16. 使用其他语法显示和引用 DataFrame 的字段：

```
custDF.select(custDF("name"),custDF("city"),custDF("age")).show()
```

运行上面的代码，输出如图 3-13 所示。

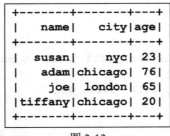

图 3-13

17. 使用 select()方法和谓词，查询年龄小于 50 的客户名称和客户所在的城市：

```
custDF.select(custDF("name"),custDF("city"),custDF("age")
<50).show()
```

运行上面的代码，输出如图 3-14 所示。

```
+-------+-------+----------+
|   name|   city|(age < 50)|
+-------+-------+----------+
|  susan|    nyc|      true|
|   adam|chicago|     false|
|    joe| loncon|     false|
|tiffany|chicago|      true|
+-------+-------+----------+
```

图 3-14

18．根据客户的居住地所在城市，使用 sort() 和 groupBy() 对客户进行排序和分组：

```
custDF.sort("city").groupBy("city").count().show()
```

运行上面的代码，输出如图 3-15 所示。

图 3-15

19．我们也可以获取执行计划：这个命令与后面的攻略密切相关，在后面的攻略中将介绍使用 SQL 来访问和操作 DataFrame。

```
custDF.explain()
```

运行上面的代码，输出如下：

```
== Physical Plan ==
TungstenProject [_1#10 AS custid#14,_2#11 AS name#15,_3#12 AS city#16,_4#13 AS age#17]
 Scan PhysicalRDD[_1#10,_2#11,_3#12,_4#13]
```

3.12.2　工作原理

在这个示例中，我们从一个文本文件加载数据并保存为 RDD，并使用 toDF() 方法将其转换为 DataFrame。继续使用 select()、filter()、show() 和 explain() 等内置方法实现 SQL 查询功能，这有助于我们以编程的方式探索数据（非 SQL 方式）。explain() 命令可以获取查阅计划，这对分析运行性能瓶颈非常有用。

DataFrame 提供多个方法处理数据。对于那些熟悉 DataFrame API 和 R 软件包（例如 dplyr 或旧版本）的开发者来说，DataFrame 拥有一个编程式 API，其中包含大量可以处理各种数据的方法。

对于那些更熟悉 SQL 的开发者来说，就像使用 Squirrel 或 Toad 查询数据库一样，只需使用 SQL 来检索和操作数据。

3.12.3 更多

为了保证完整性，我们使用 Spark 2.0.0 之前的 import 语句来运行代码（即 Spark 1.5.2）：

```
import org.apache.spark._
 import org.apache.spark.rdd.RDD
 import org.apache.spark.sql.SQLContext
 import org.apache.spark.mllib.linalg._
 import org.apache.spark.util._
 import Array._
 import org.apache.spark.sql._
 import org.apache.spark.sql.types._
 import org.apache.spark.sql.DataFrame
 import org.apache.spark.sql.Row;
 import org.apache.spark.sql.types.{ StructType, StructField, StringType};
```

3.12.4 参考资料

有关 DataFrame 的文档可以查阅 Spark 官网。如果遇到与隐式转换有关的任何问题，请仔细检查以确保是否已经包含 implicits 导入语句。

Spark2.0 中的示例代码如下：

```
import sqlContext.implicits._
```

3.13 根据外部源加载 DataFrame 和配置

在这个攻略中，我们将研究使用 SQL 处理数据。Spark 提供了生产环境中非常有效的编程和 SQL 接口，不仅需要掌握机器学习技术，还需要能使用 SQL 访问数据源，以确保兼容和熟悉现有基于 SQL 的系统。带有 SQL 的 DataFrame 为集成现实场景提供了一个优雅的解决方法。

3.13.1 操作步骤

1. 使用 IntelliJ 或其他所喜欢的 IDE 创建一个新项目，确保已经导入必要的 Jar 包。

2. 设置 package 路径，存放程序代码：

```
package spark.ml.cookbook.chapter3
```

3. 导入必要的包：

```
import org.apache.spark.sql._
```

4. 导入相应的软件包，设置 log4j 的日志级别。这个步骤是可选的，但是我们仍推荐设置（在开发周期中适当地改变日志级别）。

```
import org.apache.log4j.Logger
import org.apache.log4j.Level
```

5. 将日志级别设置为 ERROR 以减少输出。检查前面的步骤是否已经导入必要的软件包。

```
Logger.getLogger("org").setLevel(Level.ERROR)
Logger.getLogger("akka").setLevel(Level.ERROR)
```

6. 设置 Spark 的上下文和应用参数，用以运行 Spark：

```
val spark = SparkSession
  .builder
  .master("local[*]")
  .appName("myDataFrame")
  .config("Spark.sql.warehouse.dir", ".")
  .getOrCreate()
```

7. 根据 customer 文件创建 DataFrame。在这一步，我们首先创建一个 RDD，再使用 toDF()方法将 RDD 转为 DataFrame，并命名列。

```
val customersRDD =
spark.sparkContext.textFile("../data/sparkml2/chapter3/customers13.txt") //Customer file

val custRDD = customersRDD.map {
  line => val cols = line.trim.split(",")
    (cols(0).toInt, cols(1), cols(2), cols(3).toInt)
}
val custDF = custRDD.toDF("custid","name","city","age")
```

查看客户数据：

```
custDF.show()
```

运行上面的代码，输出如图 3-16 所示。

```
+------+-------+-------+---+
|custid|   name|   city|age|
+------+-------+-------+---+
|  1101|  susan|    nyc| 23|
|  1204|   adam|chicago| 76|
|  1123|    joe| london| 65|
|  1109|tiffany|chicago| 20|
+------+-------+-------+---+
```

图 3-16

8. 根据 product 文件创建 DataFrame。在这一步，我们首先创建一个 RDD，再使用 toDF() 方法将 RDD 转为 DataFrame，并对列命名。

```
val productsRDD =
spark.sparkContext.textFile("../data/sparkml2/chapter3/products13.t
xt") //Product file
 val prodRDD = productsRDD.map {
    line => val cols = line.trim.split(",")
      (cols(0).toInt, cols(1), cols(2), cols(3).toDouble)
}
```

9. 将 prodRDD 转为 DataFrame：

```
val prodDF =
prodRDD.toDF("prodid","category","dept","priceAdvertised")
```

10. 使用 SQL 查询功能，显示 DataFrame 内容。

产品数据内容：

```
prodDF.show()
```

运行上面的代码，输出如图 3-17 所示。

```
+------+--------+----+---------------+
|prodid|category|dept|priceAdvertised|
+------+--------+----+---------------+
|    11|    home|   2|          23.55|
|    12|  garden|   5|           11.3|
|    23|    home|   6|          67.34|
|    89|  garden|   2|           3.05|
|   101|ligthing|   3|          21.21|
|    11|    home|   6|           21.0|
|    12|  garden|   5|           66.9|
+------+--------+----+---------------+
```

图 3-17

11. 根据 sales 文件创建 DataFrame。在这一步，我们首先创建一个 RDD，再使用 toDF() 方法将 RDD 转为 DataFrame，并对列命名。

```
val salesRDD =
spark.sparkContext.textFile("../data/sparkml2/chapter3/sales13.txt"
) //Sales file
val saleRDD = salesRDD.map {
    line => val cols = line.trim.split(",")
      (cols(0).toInt, cols(1).toInt, cols(2).toDouble)
}
```

12. 将 saleRDD 转为 DataFrame：

```
val saleDF = saleRDD.toDF("prodid", "custid", "priceSold")
```

13. 使用 SQL 查询功能，显示 DataFrame 内容。

销售数据内容：

```
saleDF.show()
```

运行上面的代码，输出如图 3-18 所示。

```
+------+------+---------+
|prodid|custid|priceSold|
+------+------+---------+
|    11|  1204|    15.56|
|    12|  1204|     55.0|
|   101|  1109|    21.21|
|    11|  1109|     21.0|
|    89|  1123|     3.05|
|    89|  1204|      3.0|
|    23|  1101|    67.34|
|    23|  1101|    66.34|
+------+------+---------+
```

图 3-18

14. 在列定义和类型转换之后，输出客户、产品和销售 DataFrame 的 schema 进行检查。

```
custDF.printSchema()
productDF.printSchema()
salesDF.printSchema()
```

运行上面的代码，输出如下：

```
root
 |-- custid: integer (nullable = false)
 |-- name: string (nullable = true)
 |-- city: string (nullable = true)
 |-- age: integer (nullable = false)
root
 |-- prodid: integer (nullable = false)
 |-- category: string (nullable = true)
 |-- dept: string (nullable = true)
 |-- priceAdvertised: double (nullable = false)
root
 |-- prodid: integer (nullable = false)
 |-- custid: integer (nullable = false)
 |-- priceSold: double (nullable = false)
```

3.13.2 工作原理

在这个示例中,首先加载数据并读取为 RDD,使用 toDF() 方法将其转为 DataFrame。DataFrame 非常擅长推断类型,但有时需要人工手动干预。创建 RDD 之后(延迟初始化范式),使用 map() 函数处理数据,例如进行类型转换或调用更复杂的用户自定义函数进行转换或数据处理。最后,3 个 DataFrame 都使用 show() 和 printSchema() 函数,以检查各自 schema。

3.13.3 更多

为了保证完整性,我们使用 Spark 2.0.0 之前的 import 语句来运行代码(即 Spark 1.5.2):

```
import org.apache.spark._
import org.apache.spark.rdd.RDD
import org.apache.spark.sql.SQLContext
import org.apache.spark.mllib.linalg._
import org.apache.spark.util._
import Array._
import org.apache.spark.sql._
import org.apache.spark.sql.types._
import org.apache.spark.sql.DataFrame
import org.apache.spark.sql.Row;
import org.apache.spark.sql.types.{ StructType, StructField, StringType};
```

3.13.4 参考资料

有关 DataFrame 的文档可以查阅 Spark 官网。如果遇到与隐式转换有关的任何问题,请仔细检查以确保已经包含 implicits 导入语句。

Spark 2.0 中的示例代码:

```
import sqlContext.implicits._
```

3.14 用标准 SQL 语言(即 SparkSQL)创建 DataFrame

在这个攻略中,我们演示如何使用 DataFrame SQL 执行基本的 CRUD 操作,但在任何复杂场景下,对 Spark 的 SQL 接口的使用都没有限制。

3.14.1 操作步骤

1. 使用 IntelliJ 或其他所喜欢的 IDE 创建一个新项目,确保已经导入必要的 Jar 包。
2. 设置 package 路径,存放程序代码:

```
package spark.ml.cookbook.chapter3
```

3. 导入必要的包:

```
import org.apache.spark.sql._
```

4. 导入相应的软件包,设置 log4j 的日志级别。这个步骤是可选的,但是我们仍推荐设置(在开发周期中适当地改变日志级别)。

```
import org.apache.log4j.Logger
import org.apache.log4j.Level
```

5. 将日志级别设置为 ERROR 以减少输出。检查前面的步骤是否已经导入必要的软件包。

```
Logger.getLogger("org").setLevel(Level.ERROR)
Logger.getLogger("akka").setLevel(Level.ERROR)
```

6. 设置 Spark 的上下文和应用参数,用以运行 Spark:

```
val spark = SparkSession
 .builder
 .master("local[*]")
 .appName("myDataFrame")
 .config("Spark.sql.warehouse.dir", ".")
 .getOrCreate()
```

7. 使用前一攻略中创建的 DataFrame 演示 DataFrame 的 SQL 功能，详细的操作信息可以参阅前面的步骤。

```
a. customerDF with columns: "custid","name","city","age"
b. productDF with Columns:
"prodid","category","dept","priceAdvertised"
c. saleDF with columns:   "prodid", "custid", "priceSold"
val customersRDD =
spark.sparkContext.textFile("../data/sparkml2/chapter3/customers13.
txt") //Customer file

val custRDD = customersRDD.map {
   line => val cols = line.trim.split(",")
     (cols(0).toInt, cols(1), cols(2), cols(3).toInt)
}
val custDF = custRDD.toDF("custid","name","city","age")
val productsRDD =
spark.sparkContext.textFile("../data/sparkml2/chapter3/products13.t
xt") //Product file

val prodRDD = productsRDD.map {
    line => val cols = line.trim.split(",")
      (cols(0).toInt, cols(1), cols(2), cols(3).toDouble)      }

val prodDF =
prodRDD.toDF("prodid","category","dept","priceAdvertised")

val salesRDD =
spark.sparkContext.textFile("../data/sparkml2/chapter3/sales13.txt"
) //Sales file
val saleRDD = salesRDD.map {
    line => val cols = line.trim.split(",")
      (cols(0).toInt, cols(1).toInt, cols(2).toDouble)
   }
val saleDF = saleRDD.toDF("prodid", "custid", "priceSold")
```

8. 对 DataFrame 使用 SQL 查询之前，必须先将 DataFrame 注册为临时数据表，这样在使用的时候可以不涉及 Scala/Spark 的语法。很多初学者在这一步会很困惑，因为我们并没有创建任何数据表（临时或永久），仅仅调用 registerTempTable（Spark 2.0 之前的版本）和 createOrReplaceTempView（Spark 2.0+版本）创建一个表名，但是可以通过这个表名在不使用额外 UDF 或任何领域定义语言时使用 SQL 语句。简而言之，Spark 在底层会维持一个额外的元数据（调用 registerTempTable()函数），可以用于执行计划的查询中。

9. 将 DataFrame CustDF 保存为名称 customers，SQL 语句可以使用这个名称进行识别。

```
custDF.createOrReplaceTempView("customers")
```

10. DataFrame prodDF 保存为名称 products，SQL 语句可以使用这个名称进行识别。

```
prodDF.createOrReplaceTempView("products")
```

11. DataFrame saleDF 保存为名称 sales，SQL 语句可以使用这个名称进行识别。

```
saleDF.createOrReplaceTempView("sales")
```

12. 当上述所有工作准备就绪之后，开始演示 DataFrame 标准 SQL 的强大功能。对于那些不喜欢使用 SQL 的开发者来说，可以随时选用喜欢的编程方式。

13. 在这个示例中，将展示如何从客户数据表（实际不是下方所指的数据表，但可以抽象的认为就是）中选择列数据。

```
val query1DF = spark.sql ("select custid, name from customers")
 query1DF.show()
```

运行上面的代码，输出如图 3-19 所示。

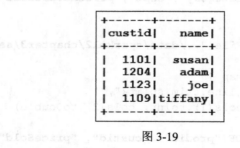

图 3-19

14. 从客户数据表中选择多列：

```
val query2DF = spark.sql("select prodid, priceAdvertised from products")
 query2DF.show()
```

运行上面的代码，输出如图 3-20 所示。

```
+------+--------------+
|prodid|priceAdvertised|
+------+--------------+
|    11|         23.55|
|    12|          11.3|
|    23|         67.34|
|    89|          3.05|
|   101|         21.21|
|    11|          21.0|
|    12|          66.9|
+------+--------------+
```

图 3-20

15. 打印 customer、product 和 sales 等 DataFrame 的 schema，检查列定义和类型转换是否正确：

```
val query3DF = spark.sql("select sum(priceSold) as totalSold from sales")
query3DF.show()
```

运行上面的代码，输出如图 3-21 所示。

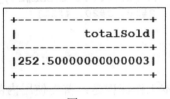

图 3-21

16. 在这个示例中，我们关联 sales 和 products 两个数据表，列出购买某个产品的折扣大于 20%的所有客户。这个 SQL 关联 sales 和 products 数据表，使用一个简单的公式计算产品售卖的最大折扣。需要再次说明的是，DataFrame 的关键在于可以使用标准 SQL，而不需要任何特殊语法。

```
val query4DF = spark.sql("select custid, priceSold, priceAdvertised from sales s, products p where (s.priceSold/p.priceAdvertised < .80) and p.prodid = s.prodid")
query4DF.show()
```

运行上面的代码，输出如图 3-22 所示。

我们始终可以使用 explain()方法来查询 Spark SQL 实际用于执行查询的物理查询计划。

```
query4DF.explain()
```

```
|custid|priceSold|priceAdvertised|
+------+---------+---------------+
| 1204|    15.56|          23.55|
| 1204|    15.56|           21.0|
+------+---------+---------------+
```

图 3-22

运行上面的代码，输出如下：

```
== Physical Plan ==
TungstenProject [custid#30,priceSold#31,priceAdvertised#25]
 Filter ((priceSold#31 / priceAdvertised#25) < 0.8)
  SortMergeJoin [prodid#29], [prodid#22]
   TungstenSort [prodid#29 ASC], false, 0
    TungstenExchange hashpartitioning(prodid#29)
     TungstenProject [_1#26 AS prodid#29,_2#27 AS custid#30,_3#28 AS priceSold#31]
      Scan PhysicalRDD[_1#26,_2#27,_3#28]
   TungstenSort [prodid#22 ASC], false, 0
    TungstenExchange hashpartitioning(prodid#22)
     TungstenProject [_4#21 AS priceAdvertised#25,_1#18 AS prodid#22]
      Scan PhysicalRDD[_1#18,_2#19,_3#20,_4#21]
```

3.14.2　工作原理

使用 DataFrame SQL 的基本工作流程是：首先使用内部 Scala 数据结构或外部数据源创建一个 DataFrame，然后使用 createOrReplaceTempView() 函数对 DataFrame 进行注册，将其可以作为一个 SQL 数据表。

在使用 DataFrame 的时候，可以享受到 Spark 所存储的额外元数据的好处，在编码和执行的时候非常有用。

尽管目前 RDD 仍然是 Spark 核心的主要部分，但使用 DataFrame 是大势所趋，其功能已经在 Python/Pandas 或 R 中得到成功的应用。

3.14.3　更多

DataFrame 的注册方法已经发生变化，可以参考：

- Spark 2.0.0 之前的版本 registerTempTable()；
- Spark 2.0.0 以及之后的版本 createOrReplaceTempView()。

3.14 用标准 SQL 语言（即 SparkSQL）创建 DataFrame

在使用 DataFrame 的 SQL 查询之前，必须先将 DataFrame 注册为临时数据表，这样在使用的时候可以不涉及 Scala/Spark 的语法。很多初学者在这一步会很困惑，因为我们并没有创建任何数据表（临时或永久），仅仅调用 registerTempTable（Spark 2.0 之前的版本）和 createOrReplaceTempView（Spark 2.0+版本）创建一个表名，但是可以通过这个表名在不使用额外 UDF 或任何领域定义语言时使用 SQL 语句。

将 CustDf DataFrame 注册为 SQL 语句可以识别的名字 customers。

```
custDF.registerTempTable("customers")
```

将 prodDf DataFrame 注册为 SQL 语句可以识别的名字 product。

```
custDF.registerTempTable("customers")
```

将 saleDf DataFrame 注册为 SQL 语句可以识别的名字 sales。

```
custDF.registerTempTable("customers")
```

为了保证完整性，我们使用 Spark 2.0.0 之前的 import 语句来运行代码（即 Spark 1.5.2）：

```
import org.apache.spark._

 import org.apache.spark.rdd.RDD
 import org.apache.spark.sql.SQLContext
 import org.apache.spark.mllib.linalg._
 import org.apache.spark.util._
import Array._
 import org.apache.spark.sql._
 import org.apache.spark.sql.types._
 import org.apache.spark.sql.DataFrame
 import org.apache.spark.sql.Row;
 import org.apache.spark.sql.types.{ StructType, StructField, StringType};
```

3.14.4 参考资料

想了解 DataFrame 文档可以查阅 Spark 官网，如果遇到与隐式转换有关的任何问题，请再次检查以确保是否已经包含 implicits 导入语句。

Spark 1.5.2 中的示例代码：

```
import sqlContext.implicits._
```

DataFrame 是一个广泛的子系统，本身就可以写成一本书，它让 SQL 程序员可以进行大规模的复杂数据操作。

3.15 用 Scala 序列处理 Dataset API

在这个攻略中，我们将研究新的 Dataset，以及如何和 Scala 数据结构 Seq 协同工作。在使用 Dataset 的时候，经常看到 ML 库中的 LabelPoint 数据结构和 Scala 序列（也就是数据结构 Seq）完美配合的使用情况。

Dataset 被定位为将来的统一 API。需要注意的是，DataFrame 仍然是 Dataset[Row]的一个别名。在 DataFrame 攻略中，我们已经详细介绍了多个 SQL 示例，因此这里会重点介绍 Dataset 的其他变种情况。

3.15.1 操作步骤

1. 使用 IntelliJ 或其他所喜欢的 IDE 创建一个新项目，确保已经导入必要的 Jar 包。

2. 设置 package 路径，存放程序代码：

```
package spark.ml.cookbook.chapter3
```

3. 导入相应的软件包，实现 Spark 访问集群，log4j.Logger 可以减少 Spark 的输出信息。

```
import org.apache.log4j.{Level, Logger}
import org.apache.spark.sql.SparkSession
```

4. 定义一个 Scala 的 case class，用于模型数据处理，Car 类代表电动和混合电力汽车。

```
case class Car(make: String, model: String, price: Double,
style: String, kind: String)
```

5. 创建一个 Scala 序列，使用电动和混合动力汽车的 class 进行填充。

```
val carData =
Seq(
Car("Tesla", "Model S", 71000.0, "sedan","electric"),
Car("Audi", "A3 E-Tron", 37900.0, "luxury","hybrid"),
Car("BMW", "330e", 43700.0, "sedan","hybrid"),
Car("BMW", "i3", 43300.0, "sedan","electric"),
```

```
  Car("BMW", "i8", 137000.0, "coupe","hybrid"),
  Car("BMW", "X5 xdrive40e", 64000.0, "suv","hybrid"),
  Car("Chevy", "Spark EV", 26000.0, "coupe","electric"),
  Car("Chevy", "Volt", 34000.0, "sedan","electric"),
  Car("Fiat", "500e", 32600.0, "coupe","electric"),
  Car("Ford", "C-Max Energi", 32600.0, "wagon/van","hybrid"),
  Car("Ford", "Focus Electric", 29200.0, "sedan","electric"),
  Car("Ford", "Fusion Energi", 33900.0, "sedan","electric"),
  Car("Hyundai", "Sonata", 35400.0, "sedan","hybrid"),
  Car("Kia", "Soul EV", 34500.0, "sedan","electric"),
  Car("Mercedes", "B-Class", 42400.0, "sedan","electric"),
  Car("Mercedes", "C350", 46400.0, "sedan","hybrid"),
  Car("Mercedes", "GLE500e", 67000.0, "suv","hybrid"),
  Car("Mitsubishi", "i-MiEV", 23800.0, "sedan","electric"),
  Car("Nissan", "LEAF", 29000.0, "sedan","electric"),
  Car("Porsche", "Cayenne", 78000.0, "suv","hybrid"),
  Car("Porsche", "Panamera S", 93000.0, "sedan","hybrid"),
  Car("Tesla", "Model X", 80000.0, "suv","electric"),
  Car("Tesla", "Model 3", 35000.0, "sedan","electric"),
  Car("Volvo", "XC90 T8", 69000.0, "suv","hybrid"),
  Car("Cadillac", "ELR", 76000.0, "coupe","hybrid")
)
```

6. 日志输出水平设置为 ERROR，以减少 Spark 的输出日志。

```
Logger.getLogger("org").setLevel(Level.ERROR)
Logger.getLogger("akka").setLevel(Level.ERROR)
```

7. 创建一个 SparkSession 实现访问 Spark 集群，包括潜在的 session 对象属性和函数。

```
val spark = SparkSession
.builder
.master("local[*]")
.appName("mydatasetseq")
.config("Spark.sql.warehouse.dir", ".")
.getOrCreate()
```

8. 导入 Spark 的 implicits，这样在使用相应方法时只需要导入一次。

```
import spark.implicits._
```

9. 接下来，使用 SparkSession 的 createDataset()方法从上面的汽车序列数据中创建一个 Dataset。

```
val cars = spark.createDataset(MyDatasetData.carData)
// carData is put in a separate scala object MyDatasetData
```

10. 调用 show()方法打印输出结果（见图 3-23），检查采用该方式是否成功地将序列转为 Spark 的 Dataset 对象。

```
infecars.show(false)
+---------+--------------+---------+---------+--------+
|make     |model         |price    |style    |kind    |
+---------+--------------+---------+---------+--------+
|Tesla    |Model S       |71000.0  |sedan    |electric|
|Audi     |A3 E-Tron     |37900.0  |luxury   |hybrid  |
|BMW      |330e          |43700.0  |sedan    |hybrid  |
|BMW      |i3            |43300.0  |sedan    |electric|
|BMW      |i8            |137000.0 |coupe    |hybrid  |
|BMW      |X5 xdrive40e  |64000.0  |suv      |hybrid  |
|Chevy    |Spark EV      |26000.0  |coupe    |electric|
|Chevy    |Volt          |34000.0  |sedan    |electric|
|Fiat     |500e          |32600.0  |coupe    |electric|
|Ford     |C-Max Energi  |32600.0  |wagon/van|hybrid  |
|Ford     |Focus Electric|29200.0  |sedan    |electric|
|Ford     |Fusion Energi |33900.0  |sedan    |electric|
|Hyundai  |Sonata        |35400.0  |sedan    |hybrid  |
|Kia      |Soul EV       |34500.0  |sedan    |electric|
|Mercedes |B-Class       |42400.0  |sedan    |electric|
|Mercedes |C350          |46400.0  |sedan    |hybrid  |
|Mercedes |GLE500e       |67000.0  |suv      |hybrid  |
|Mitsubishi|i-MiEV       |23800.0  |sedan    |electric|
|Nissan   |LEAF          |29000.0  |sedan    |electric|
|Porsche  |Cayenne       |78000.0  |suv      |hybrid  |
+---------+--------------+---------+---------+--------+
only showing top 20 rows
```

图 3-23

11. 打印 Dataset 隐含的列名。我们现在可以将 class 的属性名称作为 Dataset 的列名。

```
cars.columns.foreach(println)
make
model
price
style
kind
```

12. 显示自动产生的 schema，验证推断得到的数据类型。

```
println(cars.schema)
StructType(StructField(make,StringType,true),
StructField(model,StringType,true),
StructField(price,DoubleType,false),
StructField(style,StringType,true),
StructField(kind,StringType,true))
```

13. 最后，根据 price（将 Car 类的 price 属性作为列名）对 Dataset 过滤，并显示结果（见图 3-24）。

```
cars.filter(cars("price") > 50000.00).show()
```

```
+--------+------------+--------+-----+--------+
|    make|       model|   price|style|    kind|
+--------+------------+--------+-----+--------+
|   Tesla|     Model S| 71000.0|sedan|electric|
|     BMW|          i8|137000.0|coupe|  hybrid|
|     BMW| X5 xdrive40e| 64000.0|  suv|  hybrid|
|Mercedes|     GLE500e| 67000.0|  suv|  hybrid|
| Porsche|     Cayenne| 78000.0|  suv|  hybrid|
| Porsche|   Panamera S| 93000.0|sedan|  hybrid|
|   Tesla|     Model X| 80000.0|  suv|electric|
|   Volvo|     XC90 T8| 69000.0|  suv|  hybrid|
|Cadillac|         ELR| 76000.0|coupe|  hybrid|
+--------+------------+--------+-----+--------+
```

图 3-24

14. 停止 SparkSession，关闭程序。

```
spark.stop()
```

3.15.2 工作原理

在这个攻略中，我们介绍了在 Spark 1.6 中首先出现的 Dataset，并在后续版本中得到进一步完善。首先，使用 SparkSession 中的 createDataset()方法从一个 Scala 序列创建一个 Dataset 的实例。接下来，打印 Dataset 的元信息，以确定创建过程是否符合预期。最后，使用 Spark SQL 的代码片段，根据 price 列以及"价格大于 50000 美元"的条件，对 Dataset 进行过滤，并显示最后的执行结果。

3.15.3 更多

Dataset 有一个 DataFrame 视图，属于无类型的 rows 类型的 Dataset。Dataset 也拥有 RDD 所包含的转换功能，例如 filter()、map()、flatMap()等。当我们具有 Spark RDD 编程技能时，会发现 Dataset 使用起来很容易。

3.15.4 参考资料

Spark 的官方文档：

- Dataset；
- KeyValue 形式的 grouped Dataset；

- Relational 形式的 grouped Dataset。

3.16 根据 RDD 创建和使用 Dataset，再反向操作

在这个攻略中，我们将研究如何使用 RDD，RDD 如何与 Dataset 交互，以建立多阶段的机器学习管道。尽管 Dataset 是将来的方向，但由于历史遗留或编码需要的原因，仍然需要和返回值是 RDD/操作基于 RDD 的其他机器学习算法或代码进行交互。在这个攻略中，我们还将探索如何从 RDD 创建 Dataset，以及如何将 Dataset 转为 RDD。

3.16.1 操作步骤

1. 使用 IntelliJ 或其他所喜欢的 IDE 创建一个新项目，确保已经导入必要的 Jar 包。

2. 设置 package 路径，存放程序代码：

```
package spark.ml.cookbook.chapter3
```

3. 导入相应的软件包，实现 Spark 访问集群，log4j.Logger 可以减少 Spark 的输出信息。

```
import org.apache.log4j.{Level, Logger}
import org.apache.spark.sql.SparkSession
```

4. 定义一个 Scala 的 case class，用于模型数据处理。

```
case class Car(make: String, model: String, price: Double,
style: String, kind: String)
```

5. 创建一个 Scala 序列，使用电动和混合动力汽车的 class 进行填充。

```
val carData =
Seq(
Car("Tesla", "Model S", 71000.0, "sedan","electric"),
Car("Audi", "A3 E-Tron", 37900.0, "luxury","hybrid"),
Car("BMW", "330e", 43700.0, "sedan","hybrid"),
Car("BMW", "i3", 43300.0, "sedan","electric"),
Car("BMW", "i8", 137000.0, "coupe","hybrid"),
Car("BMW", "X5 xdrive40e", 64000.0, "suv","hybrid"),
Car("Chevy", "Spark EV", 26000.0, "coupe","electric"),
Car("Chevy", "Volt", 34000.0, "sedan","electric"),
Car("Fiat", "500e", 32600.0, "coupe","electric"),
```

```
  Car("Ford", "C-Max Energi", 32600.0, "wagon/van","hybrid"),
  Car("Ford", "Focus Electric", 29200.0, "sedan","electric"),
  Car("Ford", "Fusion Energi", 33900.0, "sedan","electric"),
  Car("Hyundai", "Sonata", 35400.0, "sedan","hybrid"),
  Car("Kia", "Soul EV", 34500.0, "sedan","electric"),
  Car("Mercedes", "B-Class", 42400.0, "sedan","electric"),
  Car("Mercedes", "C350", 46400.0, "sedan","hybrid"),
  Car("Mercedes", "GLE500e", 67000.0, "suv","hybrid"),
  Car("Mitsubishi", "i-MiEV", 23800.0, "sedan","electric"),
  Car("Nissan", "LEAF", 29000.0, "sedan","electric"),
  Car("Porsche", "Cayenne", 78000.0, "suv","hybrid"),
  Car("Porsche", "Panamera S", 93000.0, "sedan","hybrid"),
  Car("Tesla", "Model X", 80000.0, "suv","electric"),
  Car("Tesla", "Model 3", 35000.0, "sedan","electric"),
  Car("Volvo", "XC90 T8", 69000.0, "suv","hybrid"),
  Car("Cadillac", "ELR", 76000.0, "coupe","hybrid")
)
```

6. 设置输出级别为 ERROR，以减少 Spark 的日志输出。

```
Logger.getLogger("org").setLevel(Level.ERROR)
Logger.getLogger("akka").setLevel(Level.ERROR)
```

7. 指定配置和构建模式，初始化一个 SparkSession，创建一个可以访问 Spark 集群的入口点。

```
val spark = SparkSession
  .builder
  .master("local[*]")
  .appName("mydatasetrdd")
  .config("Spark.sql.warehouse.dir", ".")
  .getOrCreate()
```

8. 接着，我们根据 SparkSession 获取一个 SparkContext 的引用，后续需要通过该引用创建 RDD。

```
val sc = spark.sparkContext
```

9. 导入 spark 的 implicits，只要导入一次就可以实现添加操作。

```
import spark.implicits._
```

10. 根据前面的汽车数据序列创建一个 RDD。

```
val rdd = spark.makeRDD(MyDatasetData.carData)
```

11. 使用 SparkSession 的 createDataset() 方法从 RDD（包含汽车数据）创建 Dataset。

```
val cars = spark.createDataset(rdd)
```

12. 使用 show() 方法打印 Dataset，检查上述的创建过程是否符合预期。

```
cars.show(false)
```

运行上面的代码，输出如图 3-25 所示。

```
+---------+---------------+---------+---------+---------+
|make     |model          |price    |style    |kind     |
+---------+---------------+---------+---------+---------+
|Tesla    |Model S        |71000.0  |sedan    |electric |
|Audi     |A3 E-Tron      |37900.0  |luxury   |hybrid   |
|BMW      |330e           |43700.0  |sedan    |hybrid   |
|BMW      |i3             |43300.0  |sedan    |electric |
|BMW      |i8             |137000.0 |coupe    |hybrid   |
|BMW      |X5 xdrive40e   |64000.0  |suv      |hybrid   |
|Chevy    |Spark EV       |26000.0  |coupe    |electric |
|Chevy    |Volt           |34000.0  |sedan    |electric |
|Fiat     |500e           |32600.0  |coupe    |electric |
|Ford     |C-Max Energi   |32600.0  |wagon/van|hybrid   |
|Ford     |Focus Electric |29200.0  |sedan    |electric |
|Ford     |Fusion Energi  |33900.0  |sedan    |electric |
|Hyundai  |Sonata         |35400.0  |sedan    |hybrid   |
|Kia      |Soul EV        |34500.0  |sedan    |electric |
|Mercedes |B-Class        |42400.0  |sedan    |electric |
|Mercedes |C350           |46400.0  |sedan    |hybrid   |
|Mercedes |GLE500e        |67000.0  |suv      |hybrid   |
|Mitsubishi|i-MiEV        |23800.0  |sedan    |electric |
|Nissan   |LEAF           |29000.0  |sedan    |electric |
|Porsche  |Cayenne        |78000.0  |suv      |hybrid   |
+---------+---------------+---------+---------+---------+
only showing top 20 rows
```

图 3-25

13. 打印隐含的列名。

```
cars.columns.foreach(println)
make
model
price
style
kind
```

14. 显示自动创建的 schema，验证推断的数据类型是否正确。

```
println(cars.schema)
StructType(StructField(make,StringType,true),
StructField(model,StringType,true),
StructField(price,DoubleType,false),
StructField(style,StringType,true),
StructField(kind,StringType,true))
```

15. 根据字符串 make 对 Dataset 分组，统计每个组内的数目。

```
cars.groupBy("make").count().show()
```

运行上面的代码，输出如图 3-26 所示。

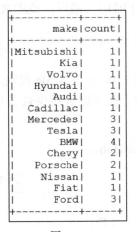

图 3-26

16. 下一步，对 Dataset 使用 Spark SQL，根据列 make 以及值 Tesla 进行过滤，并将结果 Dataset 转为 RDD。

```
val carRDD = cars.where("make = 'Tesla'").rdd
Car(Tesla,Model X,80000.0,suv,electric)
Car(Tesla,Model 3,35000.0,sedan,electric)
Car(Tesla,Model S,71000.0,sedan,electric)
```

17. 最后，使用 foreach()方法显示 RDD 的内容。

```
carRDD.foreach(println)
Car(Tesla,Model X,80000.0,suv,electric)
Car(Tesla,Model 3,35000.0,sedan,electric)
Car(Tesla,Model S,71000.0,sedan,electric)
```

18．停止 SparkSession，关闭程序。

```
spark.stop()
```

3.16.2　工作原理

在这一章中，我们先将 RDD 转为 Dataset，再将 Dataset 转为 RDD。首先，我们将一个 Scala 序列保存为 RDD，继而调用 SparkSession 的 createDataset()函数，将 RDD 作为函数的一个参数，输出的结果为 Dataset。

然后，根据 make 列对 Dataset 分组，统计各种汽车的出现次数，接着将字符串 Tesla 作为过滤条件得到 Dataset，再转为 RDD。最后，使用 RDD 的 foreach()方法显示结果。

3.16.3　更多

Spark 的 Dataset 源码文件大约 2500 行的 Scala 代码，这是一段非常好的代码，可以基于 Apache 许可用于其他用途。我们鼓励读者至少查看其中的一个文件，并能理解在使用 Dataset 时缓冲是如何起作用的。

Dataset 源码可以进一步翻阅 GitHub。

3.16.4　参考资料

值得进一步学习的 Spark 的官方文档：

- Dataset；
- KeyValue grouped Dataset；
- Relational grouped Dataset。

3.17　用 Dataset API 和 SQL 一起处理 JSON

在这个攻略中，我们将研究如何结合 JSON 与 Dataset。在过去的 5 年中，JSON 格式已迅速成为数据互操作的事实标准。

我们将研究 Dataset 如何使用 JSON、如何执行 select()这一类的 API 命令。接着，我们创建一个视图，执行一个 SQL 查询语句，以演示如何轻松地使用 Dataset API 和 SQL 查询处理 JSON 文件。

3.17.1 操作步骤

1．使用 IntelliJ 或其他所喜欢的 IDE 创建一个新项目，确保已经导入必要的 Jar 包。

2．创建一个内容如下、名称为 cars.json 的 JSON 数据文件：

```
{"make": "Telsa", "model": "Model S", "price": 71000.00, "style": "sedan", "kind": "electric"}
{"make": "Audi", "model": "A3 E-Tron", "price": 37900.00, "style": "luxury", "kind": "hybrid"}
{"make": "BMW", "model": "330e", "price": 43700.00, "style": "sedan", "kind": "hybrid"}
```

3．设置 package 路径，存放程序代码：

```
package spark.ml.cookbook.chapter3
```

4．导入相应的软件包，实现 Spark 访问集群，log4j.Logger 可以减少 Spark 的输出信息。

```
import org.apache.log4j.{Level, Logger}
import org.apache.spark.sql.SparkSession
```

5．定义一个 Scala 的 case class，用于模型数据处理。

```
case class Car(make: String, model: String, price: Double, style: String, kind: String)
```

6．设置日志输出级别为 ERROR，以减少 Spark 的日志输出。

```
Logger.getLogger("org").setLevel(Level.ERROR)
Logger.getLogger("akka").setLevel(Level.ERROR)
```

7．初始化一个 SparkSession，创建一个可以访问 Spark 集群的入口点。

```
val spark = SparkSession
.builder
.master("local[*]")
.appName("mydatasmydatasetjsonetrdd")
.config("Spark.sql.warehouse.dir", ".")
.getOrCreate()
```

8．导入 Spark 的 implicits，实现只要导入一次就可实现添加操作。

```
import spark.implicits._
```

9. 现在，将 JSON 数据文件加载到内存，指定 class 类型为 Car。

```
val cars = spark.read.json("../data/sparkml2/chapter3/cars.json").as[Car]
```

10. 打印所创建类型为 Car 的 Dataset，如图 3-27 所示。

```
cars.show(false)
```

```
+--------+---------+--------------+--------+---------+
|kind    |make     |model         |price   |style    |
+--------+---------+--------------+--------+---------+
|electric|Telsa    |Model S       |71000.0 |sedan    |
|hybrid  |Audi     |A3 E-Tron     |37900.0 |luxury   |
|hybrid  |BMW      |330e          |43700.0 |sedan    |
|electric|BMW      |i3            |43300.0 |sedan    |
|hybrid  |BMW      |i8            |137000.0|coupe    |
|hybrid  |BMW      |X5 xdrive40e  |64000.0 |suv      |
|electric|Chevy    |Spark EV      |26000.0 |coupe    |
|electric|Chevy    |Volt          |34000.0 |sedan    |
|electric|Fiat     |500e          |32600.0 |coupe    |
|hybrid  |Ford     |C-Max Energi  |32600.0 |wagon/van|
|electric|Ford     |Focus Electric|29200.0 |sedan    |
|electric|Ford     |Fusion Energi |33900.0 |sedan    |
|hybrid  |Hyundai  |Sonata        |35400.0 |sedan    |
|electric|Kia      |Soul EV       |34500.0 |sedan    |
|electric|Mercedes |B-Class       |42400.0 |sedan    |
|hybrid  |Mercedes |C350          |46400.0 |sedan    |
|hybrid  |Mercedes |GLE500e       |67000.0 |suv      |
|electric|Mitsubishi|i-MiEV       |23800.0 |sedan    |
|electric|Nissan   |LEAF          |29000.0 |sedan    |
|hybrid  |Porsche  |Cayenne       |78000.0 |suv      |
+--------+---------+--------------+--------+---------+
only showing top 20 rows
```

图 3-27

11. 接着，输出 Dataset 的列名，检查变量 cars 的 JSON 属性名称已经正确处理。

```
cars.columns.foreach(println)
make
model
price
style
kind
```

12. 输出自动创建的 schema，验证推断得到的数据类型是否正确。

```
println(cars.schema)
StructType(StructField(make,StringType,true),
```

```
StructField(model,StringType,true),
StructField(price,DoubleType,false),
StructField(style,StringType,true),
StructField(kind,StringType,true))
```

13. 在这一步，选择 Dataset 的 make 列，使用 distinct()方法移除重复数据，并显示结果。

```
cars.select("make").distinct().show()
```

输出如图 3-28 所示。

图 3-28

14. 根据 Dataset cars 创建一个视图，可以对 Dataset 执行字符串 Spark SQL 查询。

```
cars.createOrReplaceTempView("cars")
```

15. 最后，执行一个 Spark SQL 查询，根据汽车类型 electric 对 Dataset 进行过滤，并返回 3 个已定义的数据列。

```
spark.sql("select make, model, kind from cars where kind = 'electric'").show()
```

输出如图 3-29 所示。

16. 停止 SparkSession，关闭程序。

```
spark.stop()
```

```
+--------+--------------+-------+
|    make|         model|   kind|
+--------+--------------+-------+
|   Telsa|       Model S|electric|
|     BMW|            i3|electric|
|   Chevy|      Spark EV|electric|
|   Chevy|          Volt|electric|
|    Fiat|          500e|electric|
|    Ford|Focus Electric|electric|
|    Ford| Fusion Energi|electric|
|     Kia|       Soul EV|electric|
|Mercedes|       B-Class|electric|
|Mitsubishi|       i-MiEV|electric|
|  Nissan|          LEAF|electric|
|   Tesla|       Model X|electric|
|   Tesla|       Model 3|electric|
+--------+--------------+-------+
```

图 3-29

3.17.2 工作原理

读取 JavaScript Object Notation（JSON）数据文件并将其转换为 Spark 的 Dataset 非常简单。在过去的几年中，JSON 已成为一种广泛使用的数据格式，Spark 对该格式的支持性很好。

在第一部分，演示如何采用 SparkSession 内置的 JSON 解析功能将 JSON 加载到 Dataset。开发者需要了解 Spark 的内置功能是如何将 JSON 数据转换为 car 的 case class。

在第二部分，演示了如何在 Dataset 上应用 Spark SQL，将前述数据转为预期数据。我们使用 Dataset 的 select()方法获取 make 列，使用 distinct()方法移除重复数据。接着，创建一个 Dataset cars 的视图，以便能使用 SQL 查询进行处理。最后，使用 SparkSession 的 sql()方法，对 Dataset 执行一个文本 sql 查询字符串，获取类型为 electric 的所有记录。

3.17.3 更多

想要完全理解和掌握 Dataset API，需要掌握 Row 和 Encoder 的概念。

Dataset 遵循延迟计算范式，这意味着执行只能发生在调用 Spark 的 action 操作。当我们执行一个 action 操作时，Catalyst 查询优化器会生成逻辑计划，并以并行分布式方式生成优化执行的物理计划。详细步骤，请参阅 Spark 官网。

Spark 的 Row 和 Encoder 官方文档建议读者仔细研读。

3.17.4 参考资料

几个需要特别注意的 Spark 官方文档：

- Dataset;
- KeyValue grouped Dataset;
- relational grouped Dataset。

再次说明，确保已经下载和研究过 Dataset 源码文件，GitHub 上的该源码文件大约 2500 多行。研究 Spark 源码是学习 Scala、Scala Annotations 和 Spark 2.0 中高级编程的最好方式。

使用 Spark 2.0 之前版本的用户需要注意以下事项。

- 集群系统的单一入口点已经改为 SparkSession，SQLContext 和 HiveContext 已经被 SparkSession 所替代。
- 对于 Java 用户而言，需要确保使用 Dataset<Row>替代 DataFrame。
- 通过 SparkSession 使用新的 catalog 接口执行 cacheTable()、dropTempView()、createExternalTable()和 ListTable()等函数。
- DataFrame 和 DataSet API
  - unionALL()已经被抛弃，应该使用 union()替代。
  - explode()应该用 functions.explode()和 select()或 flatMap()替代。
  - registerTempTable 已经被抛弃，使用 createOrReplaceTempView()替代。
- Dataset() API 的源码可以在 GitHub 上找到。

3.18 用领域对象对 Dataset API 进行函数式编程

在这个攻略中，我们将研究函数式编程如何与 Dataset 一起工作。使用 Dataset 和函数式编程，根据各自模型来拆分领域对象。

3.18.1 操作步骤

1．使用 IntelliJ 或其他所喜欢的 IDE 创建一个新项目，确保已经导入必要的 Jar 包。

2．设置 package 路径，存放程序代码：

```
package spark.ml.cookbook.chapter3
```

3．导入必要的包，确保通过 SparkContext 访问集群，通过 Log4j.Logger 减少 Spark 的输出信息。

```
import org.apache.log4j.{Level, Logger}
import org.apache.spark.sql.{Dataset, SparkSession}
import spark.ml.cookbook.{Car, mydatasetdata}
import scala.collection.mutable
import scala.collection.mutable.ListBuffer
import org.apache.log4j.{Level, Logger}
import org.apache.spark.sql.SparkSession
```

4. 定义一个 Scala 的 case class，用于模型数据处理，Car 类代表电动和混合动力汽车。

```
case class Car(make: String, model: String, price: Double,
style: String, kind: String)
```

5. 创建一个 Scala 序列，使用电动和混合动力汽车的 class 进行填充。

```
val carData =
Seq(
Car("Tesla", "Model S", 71000.0, "sedan","electric"),
Car("Audi", "A3 E-Tron", 37900.0, "luxury","hybrid"),
Car("BMW", "330e", 43700.0, "sedan","hybrid"),
Car("BMW", "i3", 43300.0, "sedan","electric"),
Car("BMW", "i8", 137000.0, "coupe","hybrid"),
Car("BMW", "X5 xdrive40e", 64000.0, "suv","hybrid"),
Car("Chevy", "Spark EV", 26000.0, "coupe","electric"),
Car("Chevy", "Volt", 34000.0, "sedan","electric"),
Car("Fiat", "500e", 32600.0, "coupe","electric"),
Car("Ford", "C-Max Energi", 32600.0, "wagon/van","hybrid"),
Car("Ford", "Focus Electric", 29200.0, "sedan","electric"),
Car("Ford", "Fusion Energi", 33900.0, "sedan","electric"),
Car("Hyundai", "Sonata", 35400.0, "sedan","hybrid"),
Car("Kia", "Soul EV", 34500.0, "sedan","electric"),
Car("Mercedes", "B-Class", 42400.0, "sedan","electric"),
Car("Mercedes", "C350", 46400.0, "sedan","hybrid"),
Car("Mercedes", "GLE500e", 67000.0, "suv","hybrid"),
Car("Mitsubishi", "i-MiEV", 23800.0, "sedan","electric"),
Car("Nissan", "LEAF", 29000.0, "sedan","electric"),
Car("Porsche", "Cayenne", 78000.0, "suv","hybrid"),
Car("Porsche", "Panamera S", 93000.0, "sedan","hybrid"),
Car("Tesla", "Model X", 80000.0, "suv","electric"),
Car("Tesla", "Model 3", 35000.0, "sedan","electric"),
Car("Volvo", "XC90 T8", 69000.0, "suv","hybrid"),
Car("Cadillac", "ELR", 76000.0, "coupe","hybrid")
)
```

6. 设置日志输出级别为 ERROR，以减少 Spark 的日志输出。

```
Logger.getLogger("org").setLevel(Level.ERROR)
Logger.getLogger("akka").setLevel(Level.ERROR)
```

7. 创建一个 SparkSession 实现访问 Spark 集群,包括潜在的 session 对象属性和函数。

```
val spark = SparkSession
.builder
.master("local[*]")
.appName("mydatasetseq")
.config("spark.sql.warehouse.dir", ".")
.getOrCreate()
```

8. 导入 Spark 的 implicits,只要导入一次就可实现添加操作。

```
import spark.implicits._
```

9. 使用 SparkSession 的 createDataset(),从汽车数据序列 carData 中创建一个 Dataset。

```
val cars = spark.createDataset(MyDatasetData.carData)
```

10. 显示 Dataset,以理解下面步骤如何转换数据。

```
cars.show(false)
```

运行上面的代码,输出如图 3-30 所示。

```
+---------+--------------+--------+---------+--------+
|make     |model         |price   |style    |kind    |
+---------+--------------+--------+---------+--------+
|Tesla    |Model S       |71000.0 |sedan    |electric|
|Audi     |A3 E-Tron     |37900.0 |luxury   |hybrid  |
|BMW      |330e          |43700.0 |sedan    |hybrid  |
|BMW      |i3            |43300.0 |sedan    |electric|
|BMW      |i8            |137000.0|coupe    |hybrid  |
|BMW      |X5 xdrive40e  |64000.0 |suv      |hybrid  |
|Chevy    |Spark EV      |26000.0 |coupe    |electric|
|Chevy    |Volt          |34000.0 |sedan    |electric|
|Fiat     |500e          |32600.0 |coupe    |electric|
|Ford     |C-Max Energi  |32600.0 |wagon/van|hybrid  |
|Ford     |Focus Electric|29200.0 |sedan    |electric|
|Ford     |Fusion Energi |33900.0 |sedan    |hybrid  |
|Hyundai  |Sonata        |35400.0 |sedan    |hybrid  |
|Kia      |Soul EV       |34500.0 |sedan    |electric|
|Mercedes |B-Class       |42400.0 |sedan    |electric|
|Mercedes |C350          |46400.0 |sedan    |hybrid  |
|Mercedes |GLE500e       |67000.0 |suv      |hybrid  |
|Mitsubishi|i-MiEV       |23800.0 |sedan    |electric|
|Nissan   |LEAF          |29000.0 |sedan    |electric|
|Porsche  |Cayenne       |78000.0 |suv      |hybrid  |
+---------+--------------+--------+---------+--------+
only showing top 20 rows
```

图 3-30

11. 构建一个包含各个步骤的功能系列,将原始 Dataset 转为按 make 分组、包含各种模型的数据。

```scala
val modelData = cars.groupByKey(_.make).mapGroups({
case (make, car) => {
val carModel = new ListBuffer[String]()
    car.map(_.model).foreach({
        c => carModel += c
    })
    (make, carModel)
   }
})
```

12. 显示前面的功能逻辑序列的运行结果，并进行验证。

```scala
modelData.show(false)
```

运行上面的代码，输出如图 3-31 所示。

```
+---------+---------------------------------------------+
|_1       |_2                                           |
+---------+---------------------------------------------+
|Mitsubishi|[i-MiEV]                                    |
|Kia      |[Soul EV]                                    |
|Volvo    |[XC90 T8]                                    |
|Hyundai  |[Sonata]                                     |
|Audi     |[A3 E-Tron]                                  |
|Cadillac |[ELR]                                        |
|Mercedes |[B-Class, C350, GLE500e]                     |
|Tesla    |[Model S, Model X, Model 3]                  |
|BMW      |[330e, i3, i8, X5 xdrive40e]                 |
|Chevy    |[Spark EV, Volt]                             |
|Porsche  |[Cayenne, Panamera S]                        |
|Nissan   |[LEAF]                                       |
|Fiat     |[500e]                                       |
|Ford     |[C-Max Energi, Focus Electric, Fusion Energi]|
+---------+---------------------------------------------+
```

图 3-31

13. 停止 SparkSession，关闭程序。

```scala
spark.stop()
```

3.18.2 工作原理

在这个示例中，使用 Scala 的序列数据结构存放原始数据，原始数据包含一系列 car 对象和相应属性。使用 createDataset() 函数，创建一个 Dataset 并填充数值。按属性 make 应用

groupBy()函数，结合 createDataset()函数和 Dataset 的函数式范式，根据它们的模型列出所有汽车。在 Dataset 出现之前，结合函数式编程和领域对象的形式是不可能的（case class 和 RDD，或 UDF 和 DataFrame），然而 Dataset 结构让这一切变得简单和自然。

3.18.3 更多

确保在 Dataset 代码中已经引入 implicits 语句：

```
import spark.implicits._
```

3.18.4 参考资料

如果你想要了解 Dataset 文档，可以查阅 Spark 官网。

第 4 章
构建一个稳健的机器学习系统的常用攻略

在这一章，将讨论以下内容：

- 借助 Spark 的基本统计 API 构建属于自己的算法；
- 用于真实机器学习应用的 ML 管道；
- 使用 Spark 标准化数据；
- 划分数据为训练集和测试集；
- 新 Dataset API 的常见操作；
- 使用 Spark 2.0 从文本文件创建和使用 RDD、DataFrame 和 Dataset；
- Spark ML 的 LabeledPoint 数据结构；
- 使用 Spark 2.0 访问 Spark 集群；
- 使用 Spark 2.0 之前的版本访问 Spark 集群；
- 在 Spark 2.0 中使用 SparkSession 对象访问 SparkContext；
- Spark 2.0 中的新模型导出和 PMML 标记；
- 使用 Spark 2.0 进行回归模型评估；
- 使用 Spark 2.0 进行二分类模型评估；
- 使用 Spark 2.0 进行多标签分类模型评估；

- 使用 Spark 2.0 进行多类分类模型评估；
- 在 Spark 2.0 中使用 Scala Breeze 库处理图像。

4.1 引言

在每一个业务领域，例如从运营小型企业到创建、管理关键任务应用程序，许多常见的任务在执行功能的过程中由于某种原因，需要被嵌入到工作流中作为其中的一部分。对于构建稳健的机器学习系统也是如此。在 Spark 机器学习中，一些任务的流程包括模型开发（训练、测试和验证）阶段的数据划分、输入特征向量数据的标准化、使用 Spark API 创建 ML 管道。我们在本章中提供了一组攻略，使读者能够接触到实现端到端机器学习系统的实际需求。

本章的目的是演示一些存在于任何稳健的 Spark 机器学习系统实现中的常见任务。为了避免在本书的每一个单独攻略中重复引用这些常见任务，我们在本章中将这些常见任务单独作为简短攻略呈现，读者可以在阅读其他章节时根据需要再进行引用。这些攻略可以单独使用，也可以包含在更大的系统中作为一个管道子任务。需要注意的是，尽管这些常见攻略可能会在后面章节中的机器学习算法中进一步重点阐述，但为了内容的完整性，仍会将它们作为独立攻略包含在本章中。

4.2 借助 Spark 的基本统计 API 构建属于自己的算法

在这个攻略中，我们将介绍 Spark 的多元统计概要（也就是 Statistics.colStats），例如相关性、分层抽样、假设检验、随机数据生成、核密度估计等，多元统计概要可以应用于非常大的数据集，同时也可以借助 RDD 充分利用 Spark 的并行性和弹性优势。

4.2.1 操作步骤

1. 使用 IntelliJ 或其他所喜欢的 IDE 创建一个新项目，确保已经导入必要的 Jar 包。
2. 创建程序所在的包目录：

```
package spark.ml.cookbook.chapter4
```

3. 导入 SparkContext 所需的包访问集群，导入 Log4j.Logger 以减少 Spark 的输出量：

```
import org.apache.spark.mllib.linalg.Vectors
import org.apache.spark.mllib.stat.Statistics
import org.apache.spark.sql.SparkSession
import org.apache.log4j.Logger
import org.apache.log4j.Level
```

4. 将日志级别设置为 ERROR,以减少 Spark 的日志输出:

```
Logger.getLogger("org").setLevel(Level.ERROR)
Logger.getLogger("akka").setLevel(Level.ERROR)
```

5. 使用 builder 模式指定配置初始化 SparkSession 对象,创建访问 Spark 集群的入口点:

```
val spark = SparkSession
.builder
.master("local[*]")
.appName("Summary Statistics")
.config("spark.sql.warehouse.dir", ".")
.getOrCreate()
```

6. 获取 SparkSession 内部的 SparkContext,用于创建 RDD:

```
val sc = spark.sparkContext
```

7. 使用人工数据创建 RDD,演示统计概要的用法:

```
val rdd = sc.parallelize(
  Seq(
    Vectors.dense(0, 1, 0),
    Vectors.dense(1.0, 10.0, 100.0),
    Vectors.dense(3.0, 30.0, 300.0),
    Vectors.dense(5.0, 50.0, 500.0),
    Vectors.dense(7.0, 70.0, 700.0),
    Vectors.dense(9.0, 90.0, 900.0),
    Vectors.dense(11.0, 110.0, 1100.0)
  )
)
```

8. 调用 Spark 中 statistics 对象的 colStats()方法,将 RDD 作为参数传递:

```
val summary = Statistics.colStats(rdd)
```

colStats()方法返回一个包含概要统计量 MultivariateStatisticalSummary 对象。

```
println("mean:" + summary.mean)
println("variance:" +summary.variance)
println("none zero" + summary.numNonzeros)
println("min:" + summary.min)
println("max:" + summary.max)
println("count:" + summary.count)
mean:[5.142857142857142,51.57142857142857,514.2857142857142]
variance:[16.80952380952381,1663.952380952381,168095.2380952381]
none zero[6.0,7.0,6.0]
min:[0.0,1.0,0.0]
max:[11.0,110.0,1100.0]
count:7
```

9. 停止 SparkSession，关闭程序：

```
spark.stop()
```

4.2.2 工作原理

使用密集向量数据创建 RDD，然后使用 statistics 对象生成概要统计信息。在 colStats() 方法完成计算之后，便可以得到概要统计信息，例如均值、方差、最小值、最大值等。

4.2.3 更多

在面对大型数据集时，我们需要再次强调统计 API 的重要性。这些 API 提供了一些从零开始实现任何统计学习算法所需要的基本要件。根据我们对半角与全矩阵分解的研究和经验，建议读者在实现自己的统计功能时，首先阅读 Spark 的源代码确保在 Spark 中没有等效功能的实现。

在前面我们已经演示了一些基本统计概要，其实 Spark 已经实现了一些其他的实现。

- 相关性：Statistics.corr（seriesX，seriesY，相关性类型）
  - 皮尔逊（默认）
  - Spearman
- 分层抽样——RDD API
  - 使用可替换的 RDD
  - 不可以替换，需要额外的参数

- 假设检验
  - 矢量——Statistics.chiSqTest（向量）
  - 矩阵——Statistics.chiSqTest（密集矩阵）
- Kolmogorov-Smirnov（KS）用于相等的的测试——单侧或双侧
  - Statistics.kolmogorovSmirnovTest(RDD,"norm",0,1)
- 随机数据生成器 normalRDD()
  - 正常情况可以指定参数
  - 很多选项加上 map() 可以用来生成任何分布
- 核密度估计量 KernelDensity().estimate(data)

对于统计概要中的"Goodness of fit"可以搜索维基百科中的"Goodness of fit"词条，进一步了解。

4.2.4 参考资料

更多关于多元统计的技术细节请查阅 Spark 文档。

4.3 用于真实机器学习应用的 ML 管道

Spark 2.0 中有 2 个攻略介绍了 ML 管道，本攻略是第一个。想要了解 ML 管道的高级处理方法、API 调用及参数提取等更多详细信息，请参考本书后面章节的内容。

在这个攻略中，我们尝试一个简单的管道，包括文本分词、HashingTF 词频映射（一个传统技巧）和用于拟合模型的回归模型。然后使用管道对样本进行预测属于哪一个组（例如新闻过滤、手势分类等）。

4.3.1 操作步骤

1. 使用 IntelliJ 或其他所喜欢的 IDE 创建一个新项目，确保已经导入必要的 Jar 包。
2. 创建程序所在的包目录：

package spark.ml.cookbook.chapter4

3. 导入 Spark 上下文访问集群所需的依赖包，导入 log4j.Logger 减少 Spark 的输出量。

```
import org.apache.spark.ml.Pipeline
import org.apache.spark.ml.classification.LogisticRegression
import org.apache.spark.ml.feature.{HashingTF, Tokenizer}
import org.apache.spark.sql.SparkSession
import org.apache.log4j.{Level, Logger}
```

4. 将日志级别设置为 ERROR，以减少 Spark 日志输出量：

```
Logger.getLogger("org").setLevel(Level.ERROR)
Logger.getLogger("akka").setLevel(Level.ERROR)
```

5. 通过 builder 模式配置并实例化一个 SparkSession，作为访问 Spark 集群的入口点：

```
val spark = SparkSession
.builder
.master("local[*]")
.appName("My Pipeline")
.config("spark.sql.warehouse.dir", ".")
.getOrCreate()
```

6. 使用多个随机文本文档创建训练集 DataFrame：

```
val trainset = spark.createDataFrame(Seq(
(1L, 1, "spark rocks"),
(2L, 0, "flink is the best"),
(3L, 1, "Spark rules"),
(4L, 0, "mapreduce forever"),
(5L, 0, "Kafka is great")
)).toDF("id", "label", "words")
```

7. 创建分词器 tokenizer，将文本文档解析为单个词集合：

```
val tokenizer = new Tokenizer()
.setInputCol("words")
.setOutputCol("tokens")
```

8. 创建 hashingTF，将词转换为特征向量：

```
val hashingTF = new HashingTF()
.setNumFeatures(1000)
.setInputCol(tokenizer.getOutputCol)
.setOutputCol("features")
```

9. 使用逻辑回归创建一个模型，预测一篇新文档属于哪一个组：

```
val lr = new LogisticRegression()
  .setMaxIter(15)
  .setRegParam(0.01)
```

10．根据一个包括 3 个 stage 的数组构造一个数据管道：

```
val pipeline = new Pipeline()
  .setStages(Array(tokenizer, hashingTF, lr))
```

11．训练模型，用于后续的预测：

```
val model = pipeline.fit(trainset)
```

12．创建一个测试数据集，用来验证训练得到的模型：

```
val testSet = spark.createDataFrame(Seq(
  (10L, 1, "use spark please"),
  (11L, 2, "Kafka")
)).toDF("id", "label", "words")
```

13．使用训练得到的模型对测试数据集进行预测，并得到预测值（见图 4-1）：

```
model.transform(testSet).select("probability",
"prediction").show(false)
```

```
+----------------------------------------+----------+
|probability                             |prediction|
+----------------------------------------+----------+
|[0.1188495343876135,0.8811504656123865] |1.0       |
|[0.6377057793949985,0.36229422060500155]|0.0       |
+----------------------------------------+----------+
```

图 4-1

14．停止 SparkContext，关闭程序：

```
spark.stop()
```

4.3.2　工作原理

在这个攻略中，我们研究如何使用 Spark 帮助自己构造一个简单的机器学习管道 pipeline。我们首先根据两组文本文档创建一个 DataFrame，然后继续用于创建一个管道 pipeline。

第一步，我们创建一个分词器 tokenizer 将文本文档解析为词集合，创建一个 HashingTF

对象将词集合转为特征向量，然后创建逻辑回归模型预测一篇新文本文档属于哪一个组。

第二步，我们将多个操作（上述 3 个阶段）包装为数组作为参数传递构建一个管道 pipeline。需要注意的是，每个阶段都使用上一阶段的输出列数据作为当前的输入，当前阶段执行产生的结果会作为特定的列。

最后一步，我们在 pipeline 对象上调用 fit() 函数训练得到一个模型，同时定义一个测试数据集用来校验。下一步使用训练得到的模型对测试数据集执行 transform 操作，预测测试数据集中的文档属于预先定义的两个组中的哪一个。

4.3.3 更多

Spark ML 中的管道受到了 Python scikit-learn 的启发，更全面内容可以直接查看 scikit-learn 官网。

ML 管道使得将多个算法融合进 Spark 实际生产任务变得更加简单。在真实情况下，很少看到只有单个算法的案例。通常来说，一个复杂的案例是由多个 ML 算法协调合作完成。例如，基于 LDA 的系统（比如新闻简报）或人类情感检测，在核心系统前后有很多步骤，一起合并形成单个管道操作，才能产生一个有意义、有生产价值的系统。

使用 Pipeline 管道实现稳健系统的现实案例可以参考 thinkmind 官网上的相关内容。

4.3.4 参考资料

Spark 官网上有关多元统计概要的文档。

- Pipeline。
- pipelineModel：用于 load 和 save。
- PipelineStage。
- HashingTF：一种经典的 hash 技巧，常用于文本分析领域，将词序列转为词频。

4.4 用 Spark 标准化数据

在这个攻略中，我们演示在将数据导入机器学习 ML 算法之前，如何对数据进行规范化（也就是缩放）操作。有很多机器学习 ML 算法，比如支持向量机（SVM）等，使用缩放后数据作为输入向量的模型效果比使用原始值的模型效果更好。

4.4.1 操作步骤

1. 访问 UCI 机器学习库下载 wine.data 数据文件：
2. 使用 IntelliJ 或其他所喜欢的 IDE 创建一个新项目，确保已经导入必要的 Jar 包。
3. 创建程序所在的包目录：

```
package spark.ml.cookbook.chapter4
```

4. 导入 Spark 上下文访问集群所需的依赖包，导入 log4j.Logger 以减少 Spark 的输出量。

```
import org.apache.spark.sql.SparkSession
import org.apache.spark.ml.linalg.{Vector, Vectors}
import org.apache.spark.ml.feature.MinMaxScaler
```

5. 定义一个将葡萄酒数据解析为元组的方法：

```
def parseWine(str: String): (Int, Vector) = {
val columns = str.split(",")
(columns(0).toInt, Vectors.dense(columns(1).toFloat,
columns(2).toFloat, columns(3).toFloat))
 }
```

6. 将日志级别设置为 ERROR，以减少 Spark 日志输出量：

```
Logger.getLogger("org").setLevel(Level.ERROR)
Logger.getLogger("akka").setLevel(Level.ERROR)
```

7. 通过 builder 模式配置并实例化一个 SparkSession，作为访问 Spark 集群的入口点：

```
val spark = SparkSession
.builder
.master("local[*]")
.appName("My Normalize")
.getOrCreate()
```

8. 导入 spark.implicits，实现只需导入一次就可添加访问操作：

```
import spark.implicits._
```

9. 把葡萄酒数据加载到内存，仅使用前 4 列数据，并将后 3 列转为一个新的特征向量：

```
val data =
Spark.read.text("../data/sparkml2/chapter4/wine.data").as[String].m
ap(parseWine)
```

10. 创建一个包含 2 个列字段的 DataFrame：

```
val df = data.toDF("id", "feature")
```

11. 打印输出 DataFrame 的模式 schema，并显示 DataFrame 的部分数据（见图 4-2）：

```
df.printSchema()
df.show(false)
```

```
root
 |-- id: integer (nullable = true)
 |-- feature: vector (nullable = true)

+---+-----------------------------------------------------------------+
|id |feature                                                          |
+---+-----------------------------------------------------------------+
|1  |[14.229999542236328,1.7100000381469727,2.430000066757202]        |
|1  |[13.199999809265137,1.7799999713897705,2.140000104904175]        |
|1  |[13.15999984741211,2.359999895095825,2.6700000762939453]         |
|1  |[14.369999885559082,1.9500000476837158,2.5]                      |
|1  |[13.239999771118164,2.5899999141693115,2.869999885559082]        |
|1  |[14.199999809265137,1.7599999904632568,2.450000047683716]        |
|1  |[14.390000343322754,1.8700000047683716,2.450000047683716]        |
|1  |[14.0600004196167,2.1500000953674316,2.609999895095825]          |
|1  |[14.829999923706055,1.6399999856948853,2.1700000762939453]       |
|1  |[13.859999656677246,1.350000023841858,2.2699999809265137]        |
|1  |[14.100000381469727,2.1600000858306885,2.299999952316284]        |
|1  |[14.119999885559082,1.4800000190734863,2.319999933242798]        |
|1  |[13.75,1.7300000190734863,2.4100000858306885]                    |
|1  |[14.75,1.7300000190734863,2.390000104904175]                     |
|1  |[14.380000114440918,1.8700000047683716,2.380000114440918]        |
|1  |[13.630000114440918,1.809999942779541,2.700000047683716]         |
|1  |[14.300000190734863,1.9199999570846558,2.7200000286102295]       |
|1  |[13.829999923706055,1.5700000524520874,2.619999885559082]        |
|1  |[14.1899995803833,1.590000033378601,2.480000190734863]           |
|1  |[13.640000343322754,3.0999999046325684,2.559999942779541]        |
+---+-----------------------------------------------------------------+
only showing top 20 rows
```

图 4-2

12. 最后，创建一个缩放模型，将特征值缩放到一个指定负数和正数的指定范围内，缩放后的结果如图 4-3 所示：

```
val scale = new MinMaxScaler()
      .setInputCol("feature")
      .setOutputCol("scaled")
      .setMax(1)
      .setMin(-1)
scale.fit(df).transform(df).select("scaled").show(false)
```

```
+--------------------------------------------------------+
|scaled                                                  |
+--------------------------------------------------------+
|[0.6842103413928011,-0.6166007929349322,0.1443850799183537]|
|[0.1421052459864745,-0.5889328361222417,-0.1657753062993 44]|
|[0.12105263554158285,-0.3596838626296277,0.40106958144216076]|
|[0.7578947289168343,-0.5217391324834041,0.21925131848980062]|
|[0.16315785643136604,-0.2687747674370553,0.6149731202177233]|
|[0.6684210090425888,-0.5968379666401532,0.1657754337959101]|
|[0.7684212851061929,-0.5533597016733449,0.1657754337959101]|
|[0.5947371234523811,-0.4426877330676992 6,0.3368982648163601]|
|[1.0,-0.6442687968659172,-0.13368977548300953]           |
|[0.4894735692940979,-0.7588932836122242,-0.02673800609522836]|
|[0.6157897338972727,-0.4387351678087434 4,0.005347524721106112]|
|[0.6263157881528056,-0.7075098881275044,0.02673787859866228]|
|[0.4315790160541024,-0.6086956624170206,0.12299472604079753]|
|[0.9578947791102168,-0.6086956624170206,0.10160437216324114]|
|[0.7631580070115136,-0.5533597016733449,0.09090919522446317]|
|[0.36842118471942786,-0.5770751403453742,0.4331551122584951]|
|[0.7210527861217304,-0.5335968753786 6,0.4545454646136051 5]|
|[0.4736842369438856,-0.6719367536786077,0.34759344175513807]|
|[0.6631577309479095,-0.6640316231606962,0.19786096461224445]|
|[0.373684462814106 94,-0.06719375075713208,0.28342238012246934]|
+--------------------------------------------------------+
only showing top 20 rows
```

图 4-3

13．停止 SparkContext，关闭程序：

```
spark.stop()
```

4.4.2　工作原理

在这个例子中，我们研究大多数机器学习算法（如分类器）中的关键步骤——特征缩放操作。我们首先加载葡萄酒数据文件、提取标识符，然后使用后 3 列数据创建特征向量。

然后，我们创建了一个 MinMaxScaler 对象，通过配置最小和最大范围将特征值缩放到指定范围内。在 scaler 类上执行 fit() 方法来调用缩放模型，然后使用该模型缩放 DataFrame 中的特征值。

最后，打印显示生成后的 DataFrame，通过观察发现特征向量值的范围介于–1 和+1 之间。

4.4.3　更多

建议读者进一步学习线性代数中有关单位向量的概念，有助于更好地理解归一化和缩放的根源。可以了解维基百科上的两个有用的词条。

- 单位向量：unit_vector。
- scalar：Scalar_(mathematics)。

对输入敏感的算法（如支持向量机 SVM），建议使用缩放后的特征向量（比如特征值缩放到 0～1 之间）训练模型，而不是使用原始特征向量的绝对值训练模型。

4.4.4 参考资料

Spark 官方文档：MinMaxScaler。

这里我们想要强调一点，MinMaxScaler 是一个扩展于 Estimator（源于 ML 管道的概念）的扩展 API，对其正确使用有助于提高编码效率和模型结果精度。

4.5 将数据划分为训练集和测试集

通过这个攻略学习如何使用 Spark API 将可用数据划分为不同数据集，分别用于训练和验证的不同阶段。通常来说，一般依据 80%和 20%的比例划分训练集和验证集，但是也可以根据个人的喜好采用其他的数据划分比例。

4.5.1 操作步骤

1．访问 UCI 机器学习库，下载 NewsAggregatorDataset.zip 数据文件。

2．使用 IntelliJ 或其他所喜欢的 IDE 创建一个新项目，确保已经导入必要的 Jar 包。

3．创建程序所在的包目录：

```
package spark.ml.cookbook.chapter4
```

4．导入 Spark 上下文访问集群所需的依赖包，导入 log4j.Logger 以减少 Spark 的输出量。

```
import org.apache.spark.sql.SparkSession
import org.apache.log4j.{ Level, Logger }
```

5．将日志级别设置为 ERROR，以减少 Spark 日志输出量：

```
Logger.getLogger("org").setLevel(Level.ERROR)
Logger.getLogger("akka").setLevel(Level.ERROR)
```

6．通过 builder 模式配置并实例化一个 SparkSession，作为访问 Spark 集群的入口点：

```
val spark = SparkSession
.builder
.master("local[*]")
.appName("Data Splitting")
.getOrCreate()
```

7. 我们首先使用 SparkSession 的 csv()函数加载数据文件,并将其解析、保存在 Dataset 类型变量:

```
val data =
spark.read.csv("../data/sparkml2/chapter4/newsCorpora.csv")
```

8. 现在,统计 CSV 加载器解析后的数据记录数目,并保存在内存中。后续的数据划分会用到这个记录数目。

```
val rowCount = data.count()
println("rowCount=" + rowCount)
```

9. 下一步,我们使用 Dataset 的 randomSplit 方法将数据划分为比例 80%和 20%的两部分:

```
val splitData = data.randomSplit(Array(0.8, 0.2))
```

10. randomSplit 函数返回包含两个数据集合的数组,第一个数据集包含 80%的原始数据,作为训练数据集,另外一个数据集包含 20%的原始数据,作为测试数据集:

```
val trainingSet = splitData(0)
val testSet = splitData(1)
```

11. 统计训练集合和测试集合的记录数目:

```
val trainingSetCount = trainingSet.count()
val testSetCount = testSet.count()
```

12. 现在需要验证数据量的一致性,其中原始数据记录数目为 415606,训练集合和测试集合统计的记录数目之和同样等于 415606:

```
println("trainingSetCount=" + trainingSetCount)
println("testSetCount=" + testSetCount)
println("setRowCount=" + (trainingSetCount+testSetCount))
rowCount=415606
trainingSetCount=332265
testSetCount=83341
setRowCount=415606
```

13. 停止 SparkContext,关闭程序:

```
spark.stop()
```

4.5.2 工作原理

我们首先下载 newsCorpora.csv 数据文件，然后使用 Dataset 对象的 randomSplit()方法对数据进行划分。

4.5.3 更多

为了验证结果的准确性，必须使用德尔菲法（Delphi）——对于模型来说，测试集合是完全未知的。想要更详细的信息可以查阅 Kaggle 比赛官网上的文档。

构建一个稳健的机器学习系统需要 3 种类型的数据集。

- 训练数据集：用于模型拟合样本。
- 验证数据集：用于评估拟合得到的模型（根据训练数据集训练得到）的预测误差。
- 测试数据集：在选择最终模型之后，用于评估模型的泛化能力。

4.5.4 参考资料

有关 randomSplit()的更多细节可以查阅 Spark 官方文档。randomSplit()是 RDD 内置的调用方法。尽管 RDD 调用方法数目很多，但是掌握 Spark 的概念和 API 非常有必要。

randomSplit 方法的签名如下：

```
def randomSplit(weights: Array[Double]): Array[JavaRDD[T]]
```

在使用这个方法时，可以根据传入的权重随机划分 RDD。

4.6 新 Dataset API 的常见操作

在这个攻略中，我们将介绍 Spark 2.0 以及更高版本的新技术——Dataset API。在第 3 章中，我们详细介绍 Dataset 的 3 个攻略，这个攻略中先介绍 Dataset API 新的一些常见、重复性的操作。此外，我们演示 Spark SQL Catalyst optimizer 产生的查询计划。

4.6.1 操作步骤

1. 使用 IntelliJ 或其他所喜欢的 IDE 创建一个新项目，确保已经导入必要的 Jar 包。

2. 使用攻略已经提前创建好的 JSON 数据文件 cars.json：

```
name,city
Bears,Chicago
Packers,Green Bay
Lions,Detroit
Vikings,Minnesota
```

3. 创建程序所在的包目录：

```
package spark.ml.cookbook.chapter4
```

4. 导入 Spark 上下文访问集群所需的依赖包，导入 log4j.Logger 以减少 Spark 的输出量。

```
import org.apache.spark.ml.Pipeline
import org.apache.spark.ml.classification.LogisticRegression
import org.apache.spark.ml.feature.{HashingTF, Tokenizer}
import org.apache.spark.sql.SparkSession
import org.apache.log4j.{Level, Logger}
```

5. 定义 Scala 的 case class，用于数据建模：

```
case class Team(name: String, city: String)
```

6. 将日志级别设置为 ERROR，以减少 Spark 日志输出量：

```
Logger.getLogger("org").setLevel(Level.ERROR)
Logger.getLogger("akka").setLevel(Level.ERROR)
```

7. 通过 builder 模式配置并实例化一个 SparkSession，作为访问 Spark 集群的入口点：

```
val spark = SparkSession
.builder
.master("local[*]")
.appName("My Dataset")
.config("spark.sql.warehouse.dir", ".")
.getOrCreate()
```

8. 导入 spark.implicits，实现只需导入一次就可添加访问操作：

```
import spark.implicits._
```

9. 根据 Scala 列表创建 Dataset 类型的数据，输出结果如图 4-4 所示：

```
val champs = spark.createDataset(List(Team("Broncos", "Denver"),
Team("Patriots", "New England")))
champs.show(false)
```

```
+--------+-----------+
|name    |city       |
+--------+-----------+
|Broncos |Denver     |
|Patriots|New England|
+--------+-----------+
```

图 4-4

10. 下一步，将 csv 文件加载到内存中，并转为 Team 类型的 Dataset 数据集，如图 4-5 所示：

```
val teams = spark.read
 .option("Header", "true")
 .csv("../data/sparkml2/chapter4/teams.csv")
 .as[Team]

teams.show(false)
```

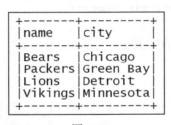

图 4-5

11. 使用 map 函数对 teams 数据集进行转换，生成包含 city 属性的新的 Dataset 数据集，如图 4-6 所示：

```
val cities = teams.map(t => t.city)
cities.show(false)
```

图 4-6

12. 输出获取 city 属性时的 Spark 执行计划：

```
cities.explain()
== Physical Plan ==
*SerializeFromObject [staticinvoke(class
org.apache.spark.unsafe.types.UTF8String, StringType, fromString,
input[0, java.lang.String, true], true) AS value#26]
+- *MapElements <function1>, obj#25: java.lang.String
+- *DeserializeToObject newInstance(class Team), obj#24: Team
+- *Scan csv [name#9,city#10] Format: CSV, InputPaths:
file:teams.csv, PartitionFilters: [], PushedFilters: [],
ReadSchema: struct<name:string,city:string>
```

13. 最后，将 teams 数据集保存为 json 文件：

```
teams.write
.mode(SaveMode.Overwrite)
.json("../data/sparkml2/chapter4/teams.json"){"name":"Bears","city"
:"Chicago"}
{"name":"Packers","city":"Green Bay"}
{"name":"Lions","city":"Detroit"}
{"name":"Vikings","city":"Minnesota"}
```

14. 停止 SparkContext，关闭程序：

```
spark.stop()
```

4.6.2　工作原理

第一步，根据 Scala 列表创建数据集，并查看输出信息以验证所创建的数据的正确性。第二步，加载逗号分隔符文件（CSV 文件）到内存中，并转换为 Team 类型的数据集。第三步，在所创建的数据集上应用 map() 函数，创建包含 team city 属性的列数据，同时打印出创建过程的执行计划。最后，将前文所创建的 team 数据集持久化到 JSON 格式的文件中，可用在未来需要的时候重新加载使用。

4.6.3　更多

Dataset 类型的数据集有一些重要的知识点：

- Dataset 使用延迟 lazy 计算；
- Dataset 利用 Spark SQL Catalyst optimizer 优化器；

- Dataset 使用 tungsten off-heap 内存管理；
- 在未来的两年内，还会有大量使用 Spark 2.0 之前版本的系统，由于实际使用的原因，读者仍然要学习和掌握 RDD 和 DataFrame 的用法。

4.6.4 参考资料

有关 Dataset 的文档资料可以参考 Spark 官方文档。

4.7 在 Spark 2.0 中从文本文件创建和使用 RDD、DataFrame 和 Dataset

在这个攻略中，我们将使用一个简短的代码片段来讲解使用文本文件创建 RDD、DataFrame 和 Dataset 时的不同之处以及它们如何相互转化。

```
Dataset: spark.read.textFile()
RDD: spark.sparkContext.textFile()
DataFrame: spark.read.text()
```

注意
代码片段中的 spark 代表的是 SparkSession 名称。

4.7.1 操作步骤

1．使用 IntelliJ 或其他所喜欢的 IDE 创建一个新项目，确保已经导入必要的 Jar 包。

2．创建程序所在的包目录：

```
package spark.ml.cookbook.chapter4
```

3．导入 Spark 上下文访问集群所需的依赖包，导入 log4j.Logger 减少 Spark 的输出量。

```
import org.apache.log4j.{Level, Logger}
import org.apache.spark.sql.SparkSession
```

4．使用 Scala 的 case class 保存数据：

```
case class Beatle(id: Long, name: String)
```

5．将日志级别设置为 ERROR，以减少 Spark 日志输出量：

```
Logger.getLogger("org").setLevel(Level.ERROR)
```

6. 通过 builder 模式配置并实例化一个 SparkSession,作为访问 Spark 集群的入口点:

```
val spark = SparkSession
  .builder
  .master("local[*]")
  .appName("DatasetvsRDD")
  .config("spark.sql.warehouse.dir", ".")
  .getOrCreate()
```

7. 在下面的代码片段中,我们将演示使用 Spark 从一个文本文件中创建一个 Dataset 对象。

这个文本文件包含的数据非常简单(每行数据为由分隔符分隔的 ID 和名称):

```
import spark.implicits._

val ds =
spark.read.textFile("../data/sparkml2/chapter4/beatles.txt").map(line => {
val tokens = line.split(",")
Beatle(tokens(0).toLong, tokens(1))
}).as[Beatle]
```

读取文本文件,解析数据,使用 Spark 创建 Dataset 对象。在控制台上打印所创建变量的类型,并输出变量内容:

```
println("Dataset Type: " + ds.getClass)
ds.show()
```

控制台上的输出如图 4-7 所示:

```
Dataset Type: class org.apache.spark.sql.Dataset
```

图 4-7

8. 现在,使用同一份数据按照与前文中相同的方式创建一个 RDD:

```
val rdd =
spark.sparkContext.textFile("../data/sparkml2/chapter4/beatles.txt"
).map(line => {
val tokens = line.split(",")
Beatle(tokens(0).toLong, tokens(1))
 })
```

输出创建变量的类型检查是否为 RDD,在控制台上输出变量内容:

```
println("RDD Type: " + rdd.getClass)
rdd.collect().foreach(println)
```

注意
尽管创建 RDD 的方法和前面 Dataset 的方法比较相似,但还是存在不少不同之处。

控制台上的输出信息如下:

```
RDD Type: class org.apache.spark.rdd.MapPartitionsRDD
Beatle(1,John)
Beatle(2,Paul)
Beatle(3,George)
Beatle(4,Ringo)
```

9. DataFrame 是 Spark 社区广泛使用的另一个常见的数据结构,这里我们使用同一个数据集,采用相似的方法创建 DataFrame:

```
val df =
spark.read.text("../data/sparkml2/chapter4/beatles.txt").map(
 row => { // Dataset[Row]
val tokens = row.getString(0).split(",")
 Beatle(tokens(0).toLong, tokens(1))
 }).toDF("bid", "bname")
```

在控制台输出变量类型,确认变量为 DataFrame:

```
println("DataFrame Type: " + df.getClass)
df.show()
```

注意
DataFrame=Dataset[Row],因此 DataFrame 实际是 Dataset 的一个特例。

控制台上的输出如图 4-8 所示：

```
DataFrame Type: class org.apache.spark.sql.Dataset
```

图 4-8

10. 停止 SparkContext，关闭程序：

```
spark.stop()
```

4.7.2 工作原理

我们基于同一份数据，使用相似的方法分别创建了 RDD、DataFrame 和 Dataset，并通过调用 getClass 方法输出类型确保所创建变量类型的正确性：

```
Dataset: spark.read.textFile
RDD: spark.sparkContext.textFile
DataFrame: spark.read.text
```

读者在这里需要留意创建 RDD、DataFrame 和 Dataset 的方法比较相似，容易让人混淆。在 Spark 2.0 中，DataFrame 已经是 Dataset[Row]的别名，使得 DataFrame 本质为 Dataset。在这里我们演示了不同的创建方式，读者可以根据自己的需要选择其中一种方式创建自己所需要的数据类型。

4.7.3 更多

Dataset 类型的相关文档可以查阅 Spark 官网上的 "SQL Programming Guide" 页面。

当不确定正在使用的变量为何种数据类型时（有些时候的差异不是很明显），可以使用 getClass 方法检查确认。

Spark 2.0 已经将 DataFrame 定义为 Dataset[Row]的别名。尽管在未来几年 RDD 和 DataFrame 仍然会存在一段时间，但是在平时学习和新项目中建议还是使用 Dataset。

4.7.4　参考资料

Spark 官方文档：

- RDD；
- Dataset。

4.8　Spark ML 的 LabeledPoint 数据结构

LabeledPoint 是一种常见的数据结构，在机器学习的早期阶段常用于封装特征向量和标签，可以应用在有监督学习算法领域。我们使用一个简短的攻略介绍如何使用 LabeledPoint、Seq 数据结构和 DataFrame 运行一个用于数据二分类的逻辑回归模型。LabeledPoint 和回归算法的重点内容会在第 5 章和第 6 章讲解。

4.8.1　操作步骤

1. 使用 IntelliJ 或其他所喜欢的 IDE 创建一个新项目，确保已经导入必要的 Jar 包。
2. 创建程序所在的包目录：

```
package spark.ml.cookbook.chapter4
```

3. 导入 Spark 上下文访问集群所需的依赖包，导入 log4j.Logger 以减少 Spark 的输出量。

```
import org.apache.spark.ml.feature.LabeledPoint
import org.apache.spark.ml.linalg.Vectors
import org.apache.spark.ml.classification.LogisticRegression
import org.apache.spark.sql._
```

4. 创建 Spark 配置信息和 SparkContext，访问集群：

```
val spark = SparkSession
.builder
.master("local[*]")
.appName("myLabeledPoint")
.config("spark.sql.warehouse.dir", ".")
.getOrCreate()
```

5. 使用稀疏向量（SparseVector）和密集向量（DenseVector）创建 LabeledPoint。在下面的代码块中，前 4 个 LabeledPoint 使用 DenseVector 创建，后 2 个 LabeledPoint 使用

SparseVector 创建：

```
val myLabeledPoints = spark.createDataFrame(Seq(
 LabeledPoint(1.0, Vectors.dense(0.0, 1.1, 0.1)),
 LabeledPoint(0.0, Vectors.dense(2.0, 1.0, -1.0)),
 LabeledPoint(0.0, Vectors.dense(2.0, 1.3, 1.0)),
 LabeledPoint(1.0, Vectors.dense(0.0, 1.2, -0.5)),

 LabeledPoint(0.0, Vectors.sparse(3, Array(0,2), Array(1.0,3.0))),
 LabeledPoint(1.0, Vectors.sparse(3, Array(1,2), Array(1.2,-0.4)))

))
```

DataFrame 对象根据前面的 LabeledPoint 创建。

6. 输出数据行数，检查原始数据的行数是否正确。

7. 对前文创建得到的 DataFrame 调用 show()函数：

```
myLabeledPoints.show()
```

8. 控制台上的输出信息如图 4-9 所示。

```
+-----+------------------+
|label|          features|
+-----+------------------+
|  1.0|     [0.0,1.1,0.1]|
|  0.0|    [2.0,1.0,-1.0]|
|  0.0|     [2.0,1.3,1.0]|
|  1.0|    [0.0,1.2,-0.5]|
|  0.0| (3,[0,2],[1.0,3.0])|
|  1.0|(3,[1,2],[1.2,-0.4])|
+-----+------------------+
```

图 4-9

9. 使用上述得到的数据构建一个简单的逻辑回归模型：

```
val lr = new LogisticRegression()

lr.setMaxIter(5)
 .setRegParam(0.01)
val model = lr.fit(myLabeledPoints)

println("Model was fit using parameters: " +
model.parent.extractParamMap())
```

在控制台上，将输出 model 对象的以下参数信息：

```
Model was fit using parameters: {
 logreg_6aebbb683272-elasticNetParam: 0.0,
 logreg_6aebbb683272-featuresCol: features,
 logreg_6aebbb683272-fitIntercept: true,
 logreg_6aebbb683272-labelCol: label,
 logreg_6aebbb683272-maxIter: 5,
 logreg_6aebbb683272-predictionCol: prediction,
 logreg_6aebbb683272-probabilityCol: probability,
 logreg_6aebbb683272-rawPredictionCol: rawPrediction,
 logreg_6aebbb683272-regParam: 0.01,
 logreg_6aebbb683272-standardization: true,
 logreg_6aebbb683272-threshold: 0.5,
 logreg_6aebbb683272-tol: 1.0E-6
}
```

10. 停止 SparkContext，关闭程序：

```
spark.stop()
```

4.8.2 工作原理

使用 LabeledPoint 数据结构表征模型的特征数据，并用来训练一个简单的逻辑回归模型。首先，定义一组 LabeledPoint 数据用来创建后续处理所需要的 DataFrame。然后，创建一个逻辑回归对象，将已有的 DataFrame 作为参数传递，拟合训练得到所需要的模型。Spark 机器学习 API 的设计架构可以和 LabeledPoint 格式数据配合使用，而且不需要较多的外部干预。

4.8.3 更多

LabeledPoint 是一个流行的数据结构，它将向量（Vector）和标签（Label）封装起来，可以用于有监督的机器学习算法。LabeledPoint 的经典使用模式如下：

```
Seq(
LabeledPoint (Label, Vector(data, data, data))
......
LabeledPoint (Label, Vector(data, data, data))
)
```

需要注意，在创建 LabeledPoint 时，既可以使用密集向量（DenseVector），也可以使用稀疏向量（SparseVector），但是两者在效率上存在巨大的差异，尤其是测试和开发阶段在 driver 驱动器端存放大型、稀疏的数据集时，这种差异尤为明显。

4.8.4 参考资料

Spark 官方文档：

- LabeledPoint API；
- 密集向量（DenseVector）API；
- 稀疏向量（SparseVector）API。

4.9 用 Spark 2.0 访问 Spark 集群

在这个攻略中，我们将介绍如何使用单一访问点 SparkSession 访问 Spark 集群。Spark 2.0 将多个上下文（SQLContext、HiveContext）合并为单一访问点 SparkSession，使得可以按照一种统一的方式访问 Spark 的各个子系统。

4.9.1 操作步骤

1. 使用 IntelliJ 或其他所喜欢的 IDE 创建一个新项目，确保已经导入必要的 Jar 包。
2. 创建程序所在的包目录：

```
package spark.ml.cookbook.chapter4
```

3. 导入 SparkContext 访问集群所需的依赖包。
4. 在 Spark 2.x 版本中，SparkSession 是一种用来访问集群的非常常用方式。

```
import org.apache.spark.sql.SparkSession
```

5. 创建 Spark 配置信息和 SparkSession，访问集群：

```
val spark = SparkSession
.builder
.master("local[*]") // if use cluster master("spark://master:7077")
.appName("myAccesSparkCluster20")
.config("spark.sql.warehouse.dir", ".")
.getOrCreate()
```

在上面的代码中使用 master()函数将集群类型设置为 local。代码中的注释信息解释了如何在指定 port 端口上运行本地集群。

> **注意**
> 在命令行模式下,如果命令行和代码中同时存在集群 master 参数,-D 参数选项会使用命令行 master 参数进行写覆盖。对于 SparkSession,常见用法是使用 master() 函数,而在 Spark 2.0 的之前版本,常用方法是在 SparkConf 对象上使用 setMaster() 函数。

接下来,会使用 3 种不同的示例演示如何使用不同的模式连接 Spark 集群:

1. 运行本地 local 模式:

`master("local")`

2. 运行集群 cluster 模式:

`master("spark://yourmasterhostIP:port")`

3. 运行 master 模式,如图 4-10 所示:

`-Dspark.master=local`

图 4-10

4. 使用下面的代码读取 CSV 文件,并解析加载到 Spark 中:

```
val df = spark.read
    .option("header","True")
    .csv("../data/sparkml2/chapter4/mySampleCSV.csv")
```

5. 在控制台上打印 DataFrame 信息：

```
df.show()
```

6. 控制台上的信息输出如图 4-11 所示。

```
+----+----+----+----------+
|col1|col2|col3|      col4|
+----+----+----+----------+
|   1|  16| 4.0|1217897793|
|   1|  24| 1.5|1217895807|
|   1|  32| 4.0|1217896246|
|   1|  47| 4.0|1217896556|
|   1|  50| 4.0|1217896523|
+----+----+----+----------+
```

图 4-11

7. 停止 SparkSession，关闭程序：

```
spark.stop()
```

4.9.2 工作原理

在这个示例中，演示在一个应用中如何使用本地 local 模式和远程 remote 模式连接 Spark 集群。第一步，使用 master() 函数依据指定的集群模式（本地或者远程）创建可以授权访问 Spark 集群的 SparkSession 对象。同时也可以在启动客户端程序的时候，通过传递 JVM 参数的方式指定 master 的位置。此外，在创建 SparkSession 对象的时候也可以配置应用的名称和数据的工作目录。第二步，调用 getOrCreate() 方法创建一个新的 SparkSession，或者手动引用一个已经存在的 SparkSession。最后，执行一个简单的示例程序，检查所创建的 SparkSession 对象是否有效。

4.9.3 更多

SparkSession 有很多参数和 API 可以用来配置和执行，建议读者查阅 Spark 的官方文档，其中的一些方法和参数目前被标记为 Experimental 或留空状态——也就是非 Experimental 状态（截止到上次检查的时候，至少存在 15 个这种状态方法或参数）。

另外一个主要关注的改变是数据表的存放位置参数 spark.sql.warehouse.dir。Spark 2.0 使用

spark.sql.warehouse.dir 设置存放数据表的仓库目录，而不是使用 hive.metastore.warehouse.dir。spark.sql.warehouse.dir 的默认值来源于 System.getProperty("user.dir")。

读者可以查看 spark-defaults.conf 获取更多的详细信息。一些需要注意的地方如下。

Spark 2.0 文档中一些最受欢迎的 API。

1. Def **version**: String

Spark 的版本号要根据当前正在运行的应用程序而定。

2. Def **sql**(sqlText: String): DataFrame

使用 Spark 执行 SQL 查询，返回 DataFrame 类型的结果——Spark 2.0 中最常用的方法。

3. Val **sqlContext**: SQLContext

SQLContext 的封装版本——考虑到兼容性。

4. lazy val **conf**: RuntimeConfig

Spark 的运行时配置接口。

5. lazy val **catalog**: Catalog

对底层的数据库、数据表、函数等执行创建、删除、修改和查询时用的接口。

6. Def **newSession()**: SparkSession

可以使用单独的 SQL 配置和临时表创建新的 SparkSession，其中注册的函数是单独的，但是共享底层的 Spark 上下文和缓存数据。

7. Def **udf**: UDFRegistration

注册用户自定义函数（UDF）的方法集合。

通过 SparkSession 可以直接同时创建 DataFrame 和 Dataset。这种方法在 Spark 2.0.0 中目前被标记为 experimental 状态。

如果涉及 SQL 相关工作，SparkSession 是 SparkSQL 的目前入口点。在创建 SparkSQL 应用时，SparkSession 是第一个需要创建的对象。

4.9.4 参考资料

Spark 官方文档：SparkSession API。

4.10 用 Spark 2.0 之前的版本访问 Spark 集群

本攻略涉及 Spark 2.0 之前的版本，在需要将 Spark 2.0 之前的版本应用迁移到 Spark 2.0 新范式应用的开发人员来说，这个攻略有助于快速了解和对比集群访问方式。

4.10.1 操作步骤

1. 使用 IntelliJ 或其他所喜欢的 IDE 创建一个新项目，确保已经导入必要的 Jar 包。
2. 创建程序所在的包目录：

```
package spark.ml.cookbook.chapter4
```

3. 导入 SparkContext 访问集群所需的依赖包：

```
import org.apache.spark.{SparkConf, SparkContext}
```

4. 通过 builder 模式配置并实例化一个 SparkContext，作为访问 Spark 集群的入口点：

```
val conf = new SparkConf()
.setAppName("MyAccessSparkClusterPre20")
.setMaster("local[4]") // if cluster
setMaster("spark://MasterHostIP:7077")
.set("spark.sql.warehouse.dir", ".")

val sc = new SparkContext(conf)
```

前面的代码使用 setMaster()函数设置集群的 master 目录。查看代码可知，这里使用 local 模式运行代码。

注意

JVM 参数和代码同时存在集群 master 参数时，JVM 选项-D 指定的参数会被写覆盖。

下面的代码演示了不同模式的 3 个示例连接集群。

1. 使用本地模式：

```
setMaster("local")
```

2. 使用集群模式:

```
setMaster("spark://yourmasterhostIP:port")
```

3. 传递 master 参数值,如图 4-12 所示。

```
-Dspark.master=local
```

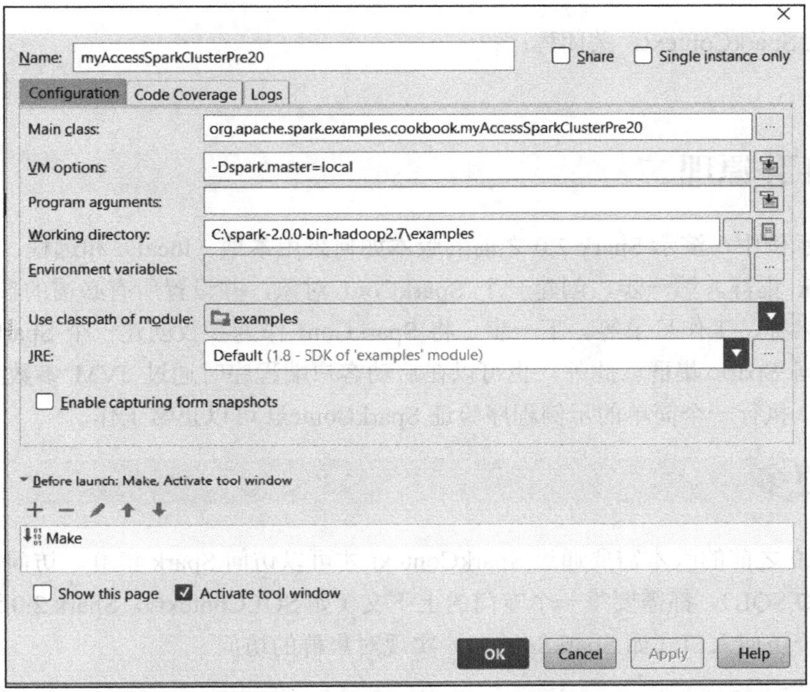

图 4-12

4. 如下面的代码所示,使用前面的 SparkContext 读取 CSV 文件并进行解析。

```
val file = sc.textFile("../data/sparkml2/chapter4/mySampleCSV.csv")
val headerAndData = file.map(line => line.split(",").map(_.trim))
val header = headerAndData.first
val data = headerAndData.filter(_(0) != header(0))
val maps = data.map(splits => header.zip(splits).toMap)
```

5. 使用 take() 函数抽样部分结果,并在控制台打印输出:

```
val result = maps.take(4)
result.foreach(println)
```

6. 在控制台输出如图 4-13 所示的信息：

```
Map(col1 -> 1, col2 -> 16, col3 -> 4.0, col4 -> 1217897793)
Map(col1 -> 1, col2 -> 24, col3 -> 1.5, col4 -> 1217895807)
Map(col1 -> 1, col2 -> 32, col3 -> 4.0, col4 -> 1217896246)
Map(col1 -> 1, col2 -> 47, col3 -> 4.0, col4 -> 1217896556)
```

图 4-13

7. 停止 SparkContext，关闭程序：

```
sc.stop()
```

4.10.2 工作原理

在这个示例中，演示 Spark 2.0 之前的版本如何采用本地（local）和远程（remote）模式连接 Spark 集群。第一步，创建一个 SparkConf 对象，并设置所有必需的参数：master 目录、应用名称、工作目录等。下一步，将 SparkConf 作为参数创建一个 SparkContext 对象，实现访问 Spark 集群。此外，也可以在启动客户端程序时通过 JVM 参数指定 master 目录。最后，执行一个简单的示例程序验证 SparkContext 可以正常工作。

4.10.3 更多

Spark 2.0 之前的版本需要通过 SparkContext 才可以访问 Spark 集群。访问每一个单独的子系统（如 SQL），都需要每一个专门的上下文（如 SQLContext）。Spark 2.0 通过创建一个单一的统一访问入口（如 SparkSession）实现对集群的访问。

4.10.4 参考资料

SparkSession 的更多信息可以访问 Spark 官方文档。

4.11 在 Spark 2.0 中使用 SparkSession 对象访问 SparkContext

这个攻略讲解 Spark 2.0 如何根据 SparkSession 对象获取 SparkContext，包括 RDD 和 Dataset 的创建、使用以及相互转换。尽管现在我们更倾向于使用 Dataset，但是我们仍然可以使用和二次利用 RDD 相关的遗留代码（Spark 2.0 之前的版本）。

4.11.1 操作步骤

1. 使用 IntelliJ 或其他所喜欢的 IDE 创建一个新项目，确保已经导入必要的 Jar 包。
2. 创建程序所在的包目录：

package spark.ml.cookbook.chapter4

3. 导入 Spark 上下文访问集群所需的依赖包，导入 log4j.Logger 以减少 Spark 的输出量。

```
import org.apache.log4j.{Level, Logger}
import org.apache.spark.sql.SparkSession
import scala.util.Random
```

4. 将日志级别设置为 ERROR，以减少 Spark 日志输出量：

```
Logger.getLogger("org").setLevel(Level.ERROR)
```

5. 通过 builder 模式配置并实例化一个 SparkSession，作为访问 Spark 集群的入口点：

```
val session = SparkSession
.builder
.master("local[*]")
.appName("SessionContextRDD")
.config("spark.sql.warehouse.dir", ".")
.getOrCreate()
```

6. 首先介绍如何使用 SparkContext 创建 RDD，下面的示例代码在 Spark 1.x 中很常见：

```
import session.implicits._

 // SparkContext
val context = session.sparkContext
```

获取 SparkContext 对象：

```
println("SparkContext")

val rdd1 = context.makeRDD(Random.shuffle(1 to 10).toList)
rdd1.collect().foreach(println)
println("-" * 45)
```

```
val rdd2 = context.parallelize(Random.shuffle(20 to 30).toList)
rdd2.collect().foreach(println)
println("\n End of SparkContext> " + ("-" * 45))
```

使用 makeRDD 方法创建变量 rdd1, 在控制台上输出 RDD 内容:

```
SparkContext
4
6
1
10
5
2
7
3
9
8
```

使用 parallelize 方法创建变量 rdd2, 在控制台上输出 RDD 内容:

```
25
28
30
29
20
22
27
23
24
26
21
 End of SparkContext
```

7. 现在,介绍使用 SparkSession 创建 Dataset:

```
val dataset1 = session.range(40, 50)
 dataset1.show()
```

```
val dataset2 = session.createDataset(Random.shuffle(60 to 70).toList)
 dataset2.show()
```

使用不用的方法创建 dataset1 和 dataset2。

控制台的输出如图 4-14 所示:

4.11 在 Spark 2.0 中使用 SparkSession 对象访问 SparkContext

```
       Dataset1              Dataset2
       +---+                 +-----+
       | id|                 |value|
       +---+                 +-----+
       | 40|                 |   61|
       | 41|                 |   68|
       | 42|                 |   62|
       | 43|                 |   67|
       | 44|                 |   70|
       | 45|                 |   64|
       | 46|                 |   69|
       | 47|                 |   65|
       | 48|                 |   60|
       | 49|                 |   66|
       +---+                 |   63|
                             +-----+
```

图 4-14

8. 继续讲解如何获取 Dataset 底层 RDD 的方法：

```
// retrieve underlying RDD from Dataset
val rdd3 = dataset2.rdd
rdd3.collect().foreach(println)
```

控制台输出如下：

```
61
68
62
67
70
64
69
65
60
66
63
```

9. 下面的代码块演示了 RDD 转为 Dataset 对象的方法：

```
// convert rdd to Dataset
val rdd4 = context.makeRDD(Random.shuffle(80 to 90).toList)
val dataset3 = session.createDataset(rdd4)
dataset3.show()
```

控制台输出如图 4-15 所示。

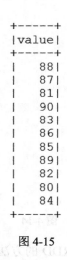

图 4-15

10. 停止 SparkContext，关闭程序：

```
session.stop()
```

4.11.2　工作原理

使用 SparkContext 创建 RDD，这是 Spark 1.x 广泛使用的方法。在 Spark 2.0 中也可以使用 SparkSession 创建 Dataset。在当下的生产环境中，对于 Spark 2.0 之前版本的代码，需要处理 RDD 和 Dataset 之间的相互转换。

我们这个攻略想要透露的一个技术消息是，尽管 Dataset 是未来数据处理的主流趋势和首选方法，但是我们仍然需要掌握使用 RDD 和 Dataset 的相关 API 以及两者之间的互相转换方法。

4.11.3　更多

关于 Dataset 数据类型的其他更多消息可以参考 Spark 官网的"SQL Programming Guide"页面。

4.11.4　参考资料

Spark 的官网文档：

- SparkContext；

- SparkSession。

4.12 Spark 2.0 中的新模型导出及 PMML 标记

在这个攻略中，我们介绍 Spark 2.0 如何使用预测模型标记语言（PMML）导出模型。基于 XML 的标准语言可以让开发者在一个系统中导出模型，并在其他系统上运行模型（存在一些应用的限制）。更多的信息可以查阅 4.12.3 节。

4.12.1 操作步骤

1. 使用 IntelliJ 或其他所喜欢的 IDE 创建一个新项目，确保已经导入必要的 Jar 包。
2. 创建程序所在的包目录：

```
package spark.ml.cookbook.chapter4
```

3. 导入 Spark 上下文访问集群所需的依赖：

```
import org.apache.spark.mllib.linalg.Vectors
import org.apache.spark.sql.SparkSession
import org.apache.spark.mllib.clustering.KMeans
```

4. 创建 Spark 配置信息和 SparkSession：

```
val spark = SparkSession
.builder
.master("local[*]")   // if use cluster master("spark://master:7077")
.appName("myPMMLExport")
.config("spark.sql.warehouse.dir", ".")
.getOrCreate()
```

5. 根据文本文件读取数据，数据文件中包含用于 KMeans 模型的示例数据集：

```
val data = spark.sparkContext.textFile("../data/sparkml2/chapter4/my_kmeans_data_sample.txt")

val parsedData = data.map(s => Vectors.dense(s.split(' ').map(_.toDouble))).cache()
```

6. 设置 KMeans 模型的有关参数，使用下面的数据和参数训练模型：

```
val numClusters = 2
val numIterations = 10
val model = KMeans.train(parsedData, numClusters, numIterations)
```

7. 基于前面创建的数据结构,我们可以高效地创建一个简单的 KMeans 模型(类簇数目设置为 2):

```
println("MyKMeans PMML Model:\n" + model.toPMML)
```

在控制台上输出模型信息:

```
MyKMeans PMML Model:
<?xml version="1.0" encoding="UTF-8" standalone="yes"?>
<PMML version="4.2" xmlns="http://www.dmg.org/PMML-4_2">
    <Header description="k-means clustering">
        <Application name="Apache Spark MLlib" version="2.0.0"/>
        <Timestamp>2016-11-06T13:34:57</Timestamp>
    </Header>
    <DataDictionary numberOfFields="3">
        <DataField name="field_0" optype="continuous" dataType="double"/>
        <DataField name="field_1" optype="continuous" dataType="double"/>
        <DataField name="field_2" optype="continuous" dataType="double"/>
    </DataDictionary>
    <ClusteringModel modelName="k-means" functionName="clustering" modelClass="centerBased" numberOfClusters="2">
        <MiningSchema>
            <MiningField name="field_0" usageType="active"/>
            <MiningField name="field_1" usageType="active"/>
            <MiningField name="field_2" usageType="active"/>
        </MiningSchema>
        <ComparisonMeasure kind="distance">
            <squaredEuclidean/>
        </ComparisonMeasure>
        <ClusteringField field="field_0" compareFunction="absDiff"/>
        <ClusteringField field="field_1" compareFunction="absDiff"/>
        <ClusteringField field="field_2" compareFunction="absDiff"/>
        <Cluster name="cluster_0">
            <Array n="3" type="real">9.06 9.179999999999998 9.12</Array>
```

```
            </Cluster>
            <Cluster name="cluster_1">
                <Array n="3" type="real">0.11666666666666665
0.11666666666666665 0.13333333333333333</Array>
            </Cluster>
        </ClusteringModel>
</PMML>
```

8. 将模型根据 PMML 格式，导出存放到指定目录下的 XML 文件中，如图 4-16 所示。

```
model.toPMML("../data/sparkml2/chapter4/myKMeansSamplePMML.xml")
```

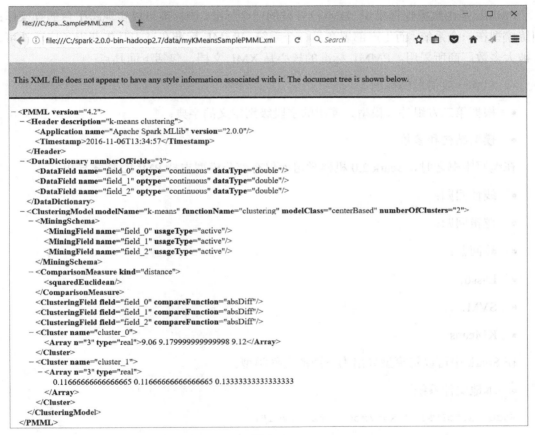

图 4-16

9. 停止 SparkSession，关闭程序：

```
spark.stop()
```

4.12.2 工作原理

在耗费一段时间训练得到一个模型之后，下一步就是持久化模型用于未来需求。在这个攻略中，我们首先使用 KMeans 方法创建一个模型并持久化到未来使用，一旦训练得到模型，即调用 toPMML() 方法将模型转为 PMML 格式进行存储。调用 toPMML 方法会生成一个 XML 文件，这个 XML 文件可以很方便地作为一个持久化文件使用。

4.12.3 更多

PMML 是由数据挖掘组织（DMG）开发的一个标准，该标准可以实现跨平台的互操作：训练模型在一个系统，而生产部署在另一个系统。PMML 标准在过去几年获得了广泛认可，并被大多数厂商所采用。PMML 标准的核心是 XML 文档，包括下面几点：

- 包含一般信息的标题；
- 根据第三方组件（模型）使用的字段级别定义的字典；
- 模型结构和参数。

在编写本书之时，Spark 2.0 机器学习库仅有部分模型支持 PMML 格式导出：

- 线性回归；
- 逻辑回归；
- 岭回归；
- Lasso；
- SVM；
- KMeans。

在 Spark 中可以将模型导出为下面的文件类型。

- 本地文件系统：

```
Model_a.toPMML("/xyz/model-name.xml")
```

- 分布式文件系统：

```
Model_a.toPMML(SparkContext, "/xyz/model-name")
```

- 输出流——作为管道处理：

```
Model_a.toPMML(System.out)
```

4.12.4　参考资料

PMMLExportable API 的文档可以查阅 Spark 官网文档。

4.13　用 Spark 2.0 进行回归模型评估

这个攻略讲解如何评估一个回归模型（在这个示例中是回归决策树）。Spark 提供了回归指标（RegressionMetrics）工具，目前指标包括均方误差（MSE）、R-Squared 等。

这个攻略的目的是让读者理解 Spark 当前所提供的已有评估指标，现在我们需要重点关注攻略中的第 8 步，有关回归模型的更详细介绍会在第 5 章和第 6 章重点讲解，同时也会贯穿在整本书的思想中。

4.13.1　操作步骤

1．使用 IntelliJ 或其他所喜欢的 IDE 创建一个新项目，确保已经导入必要的 Jar 包。

2．创建程序所在的包目录：

```
package spark.ml.cookbook.chapter4
```

3．导入 Spark 上下文访问集群所需的依赖包：

```
import org.apache.spark.mllib.evaluation.RegressionMetrics
import org.apache.spark.mllib.linalg.Vectors
import org.apache.spark.mllib.regression.LabeledPoint
import org.apache.spark.mllib.tree.DecisionTree
import org.apache.spark.sql.SparkSession
```

4．创建 Spark 配置对象和 SparkSession：

```
val spark = SparkSession
.builder
.master("local[*]")
.appName("myRegressionMetrics")
.config("spark.sql.warehouse.dir", ".")
.getOrCreate()
```

5．我们使用"威斯康星乳腺癌数据集"作为回归模型的示例数据集。

"威斯康星乳腺癌数据集"来自威斯康星大学医院的 William H. Wolberg 博士。Wolberg 博士通过定期报告他的临床病例，形成了这份原始数据集。

有关这个数据集的更多介绍请参见第 9 章。

```
val rawData =
spark.sparkContext.textFile("../data/sparkml2/chapter4/breastcancer-
wisconsin.data")
val data = rawData.map(_.trim)
  .filter(text => !(text.isEmpty || text.indexOf("?") > -1))
  .map { line =>
    val values = line.split(',').map(_.toDouble)
    val slicedValues = values.slice(1, values.size)
    val featureVector = Vectors.dense(slicedValues.init)
    val label = values.last / 2 -1
    LabeledPoint(label, featureVector)
  }
```

将数据集加载到 Spark 中，并过滤去除掉缺失值。

6. 按照 7∶3 的比例将数据集划分为两个子数据集，其中一份用于训练模型，另外一份用于测试模型：

```
val splits = data.randomSplit(Array(0.7, 0.3))
val (trainingData, testData) = (splits(0), splits(1))
```

7. 设置模型参数，根据数据集训练得到 DecisionTree 模型之后，对测试数据集进行预测：

```
val categoricalFeaturesInfo = Map[Int, Int]()
val impurity = "variance"
val maxDepth = 5
val maxBins = 32

val model = DecisionTree.trainRegressor(trainingData,
categoricalFeaturesInfo, impurity,
maxDepth, maxBins)
val predictionsAndLabels = testData.map(example =>
(model.predict(example.features), example.label)
)
```

8. 实例化 RegressionMetrics 对象，开始计算评估值：

```
val metrics = new RegressionMetrics(predictionsAndLabels)
```

9. 在控制台上输出统计指标值：

```
// Squared error
println(s"MSE = ${metrics.meanSquaredError}")
 println(s"RMSE = ${metrics.rootMeanSquaredError}")

 // R-squared
println(s"R-squared = ${metrics.r2}")

 // Mean absolute error
println(s"MAE = ${metrics.meanAbsoluteError}")

 // Explained variance
println(s"Explained variance = ${metrics.explainedVariance}")
```

控制台上的输出如下：

```
MSE = 0.06071332254584681
RMSE = 0.2464007356844675
R-squared = 0.7444017305996473
MAE = 0.0691747572815534
Explained variance = 0.22591111058744653
```

10. 停止 SparkSession，关闭程序：

```
spark.stop()
```

4.13.2 工作原理

在这个攻略中，我们摸索如何创建回归指标，并用于对回归模型的评估。首先加载乳腺癌数据集，并按照 7：3 比例进行划分、创建训练数据集和测试数据集。下一步，训练一个 DecisionTree 回归模型，并用来在测试数据集上进行预测。最后，我们根据模型的预测值，进一步计算回归指标，包括均方误差、R-squared、平均绝对值误差和解释方差等。

4.13.3 更多

RegressionMetrics()可以生成下面的统计测度指标：

- 均方误差（MSE）；
- RMSE；

- R-squared；
- MAE；
- 解释方差。

维基百科上还有两个有用的词条，建议大家了解一下：

- 回归验证的有关稳定（regression_validation）；
- R-Squared 和系数（coefficient_of_determination）。

4.13.4 参考资料

值得进一步了解的内容：

- 威斯康星乳腺癌数据集（Wisc 网站）；
- 回归指标（Spark 官网文档）。

4.14 用 Spark 2.0 进行二分类模型评估

这个攻略介绍如何使用 Spark 2.0 的 BinaryClassificationMetrics 工具以及相关应用，对具有二值型输出的模型（如逻辑回归模型）进行评估。

这个攻略的目的不是讲解回归模型本身的用法，而是如何使用常见指标（如受试者操作特征 ROC、ROC 曲线下方面积 AUC、阈值等）评估逻辑回归模型。

在这个攻略中，我们建议读者关注攻略中的第 8 步，有关回归模型的更详细介绍会在第 5 章和第 6 章重点讲解。

4.14.1 操作步骤

1. 使用 IntelliJ 或其他所喜欢的 IDE 创建一个新项目，确保已经导入必要的 Jar 包。
2. 创建程序所在的包目录：

```
package spark.ml.cookbook.chapter4
```

3. 导入 Spark 上下文访问集群所需的依赖包：

```
import org.apache.spark.sql.SparkSession
import
```

```
org.apache.spark.mllib.classification.LogisticRegressionWithLBFGS
import
org.apache.spark.mllib.evaluation.BinaryClassificationMetrics
import org.apache.spark.mllib.regression.LabeledPoint
import org.apache.spark.mllib.util.MLUtils
```

4. 创建 Spark 配置项，进一步创建 SparkSession：

```
val spark = SparkSession
.builder
.master("local[*]")
.appName("myBinaryClassification")
.config("spark.sql.warehouse.dir", ".")
.getOrCreate()
```

5. 从 UCI 官网下载数据集，根据代码的需要进行部分修改：

```
// Load training data in LIBSVM format
val data = MLUtils.loadLibSVMFile(spark.sparkContext,
"../data/sparkml2/chapter4/myBinaryClassificationData.txt")
```

现在使用的数据集是经过修改后的数据集，原始数据集包含 14 个特征，其中 6 个为连续特征，8 个为分类特征。在这个数据集中，连续特征采用百分位的方式离散化，每一个百分位代表一个二值特征。对原始数据进行修改，可以更好地满足代码本身的需求。数据集特征的详细信息可以查看 UCI 网站上的信息。

6. 首先将整个数据集依据 6∶4 的比例划分为训练集合和测试集合两部分，然后创建所用的模型：

```
val Array(training, test) = data.randomSplit(Array(0.6, 0.4), seed
= 11L)
 training.cache()

 // Run training algorithm to build the model
val model = new LogisticRegressionWithLBFGS()
.setNumClasses(2)
.run(training)
```

7. 在训练数据集上训练完模型之后，使用训练得到的模型来预测：

```
val predictionAndLabels = test.map { case LabeledPoint(label,
features) =>
 val prediction = model.predict(features)
```

```
  (prediction, label)
}
```

8. 针对预测结果创建 BinaryClassificationMetrics 对象，使用指标进行评估：

```
val metrics = new BinaryClassificationMetrics(predictionAndLabels)
```

9. 在控制台上输出各个阈值对应的精确率：

```
val precision = metrics.precisionByThreshold
precision.foreach { case (t, p) =>
  println(s"Threshold: $t, Precision: $p")
}
```

控制台上的输出信息如下：

```
Threshold: 2.9751613212299755E-210, Precision: 0.5405405405405406
Threshold: 1.0, Precision: 0.4838709677419355
Threshold: 1.5283665404870175E-268, Precision: 0.5263157894736842
Threshold: 4.889258814400478E-95, Precision: 0.5
```

10. 在控制台上打印输出指标 recallByThreshold：

```
val recall = metrics.recallByThreshold
recall.foreach { case (t, r) =>
  println(s"Threshold: $t, Recall: $r")
}
```

控制台上的输出如下：

```
Threshold: 1.0779893231660571E-300, Recall: 0.6363636363636364
Threshold: 6.830452412352692E-181, Recall: 0.5151515151515151
Threshold: 0.0, Recall: 1.0
Threshold: 1.1547199216963482E-194, Recall: 0.5757575757575758
```

11. 在控制台上打印输出指标 fmeasureByThreshold：

```
val f1Score = metrics.fMeasureByThreshold
f1Score.foreach { case (t, f) =>
  println(s"Threshold: $t, F-score: $f, Beta = 1")
}
```

控制台上的输出如下：

```
Threshold: 1.0, F-score: 0.46874999999999994, Beta = 1
Threshold: 4.889258814400478E-95, F-score: 0.49230769230769234,
Beta = 1
Threshold: 2.2097791212639423E-117, F-score: 0.48484848484848486,
Beta = 1
```

```
val beta = 0.5
val fScore = metrics.fMeasureByThreshold(beta)
f1Score.foreach { case (t, f) =>
  println(s"Threshold: $t, F-score: $f, Beta = 0.5")
}
```

执行上述代码后，控制台输出如下：

```
Threshold: 2.9751613212299755E-210, F-score: 0.5714285714285714,
Beta = 0.5
Threshold: 1.0, F-score: 0.46874999999999994, Beta = 0.5
Threshold: 1.5283665404870175E-268, F-score: 0.5633802816901409,
Beta = 0.5
Threshold: 4.889258814400478E-95, F-score: 0.49230769230769234,
Beta = 0.5
```

12. 在控制台上打印输出准确率—召回率曲线下方的面积：

```
val auPRC = metrics.areaUnderPR
println("Area under precision-recall curve = " + auPRC)
```

控制台的输出如下：

```
Area under precision-recall curve = 0.5768388996048239
```

13. 在控制台上输出 ROC 曲线下方的面积 AUC：

```
val thresholds = precision.map(_._1)

val roc = metrics.roc

val auROC = metrics.areaUnderROC
println("Area under ROC = " + auROC)
```

控制台的输出信息如下：

```
Area under ROC = 0.6983957219251337
```

14. 停止 SparkSession，关闭程序：

```
spark.stop()
```

4.14.2　工作原理

在这个攻略中，我们研究二分类的评估指标。第一步，加载 libsvm 格式的数据，依据 3∶2 的比例将数据划分为训练数据和测试数据。第二步，训练一个逻辑回归模型，并对测试数据集进行预测。

得到测试数据的预测值之后，创建一个二分类指标对象。最后我们可以得到模型拟合相关的指标，包括真正率、正类预测概率、受试者操作曲线 ROC、受试者操作曲线的下方面积 AUC、准确率—召回率曲线的下方面积和 F 值。

4.14.3　更多

Spark 提供下面的指标来评估模型：

- TPR——真正率；
- PPV——正类的预测概率；
- F 值；
- ROC——受试者操作曲线；
- AURO——受试者操作曲线下方区域的面积；
- AUORC——准确率—召回率曲线下方的面积。

维基百科上有参考价值的词条如下：

- Receiver_operating_characteristic；
- Sensitivity_and_specificity；
- F1_score。

4.14.4　参考资料

- 原始数据可以访问 NTU 大学网站和 UCI 网站。
- 二分类指标可以访问 Spark 官网文档。

4.15 用 Spark 2.0 进行多类分类模型评估

这个攻略研究如何使用 MulticlassMetrics 对具有多个标签输出的模型（例如输出值为红色、绿色、蓝色、紫色和未知颜色）进行评估。在这个攻略中，混淆矩阵（confusionMatrix）和模型准确率的思想比较重要。

4.15.1 操作步骤

1. 使用 IntelliJ 或其他所喜欢的 IDE 创建一个新项目，确保已经导入必要的 Jar 包。
2. 创建程序所在的包目录：

```
package spark.ml.cookbook.chapter4
```

3. 导入 Spark 上下文访问集群所需的依赖包：

```
import org.apache.spark.sql.SparkSession
import org.apache.spark.mllib.classification.LogisticRegressionWithLBFGS
import org.apache.spark.mllib.evaluation.MulticlassMetrics
import org.apache.spark.mllib.regression.LabeledPoint
import org.apache.spark.mllib.util.MLUtils
```

4. 设置 Spark 配置，创建 SparkSession：

```
val spark = SparkSession
.builder
.master("local[*]")
.appName("myMulticlass")
.config("spark.sql.warehouse.dir", ".")
.getOrCreate()
```

5. 从 UCI 网站下载原始数据，并按照代码的需要进行修改：

```
// Load training data in LIBSVM format
val data = MLUtils.loadLibSVMFile(spark.sparkContext,
"../data/sparkml2/chapter4/myMulticlassIrisData.txt")
```

当前使用的数据是修改过的。原始的 Iris 植物数据集有 4 个特征，我们对数据修改以适配书中的代码。数据集特征的详细信息可以进一步查看 UCI 网站。

6. 首先按照 60%和 40%的比例对数据随机划分训练集合和测试集合，然后创建模型实例：

```scala
val Array(training, test) = data.randomSplit(Array(0.6, 0.4), seed = 11L)
training.cache()

// Run training algorithm to build the model
val model = new LogisticRegressionWithLBFGS()
  .setNumClasses(3)
  .run(training)
```

7. 在测试数据集上计算原始得分：

```scala
val predictionAndLabels = test.map { case LabeledPoint(label, features) =>
  val prediction = model.predict(features)
  (prediction, label)
}
```

8. 创建 MulticlassMetrics 对象进行预测，基于指标进行评估：

```scala
val metrics = new MulticlassMetrics(predictionAndLabels)
```

9. 在控制台上打印输出混淆矩阵：

```scala
println("Confusion matrix:")
println(metrics.confusionMatrix)
```

控制台上的输出信息如下：

```
Confusion matrix:
18.0 0.0 0.0
0.0 15.0 8.0
0.0 0.0 22.0
```

10. 在控制台上输出整体的统计指标：

```scala
val accuracy = metrics.accuracy
println("Summary Statistics")
println(s"Accuracy = $accuracy")
```

控制台的输出如下：

```
Summary Statistics
Accuracy = 0.873015873015873
```

11. 在控制台打印输出各个标签的精确率：

```
val labels = metrics.labels
labels.foreach { l =>
 println(s"Precision($l) = " + metrics.precision(l))
 }
```

控制台输出如下：

```
Precision(0.0) = 1.0
Precision(1.0) = 1.0
Precision(2.0) = 0.7333333333333333
```

12. 在控制台打印输出各个标签的召回率：

```
labels.foreach { l =>
println(s"Recall($l) = " + metrics.recall(l))
 }
```

控制台的输出如下：

```
Recall(0.0) = 1.0
Recall(1.0) = 0.6521739130434783
Recall(2.0) = 1.0
```

13. 在控制台打印输出假正率：

```
labels.foreach { l =>
 println(s"FPR($l) = " + metrics.falsePositiveRate(l))
 }
```

控制台输出如下：

```
FPR(0.0) = 0.0
FPR(1.0) = 0.0
FPR(2.0) = 0.1951219512195122
```

14. 在控制台上打印输出每个标签的 F 值：

```
labels.foreach { l =>
 println(s"F1-Score($l) = " + metrics.fMeasure(l))
 }
```

控制台输出如下：

```
F1-Score(0.0) = 1.0
F1-Score(1.0) = 0.7894736842105263
F1-Score(2.0) = 0.846153846153846
```

15. 在控制台上打印输出加权统计量：

```
println(s"Weighted precision: ${metrics.weightedPrecision}")
 println(s"Weighted recall: ${metrics.weightedRecall}")
 println(s"Weighted F1 score: ${metrics.weightedFMeasure}")
 println(s"Weighted false positive rate:
${metrics.weightedFalsePositiveRate}")
```

控制台上的输出如下：

```
Weighted precision: 0.9068783068783068
Weighted recall: 0.873015873015873
Weighted F1 score: 0.8694171325750273
Weighted false positive rate: 0.06813782423538521
```

16. 停止 SparkSession，关闭程序：

```
spark.stop()
```

4.15.2　工作原理

在这个攻略中，我们研究多分类模型的评估指标。第一步，将 Iris 数据集加载到内存，按照 3∶2 的比例划分数据集。第二步，将分类数目设置为 3，训练得到一个逻辑回归模型。第三步，对测试数据集进行预测，使用 MultiClassMetric 生成各个评估指标。最后，计算得到各个评估指标，例如模型的准确率、加权准确率、加权召回率、加权 F1 值和加权假正率等。

4.15.3　更多

尽管本书不会讲解混淆矩阵的完整使用方法，但是仍然会提供一个简短解释和一些参考链接。

混淆矩阵其实只是错误矩阵的一个别名而已。主要用于有监督学习模型性能的可视化。混淆矩阵是一种在两个维度中使用同一套标签，并对实际值和预测输出进行处理的特殊布局。

混淆矩阵如图 4-17 所示。

	预测值		
	Label1	Label2	Label3
真实值	18.0	0.0	0.0
	0.0	15.0	8.0
	0.0	0.0	22.0

图 4-17

在无监督和有监督统计学习系统中，有关混淆矩阵的更多介绍可以参考维基百科的 confusion_matrix 词条。

4.15.4 参考资料

- 关于原始数据集信息的文档可以访问 NTU 大学网站和 UCI 网站。
- 关于多类别分类指标的文档可以访问 Spark 官网。

4.16 用 Spark 2.0 进行多标签分类模型评估

在这个攻略中，我们使用 Spark 2.0 中的 MultilabelMetrics 研究多标签分类模型，需要注意不要与前面的多类分类攻略中的 MulticlassMetrics 混淆。这个攻略的重点是学习 Hamming 损失、准确率和 F1 值等评估指标，以及研究这些指标是如何起作用的。

4.16.1 操作步骤

1. 使用 IntelliJ 或其他所喜欢的 IDE 创建一个新项目，确保已经导入必要的 Jar 包。
2. 创建程序所在的包目录：

```
package spark.ml.cookbook.chapter4
```

3. 导入 Spark 上下文访问集群所需的依赖包：

```
import org.apache.spark.sql.SparkSession
import org.apache.spark.mllib.evaluation.MultilabelMetrics
import org.apache.spark.rdd.RDD
```

4. 设置 Spark 选项，创建 SparkSession：

```
val spark = SparkSession
  .builder
```

```
.master("local[*]")
.appName("myMultilabel")
.config("spark.sql.warehouse.dir", ".")
.getOrCreate()
```

5. 创建用于评估模型所需要的数据集：

```
val data: RDD[(Array[Double], Array[Double])] =
spark.sparkContext.parallelize(
Seq((Array(0.0, 1.0), Array(0.1, 2.0)),
    (Array(0.0, 2.0), Array(0.1, 1.0)),
    (Array.empty[Double], Array(0.0)),
    (Array(2.0), Array(2.0)),
    (Array(2.0, 0.0), Array(2.0, 0.0)),
    (Array(0.0, 1.0, 2.0), Array(0.0, 1.0)),
    (Array(1.0), Array(1.0, 2.0))), 2)
```

6. 根据预测值创建 MultilabelMetrics 对象，使用指标进行评估：

```
val metrics = new MultilabelMetrics(data)
```

7. 在控制台上输出整体统计概要：

```
println(s"Recall = ${metrics.recall}")
println(s"Precision = ${metrics.precision}")
println(s"F1 measure = ${metrics.f1Measure}")
println(s"Accuracy = ${metrics.accuracy}")
```

控制台上输出如下：

```
Recall = 0.5
Precision = 0.5238095238095238
F1 measure = 0.4952380952380952
Accuracy = 0.4523809523809524
```

8. 在控制台打印输出单个标签值：

```
metrics.labels.foreach(label =>
 println(s"Class $label precision = ${metrics.precision(label)}"))
 metrics.labels.foreach(label => println(s"Class $label recall = ${metrics.recall(label)}"))
 metrics.labels.foreach(label => println(s"Class $label F1-score = ${metrics.f1Measure(label)}"))
```

控制台的输出如下：

```
Class 0.0 precision = 0.5
Class 1.0 precision = 0.6666666666666666
Class 2.0 precision = 0.5
Class 0.0 recall = 0.6666666666666666
Class 1.0 recall = 0.6666666666666666
Class 2.0 recall = 0.5
Class 0.0 F1-score = 0.5714285714285715
Class 1.0 F1-score = 0.6666666666666666
Class 2.0 F1-score = 0.5
```

9. 在控制台打印输出微观（micro）统计值：

```
println(s"Micro recall = ${metrics.microRecall}")
println(s"Micro precision = ${metrics.microPrecision}")
println(s"Micro F1 measure = ${metrics.microF1Measure}")
From the console output:
Micro recall = 0.5
Micro precision = 0.5454545454545454
Micro F1 measure = 0.5217391304347826
```

10. 在控制台上，打印输出 Hamming 损失和子精确率等指标：

```
println(s"Hamming loss = ${metrics.hammingLoss}")
println(s"Subset accuracy = ${metrics.subsetAccuracy}")
From the console output:
Hamming loss = 0.39285714285714285
Subset accuracy = 0.2857142857142857
```

11. 停止 SparkSession，关闭程序：

```
spark.stop()
```

4.16.2　工作原理

在这个攻略中，我们针对多标签分类模型讲解如何生成相应的评估指标。首先手动创建模型评估所用的数据集，然后将创建的数据集作为参数传递给 MultilabelMetrics，生成评估指标。最后，打印输出各种评估指标，例如微观（micro）召回率、微观精确率、微观 F1 值、hamming 损失和子准确率等。

4.16.3　更多

需要注意的是，多标签（multilabel）和多类别（multiclass）看起来比较相似，其实是两个完全不同的东西。

在一个典型的分类系统中，多标签指标 MultilabelMetrics()方法的作用是将输入 x 中数字映射为一个二进制向量 y，而不是一个数值。

和多标签分类系统有关的重要指标（如前面所示）如下：

- 准确率；
- Hamming 损失；
- 精确率；
- 召回率；
- F1 值。

每个参数的详细解析不在本书范围内，想了解多标签指标可以查阅维基百科的 Multi-label_classification 词条。

4.16.4 参考资料

多标签分类指标的文档可以查阅 Spark 官网。

4.17 在 Spark 2.0 中使用 Scala Breeze 库处理图像

在这个攻略中，我们使用 Scala Breeze 线性代数库（部分）中的 scatter()和 plot()函数，根据二维数据绘制散点图。Spark 集群完成计算之后，可以使用驱动程序中的可用数据绘制图，考虑到效率和速度问题（基于 GPU 的分析数据库比较流行，如 MapD），也可以在后端生成 JPEG 和 GIF 图片。

4.17.1 操作步骤

1. 第一步，下载必要的 ScalaNLP 库文件，相关的 Jar 可以从 Maven 仓库得到。
2. 对于 Windows 系统，可以将下载到的 Jar 包放置于 examples 目录。
3. 对于 MacOS 系统，需要把 Jar 放在 user 目录下。
4. 再次强调，不管 Windows 还是 Mac OS 都需要检查 Jar 是否放置正确。
5. 使用 IntelliJ 或其他所喜欢的 IDE 创建一个新项目，确保已经导入必要的 Jar 包。

6. 创建程序所在的包目录：

```
package spark.ml.cookbook.chapter4
```

7. 导入 Spark 上下文访问集群所需的依赖包，导入 log4j.Logger 减少 Spark 的输出量。

```
import org.apache.log4j.{Level, Logger}
import org.apache.spark.sql.SparkSession
import breeze.plot._

import scala.util.Random
```

8. 将日志级别设置为 ERROR，以减少 Spark 日志输出量：

```
Logger.getLogger("org").setLevel(Level.ERROR)
```

9. 通过 builder 模式配置并实例化一个 SparkSession，作为访问 Spark 集群的入口点：

```
val spark = SparkSession
.builder
.master("local[*]")
.appName("myBreezeChart")
.config("spark.sql.warehouse.dir", ".")
.getOrCreate()
```

10. 创建图形 Figure 对象，设置 fig 的相关参数：

```
import spark.implicits._

val fig = Figure()
val chart = fig.subplot(0)

chart.title = "My Breeze-Viz Chart"
chart.xlim(21,100)
chart.ylim(0,100000)
```

11. 使用随机数值创建一个 Dataset，并显示 Dataset 打印输出。

12. 得到的 Dataset 在后续会使用到：

```
val ages = spark.createDataset(Random.shuffle(21 to 100).toList.take(45)).as[Int]

ages.show(false)
```

控制台的输出如图 4-18 所示。

```
+-----+
|value|
+-----+
|85   |
|51   |
|82   |
|78   |
|45   |
|42   |
|35   |
|94   |
|72   |
|22   |
|44   |
|33   |
|48   |
|29   |
|47   |
|59   |
|91   |
|21   |
|28   |
|64   |
+-----+
only showing top 20 rows
```

图 4-18

13. 对 Dataset 数据执行 collect 操作,设置 x 和 y 坐标轴。

14. 对于对角线,我们将数据类型转为 double,并将 x2 进一步衍生为 y2。

15. 首先使用 Breeze 库的 scater 方法将数据绘制在整个 chart 上,然后使用 Breeze 的 plot 方法绘制对角线:

```
val x = ages.collect()
val y = Random.shuffle(20000 to 100000).toList.take(45)

val x2 = ages.collect().map(xx => xx.toDouble)
val y2 = x2.map(xx => (1000 * xx) + (xx * 2))

chart += scatter(x, y, _ => 0.5)
chart += plot(x2, y2)

chart.xlabel = "Age"
chart.ylabel = "Income"

fig.refresh()
```

16. 设置坐标轴 x 和 y 的标签，通 refresh 方法刷新 figure 对象。
17. 使用 Breeze chart 所绘图的效果如图 4-19 所示。

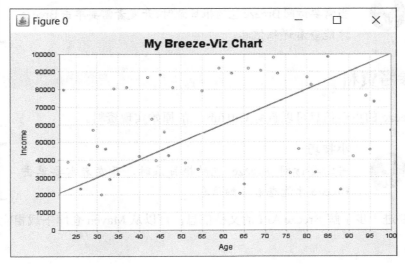

图 4-19

18. 停止 SparkSession，关闭程序：

spark.stop()

4.17.2 工作原理

在这个攻略中，根据随机数字创建 Spark 可使用的数据集。然后创建一个 Breeze 对象，设置基本的参数。根据前面创建的数据得到衍生的 x 和 y 值。

使用 Breeze 库中的 scatter() 和 plot() 方法绘制图表。

4.17.3 更多

开发者在绘制图表的时候，可以用 Breeze 来替代前面章节提到的更复杂、功能更强大的图表库 JFreeChart。ScalaNLP 项目有选择地采用 Scala 优点对项目本身进行优化，例如隐式转换，这使编码相对容易。

Breeze 图形的 JAR 文件可以从 Maven 仓库下载。关于 Breeze 图形库的更多用法可以访问 GitHub 仓库。

Breeze API 文档（需要注意的是，Breeze 文档不一定及时更新）需要访问 scalanlp 官网。

小技巧

当需要访问 Breeze 包的根目录时，开发者需要单击 Breeze 才能查看详细信息。

4.17.4 参考资料

有关 Breeze 的更多信息可以查看 GitHub 上的原始实现资料。

小技巧

当需要访问 Breeze 包的根目录时，开发者需要单击 Breeze 才能查看详细信息。

如果需要进一步了解 Breeze API 的文档信息，可以从 Maven 仓库下载相应的 Jar 包。

第 5 章
使用 Spark 2.0 实践机器学习中的回归和分类——第一部分

在这一章中,我们将讨论以下内容:
- 使用传统的方式拟合一条线性回归直线;
- Spark 2.0 中的广义线性回归;
- Spark 2.0 中 Lasso 和 L-BFGS 的线性回归 API;
- Spark 2.0 中 Lasso 和自动优化选择的线性回归 API;
- Spark 2.0 中岭回归和自动优化选择的线性回归 API;
- Spark 2.0 中的保序回归;
- Spark 2.0 中的多层感知机分类器;
- Spark 2.0 中的一对多分类器;
- Spark 2.0 中的生存回归——参数化的加速失效时间模型。

5.1 引言

本章和下一章将重点介绍 Spark 2.0 ML 和 MLlib 库中有关回归和分类的基础技术。Spark 2.0 已经表明下一阶段的新方向:(1) 将基于 RDD 的回归算法(参见第 6 章)变更为维护模式;(2) 继续推进线性回归和广义回归的演变。

在高层次上,新设计的 API 更倾向于 Elastic 网络的参数化,即动态生成岭回归、Lasso

回归以及介于这两者之间的其他模型，而不是对 API 重新命名（如 LassoWithSGD）。新 API 的设计更加简洁，能驱动开发者学习 Elastic 网络及其功能，但是开发者需要知道特征工程仍是数据科学中的一种艺术。本章会提供足够多的示例、算法和注释，指导开发者完成复杂的技术。

图 5-1 描述了本章中的回归和分类范围。

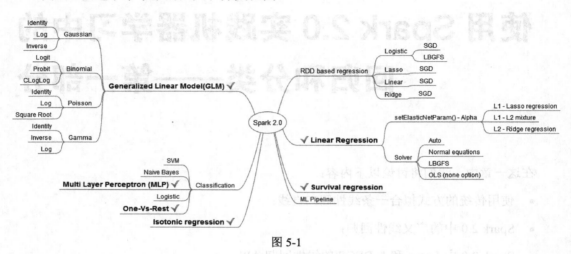

图 5-1

首先，你将学习如何从零开始使用 Scala 代码和 RDD 编程实现代数方程的线性回归，深刻理解数学以及为什么需要采用迭代优化方法估计大型回归系统的解。其次，探索广义线性模型（GLM）及其各种统计分布族和链接函数，但是需要注意在当前实现中存在 4096 个最大参数数目的限制。最后，研究使用线性回归模型（LRM）以及如何使用 Elastic 网络参数化混合以及匹配 L1 和 L2 惩罚函数，实现逻辑回归、岭回归、Lasso 回归以及它们之间的所有其他算法。我们还要学习如何处理优化器方法，以及在使用 L-BFGS 优化、自动优化器选择时如何设置参数。

在研究 GLM 和线性回归攻略之后，继续研究其他的回归和分类方法，例如保序回归、多层感知机（神经网络的一种形式）、一对多模型和生存回归，用来展示 Spark 2.0 在处理线性技术无法解决问题时的能力和整体性。21 世纪初期，随着金融领域风险的增加和基因组工作的新进展，Spark 2.0 还使用一种简单方法将 4 种重要方法（等渗回归、多层感知器、一对多模型、生存回归或参数化 ATF）结合在一起，便于更好地使用机器学习库。金融、数据科学家或精算专业人员会对大规模的参数化 ATF 方法特别感兴趣。

尽管理论上来说，其中一些方法（如 LinearRegression()API）在 Spark 1.3x 中已经出现，但 Spark 将基于 RDD 的回归 API 移动到维护模式，Spark 2.0 采用类似 glmnet R 的方式将它们全部集中在一个易于使用且可维护的 API 中（即向后兼容性）。目前 L-BFGS 优化器和正规方程式成为主流趋势，但是 SGD 在基于 RDD 的 API 中仍然可用，其实现了向后兼容性。

Elastic 网络是当下的首选方法，不仅优于绝对值模式的正则化 L1（Lasso 回归）和 L2（岭回归）方法，还可以提供按需调度机制，使得开发者可以微调惩罚函数（参数缩减与参数选择）。尽管在 Spark 1.4.2 中已经存在 Elastic 网络，但是 Spark 2.0 将所有内容整合在一起，无须对单个 API 调整参数（这一点在根据最新数据动态选择模型时非常重要）。在开始深入研究攻略时，我们强烈建议读者尝试各种参数设置（通过 setElasticNetParam()和 setSolver()来配置），从而掌握这些功能强大的 API。需要注意的是，不要混淆惩罚函数 setElasticNetParam(value: Double)（L1、L2、OLs、Elastic 网络：L1/L2 的线性融合），这些是与损失函数优化技术有关的常规或模型惩罚方案的优化技术（正规方程式、L-BFGS 优化、自动优化等）。

值得注意的是，基于 RDD 的回归 API 仍然非常重要，因为当前有很多机器学习系统严重依赖于以前的 API 机制及其相应的 SGD 优化器。有关基于 RDD 的回归处理方法的教学可以参考第 6 章的内容。

5.2 用传统方式拟合一条线性回归直线

这个攻略使用 RDD 和解析解形式从零开始编写一个简单的线性回归模型。之所以将这一节作为第一个攻略，是想告诉读者通过 RDD 可以实现任意一个给定的统计学习算法，而且可以借助 Spark 实现大规模的计算。

5.2.1 操作步骤

1. 使用 IntelliJ 或其他所喜欢的 IDE 创建一个新项目，确保已经导入必要的 Jar 包。

2. 这个攻略的 package 语句如下：

```
package spark.ml.cookbook.chapter5
```

3. 导入 SparkSession 所需的包以访问集群，导入 Log4j.Logger 以减少 Spark 输出量：

```
import org.apache.spark.sql.SparkSession
import scala.math._
import org.apache.log4j.Logger
import org.apache.log4j.Level
```

4. 使用 builder 模式配置并实例化一个 SparkSession 作为访问 Spark 集群的入口点：

```
val spark = SparkSession
 .builder
 .master("local[4]")
 .appName("myRegress01_20")
 .config("spark.sql.warehouse.dir", ".")
 .getOrCreate()
```

5. 将日志输出级别设置为 ERROR，以减少 Spark 的日志输出：

```
Logger.getLogger("org").setLevel(Level.ERROR)
Logger.getLogger("akka").setLevel(Level.ERROR)
```

6. 创建 2 个数组，分别代表自变量 x 和因变量 y：

```
val x =
Array(1.0,5.0,8.0,10.0,15.0,21.0,27.0,30.0,38.0,45.0,50.0,64.0)
val y =
Array(5.0,1.0,4.0,11.0,25.0,18.0,33.0,20.0,30.0,43.0,55.0,57.0)
```

7. 使用 sc.parallelize() 将前面的 2 个数组转为 RDD：

```
val xRDD = sc.parallelize(x)
val yRDD = sc.parallelize(y)
```

8. 这一步介绍使用 RDD 的 zip() 方法，根据 2 个 RDD 创建由因变量和自变量所组成的元素对 (x, y)。对于这个函数，机器学习算法开发者必须学会这种元素对的配对方法：

```
val zipedRDD = xRDD.zip(yRDD)
```

9. 首先确保已经理解 zip() 的用法，检查下输出（见图 5-2），确保已经包含 collect() 操作或其他形式的 action 操作，此外还要确认数据已经按照顺序显示。如果不使用 action 操作，那么 RDD 的输出将是随机的。

```
zipedRDD.collect().foreach(println)
(5.0,1.0)
(8.0,4.0)
(10.0,11.0)
(15.0,25.0)
(21.0,18.0)
(27.0,33.0)
(30.0,20.0)
(38.0,30.0)
(45.0,43.0)
(50.0,55.0)
(64.0,57.0)
```

图 5-2

10. 这一步非常重要，介绍如何对元素对的各个成员元素进行迭代、访问、计算等操作。为了计算得到回归直线，需要计算数据的和、点积和均值（也就是 sum(x)、sum(y)、sum(x*y)）。map(_._1).sum()函数是一种计算机制，即对 RDD 上的所有元素对进行迭代，但是只有元素对的第一个元素会参与计算：

```
val xSum = zipedRDD.map(_._1).sum()
val ySum = zipedRDD.map(_._2).sum()
val xySum= zipedRDD.map(c => c._1 * c._2).sum()
```

11. 这一步继续计算 RDD 元素对成员的均值，以及成员点积的均值。计算得到的均方结果（mean(x)、mean(y)和 mean(x*y)）会用于计算回归直线的斜率和截距。尽管可以根据前面步骤中已得到的统计量手动计算平均值，但是我们仍然需要确保自己熟悉 RDD 内置可用的方法：

```
val n= zipedRDD.count()
val xMean = zipedRDD.map(_._1).mean()
val yMean = zipedRDD.map(_._2).mean()
val xyMean = zipedRDD.map(c => c._1 * c._2).mean()
```

12. 在最后一步中，计算 x 平方和 y 平方的平均值：

```
val xSquaredMean = zipedRDD.map(_._1).map(x => x * x).mean()
val ySquaredMean = zipedRDD.map(_._2).map(y => y * y).mean()
```

13. 打印输出完整的统计信息：

```
println("xMean yMean xyMean", xMean, yMean, xyMean)
xMean yMean xyMean ,26.16,25.16,989.08
```

14. 根据线性回归公式计算结果，保存到 numerator 和 denominator 变量中：

```
val numerator = xMean * yMean - xyMean
val denominator = xMean * xMean - xSquaredMean
```

15. 最后计算回归直线的斜率：

```
val slope = numerator / denominator
println("slope %f5".format(slope))
```

```
slope 0.9153145
```

16. 进一步计算回归直线的截距并打印输出。如果不需要截距（也就是截距设置为 0），那么斜率的计算公式需要做轻微的修改。建议读者从其他地方（如互联网）获取更多的详细信息，找到所需要的计算公式：

```
val b_intercept = yMean - (slope*xMean)
println("Intercept", b_intercept)

Intercept,1.21
```

17. 根据计算得到的斜率和截距，我们可以将回归直线的公式表达如下：

```
Y = 1.21 + .9153145 * X
```

5.2.2 工作原理

首先声明 2 个 Scala 数组，并将它们并行化为 2 个 RDD，这 2 个 RDD 实际是不同的向量 x 和 y。然后使用 RDD 的 zip()方法生成一个 paired（元素对，也就是 zipped）RDD，paired RDD 元素对的形式是(x, y)。接着计算均值、求和等统计指标，并使用解析解形式计算回归直线的斜率和截距。

在 Spark 2.0 中，线性回归的一个替换方式是使用现有的 GLM API。需要注意的是，GLM 支持的解析解形式的最大参数数目被限制为 4096。

在这个攻略中，我们使用解析解说明包含一组数字集合$(y1,x1)$, …, (yn,xn)的回归直线其实是一条最小化平方误差之和的简单直线。对于简单的回归公式，直线形式如下：

- 回归直线的斜率：$\beta = \dfrac{\overline{xy} - \overline{x}\,\overline{y}}{\overline{x^2} - \overline{x}^2}$
- 回归直线的偏移量：$\alpha = \overline{y} - \beta\overline{x}$
- 回归直线的公式：$y = \alpha + \beta x$

回归直线实际上只是一条最小化均方误差之和的最佳拟合直线。对于一个数据点集合（独立变量、非独立变量），存在很多直线可以穿过这些点，也可以捕获常见的线性关系，但是这些直线中只有一条拟合直线可以满足误差之和最小化的要求。

对于这个例子，所需要的直线为 Y = 1.21 +0.9153145 × X。图 5-3 展示的是一条直线，直线的斜率和偏移量采用解析解求得。线性模型由一条直线的线性计算公式表示，代表对于给定的数据集，使用解析解求得的最佳线性模型（斜率=0.915345，截距= 1.21）。

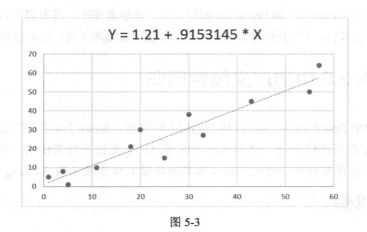

图 5-3

图 5-3 的数据点如下：

```
(Y, X)
(5.0, 1.0)
(8.0, 4.0)
(10.0, 11.0)
(15.0, 25.0)
(21.0, 18.0)
(27.0, 33.0)
(30.0, 20.0)
(38.0, 30.0)
(45.0, 43.0)
(50.0, 55.0)
(64.0, 57.0)
```

5.2.3 更多

需要注意，并不是所有的回归模型都有解析解形式，此外在面对海量数据、海量参数情形时，解析解的求解方式会变得非常低效——这就是我们使用 SGD、L-FBGS 等优化技术的原因。

在这里有必要再次回顾前面章节的攻略，在使用机器学习算法时候需要缓存 RDD 或相关数据结构，以避免 Spark 优化和维持血统等因素导致延迟实例化问题。

5.2.4 参考资料

The Elements of Statistical Learning, Data Mining, Inference, and Prediction, Second

Edition（由 Hastie、Tibshirani 和 Friedman 编写）是一本经典图书，开发者可以从斯坦福大学网站上的免费获取本书，不管是机器学习新手还是高级研发技术人员，这本书都值得仔细品味。

5.3　Spark 2.0 中的广义线性回归

这个攻略讲解 Spark 2.0 广义线性模型 GLM 的实现。Spark 2.0 中的广义线性模型和 R 中的 glmnet 存在很多相似之处。GLM API 非常受欢迎，允许开发者使用一个连贯的、良好设计的 API 同时选择和设置分布函数族（如高斯函数）和连接函数（如 log 函数的倒数）。

5.3.1　操作步骤

1. 访问 UCI 机器学习库中的房屋数据集页面。
2. 搜索 Housig 关键字下载对应的数据集。

该数据集一共包含 14 列，其中前 13 列（也就是变量）属于独立变量，用于预测美国波士顿自住房屋的平均房价（也就是最后一列）。

选择并清洗前 8 列作为特征，选择前 200 行数据用于训练和预测平均房价。

- CRIM：城镇人均犯罪率。
- ZN：住宅用地面积超过 25000 平方英尺的比例。
- INDUS：每个城镇的非零售业务面积比例。
- CHAS：根据查尔斯河衍生的哑变量（如果是管道边界河流，取值为 1，否则为 0）。
- NOX：一氧化氮浓度（每千万份抽样检测结果）。
- RM：每栋住宅的平均房间数。
- 年龄：1940 年以前建造的自住房屋比例。

3. 使用 housing8.csv 文件，但需要检查文件是否放在正确的目录下：

../data/sparkml2/chapter5/housing8.csv

4. 使用 IntelliJ 或其他所喜欢的 IDE 创建一个新项目，确保已经导入必要的 Jar 包。
5. 这个攻略的 package 语句如下：

package spark.ml.cookbook.chapter5.

6. 导入 SparkSession 所需的包以访问集群，导入 Log4j.Logger 以减少 Spark 输出量：

```
import org.apache.spark.ml.feature.LabeledPoint
import org.apache.spark.ml.linalg.Vectors
import org.apache.spark.ml.regression.GeneralizedLinearRegression
import org.apache.spark.sql.SparkSession
import org.apache.log4j.{Level, Logger}
```

7. 将日志级别设置为 ERROR，以减少 Spark 的日志输出：

```
Logger.getLogger("org").setLevel(Level.ERROR)
Logger.getLogger("akka").setLevel(Level.ERROR)
```

8. 配置并实例化一个 SparkSession 作为访问 Spark 集群的入口点：

```
val spark = SparkSession
.builder
.master("local[*]")
.appName("GLR")
.config("spark.sql.warehouse.dir", ".")
.getOrCreate()
```

9. 根据数据转换的常用惯例导入 implicits：

```
import spark.implicits._
```

10. 加载房屋数据集，保存为 Dataset 类型的变量：

```
val data = spark.read.textFile( "../data/sparkml2/
/chapter5/housing8.csv" ).as[ String ]
```

11. 解析房屋数据，并转为 LabeledPoint 格式：

```
val regressionData = data.map { line =>
val columns = line.split(',')
LabeledPoint(columns(13).toDouble ,
Vectors.dense(columns(0).toDouble,columns(1).toDouble,
columns(2).toDouble, columns(3).toDouble,columns(4).toDouble,
columns(5).toDouble,columns(6).toDouble, columns(7).toDouble))
}
```

12. 使用下面的代码输出数据的内容：

```
regressionData.show(false)
```

输出内容如图 5-4 所示。

```
+-----+--------------------+
|label|            features|
+-----+--------------------+
| 24.0|[0.00632,18.0,2.31,0.0,0.538,6.575,65.2,4.09]|
| 21.6|[0.02731,0.0,7.07,0.0,0.469,6.421,78.9,4.9671]|
| 34.7|[0.02729,0.0,7.07,0.0,0.469,7.185,61.1,4.9671]|
| 33.4|[0.03237,0.0,2.18,0.0,0.458,6.998,45.8,6.0622]|
| 36.2|[0.06905,0.0,2.18,0.0,0.458,7.147,54.2,6.0622]|
| 28.7|[0.02985,0.0,2.18,0.0,0.458,6.43,58.7,6.0622]|
| 22.9|[0.08829,12.5,7.87,0.0,0.524,6.012,66.6,5.5605]|
| 27.1|[0.14455,12.5,7.87,0.0,0.524,6.172,96.1,5.9505]|
| 16.5|[0.21124,12.5,7.87,0.0,0.524,5.631,100.0,6.0821]|
| 18.9|[0.17004,12.5,7.87,0.0,0.524,6.004,85.9,6.5921]|
| 15.0|[0.22489,12.5,7.87,0.0,0.524,6.377,94.3,6.3467]|
| 18.9|[0.11747,12.5,7.87,0.0,0.524,6.009,82.9,6.2267]|
| 21.7|[0.09378,12.5,7.87,0.0,0.524,5.889,39.0,5.4509]|
| 20.4|[0.62976,0.0,8.14,0.0,0.538,5.949,61.8,4.7075]|
| 18.2|[0.63796,0.0,8.14,0.0,0.538,6.096,84.5,4.4619]|
| 19.9|[0.62739,0.0,8.14,0.0,0.538,5.834,56.5,4.4986]|
| 23.1|[1.05393,0.0,8.14,0.0,0.538,5.935,29.3,4.4986]|
| 17.5|[0.7842,0.0,8.14,0.0,0.538,5.99,81.7,4.2579]|
| 20.2|[0.80271,0.0,8.14,0.0,0.538,5.456,36.6,3.7965]|
| 18.2|[0.7258,0.0,8.14,0.0,0.538,5.727,69.5,3.7965]|
+-----+--------------------+
only showing top 20 rows
```

图 5-4

13. 下一步配置一个广义线性回归算法，创建一个新模型：

```
val glr = new GeneralizedLinearRegression()
.setMaxIter(1000)
.setRegParam(0.03) //the value ranges from 0.0 to 1.0.
Experimentation required to identify the right value.
.setFamily("gaussian")
.setLink( "identity" )
```

建议尝试不同的参数组合找出最佳拟合参数。

14. 使用创建的模型拟合房屋数据：

```
val glrModel = glr.fit(regressionData)
```

15. 接着，获取概要统计信息以检查模型的精确率：

```
val summary = glrModel.summary
```

16. 最后打印输出概要统计信息：

```
val summary = glrModel.summary
summary.residuals().show()
println("Residual Degree Of Freedom: " +
```

```
summary.residualDegreeOfFreedom)
println("Residual Degree Of Freedom Null: " +
summary.residualDegreeOfFreedomNull)
println("AIC: " + summary.aic)
println("Dispersion: " + summary.dispersion)
println("Null Deviance: " + summary.nullDeviance)
println("Deviance: " +summary.deviance)
println("p-values: " + summary.pValues.mkString(","))
println("t-values: " + summary.tValues.mkString(","))
println("Coefficient Standard Error: " +
summary.coefficientStandardErrors.mkString(","))
}
```

17. 停止 SparkSession，关闭程序：

```
spark.stop()
```

5.3.2　工作原理

在这个攻略中，我们展示了广义线性回归算法的一个实战案例。首先加载和解析一个 CSV 文件，并保存为 Dataset 类型变量。接着，实例化一个广义线性回归算法，将 Dataset 类型变量作为参数传递给 fit()方法得到一个新模型。执行 fit 操作获取模型的概要统计信息，并展示计算的结果以调整模型的精确率。

在这个案例中，我们使用高斯分布作为分布族，使用恒等映射作为连接函数来创建模型、拟合数据，但是也可以使用其他参数来解决一个特定的回归拟合问题，我们将会在后续攻略研究这个问题。

5.3.3　更多

Spark 2.0 中的 GLM 是一个通用回归模型，可以支持很多不同配置。让人比较惊喜的是 Spark 2.0.0 的初始版本提供了很多可以使用的函数族。

Spark 2.0.2 有如下几点需要注意。

- 当前回归模型能支持的最大参数数目限制为 4096 个。

- 当前 Spark 版本只支持唯一的"迭代重新加权最小二乘法"优化方法（也就是 solver），这也是默认的 solver。

- 在将 solver 设置为 auto 时，GLM 实际使用的就是 IRLS。

- setRegParam()方法用于设置 L2 正则化的正则化参数值。
- 在 Spark 2.0 文档中,正则化项的计算公式为 "0.5×regParam×L2norm(系数^2)"——读者需要理解这里的意义。

如果还是不知道如何处理分布拟合问题,我们强烈推荐读者阅读一本书 *Handbook of Fitting Statistical Distributions with R*,这本书对芝加哥交易所小麦等农产品数据的建模、处理等问题非常有用,需要注意农产品拟合得到的模型是一条反向波动曲线,这一点和股票很不一样。

相关配置和可用选项如表 5-1 所示。

表 5-1

分布函数族	Spark 2.0 支持的连接函数		
高斯分布	Identity	Log	倒数(Inverse)
二项式分布	Logit	Probit	CLogLog
Poisson 分布	Identity	Log	均方根(SquareRoot)
Gamma 分布	Identity	Log	倒数(Inverse)

在实际应用中,可以尝试使用不同的分布函数族和连接函数,以检查潜在分布的假设是否正确。

5.3.4 参考资料

建议读者查阅 Spark 官网上的 GeneralizedLinearRegression()相关文档,一些重要 API 如下所示。

- def **setFamily**(value: String): GeneralizedLinearRegression.this.type

- def **setLink**(value: String): GeneralizedLinearRegression.this.type

- def **setMaxIter**(value: Int): GeneralizedLinearRegression.this.type

- def **setRegParam**(value: Double): GeneralizedLinearRegression.this.type

- def **setSolver**(value: String): GeneralizedLinearRegression.this.type
- def **setFitIntercept**(value: Boolean): GeneralizedLinearRegression.this.type

Spark 2.0 中的 GeneralizedLinearRegression 所采用的 solver 是 IRLS，进一步的解释可以查阅维基百科的"Iteratively_reweighted_least_squares"词条。

在想要全面、完整地理解 Spark 2.0 中 GLM 和线性回归的新方法之前，请确保是否已经查阅和理解 R 中 CRAN glmnet 的实现原理，具体请参加 R 官网。

5.4 Spark 2.0 中 Lasso 和 L-BFGS 的线性回归 API

在这个攻略中，我们讲解 Spark 2.0 LinearRegression() API 的用法——使用一个统一和参数化的 API 以一个比较全面的方式处理线性回归的扩展问题，从而避免了使用基于 RDD 方式命名 API 所带来的向后兼容性问题而不需要考虑基于 RDD 命名 API 相关的兼容性。介绍如何使用 setSolver()将优化方法设置为一阶、高效内存的 L-BFGS 方法，这个方法可以处理大量参数（这在稀疏配置中很常见）的情形。

提示

在这个攻略中，当 setSolver()设置为 lbgfs 时，L-BFGS（更多信息请查阅"基于 RDD 的回归"）就成为被选中的优化方法。如果没有设置 setElasticNetParam()方法，那么实际生效的值为 0，这时的线性回归也就是 Lasso 回归。

5.4.1 操作步骤

1. 访问 UCI 机器学习库的房屋数据集的所在页面。
2. 搜索 housing 关键字，下载完整的数据集。

该数据集一共包含 14 列，其中前 13 列（也就是变量）属于独立变量用于预测美国波士顿自住房屋的平均房价（也就是最后一列）。

我们选择并清洗前 8 列作为特征，选择前 200 行数据用于训练和预测平均价格。

- CRIM：城镇人均犯罪率。

- ZN：住宅用地面积超过 25000 平方英尺的比例。
- INDUS：每个城镇的非零售业务面积比例。
- CHAS：根据查尔斯河衍生的哑变量（如果是管道边界河流，取值为 1，否则为 0）。
- NOX：一氧化氮浓度（每千万份抽样检测结果）。
- RM：每栋住宅的平均房间数。
- 年龄：1940 年以前建造的自住房屋比例。

3. 使用 housing8.csv 文件，但需要检查文件是否放在正确的目录下：

../data/sparkml2/chapter5/housing8.csv

4. 使用 IntelliJ 或其他所喜欢的 IDE 创建一个新项目，确保已经导入必要的 Jar 包。

5. 这个攻略的 package 语句如下：

```
package spark.ml.cookbook.chapter5.
```

6. 导入 SparkSession 所需的包以访问集群，导入 Log4j.Logger 以减少 Spark 输出量：

```
import org.apache.spark.ml.regression.LinearRegression
import org.apache.spark.ml.feature.LabeledPoint
import org.apache.spark.sql.SparkSession
import org.apache.spark.ml.linalg.Vectors
import org.apache.log4j.{Level, Logger}
```

7. 将日志输出级别设置为 ERROR，以减少 Spark 的日志输出：

```
Logger.getLogger("org").setLevel(Level.ERROR)
Logger.getLogger("akka").setLevel(Level.ERROR)
```

8. 使用 builder 模式并指定配置项实例化一个 SparkSession 作为访问 Spark 集群的入口点：

```
val spark = SparkSession
.builder
.master("local[*]")
.appName("myRegress02")
.config("spark.sql.warehouse.dir", ".")
.getOrCreate()
```

9. 根据数据转换的惯例，导入 implicits：

```
import spark.implicits._
```

10. 加载房屋数据并保存为 Dataset 类型的变量：

```
val data = spark.read.text(
  "../data/sparkml2/chapter5/housing8.csv"
).as[
  String
]
```

11. 解析房屋数据并保存为 LabeledPoint：

```
val RegressionDataSet = data.map { line =>
val columns = line.split(',')
LabeledPoint(columns(13).toDouble ,
Vectors.dense(columns(0).toDouble,columns(1).toDouble,
columns(2).toDouble, columns(3).toDouble,columns(4).toDouble,
columns(5).toDouble,columns(6).toDouble, columns(7).toDouble
))
}
```

12. 展示加载得到的数据：

```
RegressionDataSet.show(false)
```

输出如图 5-5 所示。

```
+-----+-----------------------------------------------+
|label|features                                       |
+-----+-----------------------------------------------+
|24.0 |[0.00632,18.0,2.31,0.0,0.538,6.575,65.2,4.09]  |
|21.6 |[0.02731,0.0,7.07,0.0,0.469,6.421,78.9,4.9671] |
|34.7 |[0.02729,0.0,7.07,0.0,0.469,7.185,61.1,4.9671] |
|33.4 |[0.03237,0.0,2.18,0.0,0.458,6.998,45.8,6.0622] |
|36.2 |[0.06905,0.0,2.18,0.0,0.458,7.147,54.2,6.0622] |
|28.7 |[0.02985,0.0,2.18,0.0,0.458,6.43,58.7,6.0622]  |
|22.9 |[0.08829,12.5,7.87,0.0,0.524,6.012,66.6,5.5605]|
|27.1 |[0.14455,12.5,7.87,0.0,0.524,6.172,96.1,5.9505]|
|16.5 |[0.21124,12.5,7.87,0.0,0.524,5.631,100.0,6.0821]|
|18.9 |[0.17004,12.5,7.87,0.0,0.524,6.004,85.9,6.5921]|
|15.0 |[0.22489,12.5,7.87,0.0,0.524,6.377,94.3,6.3467]|
|18.9 |[0.11747,12.5,7.87,0.0,0.524,6.009,82.9,6.2267]|
|21.7 |[0.09378,12.5,7.87,0.0,0.524,5.889,39.0,5.4509]|
|20.4 |[0.62976,0.0,8.14,0.0,0.538,5.949,61.8,4.7075] |
|18.2 |[0.63796,0.0,8.14,0.0,0.538,6.096,84.5,4.4619] |
|19.9 |[0.62739,0.0,8.14,0.0,0.538,5.834,56.5,4.4986] |
|23.1 |[1.05393,0.0,8.14,0.0,0.538,5.935,29.3,4.4986] |
|17.5 |[0.7842,0.0,8.14,0.0,0.538,5.99,81.7,4.2579]   |
|20.2 |[0.80271,0.0,8.14,0.0,0.538,5.456,36.6,3.7965] |
|18.2 |[0.7258,0.0,8.14,0.0,0.538,5.727,69.5,3.7965]  |
+-----+-----------------------------------------------+
only showing top 20 rows
```

图 5-5

13. 配置一个线性回归算法，创建模型，代码如下：

```
val numIterations = 10
val lr = new LinearRegression()
.setMaxIter(numIterations)
.setSolver("l-bfgs")
```

14. 使用创建得到的模型拟合房屋数据：

```
val myModel = lr.fit(RegressionDataSet)
```

15. 接着获取模型的概要统计数据，全面了解模型的准确率：

```
val summary = myModel.summary
```

16. 最后打印输出模型的概要统计信息：

```
println ( "training Mean Squared Error = " + summary.
meanSquaredError )
println("training Root Mean Squared Error = " +
summary.rootMeanSquaredError) }
training Mean Squared Error = 13.608987362865541
training Root Mean Squared Error = 3.689036102136375
```

17. 停止 SparkSession，关闭程序：

```
spark.stop()
```

5.4.2　工作原理

在这个攻略中，我们再次使用房屋数据介绍如何使用 L-BFGS 优化技术处理 Spark 2.0 的 LinearRegression() API，包括读取数据、解析数据、选择回归所需要的列集合等步骤。为了尽可能地减少攻略的篇幅，我们使用默认参数值，但是在执行 fit()方法之前，仍需要设置迭代次数（用于收敛到一个解决答案）和优化方法 lbfgs。为了演示用法，继续输出若干个简单指标（如 MSE 和 RMSE）。我们介绍如何使用 RDD 实现和计算这些指标。使用 Spark 2.0 的原生工具、指标以及基于 RDD 的回归攻略，介绍 Spark 如何处理这些现有的指标。

对于列数目较少的数据，使用牛顿优化技术（如 lbfgs）有点"牛刀杀鸡、大材小用"，在本书后续的攻略中将会给读者讲解如何在大型数据集上（例如，第 1 章的源码所提到的典型癌症数据和基因组数据）使用实际的设置项来处理这个问题。

5.4.3 更多

Elastic 网络由 DB Tsai 和其他人所开发，并由 Alpine Labs 推广，Spark 1.4 和 1.5 开始关注这项技术，而且在 Spark 2.0 中已经成为事实上的技术标准。

当涉及具体使用时，Elastic 网络实际是 L1 和 L2 惩罚项的线性组合。Elastic 网络在概念上可以认为是一种分配机制：在最终惩罚中分别包含多少 L1 惩罚和多少 L2 惩罚？

需要强调一点，现在从多种回归算法中选择某一个的时候，可以根据参数而不是重新命名一个别的 API。在这里，我们需要和后续章节中基于 RDD 的 API（也就是现在处于维护模式的 API）进行区分。

表 5-2 提供了一个快速备忘录，用于设置参数、选择 Lasso 回归、岭回归、最小二乘法 OLS 和 Elastic 网络，读者可以参考设置 setElasticNetParam(value: Double)的参数。

表 5-2

回归类型	惩罚项	参数
Lasso	L1	0
Ridge	L2	1
Elastic 网络	L1 + L2	0.0 < alpha < 1.0
OLS	最小二乘法	None

正确理解 Elastic 网络参数以及如何控制正则化非常重要，建议读者继续查阅相关资料，深入研究。

5.4.4 参考资料

LinearRegression()的详细信息可以查阅 Spark 源码，源码清晰地说明了 LinearRegression 实际来源于 Regressor。

LinearRegression 的一些重要的 API。

- def setElasticNetParam(value: Double): LinearRegression.this.type

- def **setRegParam**(value: Double): LinearRegression.this.type

- def **setSolver**(value: String):

  LinearRegression.this.type

- def **setMaxIter**(value: Int):

  LinearRegression.this.type

- def **setFitIntercept**(value: Boolean):

  LinearRegression.this.type

Spark ML 有一个重要知识点：LinearRegression()是一个简单但功能非常强大的 API，允许开发者在现有集群上只需付出少量的额外工作，就可以将数据处理能力扩展到数十亿条样本。读者可能会惊讶 Lasso 发现相关特征集合的大规模处理能力，此外 L-BFGS 优化机制可以轻松地处理非常多的特征。有关 Spark 2.0 中 LBFGS 的 updater 源码细节超出了本书的范畴，在此不详细叙述。

由于优化技术比较复杂，机器学习算法中的优化技术会在后续章节中进行详细讲解。

5.5　Spark 2.0 中 Lasso 和自动优化选择的线性回归 API

在这个攻略中，基于前一个攻略的 LinearRegression，通过 setElasticNetParam(0.0)语句明确选用 Lasso 回归模型，同时通过 setSolver('auto')语句让 Spark 2.0 自主选择优化技术。再次提醒一下，基于 RDD 的回归 API 现在已经被标记为维护模式，但是在这个攻略中更适合使用这种方法。

5.5.1　操作步骤

1. 第一步，访问 UCI 机器学习库的房屋数据集的所在页面。
2. 搜索关键词"housing"，下载完整的数据集。

数据集一共包含 14 列，其中前 13 列（也就是变量）属于独立变量用于预测美国波士顿自住房屋的平均房价（也就是最后一列）。

选择并清洗前 8 列作为特征，选择前 200 行数据用于训练和预测平均价格。

- CRIM：城镇人均犯罪率。
- ZN：住宅用地面积超过 25000 平方英尺的比例。

- INDUS：每个城镇的非零售业务面积比例。
- CHAS：根据查尔斯河衍生的哑变量（如果是管道边界河流，取值为 1，否则为 0）。
- NOX：一氧化氮浓度（每千万份抽样检测结果）。
- RM：每栋住宅的平均房间数。
- 年龄：1940 年以前建造的自住房屋比例。

3. 使用 housing8.csv 文件，但需要检查文件是否放在正确的目录下：

`../data/sparkml2/chapter5/housing8.csv`

4. 使用 IntelliJ 或其他所喜欢的 IDE 创建一个新项目，确保已经导入必要的 Jar 包。

5. 创建程序所在的 package 目录：

```
package spark.ml.cookbook.chapter5.
```

6. 导入 SparkSession 所需的包以访问集群，导入 Log4j.Logger 以减少 Spark 输出量：

```
import org.apache.spark.ml.regression.LinearRegression
import org.apache.spark.ml.feature.LabeledPoint
import org.apache.spark.sql.SparkSession
import org.apache.spark.ml.linalg.Vectors
import org.apache.log4j.{Level, Logger}
```

7. 将日志输出级别设置为 ERROR，以减少 Spark 的日志输出：

```
Logger.getLogger("org").setLevel(Level.ERROR)
 Logger.getLogger("akka").setLevel(Level.ERROR)
```

8. 指定配置项并实例化一个 SparkSession 作为访问 Spark 集群的入口点：

```
val spark = SparkSession
.builder
.master("local[*]")
.appName("myRegress03")
.config("spark.sql.warehouse.dir", ".")
.getOrCreate()
```

9. 按照数据转换的惯例，导入 implicits：

```
import spark.implicits._
```

10. 加载房屋数据，保存为 Dataset 类型的变量：

```
val data = spark.read.text(
"../data/sparkml2/chapter5/housing8.csv" ).as[ String ]
```

11. 解析房屋数据，转为 LabeledPoint 格式数据：

```
val RegressionDataSet = data.map { line =>
val columns = line.split(',')
LabeledPoint(columns(13).toDouble ,
Vectors.dense(columns(0).toDouble,columns(1).toDouble,
columns(2).toDouble, columns(3).toDouble,columns(4).toDouble,
columns(5).toDouble,columns(6).toDouble, columns(7).toDouble
))
}
```

12. 显示加载得到的数据，如图 5-6 所示。

```
RegressionDataSet.show(false)
+-----+---------------------------------------------+
|label|features                                     |
+-----+---------------------------------------------+
|24.0 |[0.00632,18.0,2.31,0.0,0.538,6.575,65.2,4.09]|
|21.6 |[0.02731,0.0,7.07,0.0,0.469,6.421,78.9,4.9671]|
|34.7 |[0.02729,0.0,7.07,0.0,0.469,7.185,61.1,4.9671]|
|33.4 |[0.03237,0.0,2.18,0.0,0.458,6.998,45.8,6.0622]|
|36.2 |[0.06905,0.0,2.18,0.0,0.458,7.147,54.2,6.0622]|
|28.7 |[0.02985,0.0,2.18,0.0,0.458,6.43,58.7,6.0622]|
|22.9 |[0.08829,12.5,7.87,0.0,0.524,6.012,66.6,5.5605]|
|27.1 |[0.14455,12.5,7.87,0.0,0.524,6.172,96.1,5.9505]|
|16.5 |[0.21124,12.5,7.87,0.0,0.524,5.631,100.0,6.0821]|
|18.9 |[0.17004,12.5,7.87,0.0,0.524,6.004,85.9,6.5921]|
|15.0 |[0.22489,12.5,7.87,0.0,0.524,6.377,94.3,6.3467]|
|18.9 |[0.11747,12.5,7.87,0.0,0.524,6.009,82.9,6.2267]|
|21.7 |[0.09378,12.5,7.87,0.0,0.524,5.889,39.0,5.4509]|
|20.4 |[0.62976,0.0,8.14,0.0,0.538,5.949,61.8,4.7075]|
|18.2 |[0.63796,0.0,8.14,0.0,0.538,6.096,84.5,4.4619]|
|19.9 |[0.62739,0.0,8.14,0.0,0.538,5.834,56.5,4.4986]|
|23.1 |[1.05393,0.0,8.14,0.0,0.538,5.935,29.3,4.4986]|
|17.5 |[0.7842,0.0,8.14,0.0,0.538,5.99,81.7,4.2579]|
|20.2 |[0.80271,0.0,8.14,0.0,0.538,5.456,36.6,3.7965]|
|18.2 |[0.7258,0.0,8.14,0.0,0.538,5.727,69.5,3.7965]|
+-----+---------------------------------------------+
only showing top 20 rows
```

图 5-6

13. 下一步，配置线性回归算法的参数，创建模型如下：

```
val lr = new LinearRegression()
.setMaxIter(1000)
.setElasticNetParam(0.0)
.setRegParam(0.01)
.setSolver( "auto" )
```

14. 使用创建的模型拟合房屋数据：

```
val myModel = lr.fit(RegressionDataSet)
```

15. 调用模型的 summary 方法，获取概要统计数据，用于检查模型的准确率：

```
val summary = myModel.summary
```

16. 输出概要统计数据：

```
println ( "training Mean Squared Error = " + summary.
meanSquaredError )
println("training Root Mean Squared Error = " +
summary.rootMeanSquaredError) }
training Mean Squared Error = 13.609079490110766
training Root Mean Squared Error = 3.6890485887435482
```

17. 停止 SparkSession，关闭程序：

```
spark.stop()
```

5.5.2 工作原理

读取房屋数据、加载所需要的列集合数据，并用于预测房屋的平均价格。使用下面的代码块选择 Lasso 作为回归模型，同时让 Spark 自主选择合适的优化技术：

```
val lr = new LinearRegression()
.setMaxIter(1000)
.setElasticNetParam(0.0)
.setRegParam(0.01)
.setSolver( "auto" )
```

出于讲解需要，这里将 setMaxIter() 设置为 1000，实际的默认值为 100。

5.5.3 更多

尽管 Spark 已经有一个非常优秀的 L-BFGS 实现，但还是建议查阅维基百科上的 BFGS 词条，更好地理解实现过程和内部工作原理。

- *Journal of Machine Learning Research* 期刊有一个用于内存受限场景的 BGFS 实现，访问 JMLR 网站，下载 henning13a.pdf 文件。读者可以查阅本书中有关 RDD 回归的攻略，获取更多关于 LBGFS 的详细信息。
- 如果还需要深入理解 BFGS 技术，也可以访问 chokkan 网站，下载 liblbfgs，这个使用 C 语言编写，有助于在代码层面对一阶优化技术有一个全面理解。

5.5.4 参考资料

LinearRegression 构造函数和 API 调用函数可以访问 Spark 官方文档和源码，此外，BFGS 和 L-BFGS 的详细信息也可以在维基百科词条中检索到。

5.6 Spark 2.0 中岭回归和自动优化选择的线性回归 API

在这个攻略中，我们使用 LinearRegression()接口实现岭回归模型。如果使用 Elastic 网络参数将相关的参数值设置为全部 L2 惩罚，那这种操作也就是选择了岭回归。

5.6.1 操作步骤

1. 访问 UCI 机器学习库的房屋数据集所在页面。
2. 搜索 "housing" 关键字，下载完整的数据集。

数据集一共包含 14 列，其中前 13 列（也就是变量）属于独立变量用于预测美国波士顿自住房屋的平均房价（也就是最后一列）。

我们选择并清洗前 8 列作为特征，选择前 200 行数据用于训练和预测平均价格。

- CRIM：城镇人均犯罪率。
- ZN：住宅用地面积超过 25000 平方英尺（约 2300 平方米）的比例。
- INDUS：每个城镇的非零售业务面积比例。
- CHAS：根据查尔斯河衍生的哑变量（如果是管道边界河流，取值为 1，否则为 0）。
- NOX：一氧化氮浓度（每千万份抽样检测结果）。
- RM：每栋住宅的平均房间数。
- 年龄：1940 年以前建造的自住房屋比例。

3. 使用 housing8.csv 文件，但需要检查文件是否放在正确目录下：

`../data/sparkml2/chapter5/housing8.csv`

4. 使用 IntelliJ 或其他所喜欢的 IDE 创建一个新项目，确保已经导入必要的 Jar 包。
5. 创建程序所在的 package 目录：

```
package spark.ml.cookbook.chapter5.
```

6. 导入 SparkSession 所需的包以访问集群，导入 Log4j.Logger 以减少 Spark 输出量：

```
import org.apache.spark.ml.feature.LabeledPoint
import org.apache.spark.ml.linalg.Vectors
import org.apache.spark.ml.regression.LinearRegression
import org.apache.spark.sql.SparkSession
import org.apache.log4j.{Level, Logger}
```

7. 将日志输出级别设置为 ERROR，以减少 Spark 的日志输出：

```
Logger.getLogger("org").setLevel(Level.ERROR)
 Logger.getLogger("akka").setLevel(Level.ERROR)
```

8. 指定配置项并实例化一个 SparkSession 作为访问 Spark 集群的入口点：

```
val spark = SparkSession
.builder
.master("local[*]")
.appName("myRegress04")
.config("spark.sql.warehouse.dir", ".")
.getOrCreate()
```

9. 按照数据转换的惯例，导入 implicits：

```
import spark.implicits._
```

10. 加载房屋数据，保存为 Dataset 类型的变量：

```
val data = spark.read.text(
"../data/sparkml2/chapter5/housing8.csv" ).as[ String ]
```

11. 解析房屋数据，转为 LabeledPoint 格式数据：

```
val RegressionDataSet = data.map { line =>
val columns = line.split(',')
LabeledPoint(columns(13).toDouble ,
Vectors.dense(columns(0).toDouble,columns(1).toDouble,
columns(2).toDouble, columns(3).toDouble,columns(4).toDouble,
columns(5).toDouble,columns(6).toDouble, columns(7).toDouble
))
}
```

12. 加载得到的数据如图 5-7 所示。

```
RegressionDataSet.show(false)
+-----+------------------------------------------------------+
|label|features                                              |
+-----+------------------------------------------------------+
|24.0 |[0.00632,18.0,2.31,0.0,0.538,6.575,65.2,4.09]         |
|21.6 |[0.02731,0.0,7.07,0.0,0.469,6.421,78.9,4.9671]        |
|34.7 |[0.02729,0.0,7.07,0.0,0.469,7.185,61.1,4.9671]        |
|33.4 |[0.03237,0.0,2.18,0.0,0.458,6.998,45.8,6.0622]        |
|36.2 |[0.06905,0.0,2.18,0.0,0.458,7.147,54.2,6.0622]        |
|28.7 |[0.02985,0.0,2.18,0.0,0.458,6.43,58.7,6.0622]         |
|22.9 |[0.08829,12.5,7.87,0.0,0.524,6.012,66.6,5.5605]       |
|27.1 |[0.14455,12.5,7.87,0.0,0.524,6.172,96.1,5.9505]       |
|16.5 |[0.21124,12.5,7.87,0.0,0.524,5.631,100.0,6.0821]      |
|18.9 |[0.17004,12.5,7.87,0.0,0.524,6.004,85.9,6.5921]       |
|15.0 |[0.22489,12.5,7.87,0.0,0.524,6.377,94.3,6.3467]       |
|18.9 |[0.11747,12.5,7.87,0.0,0.524,6.009,82.9,6.2267]       |
|21.7 |[0.09378,12.5,7.87,0.0,0.524,5.889,39.0,5.4509]       |
|20.4 |[0.62976,0.0,8.14,0.0,0.538,5.949,61.8,4.7075]        |
|18.2 |[0.63796,0.0,8.14,0.0,0.538,6.096,84.5,4.4619]        |
|19.9 |[0.62739,0.0,8.14,0.0,0.538,5.834,56.5,4.4986]        |
|23.1 |[1.05393,0.0,8.14,0.0,0.538,5.935,29.3,4.4986]        |
|17.5 |[0.7842,0.0,8.14,0.0,0.538,5.99,81.7,4.2579]          |
|20.2 |[0.80271,0.0,8.14,0.0,0.538,5.456,36.6,3.7965]        |
|18.2 |[0.7258,0.0,8.14,0.0,0.538,5.727,69.5,3.7965]         |
+-----+------------------------------------------------------+
```

图 5-7

13. 下一步，配置线性回归算法的参数，创建模型：

```
val lr = new LinearRegression()
.setMaxIter(1000)
.setElasticNetParam(1.0)
.setRegParam(0.01)
.setSolver( "auto" )
```

14. 使用创建的模型拟合房屋数据：

```
val myModel = lr.fit(RegressionDataSet)
```

15. 调用模型的 summary 方法，获取概要统计数据，用于检查模型的准确率：

```
val summary = myModel.summary
```

16. 输出概要统计数据：

```
println ( "training Mean Squared Error = " + summary.meanSquaredError )
println("training Root Mean Squared Error = " + summary.rootMeanSquaredError) }
training Mean Squared Error = 13.61187856748311
training Root Mean Squared Error = 3.6894279458315906
```

17. 停止 SparkSession，关闭程序：

```
spark.stop()
```

5.6.2 工作原理

加载数据文件读取房屋数据，并加载合适的列集合数据。调用 LinearRegression() API 并设置相关参数，建立岭回归模型，此外将优化技术的参数值设置为"auto"。下面的代码演示了如何使用线性回归 API 将回归类型设置为岭回归：

```
val lr = new LinearRegression()
.setMaxIter(1000)
.setElasticNetParam(1.0)
.setRegParam(0.01)
.setSolver( "auto" )
```

建立模型之后，使用 fit()方法拟合数据集。最后使用 summary()方法提取模型的概要统计信息，最后打印模型的 MSE 和 RMSE 两个指标值。

5.6.3 更多

通过这个攻略，开发者需要清楚地知道岭回归和 Lasso 回归之间的差异，首先需要特别理解参数缩减（使用平方根函数挤压权重，但是权重不会为 0）和特征工程、参数选择（将参数值缩减为 0，导致一些参数会在模型中消失）之间的区别。

对于岭回归和 Lasso 回归的详细信息，建议进一步查阅维基百科上的词条，而对于 Elastic 网络，建议查阅斯坦福大学官网上的详细资料。

5.6.4 参考资料

线性回归的更多信息建议查阅 Spark 源码。

5.7 Spark 2.0 中的保序回归

这个攻略研究 Spark 2.0 中的 IsotonicRegression()函数。当一系列样本的数据存储有序，并希望拟合一个递增有序的线段（也就是一个阶梯函数）时，可以使用保序回归（isotonic 回归）或者单调回归（monotonic 回归）。isotonic regression（IR）和 monotonic regression（MR）这两个术语在文献中是同一个意思，在使用时候可以互换。

简单来说，针对朴素贝叶斯和 SVM 的缺点，可以尝试通过保序回归模型学习到一个更好的拟合结果。朴素贝叶斯对 P(C|X)的估计不准，支持向量机（SVM）最多只提供一个代理（使用超平面距离），而且这个代理在某些情况下还不能准确地估计。

5.7.1 操作步骤

1. 访问网站下载数据文件，并保存到下面代码块所指定的数据目录下。这个攻略使用 IsotonicRegression()拟合 LIBSVM 格式的 Iris 数据，得到一条阶梯直线，以演示相关用法。数据文件可以从"台湾大学咨询工程学系研究所"网站上获取：

2. 使用 IntelliJ 或其他所喜欢的 IDE 创建一个新项目，确保已经导入必要的 Jar 包。

3. 这个攻略的 package 语句如下：

```
package spark.ml.cookbook.chapter5
```

4. 导入 SparkSession 所需的包以访问集群，导入 Log4j.Logger 以减少 Spark 输出量：

```
import org.apache.spark.sql.SparkSession
import org.apache.spark.ml.regression.IsotonicRegression
```

5. 将日志输出级别设置为 ERROR，以减少 Spark 的日志输出：

```
Logger.getLogger("org").setLevel(Level.ERROR)
Logger.getLogger("akka").setLevel(Level.ERROR)
```

6. 使用 builder 模式指定配置项并实例化一个 SparkSession 作为访问 Spark 集群的入口点：

```
val spark = SparkSession
 .builder
 .master("local[4]")
 .appName("myIsoTonicRegress")
 .config("spark.sql.warehouse.dir", ".")
 .getOrCreate()
```

7. 读取数据文件，在控制台上输出数据模式和数据内容：

```
val data = spark.read.format("libsvm")
 .load("../data/sparkml2/chapter5/iris.scale.txt")
 data.printSchema()
 data.show(false)
```

控制台输出信息如图 5-8 所示。

```
root
 |-- label: double (nullable = true)
 |-- features: vector (nullable = true)

+-----+------------------------------------------------+
|label|features                                        |
+-----+------------------------------------------------+
|1.0  |(4,[0,1,2,3],[-0.555556,0.25,-0.864407,-0.916667])|
|1.0  |(4,[0,1,2,3],[-0.666667,-0.166667,-0.864407,-0.916667])|
|1.0  |(4,[0,2,3],[-0.777778,-0.898305,-0.916667])     |
|1.0  |(4,[0,1,2,3],[-0.833333,-0.0833334,-0.830508,-0.916667])|
|1.0  |(4,[0,1,2,3],[-0.611111,0.333333,-0.864407,-0.916667])|
|1.0  |(4,[0,1,2,3],[-0.388889,0.583333,-0.762712,-0.75])|
|1.0  |(4,[0,1,2,3],[-0.833333,0.166667,-0.864407,-0.833333])|
|1.0  |(4,[0,1,2,3],[-0.611111,0.166667,-0.830508,-0.916667])|
|1.0  |(4,[0,1,2,3],[-0.944444,-0.25,-0.864407,-0.916667])|
|1.0  |(4,[0,1,2,3],[-0.666667,-0.0833334,-0.830508,-1.0])|
|1.0  |(4,[0,1,2,3],[-0.388889,0.416667,-0.830508,-0.916667])|
|1.0  |(4,[0,1,2,3],[-0.722222,0.166667,-0.79661,-0.916667])|
|1.0  |(4,[0,1,2,3],[-0.722222,-0.166667,-0.864407,-1.0])|
|1.0  |(4,[0,1,2,3],[-1.0,-0.166667,-0.966102,-1.0])   |
|1.0  |(4,[0,1,2,3],[-0.166667,0.666667,-0.932203,-0.916667])|
|1.0  |(4,[0,1,2,3],[-0.222222,1.0,-0.830508,-0.75])   |
|1.0  |(4,[0,1,2,3],[-0.388889,0.583333,-0.898305,-0.75])|
|1.0  |(4,[0,1,2,3],[-0.555556,0.25,-0.864407,-0.833333])|
|1.0  |(4,[0,1,2,3],[-0.222222,0.5,-0.762712,-0.833333])|
|1.0  |(4,[0,1,2,3],[-0.555556,0.5,-0.830508,-0.833333])|
+-----+------------------------------------------------+
only showing top 20 rows
```

图 5-8

8. 按照 0.7∶0.3 比例，将数据随机划分为训练集和测试集：

```
val Array(training, test) = data.randomSplit(Array(0.7, 0.3), seed
= System.currentTimeMillis())
```

9. 创建保序回归对象，拟合训练数据集：

```
val itr = new IsotonicRegression()

 val itrModel = itr.fit(training)
```

10. 在控制台输出模型的边界和预测值：

```
println(s"Boundaries in increasing order: ${itrModel.boundaries}")
 println(s"Predictions associated with the boundaries:
${itrModel.predictions}")
```

控制台输出如下：

Boundaries in increasing order:
[-1.0,-0.666667,-0.666667,-0.5,-0.5,-0.388889,-0.388889,-0.333333,
-0.333333,-0.222222,-0.222222,-0.166667,-0.166667,0.111111,0.111111,
0.333333,0.333333,0.5,0.555555,1.0]
Predictions associated with the boundaries:
[1.0,1.0,1.1176470588235294,1.1176470588235294,1.1666666666666663,1
.1666666666666663,1.3333333333333333,1.3333333333333333,1.9,1.9,2.0

,2.0,2.3571428571428577,2.3571428571428577,2.5333333333333314,2.533
3333333333314,2.7777777777777786,2.7777777777777786,3.0,3.0]

11. 使用拟合后的模型预测测试集，显示结果如下：

```
itrModel.transform(test).show()
```

控制台输出如图 5-9 所示。

```
+-----+--------------------+------------------+
|label|            features|        prediction|
+-----+--------------------+------------------+
|  1.0|(4,[0,1,2,3],[-0....|               1.0|
|  1.0|(4,[0,1,2,3],[-0....|               1.0|
|  1.0|(4,[0,1,2,3],[-0....|               1.0|
|  1.0|(4,[0,1,2,3],[-0....|1.2499999999999998|
|  1.0|(4,[0,1,2,3],[-0....|1.2499999999999998|
|  1.0|(4,[0,1,2,3],[-0....|1.2499999999999998|
|  1.0|(4,[0,1,2,3],[-0....|1.2499999999999998|
|  1.0|(4,[0,1,2,3],[-0....|1.2499999999999998|
|  1.0|(4,[0,1,2,3],[-0....|1.2499999999999998|
|  1.0|(4,[0,1,2,3],[-0....|               1.5|
|  1.0|(4,[0,1,2,3],[-0....|               1.5|
|  1.0|(4,[0,1,2,3],[-0....|               2.0|
|  1.0|(4,[0,1,2,3],[-0....|               2.0|
|  1.0|(4,[0,2,3],[-0.77...|               1.0|
|  2.0|(4,[0,1,2,3],[-0....|1.2499999999999998|
|  2.0|(4,[0,1,2,3],[-0....|1.2499999999999998|
|  2.0|(4,[0,1,2,3],[-0....|               2.0|
|  2.0|(4,[0,1,2,3],[-0....|               2.0|
|  2.0|(4,[0,1,2,3],[-0....|               2.0|
|  2.0|(4,[0,1,2,3],[-0....|               2.0|
+-----+--------------------+------------------+
only showing top 20 rows
```

图 5-9

12. 停止 SparkSession，关闭程序：

```
spark.stop()
```

5.7.2 工作原理

这个示例研究保序回归模型的特性，第一步，使用 Spark 读取 libsvm 格式的数据集，随后依据 70∶30 比例划分数据集。第二步，调用 show()函数在控制台显示 DataFrame，创建保序回归模型，调用 fit()函数进行拟合。在这个攻略中，我们尽量保持内容简洁，没有改变任何参数的默认值，但是读者应该试验不同的参数值，并使用 JChart 显示拟合的线段，观察实际中的递增、阶梯线段的实际结果。

最后，我们在控制台上输出模型的边界和预测值，使用拟合模型对测试集进行预测，在控制台显示包括预测字段在内的结果 DataFrame。所有的 Spark 机器学习算法都对超参数敏感，但没有严格和快速的规则来设置这些参数，所以机器学习算法在投入生产之前需要使用科学方法进行大量的实验。

在前面的章节中，我们已经介绍了 Spark 现有的许多模型评估工具，而且尽可能不重复地介绍了这些评估指标的用法。开发者必须基于待评估的算法类型（如离散型、连续型、二值型、多类别型等），选择一个特定的指标评估工具。

我们将使用一系列攻略逐一介绍评估指标，Spark 模型评估的相关内容可以查阅 Spark 官网中 MLlib 库中指标评价一栏：

5.7.3 更多

在编写本书之时，Spark 2.0 的实现存在以下限制。

- 只支持单个特征（也就是单变量）。

```
def setFeaturesCol(value: String): IsotonicRegression.this.type
```

- 当前实现机制是 parallelized pool adjacent violators algorithm（PAVA）。

- 从 Spark 2.1.0 开始，这是一个单变量的单调实现。

一些相关技术：Spark 2.0 的 CRAN 实现、UCLA 论文、威斯康星大学官网上的资料库。

5.7.4 参考资料

有关保序回归的更多资料可以访问维基百科的"Isotonic_regression"词条。

保序回归的线段的趋势是逐步上升的（也就是阶梯函数），而不是类似线性回归的单一直线，具体参考图 5-10（摘自维基百科）。

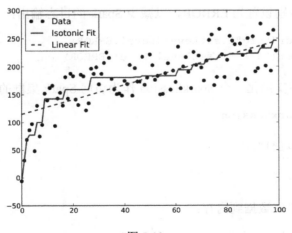

图 5-10

5.8 Spark 2.0 中的多层感知机分类器

在这个攻略中，我们研究 Spark 2.0 中的多层感知机分类器，多层感知机分类器只是前馈神经网络的一个别名。这个攻略的数据集为 Iris 数据集，输入为特征向量，输出为一个二值数字。这里需要记住的一点，多层感知机分类器的名字听起来比较复杂，但是核心实际只是一个非线性分类器——用于一条简单直线或超平面无法将数据划分开来的情形。

5.8.1 操作步骤

1. 获取 LIBSVM 数据：从 "台湾大学咨询工程学系研究所" 的网站上下载数据文件。
2. 使用 IntelliJ 或其他所喜欢的 IDE 创建一个新项目，确保已经导入必要的 Jar 包。
3. 这个攻略的 package 语句如下：

```
package spark.ml.cookbook.chapter5
```

4. 导入 SparkSession 所需的包以访问集群，导入 Log4j.Logger 以减少 Spark 输出量：

```
import org.apache.spark.ml.classification.MultilayerPerceptronClassifier
import org.apache.spark.ml.evaluation.MulticlassClassificationEvaluator
import org.apache.spark.sql.SparkSession
import org.apache.log4j.{ Level, Logger }
```

5. 将日志输出级别设置为 ERROR，以减少 Spark 的日志输出：

```
Logger.getLogger("org").setLevel(Level.ERROR)
Logger.getLogger("akka").setLevel(Level.ERROR)
```

6. 指定配置项并实例化一个 SparkSession 作为访问 Spark 集群的入口点：

```
val spark = SparkSession
 .builder
 .master("local[*]")
 .appName("MLP")
 .getOrCreate()
```

7. 加载 libsvm 格式数据到内存：

```
val data = spark.read.format( "libsvm" )
```

```
.load("../data/sparkml2/chapter5/iris.scale.txt")
```

8. 显示加载得到的数据内容。

控制台输出如图 5-11 所示。

```
data.show(false)
```

```
+-----+---------------------------------------------------+
|label|features                                           |
+-----+---------------------------------------------------+
|1.0  |(4,[0,1,2,3],[-0.555556,0.25,-0.864407,-0.916667]) |
|1.0  |(4,[0,1,2,3],[-0.666667,-0.166667,-0.864407,-0.916667])|
|1.0  |(4,[0,2,3],[-0.777778,-0.898305,-0.916667])        |
|1.0  |(4,[0,1,2,3],[-0.833333,-0.0833334,-0.830508,-0.916667])|
|1.0  |(4,[0,1,2,3],[-0.611111,0.333333,-0.864407,-0.916667])|
|1.0  |(4,[0,1,2,3],[-0.388889,0.583333,-0.762712,-0.75]) |
|1.0  |(4,[0,1,2,3],[-0.833333,0.166667,-0.864407,-0.833333])|
|1.0  |(4,[0,1,2,3],[-0.611111,0.166667,-0.830508,-0.916667])|
|1.0  |(4,[0,1,2,3],[-0.944444,-0.25,-0.864407,-0.916667])|
|1.0  |(4,[0,1,2,3],[-0.666667,-0.0833334,-0.830508,-1.0])|
|1.0  |(4,[0,1,2,3],[-0.388889,0.416667,-0.830508,-0.916667])|
|1.0  |(4,[0,1,2,3],[-0.722222,0.166667,-0.79661,-0.916667])|
|1.0  |(4,[0,1,2,3],[-0.722222,-0.166667,-0.864407,-1.0]) |
|1.0  |(4,[0,1,2,3],[-1.0,-0.166667,-0.966102,-1.0])      |
|1.0  |(4,[0,1,2,3],[-0.166667,0.666667,-0.932203,-0.916667])|
|1.0  |(4,[0,1,2,3],[-0.222222,1.0,-0.830508,-0.75])      |
|1.0  |(4,[0,1,2,3],[-0.388889,0.583333,-0.898305,-0.75]) |
|1.0  |(4,[0,1,2,3],[-0.555556,0.25,-0.864407,-0.833333]) |
|1.0  |(4,[0,1,2,3],[-0.222222,0.5,-0.762712,-0.833333])  |
|1.0  |(4,[0,1,2,3],[-0.555556,0.5,-0.830508,-0.833333])  |
+-----+---------------------------------------------------+
only showing top 20 rows
```

图 5-11

9. 依据每个部分为 80% 和 20% 的比例，使用 Dataset 的 randomSplit()方法将整个数据划分为 2 个部分：

```
val splitData = data.randomSplit(Array( 0.8 , 0.2 ), seed = System.currentTimeMillis())
```

10. randomSplit()方法返回包含 2 个数据集的数组，训练集合对应 80%的比例，而测试集合对应 20%的比例：

```
val train = splitData(0)
 val test = splitData(1)
```

11. 下一步，依据输入层 4 个节点、隐藏层 5 个节点、输出层 4 个节点的设置，创建多层感知机分类器：

```
val layers = Array[Int](4, 5, 4)
val mlp = new MultilayerPerceptronClassifier()
.setLayers(layers)
.setBlockSize(110)
.setSeed(System.currentTimeMillis())
.setMaxIter(145)
```

- **Blocksize**：矩阵中堆叠数据的块大小，用来加速计算。这个参数比较有效，推荐设置为 10～1000。为了提高计算效率，设置这个参数时候需要考虑对全部数据进行数据分区的情形。
- **MaxIter**：运行模型所需要的最大迭代次数。
- **Seed**：当没有设置权重时，用 seed 种子初始化权重。

下面的 2 行代码来自 GitHub 上的 Spark 源码，涉及默认参数值：

```
setDefault(maxIter->100, tol -> 1e-6, blockSize ->128, solver ->
MultilayerPerceptronClassifier.LBFGS, stepSize ->0.03)
```

12．想要更好地理解参数和随机种子，可以查阅 Spark 的 MLP 源码：

```
val mlpModel = mlp.fit(train)
```

13．下一步，使用训练得到的模型对测试数据集执行 transform 操作得到预测值，并输出到控制台上：

```
val result = mlpModel.transform(test)
result.show(false)
```

控制台的输出如图 5-12 所示。

```
+-----+-------------------------------------------------------+----------+
|label|features                                               |prediction|
+-----+-------------------------------------------------------+----------+
|1.0  |(4,[0,1,2,3],[-1.0,-0.166667,-0.966102,-1.0])          |1.0       |
|1.0  |(4,[0,1,2,3],[-0.666667,-0.0833334,-0.830508,-1.0])    |1.0       |
|1.0  |(4,[0,1,2,3],[-0.611111,0.0833333,-0.864407,-0.916667])|1.0       |
|1.0  |(4,[0,1,2,3],[-0.555556,0.5,-0.694915,-0.75])          |1.0       |
|1.0  |(4,[0,1,2,3],[-0.5,0.75,-0.830508,-1.0])               |1.0       |
|1.0  |(4,[0,1,2,3],[-0.388889,0.583333,-0.898305,-0.75])     |1.0       |
|1.0  |(4,[0,1,2,3],[-0.166667,0.666667,-0.932203,-0.916667]) |1.0       |
|1.0  |(4,[0,2,3],[-0.777778,-0.79661,-0.916667])             |1.0       |
|2.0  |(4,[0,1,2,3],[-0.666667,-0.666667,-0.220339,-0.25])    |2.0       |
|2.0  |(4,[0,1,2,3],[-0.555556,-0.583333,-0.322034,-0.166667])|2.0       |
|2.0  |(4,[0,1,2,3],[-0.5,-0.416667,-0.0169491,0.0833333])    |2.0       |
|2.0  |(4,[0,1,2,3],[-0.333333,-0.5,0.152542,-0.0833333])     |2.0       |
|2.0  |(4,[0,1,2,3],[-0.277778,-0.25,-0.118644,-4.03573E-8])  |2.0       |
|2.0  |(4,[0,1,2,3],[-0.222222,-0.5,-0.152542,-0.25])         |2.0       |
|2.0  |(4,[0,1,2,3],[-0.222222,-0.333333,0.186441,-4.03573E-8])|2.0      |
|2.0  |(4,[0,1,2,3],[-0.222222,-0.166667,0.0847457,-0.0833333])|2.0      |
|2.0  |(4,[0,1,2,3],[-0.166667,-0.416667,-0.0169491,-0.0833333])|2.0     |
|2.0  |(4,[0,1,2,3],[-0.0555556,-0.833333,0.0169491,-0.25])   |2.0       |
|2.0  |(4,[0,1,2,3],[-0.0555556,-0.25,0.186441,0.166667])     |2.0       |
|2.0  |(4,[0,1,2,3],[0.0555554,-0.25,0.118644,-4.03573E-8])   |2.0       |
+-----+-------------------------------------------------------+----------+
only showing top 20 rows
```

图 5-12

14．最后，从预测结果中抽取预测值和标签，并作为参数传递到多类别分类器的评估器中，得到准确率：

```
val predictions = result.select("prediction", "label")
val eval = new
MulticlassClassificationEvaluator().setMetricName("accuracy")
println("Accuracy: " + eval.evaluate(predictions))
Accuracy: 0.967741935483871
```

15. 停止 SparkSession，关闭程序：

```
spark.stop()
```

5.8.2　工作原理

这个攻略讲解了多层感知机分类器的用法。首先加载 libsvm 格式的 Iris 数据集，然后依据训练集 80%、测试集 20%划分数据集。在模型定义阶段，定义一个输入层 4 个节点、隐藏层 5 个节点、输出层 4 个节点的多层感知机分类器。调用 fit()函数拟合一个模型，然后使用拟合的模型预测测试集得到预测值。

最后，获取模型的预测值和标签，作为参数传递给多类分类器的评估器，计算准确率。

在无法进行太多实验的时候，可以使用可视化的方式检查预测值和真实值之间的差异。可视化方式令人印象深刻，还有助于理解为什么神经网络（现在的神经网络与 20 世纪 90 年代早期已经很不一样）如此受欢迎。以下是非线性曲面的一些示例。

图 5-13 是非线性示例数据的二维展示。

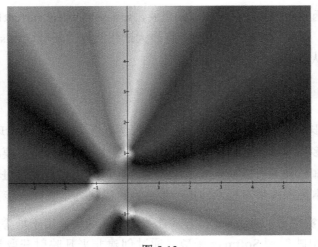

图 5-13

图 5-14 是非线性示例的三维展示：

图 5-14

一般来说，神经网络首先会由下面的代码示例创建：

```
val layers = Array[Int](4, 5, 4)
val mlp = new MultilayerPerceptronClassifier()
.setLayers(layers)
.setBlockSize(110)
.setSeed(System.currentTimeMillis())
.setMaxIter(145)
```

以上代码定义了网络的物理配置。在这个情形下，我们对应一个 4×5×4 的多层感知机分类器，也就是包含 4 个节点的输入层、5 个节点的隐藏层和 4 个节点的输出层。由于讲解需要，使用 setBlockSize(110)方法将 BlockSzie 参数设置为 110，但实际的默认值为 128。

一个好的随机函数对于初始化权重非常重要，setSeed(System.currentTimeMillis())中使用的是当前系统时间。setMaxIter(145)用于设置最大迭代次数，还可以用 setSolver()方法设置优化技术，其中默认 solver 为 l-bfgs。

5.8.3 更多

开发者在进一步学习深度学习中的受限制玻尔兹曼机（RBM）和循环神经网络（RRN）等常见模型之前，多层感知机（MLP）或前馈神经网络（FFN）是需要掌握的第一种神经网络。尽管多层感知机技术可以被认为是深度网络，但是读者需要做进一步调查、理解为什么多层感知机是掌握深度学习技术的第一步（也可以认为是唯一一步）。

在 Spark 2.0 的实现中，Sigmoid 函数（非线性激活函数）用于堆叠式的网络配置（超过 3 层）中，将输出映射到 Softmax 函数，通过创建非平凡映射获取极端、非线性的数据模式。

图 5-15 描绘了 Sigmoid 函数在 Mac 上使用图形计算器绘制的图形。

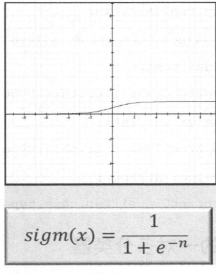

图 5-15

5.8.4 参考资料

下面是一些有价值的参考资料列表：

- Spark 2.0 的多层感知机文档；
- 维基百科上的多层感知机词条；
- Spark 多层感知机的源码。

理解深层信念网络（绝对值最小）和对比多层感知机的一些经典论文和技术：

- 深度信念网络；
- 堆叠式自编码器；
- 数据稀疏表示。

MultilayerPerceptronClassifier 中一些重要的函数 API 如下（BlockSize 默认值为 128，建议读者在感觉自己已经完全掌握多层感知机之后，再尝试调整这个参数）。

- def **setLayers**(value: Array[Int]):

MultilayerPerceptronClassifier.this.type

- def **setFeaturesCol**(value: String):
MultilayerPerceptronClassifier

- def **setLabelCol**(value: String): MultilayerPerceptronClassifier

- def **setSeed**(value: Long):
MultilayerPerceptronClassifier.this.type

- def **setBlockSize**(value: Int):
MultilayerPerceptronClassifier.this.type

- def **setSolver**(value: String):
MultilayerPerceptronClassifier.this.type

5.9　Spark 2.0 中的一对多分类器

在这个攻略中，我们演示 Spark 2.0 的一对多分类器的用法。使用 OneVsRest()分类器包装一个二分类的逻辑回归模型以解决多分类或多标签的分类问题。这个攻略分为两步：（1）配置一个 LogisticRegression()对象；（2）将其应用到 OneVsRest()中，实现使用逻辑回归模型解决多分类问题

5.9.1　操作步骤

1. 获取 LIBSVM 数据集：访问链接中的分类（多分类）目录，下载 iris.scale 数据文件。

2. 使用 IntelliJ 或其他所喜欢的 IDE 创建一个新项目，确保已经导入必要的 Jar 包。

3. 创建程序所在的 package 目录：

```
package spark.ml.cookbook.chapter5
```

4. 导入 SparkSession 所需的包以访问集群，导入 Log4j.Logger 以减少 Spark 输出量：

```
import org.apache.spark.sql.SparkSession
import org.apache.spark.ml.classification
.{LogisticRegression, OneVsRest}
import org.apache.spark.ml.evaluation
```

```
.MulticlassClassificationEvaluator
import org.apache.log4j.{ Level, Logger}
```

5. 将日志输出级别设置为 ERROR，以减少 Spark 的日志输出：

```
Logger.getLogger("org").setLevel(Level.ERROR)
 Logger.getLogger("akka").setLevel(Level.ERROR)
```

6. 使用 builder 模式指定配置项实例化一个 SparkSession 作为访问 Spark 集群的入口点：

```
val spark = SparkSession
 .builder
 .master("local[*]")
 .appName("One-vs-Rest")
 .getOrCreate()
```

7. 将 libsvm 格式数据文件加载到内存中：

```
val data = spark.read.format("libsvm")
.load("../data/sparkml2/chapter5/iris.scale.txt")
```

8. 输出显示加载数据的内容，如图 5-16 所示。

```
data.show(false)
```

```
+-----+-------------------------------------------------+
|label|features                                         |
+-----+-------------------------------------------------+
|1.0  |(4,[0,1,2,3],[-0.555556,0.25,-0.864407,-0.916667])|
|1.0  |(4,[0,1,2,3],[-0.666667,-0.166667,-0.864407,-0.916667])|
|1.0  |(4,[0,2,3],[-0.777778,-0.898305,-0.916667])      |
|1.0  |(4,[0,1,2,3],[-0.833333,-0.0833334,-0.830508,-0.916667])|
|1.0  |(4,[0,1,2,3],[-0.611111,0.333333,-0.864407,-0.916667])|
|1.0  |(4,[0,1,2,3],[-0.388889,0.583333,-0.762712,-0.75])|
|1.0  |(4,[0,1,2,3],[-0.833333,0.166667,-0.864407,-0.833333])|
|1.0  |(4,[0,1,2,3],[-0.611111,0.166667,-0.830508,-0.916667])|
|1.0  |(4,[0,1,2,3],[-0.944444,-0.25,-0.864407,-0.916667])|
|1.0  |(4,[0,1,2,3],[-0.666667,-0.0833334,-0.830508,-1.0])|
|1.0  |(4,[0,1,2,3],[-0.388889,0.416667,-0.830508,-0.916667])|
|1.0  |(4,[0,1,2,3],[-0.722222,-0.166667,-0.79661,-0.916667])|
|1.0  |(4,[0,1,2,3],[-0.722222,-0.166667,-0.864407,-1.0])|
|1.0  |(4,[0,1,2,3],[-1.0,-0.166667,-0.966102,-1.0])    |
|1.0  |(4,[0,1,2,3],[-0.166667,0.666667,-0.932203,-0.916667])|
|1.0  |(4,[0,1,2,3],[-0.222222,1.0,-0.830508,-0.75])    |
|1.0  |(4,[0,1,2,3],[-0.388889,0.583333,-0.898305,-0.75])|
|1.0  |(4,[0,1,2,3],[-0.555556,0.25,-0.864407,-0.833333])|
|1.0  |(4,[0,1,2,3],[-0.222222,0.5,-0.762712,-0.833333])|
|1.0  |(4,[0,1,2,3],[-0.555556,0.5,-0.830508,-0.833333])|
+-----+-------------------------------------------------+
only showing top 20 rows
```

图 5-16

9. 进一步按照 80%训练集、20%测试集合的比例，使用 Dataset 的 randomSplit 方法划分数据集：

```
val Array (train, test) = data.randomSplit(Array( 0.8 , 0.2 ), seed
= System.currentTimeMillis())
```

10. 配置逻辑回归参数算法并创建模型，将该模型在一对多算法中作为分类器使用：

```
val lrc = new LogisticRegression()
.setMaxIter(15)
.setTol(1E-3)
.setFitIntercept(true)
```

11. 创建一个 OneVsRest 对象，将新创建的逻辑回归模型作为参数传递：

```
val ovr = new OneVsRest().setClassifier(lrc)
```

12. 在创建的 OneVsRest 对象上，调用 fit()方法拟合模型：

```
val ovrModel = ovr.fit(train)
```

13. 使用拟合的模型对测试集进行预测，并输出结果如图 5-17 所示。

```
+-----+--------------------------------------------------+----------+
|label|features                                          |prediction|
+-----+--------------------------------------------------+----------+
|1.0  |(4,[0,1,2,3],[-0.833333,-0.0833334,-0.830508,-0.916667])|1.0 |
|1.0  |(4,[0,1,2,3],[-0.833333,0.166667,-0.864407,-0.833333])  |1.0 |
|1.0  |(4,[0,1,2,3],[-0.722222,-0.166667,-0.864407,-0.833333]) |1.0 |
|1.0  |(4,[0,1,2,3],[-0.722222,-0.0833334,-0.79661,-0.916667]) |1.0 |
|1.0  |(4,[0,1,2,3],[-0.555556,0.5,-0.830508,-0.833333])       |1.0 |
|1.0  |(4,[0,1,2,3],[-0.555556,0.5,-0.694915,-0.75])           |1.0 |
|1.0  |(4,[0,1,2,3],[-0.444444,0.416667,-0.830508,-0.916667])  |1.0 |
|1.0  |(4,[0,1,2,3],[-0.333333,0.833333,-0.864407,-0.916667])  |1.0 |
|1.0  |(4,[0,2,3],[-0.944444,-0.898305,-0.916667])             |1.0 |
|1.0  |(4,[0,2,3],[-0.777778,-0.898305,-0.916667])             |1.0 |
|2.0  |(4,[0,1,2,3],[-0.611111,-0.75,-0.220339,-0.25])         |2.0 |
|2.0  |(4,[0,1,2,3],[-0.333333,-0.666667,-0.0508475,-0.166667])|2.0 |
|2.0  |(4,[0,1,2,3],[-0.333333,-0.583333,0.0169491,-4.03573E-8])|2.0|
|2.0  |(4,[0,1,2,3],[-0.166667,-0.5,0.0169491,-0.0833333])     |2.0 |
|2.0  |(4,[0,1,2,3],[-0.0555556,-0.416667,0.38983,0.25])       |3.0 |
|2.0  |(4,[0,1,2,3],[0.277778,-0.25,0.220339,-4.03573E-8])     |2.0 |
|2.0  |(4,[0,2,3],[0.5,0.254237,0.0833333])                    |2.0 |
|3.0  |(4,[0,1,2,3],[-0.166667,-0.416667,0.38983,0.5])         |3.0 |
|3.0  |(4,[0,1,2,3],[0.166667,-0.333333,0.559322,0.75])        |3.0 |
|3.0  |(4,[0,1,2,3],[0.222222,-0.166667,0.423729,0.583333])    |3.0 |
+-----+--------------------------------------------------+----------+
only showing top 20 rows
```

图 5-17

14. 将预测结果传入 MulticlassClassificationEvaluator()中，得到准确率：

```
val eval = new MulticlassClassificationEvaluator()
.setMetricName("accuracy")
val accuracy = eval.evaluate(predictions)
println("Accuracy: " + eval.evaluate(predictions))
Accuracy: 0.9583333333333334
```

15. 停止 SparkSession 并关闭程序：

```
spark.stop()
```

5.9.2 工作原理

在这个示例中，我们演示了 OneVsRest 分类器的用法：首先加载 libsvm 格式的 Iris 数据集，然后依据 80%和 20%的比例将原始数据集划分为训练集和测试集。使用系统时间进行随机划分的方法如下所示：

```
data.randomSplit(Array( 0.8 , 0.2 ), seed = System.currentTimeMillis())
```

整个算法可以表述为以下 3 个步骤。

第一，创建一个回归对象（接下来不需要创建一个基本的逻辑回归模型），用于 OneVsRest 分类器中：

```
LogisticRegression()
.setMaxIter(15)
.setTol(1E-3)
.setFitIntercept(true)
```

第二，将得到的回归模型作为参数输入分类器中，调用 fit()函数完成相应的 Spark 任务：

```
val ovr = new OneVsRest().setClassifier(lrc)
```

第三，得到训练模型，使用该模型预测测试集。最后将预测结果输入到多分类的评估器中，得到准确率。

5.9.3 更多

这个算法的经典应用场景有：（1）对用户兴趣的不同新闻进行标记和组合，并分类到不同类别中（例如，友好和敌对、温暖和兴高采烈等）。（2）在医疗计费中将患者诊断分类为不同医疗代码，实现自动计费和收益周期最大化。

一对多：如图 5-18 所示，通过二分类逻辑回归模型解决 N 个标签的分类问题。

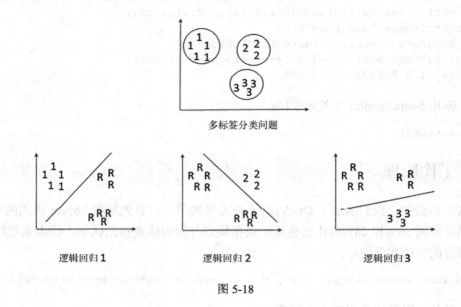

图 5-18

5.9.4 参考资料

可视化 OneVsRest() 的一种方式：给定二分类器，可以对 N 个类别构建 N 个逻辑回归模型，其中的一个模型可以用来将数据表达为一部分以及其他部分。

在 Python scikit-learn 库中，有许多类似这种分类器的例子，具体可以参考 scikit-learn 官网上的 OneVsClassifier 内容。

此外，OneVsRest()API 的源码（代码量不多，不足 400 行）非常值得阅读。

5.10 Spark 2.0 中的生存回归——参数化的加速失效时间模型

在这个攻略中，我们研究 Spark 2.0 的生存回归实现，生存回归不是常见的比例风险模型，而是加速失效时间（AFT）模型。在使用这个攻略时需要特别注意，否则得到的结果就没有意义。

生存回归分析将自身与事件性质的时间模型进行结合，这在医疗、保险和任何生存领域比较常见。本书的一位合作者恰好是一位经验丰富的医生（也是一位计算机科学家），因此我们使用真实的数据集 HMO-HIM +（该领域倍受推崇的书籍）进行研究，以便可以获得合理输出。

目前我们正在利用这种技术进行大规模的干旱模拟，预测当长时间运行机器学习框架和进行预测时，对农产品价格有何种影响。

5.10.1　操作步骤

1．访问 UCLA 网站，下载 hmohiv.csv 数据文件。

这个攻略使用的数据集是 David W Hosmer 和 Stanley Lemeshow 在 *Applied Survival Analysis:Regression Modeling of Time to Event Data* 一书中使用的实际数据。

这份数据来自 HMO-HIM＋，包含图 5-19 所示的几个字段。

```
LIST OF VARIABLES:

Variable        Description         Codes / Units
_____

ID              Subject ID Code     1-100
ENTDATE         Entry date          ddmmyr
ENDDATE         End date            ddmmyr
TIME            Survival Time       survival time (in months)
AGE             Age                 years
DRUG            History of          0 = No
                IV Drug Use         1 = Yes
CENSOR          Follow-Up Status    1 = Death due to AIDS
                                        or AIDS related factors

                                    0 = Alive at study end
                                        or lost to follow-up
```

图 5-19

2．使用 IntelliJ 或其他所喜欢的 IDE 创建一个新项目，确保已经导入必要的 Jar 包。

3．创建程序所在的 package 目录：

```
package spark.ml.cookbook.chapter5
```

4．导入 SparkSession 所需的包以访问集群，导入 Log4j.Logger 以减少 Spark 输出量：

```
import org.apache.log4j.{Level, Logger}
import org.apache.spark.ml.linalg.Vectors
import org.apache.spark.ml.regression.AFTSurvivalRegression
import org.apache.spark.sql.SparkSession
```

5. 将日志输出级别设置为 ERROR，以减少 Spark 的日志输出：

```
Logger.getLogger("org").setLevel(Level.ERROR)
Logger.getLogger("akka").setLevel(Level.ERROR)
```

6. 使用 builder 模式指定配置项实例化一个 SparkSession 作为访问 Spark 集群的入口点：

```
val spark = SparkSession
 .builder
 .master("local[4]")
 .appName("myAFTSurvivalRegression")
 .config("spark.sql.warehouse.dir", ".")
 .getOrCreate()
```

7. 读取 csv 文件时，需要跳过第一个记录（表头）。

注意：Spark 存在多种读取 csv 文件并保存为 DataFrame 的方式。

```
val file =
spark.sparkContext.textFile("../data/sparkml2/chapter5/hmohiv.csv")
 val headerAndData = file.map(line => line.split(",").map(_.trim))
 val header = headerAndData.first
 val rawData = headerAndData.filter(_(0) != header(0))
```

8. 将字符串字段转为 double 类型，这里我们只关心 ID、time、age 和 ensor 字段，最后的 DataFrame 由这 4 个字段构成：

```
val df = spark.createDataFrame(rawData
 .map { line =>
 val id = line(0).toDouble
 val time =line(1).toDouble
 val age = line(2).toDouble
 val censor = line(4).toDouble
 (id, censor,Vectors.dense(time,age))
}).toDF("label", "censor", "features")
```

Features 是由 time 和 age 两个字段所成的向量。

9. 在控制台输出 DataFrame：

```
df.show()
```

控制台输出结果如图 5-20 所示。

10. 创建 AFTSurvivalRegression 对象，设置相关参数。

```
+-----+------+----------+
|label|censor|  features|
+-----+------+----------+
|  1.0|   1.0| [5.0,46.0]|
|  2.0|   0.0| [6.0,35.0]|
|  3.0|   1.0| [8.0,30.0]|
|  4.0|   1.0| [3.0,30.0]|
|  5.0|   1.0|[22.0,36.0]|
|  6.0|   0.0| [1.0,32.0]|
|  7.0|   1.0| [7.0,36.0]|
|  8.0|   1.0| [9.0,31.0]|
|  9.0|   1.0| [3.0,48.0]|
| 10.0|   1.0|[12.0,47.0]|
| 11.0|   0.0| [2.0,28.0]|
| 12.0|   1.0|[12.0,34.0]|
| 13.0|   1.0| [1.0,44.0]|
| 14.0|   1.0|[15.0,32.0]|
| 15.0|   1.0|[34.0,36.0]|
| 16.0|   1.0| [1.0,36.0]|
| 17.0|   1.0| [4.0,54.0]|
| 18.0|   0.0|[19.0,35.0]|
| 19.0|   0.0| [3.0,44.0]|
| 20.0|   1.0| [2.0,38.0]|
+-----+------+----------+
```

图 5-20

在这个攻略中，分位数概率设置为 0.3 和 0.6，这些值描述了分位数的边界。分位数是概率值的数值向量，取值范围为[0.0, 1.0]。例如，0.25、0.5、0.75 等分位数概率向量比较常用。

分位数列名被命名为"quantiles"。

在下面的代码中，创建 AFTSurvivalRegression()对象、设置列名和分位数概率向量。

下面的代码来源于 GitHub 上的 Spark 源码，涉及参数的默认值：

```
@Since("1.6.0")
def getQuantileProbabilities: Array[Double] =
$(quantileProbabilities)
setDefault(quantileProbabilities -> Array(0.01, 0.05, 0.1, 0.25,
0.5, 0.75, 0.9, 0.95, 0.99))
```

为了更好地理解参数化和随机种子，建议阅读 GitHub 上的生存分析部分的 Spark 源码：

```
val aft = new AFTSurvivalRegression()
 .setQuantileProbabilities(Array(0.3, 0.6))
 .setQuantilesCol("quantiles")
```

11. 运行模型：

```
val aftmodel = aft.fit(df)
```

12. 控制台输出模型数据：

```
println(s"Coefficients: ${aftmodel.coefficients} ")
 println(s"Intercept: ${aftmodel.intercept}" )
 println(s"Scale: ${aftmodel.scale}")
```

控制台的输出如下：

Coefficients: [6.601321816135838E-4,-0.02053601452465816]
Intercept: 4.887746420937845
Scale: 0.572288831706005

13. 使用拟合模型对数据集调用 transform 操作，在控制台显示结果：

```
aftmodel.transform(df).show(false)
```

控制台上的输出如图 5-21 所示。

```
+-----+------+-----------+------------------+------------------------------------------+
|label|censor|features   |prediction        |quantiles                                 |
+-----+------+-----------+------------------+------------------------------------------+
|1.0  |1.0   |[5.0,46.0] |51.74823957599236 |[28.685748759847954,49.222952282613235]   |
|2.0  |0.0   |[6.0,35.0] |64.90643073742339 |[35.979766273942765,61.739030529362026]   |
|3.0  |1.0   |[8.0,30.0] |72.02022934303396 |[39.92317847889386,68.50567944691363]     |
|4.0  |1.0   |[3.0,30.0] |71.78290686342322 |[39.79162283408433,68.27993818140997]     |
|5.0  |1.0   |[22.0,36.0]|64.2622782089048  |[35.62269137154014,61.12631231065947]     |
|6.0  |0.0   |[1.0,32.0] |68.80346371249446 |[38.14001964193549,65.44589031333595]     |
|7.0  |1.0   |[7.0,36.0] |63.6290943019092  |[35.27169673628918,60.5240274504297]      |
|8.0  |1.0   |[9.0,31.0] |70.60289577548494 |[39.137503933039895,67.15751102349198]    |
|9.0  |1.0   |[3.0,48.0] |49.600361415100075|[27.49510935269207,47.1798894636895]      |
|10.0 |1.0   |[12.0,47.0]|50.93118075248749 |[28.23282621938822,48.44576550657986]     |
|11.0 |0.0   |[2.0,28.0] |74.74320301794553 |[41.432612217281985,71.09577341658692]    |
|12.0 |1.0   |[12.0,34.0]|66.51606605395693 |[36.872039995008286,63.27011647600164]    |
|13.0 |1.0   |[1.0,44.0] |53.77571192552251 |[29.80964327128835,51.15148503141692]     |
|14.0 |1.0   |[15.0,32.0]|69.44228242760066 |[38.494137836385654,66.05353500595851]    |
|15.0 |1.0   |[34.0,36.0]|64.77335899648169 |[35.906000237547531,61.61245262046681]    |
|16.0 |1.0   |[1.0,36.0] |63.37757106945811 |[35.13226914778617,60.28477842147041]     |
|17.0 |1.0   |[4.0,54.0] |43.87927729909251 |[24.323724530127254,41.737991289868255]   |
|18.0 |0.0   |[19.0,35.0]|65.46583634335191 |[36.289863173818,62.271137431410544]      |
|19.0 |1.0   |[3.0,44.0] |53.84675697038553 |[29.849025872982075,51.21906311488144]    |
|20.0 |1.0   |[2.0,38.0] |60.86742469702023 |[33.74081257302759,57.89712589212319]     |
+-----+------+-----------+------------------+------------------------------------------+
only showing top 20 rows
```

图 5-21

14. 停止 SparkSession，关闭程序：

```
spark.stop()
```

5.10.2 工作原理

这个攻略用于研究生存生效时间模型（AFT）的特性。首先使用 sparkContext.textFile() 读取数据到 Spark，需要注意存在多种方式读取 csv 格式文件，这里只是展示其中一种方法的详细用法。

下一步，过滤去除表头记录，将所需的字段类型从 string 转为 double，再转换为包含新字段 features 的新的 DataFrame。

创建 AFTSurvivalRegression 对象，设置分位数参数，调用 fit() 函数拟合模型。

最后打印输出模式的概要统计信息，使用拟合得到的模型调用 transform 函数预测数据集，输出显示包含预测值和分位数字段的结果 DataFrame。

5.10.3 更多

生存回归（AFTSurvivalRegression）的 Spark 实现。

- 模型：加速失效时间模型（AFT）。
- 参数：使用 Weibull 分布。
- 优化：Spark 选择 AFT 作为优化方法，AFT 更容易并行化，此外 L-BFGS 优化方法可以将问题转为凸优化问题。
- R/SparkR 用户：给定常量非零列的数据集，使用 AFTSurvivalRegressionModel 拟合一个没有截距的模型时，Spark MLlib 会为常量非零列输出零系数。这种行为与 R 的 survival::survreg 不同（摘自 Spark 2.0.2 文档）

应该将结果考虑为发生感兴趣事件之前的一种时间，例如疾病的发生、获胜、失败、抵押贷款违约的时间、婚姻、离婚、毕业后的工作等。生存回归模型的特殊之处在于：时间事件是一个持续过程，并不一定对应一个解释变量（也就是说，它只是一个以天、月或年为单位的持续时间）。

这个攻略概述了两种生存回归方法，但在撰写本书时，Spark 2.0 仅支持 AFT 模型，而不支持最常使用的比例风险模型。

（1）比例风险模型（PH）

- 随时间推移的假设比例
- 考虑时间时，协方差乘以常数
- 示例：Cox 比例风险模型
- hx(y) = h0(y)*g(X)

（2）加速时间失效模型——Spark 2.0 实现的版本

- 成立或违法的假设比例

- 常数值乘以协方差得到回归
- 系数值可能是
  - 加速
  - 减速
- 允许展开回归的阶段
  - 疾病的阶段
  - 生存阶段
- Yx * g(X) = Y0
  - Sx(y)= S0(yg(X))
  - Y：生存时间
  - X：协变量矢量
  - hx(y)：危险函数
  - Sx(y)：给定 X 时的生存函数 Y
  - Yx：给定 X 时的 Y 值

（3）参数化建模——时间变量的基础分布

- 指数
- Weibull——Spark 2.0 实现
- Log Logistic
- Normal
- Gamma

（4）我们所使用过、在 R 中很受欢迎的两个包

- Library(survival)：标准生存分析
- Library(eha)：用于 AFT 建模

5.10.4　参考资料

如果想深入了解生存分析模型，建议查阅 Spark 官网上的生成回归实现文档和实现源码。

第 6 章
用 Spark 2.0 实践机器学习中的回归和分类——第二部分

在这一章，将讨论以下内容：
- Spark 2.0 使用 SGD 优化的线性回归；
- Spark 2.0 使用 SGD 优化的逻辑回归；
- Spark 2.0 使用 SGD 优化的岭回归；
- Spark 2.0 使用 SGD 优化的 Lasso 回归；
- Spark 2.0 使用 L-BFGS 优化的逻辑回归；
- Spark 2.0 的支持向量机（SVM）；
- Spark 2.0 使用 MLlib 库的朴素贝叶斯分类器；
- Spark 2.0 使用逻辑回归研究 ML 管道和 DataFrame。

6.1 引言

这一章将重点介绍 Spark 2.0 中回归和分类内容的第二部分——基于 RDD 的回归，这些算法在许多现有的 Spark 机器学习实现中都有应用。现在既然存在这个代码库，那么不论中级还是高级从业者都应该能够使用这些技术。

在本章中，我们将通过 Apache Spark API 使用带有随机梯度下降（SGD）和 L-BFGS 优化的各种回归算法（线性回归、逻辑回归、岭回归和 Lasso 回归）和功能强大的线性分类算法（例如支持向量机 SVM 和朴素贝叶斯）学习实现一个简单的应用。我们对每个攻略补充样本拟合的度量指标（例如 MSE、RMSE、ROC、二分类和多分类指标）来讲解 Spark MLlib 的功能和完整内容。首先介绍基于 RDD 的线性回归、逻辑回归、岭回归和 Lasso 回归，然后使用 SVM 和朴素贝叶斯来介绍更复杂的分类器。

图 6-1 描述了本章所覆盖的回归和分类算法。

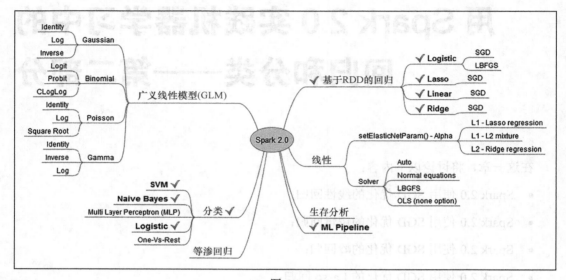

图 6-1

提示

在实际应用中，使用带有 SGD 的回归算法存在一些问题，但是这些问题很可能是因为大型参数系统对 SGD 的优化不合理，也可能是没有正确理解 SGD 优化技术的优缺点。

在本章和后续章节，我们倾向于更全面、更完整地讲解回归和分类系统，这些系统可以用于构建机器学习应用。尽管每个攻略都是一个单独的应用程序，但是可以使用 Spark 机器学习管道将多个应用集成为一个更复杂的系统，形成一个端到端的系统（例如首先使用朴素贝叶斯对恶性肿瘤分类，然后使用 Lasso 回归对每一个部分进行参数选择）。本章的最后一个攻略会介绍一个更好的例子。这一章会使用两个分类和回归攻略来介绍如何正确地使用 Spark 2.0 分类算法，此外在后面章节还会有更复杂的讲解示例。

在数据科学领域更倾向于使用本章的最后一个方法，但是在进一步学习更复杂的方法之前,仍建议首先掌握 GLM、LRM、岭回归、Lasso 和 SVM 等基础方法,这有助于在实际工作中对模型选型。

6.2 Spark 2.0 使用 SGD 优化的线性回归

在这个攻略中,我们使用基于 RDD 的 Spark 回归 API 讲解如何使用迭代优化技术最小化损失函数,以及如何求解一个给定的线性回归。

当使用 Spark 解决回归问题时,我们会介绍如何使用一个称为"梯度下降"的迭代优化方法使问题收敛到一个具体解。Spark 提供了一个更加实用的 SGD 实现版本,用于计算参数的截距(在这个攻略中为 0)和权重。

6.2.1 操作步骤

1.访问 UCI 机器学习库页面,下载其中的房屋数据集。

数据集一共 14 列,其中前 13 列为独立变量(特征),用于解释美国波士顿自住房屋的平均价格(最后一列)。

选择前 8 列作为特征,并进行清洗,如表 6-1 所示。使用前 200 条记录来训练和预测房屋的平均价格。

表 6-1

1	CRIM	城镇人均犯罪率
2	ZN	住宅用地面积超过 25000 平方英尺(约 2300 平方米)的比例
3	INDUS	每个城镇的非零售业务面积比例
4	CHAS	根据查尔斯河衍生的哑变量(如果是管道边界河流,取值为 1,否则为 0)
5	NOX	一氧化氮浓度(每千万份抽样检测结果)
6	RM	每栋住宅的平均房间数
7	年龄	1940 年以前建造的自住房屋比例

2.使用 IntelliJ 或其他所喜欢的 IDE 创建一个新项目,确保已经导入必要的 Jar 包。

3.创建程序所在的 package 目录:

package spark.ml.cookbook.chapter6

4.导入 SparkSession 所需的包以访问集群,导入 Log4j.Logger 以减少 Spark 输出量:

```
import org.apache.spark.mllib.regression.{LabeledPoint,
LinearRegressionWithSGD}
import org.apache.spark.sql.SparkSession
import org.apache.spark.mllib.linalg.{Vector, Vectors}
import org.apache.log4j.Logger
import org.apache.log4j.Level
```

5. 通过 builder 模式进行配置,实例化一个 SparkSession 作为访问 Spark 集群的入口点:

```
val spark = SparkSession
.builder
.master("local[4]")
.appName("myRegress02")
.config("spark.sql.warehouse.dir", ".")
.getOrCreate()
```

6. 将日志输出级别设置为 ERROR,以减少 Spark 的日志输出:

```
Logger.getLogger("org").setLevel(Level.ERROR)
Logger.getLogger("akka").setLevel(Level.ERROR)
```

7. 读取数据,并行化数据集(仅使用前 200 行记录):

```
val data = sc.textFile("../data/sparkml2/chapter6/housing8.csv")
```

8. 首先对并行化后的 RDD 使用 map()函数,并执行 split 操作得到变量 columns,然后遍历变量 columns 将其存储为 Spark 的指定格式(LabeledPoint)。LabeledPoint 是一种数据结构,第一部分是因变量(标签),第二部分是一个 DenseVector(Vectors.Dense)。在这个攻略中由于 LinearRegressionWithSGD()算法的需要,数据必须转为这种格式。

```
val RegressionDataSet = data.map { line =>
  val columns = line.split(',')

  LabeledPoint(columns(13).toDouble ,
Vectors.dense(columns(0).toDouble,columns(1).toDouble,
columns(2).toDouble, columns(3).toDouble,columns(4).toDouble,
    columns(5).toDouble,columns(6).toDouble, columns(7).toDouble
))
}
```

9. 输出变量 RegressionDataSet 的内容,观察取值,同时熟悉 LabeledPoint 数据结构:

```
RegressionDataSet.collect().foreach(println(_))
```

```
(24.0,[0.00632,18.0,2.31,0.0,0.538,6.575,65.2,4.09])
(21.6,[0.02731,0.0,7.07,0.0,0.469,6.421,78.9,4.9671])
(34.7,[0.02729,0.0,7.07,0.0,0.469,7.185,61.1,4.9671])
(33.4,[0.03237,0.0,2.18,0.0,0.458,6.998,45.8,6.0622])
(36.2,[0.06905,0.0,2.18,0.0,0.458,7.147,54.2,6.0622])
```

10. 设置迭代次数和 SGD 步长等模型参数。本攻略采用的是梯度下降方法，但是如果想要得到更好的拟合结果和避免资源浪费，需要多次试验参数值才能找到最佳参数值。通常来说，迭代次数的取值范围从 100 到 20000（真正取值为 20000 情况比较少见）不等，SGD 步长的取值范围从 0.01 到 0.0001 不等：

```
val numIterations = 1000
 val stepsSGD     = .001
```

11. 调用相应的函数创建模型：

```
    val myModel = LinearRegressionWithSGD.train(RegressionDataSet,
numIterations,stepsSGD)
```

12. 在这一步，使用上一步创建的模型对数据集进行预测，将预测值和标签值保存为 **predictedLabelValue** 变量。强调一下，上一步的目的是创建模型，而这一步的目的是使用模型进行预测：

```
val predictedLabelValue = RegressionDataSet.map { lp => val
predictedValue = myModel.predict(lp.features)
    (lp.label, predictedValue)
 }
```

13. 检查模型的截距（默认不使用截距）和 8 个列字段的权重（列索引 0～7）：

```
println("Intercept set:",myModel.intercept)
 println("Model Weights:",myModel.weights)
```

输出如下：

```
Intercept set: 0.0
 Model
Weights:,[-0.03734048699612366,0.254990126659302,0.00491740241376929
9,
0.004611027094514264,0.027391067379836438,0.6401657695067162,0.1911
635554630619,0.408578077994874])
```

14. 为进一步了解预测值,使用 takeSample()函数随机选择 20 条记录,同时不做替换处理。但是这里,我们只选择 20 条记录中的 5 条记录:

```
predictedLabelValue.takeSample(false,5).foreach(println(_))
```

输出如下:

```
(21.4,21.680880143786645)
(18.4,24.04970929955823)
(15.0,27.93421483734525)
(41.3,23.898190127554827)
(23.6,21.29583657363941)
(33.3,34.58611522445151)
(23.8,19.93920838257026)
```

15. 使用均方根误差(一对多的关系)量化模型拟合结果。可以通过其他方法显著提高拟合效果(例如增加数据、SGD 的步长、迭代次数,其中最重要的一步是使用特征工程),这些研究工作需要读者查阅其他的统计学书籍。以下是 RMSD 的公式:

$$RMSD = \sqrt{\frac{\sum_{t=1}^{n}(\hat{y}_t - y)^2}{n}}$$

```
val MSE = predictedLabelValue.map{ case(l, p) => math.pow((l - p),
2)}.reduce(_ + _) / predictedLabelValue.count
 val RMSE = math.sqrt(MSE)println("training Mean Squared Error = "
+ MSE)
 println("training Root Mean Squared Error = " + RMSE)
```

输出如下:

```
training Mean Squared Error = 91.45318188628684
training Root Mean Squared Error = 9.563115699722912
```

6.2.2 工作原理

从房屋数据文件中选择字段(自变量)预测房屋的平均价格(因变量)。使用 SGD 优化、基于 RDD 的回归方法迭代计算直至收敛到期望的答案。然后输出模型的截距和每一个参数权重。下一步对抽样数据进行预测,输出预测结果。最后,输出模型的 MSE 和 RMSE。需要注意的是,这里只是演示使用的方法,更多评估指标的用法需要参考第 4 章中的模型评估和模型选择部分的内容。

LinearRegressionWithSGD 构造方法的签名如下：

`newLinearRegressionWithSGD()`

默认参数如下：

- stepSize= 1.0
- numIterations= 100
- miniBatchFraction= 1.0

miniBatchFraction 是一个重要的参数，对模型性能的影响很大，涉及批梯度和梯度的概念。

6.2.3 更多

1．在使用 LinearRegressionWithSGD 构造器创建新模型的时候，可以使用 setIntercept(true) 函数修改默认的截距值，

示例代码如下：

`val myModel = new LinearRegressionWithSGD().setIntercept(true)`

2．当模型的权重值为 NaN 时，需要修改模型参数（SGD 步长或者迭代次数）直至模型重新收敛。在遇到模型权重无法正确计算时，（一般来说是 SGD 的收敛问题）可能是因为没有正确选择参数，这时需要做的第一步是进一步微调 SGD 的步长参数：

`(Model Weights:,[NaN,NaN,NaN,NaN,NaN,NaN,NaN,NaN])`

6.2.4 参考资料

在第 9 章中，我们会详细介绍梯度下降和 SGD 相关的知识。在这一章中，读者应该将 SGD 抽象为一种最小化损失函数的优化技术，即对一系列点拟合一条直线。有很多参数会影响到 SGD 的优化行为，我们鼓励读者尝试这些参数的极端取值，观察模型性能不好或者非收敛时的情况（也就是结果出现 NaN）。

想了解更多的信息，可以访问 Spark 官方网站上 LinearRegressionWithSGD()构造器的文档。

6.3 Spark 2.0 使用 SGD 优化的逻辑回归

在这个攻略中，我们使用 UCI 机器学习库的"录取数据"，在对录取数据清洗后得到一组特征（GRE、GPA 和 Rank），使用 Apache Spark LogisticRegressionWithSGD() API 构建和训练一个模型来预测学生的录取情况。

这个攻略同时介绍优化技术（SGD）和正则化技术（当模型过于复杂或过拟合的时候进行惩罚）的用法。需要强调的是，这两个技术完全不同，初学者在面对这 2 个技术时经常很困惑。掌握优化技术和正则化技术是学好机器学习的基础，在接下来的章节中，我们会详细介绍这两种技术。

6.3.1 操作步骤

1. 使用加州大学洛杉矶分校数字研究与教育研究所（IDRE）的录取数据集，数据文件可以从官网下载得到。

数据文件包括 4 列，第一列为因变量（标签，学生是否被录取），其他 3 列属于解释变量，也就是用来解释学生录取情况的特征字段。

选择前 3 列作为特征，并进行清洗。选择前 200 条记录用于训练和预测录取结果。

- 录取结果：0 或 1，表示学生是否被录取。
- GRE：研究生入学考试成绩。
- GPA：成绩点平均分。
- 排名：排名。

前 10 行记录的抽样数据如图 6-2 所示。

2. 使用 IntelliJ 或其他所喜欢的 IDE 创建一个新项目，确保已经导入必要的 Jar 包。

3. 创建程序所在的 package 目录：

```
package spark.ml.cookbook.chapter6
```

4. 导入 Spark 上下文访问集群所需的依赖包，导入 log4j.Logger 减少 Spark 的输出量。

```
import
```

```
org.apache.spark.mllib.classification.LogisticRegressionWithSGD
 import org.apache.spark.mllib.linalg.Vectors
 import org.apache.spark.mllib.regression.{LabeledPoint,
LassoWithSGD}
 import org.apache.spark.sql.{SQLContext, SparkSession}
 import org.apache.spark.{SparkConf, SparkContext}
 import org.apache.spark.ml.classification.{LogisticRegression,
LogisticRegressionModel}
import org.apache.log4j.Logger
import org.apache.log4j.Level
```

Admit	GRE	GPA	Rank
0	380	3.61	3
1	660	3.67	3
1	800	4	1
1	640	3.19	4
0	520	2.93	4
1	760	3	2
1	560	2.98	1
0	400	3.08	2
1	540	3.39	3

图 6-2

5. 通过 builder 模式进行配置，并实例化一个 SparkSession 作为访问 Spark 集群的入口点：

```
val spark = SparkSession
 .builder
 .master("local[4]")
 .appName("myRegress05")
 .config("spark.sql.warehouse.dir", ".")
 .getOrCreate()
```

6. 将日志输出级别设置为 ERROE 以减少 Spark 的输出信息：

```
Logger.getLogger("org").setLevel(Level.ERROR)
 Logger.getLogger("akka").setLevel(Level.ERROR)
```

7. 加载数据文件，保存为 RDD：

```
val data = sc.textFile("../data/sparkml2/chapter6/admission1.csv")
```

8. 对数据集进行划分，将数据格式转为 Double 类型，再转为 LabeledPoint 格式（一种 Spark 需要的格式）的数据集。在回归分析中，第 1 列（索引为 0）为因变量，第 2~4 列（GRE、GPA 和排名）为特征：

```
val RegressionDataSet = data.map { line =>
  val columns = line.split(',')

  LabeledPoint(columns(0).toDouble ,
Vectors.dense(columns(1).toDouble,columns(2).toDouble,
columns(3).toDouble ))

}
```

9. 数据加载之后需要检查数据内容（推荐这一步），此外讲解 LabeledPoint 的内部结构，LabeledPoint 由单个数值（例如标签或因变量）和特征的密集向量（用于解释因变量）所组成。

```
RegressionDataSet.collect().foreach(println(_))

(0.0,[380.0,3.61,3.0])
(1.0,[660.0,3.67,3.0])
(1.0,[800.0,4.0,1.0])
(1.0,[640.0,3.19,4.0])
    . . . . .
    . . . . .
    . . . . .
```

10. 设置 LogisticRegressionWithSGD() 相关的模型参数。

由于这些参数最终都会影响到拟合结果，所以想要得到一个好的拟合结果需要多次试验。在前一个攻略中，我们已经讲解了这个函数的前 2 个参数，第 3 个参数会影响到权重的选择。在实际项目中，我们需要大量试验和使用模型选择技术来决定最终的参数值。6.3.3 节会介绍两种基于极端值的特征加权选择方法。

```
// Logistic Regression with SGD r Model parameters

val numIterations = 100
val stepsSGD = .00001
val regularizationParam = .05 // 1 is the default
```

11. 使用 LabeledPoint 格式数据集和前面的参数值，调用 LogisticRegressionWithSGD()

创建和训练逻辑回归模型。

```
val myLogisticSGDModel =
LogisticRegressionWithSGD.train(RegressionDataSet,
numIterations,stepsSGD, regularizationParam)
```

12. 使用得到的模型和数据集（和所有的 Spark 回归模型类似），打印出相应的预测值：

```
val predictedLabelValue = RegressionDataSet.map { lp => val
predictedValue = myLogisticSGDModel.predict(lp.features)
   (lp.label, predictedValue)
 }
```

13. 输出模型的截距和权重。和线性回归、岭回归对比，可以发现它们在特征选择效果上存在差异。当参数取值比较极端或所用数据存在比较大的共线性时，它们之间的差异会非常大。

在这个例子中，Lasso 采用正则化参数（例如4.13），通过将权重设置为 0 的方式移除 3 个参数。

```
println("Intercept set:",myRidgeModel.intercept)
println("Model Weights:",myRidgeModel.weights)

(Intercept set:,0.0)
(Model
Weights:,[-0.0012241832336285247,-7.351033538710254E-6,-8.625514722
380274E-6])
```

提示

不论是否采用 Spark MLlib 库，根据统计信息选择模型参数选择的原则依然适用。例如，参数权重为 $-8.625514722380274E-6$ 时，由于参数值太小而无法加载到模型中。需要查看每个参数的 t 统计量和 p 值，才能确定模型的最终参数取值。

14. 随机选择 20 个预测值，可视化检查预测值（在这里只显示前 5 条记录值）：

```
(0.0,0.0)
(1.0,0.0)
(1.0,0.0)
(0.0,0.0)
(1.0,0.0)
```

```
. . . . .
. . . . .
```

15. 计算 RMSE,输出结果:

```
val MSE = predictedLabelValue.map{ case(l, p) => math.pow((l - p),
2)}.reduce(_ + _) / predictedLabelValue.count

val RMSE = math.sqrt(MSE)


println("training Mean Squared Error = " + MSE)
println("training Root Mean Squared Error = " + RMSE)
```

输出如下:

```
training Mean Squared Error = 0.3175

training Root Mean Squared Error = 0.5634713834792322
```

6.3.2 工作原理

这个攻略使用学生录取数据,使用逻辑回归模型和若干特征集合对给定特征集(向量)进行预测,判断学生是否会被录取(标签)。设置 SGD 参数(实际情况需要尝试不同试验),调用 API 对数据拟合得到回归模型。然后,输出截距和模型权重等回归系数。使用该模型进行预测,输出部分预测值进行可视化检查。最后一步,输出模型的 MSE 和 RMSE 度量指标值。需要注意,这里的操作仅用于演示,在实际项目中需要使用第 5 章介绍的评估指标对模型进行评估并选择最终的模型。对于 SME 和 RMSE,可能需要尝试不同的模型、参数设置、参数和数据样本,才能得到更好的模型。

该攻略涉及的方法构造器的签名如下:

```
newLogisticRegressionWithSGD()
```

默认参数值:

- stepSize= 1.0
- numIterations= 100
- regParm= 0.01
- miniBatchFraction= 1.0

6.3.3 更多

非逻辑回归模型尝试寻找一种线性或非线性的关系，将解释因子（特征）和公式中的变量相关联，而逻辑回归模型则尝试根据一组特征集合，将样本分类到一组离散类别（例如，通过和失败，好和坏，或者多个类别）中。

理解逻辑回归模型最好的方法是将问题域考虑为一组离散的输出（也就是分类的类别），输出为样本的预测标签。通过离散标签（也就是 0 或 1）可以预测一组特征是否属于指定类别（例如疾病存在或不存在），如图 6-3 所示。

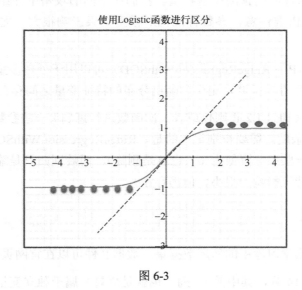

图 6-3

简而言之，常见的回归和逻辑回归的主要区别在于可以使用的变量类型。对于常见的回归，预测输出为一个数值，而逻辑回归的预测输出可能是离散类别（也就是标签）中的某一个。

出于时间和空间等考虑，我们没有在每一个攻略中都将数据集划分为训练集和测试集，此外，数据集划分操作在前面攻略中已经有过介绍。我们也没有使用任何缓存操作，但是需要强调的是，由于 Spark 的延迟实例化、阶段化和优化等性质，实际系统必须使用缓存操作。有关机器学习部署过程中的缓存、训练和测试集划分的内容，可以查阅第 4 章的相关内容。

如果模型权重的计算结果为 NaN，则必须修改模型参数（也就是 SGD 步长和迭代次数等）直至模型收敛。

6.3.4 参考资料

更详细的资料需要查阅 Spark 源码中与构造器相关的代码。

6.4 Spark 2.0 使用 SGD 优化的岭回归

这个攻略使用 UCI 机器学习库的"录取数据"和 Apache Spark 的 RidgeRegressionWithSGD API 训练和预测一个模型，对学生的录取结果进行预测。对于经过处理的特征集合（GRE、GPA 和 Rank），使用岭回归预测模型权重。我们在不同的攻略中介绍了不同的输入特征的标准化方法，但是需要注意，参数标准化对模型结果影响很大，尤其是在岭回归的设置中。

Spark 的岭回归 API（RidgeRegressionWithSGD）可以用于处理多重共线性问题，即解释变量或解释特征之间存在关联，记录和随机分布的特征变量之间存在某种缺陷。

岭回归可以缩减（通过 L2 正则化或者二次函数进行惩罚）一些参数，用于减少参数的影响力、降低模型复杂度。需要特别记住的是，RidgeRegressionWithSGD()的作用和 Lasso 不一样，Lasso 会将一些参数降低为 0（也就是删除），而岭回归只是缩减参数值，而不会设置为 0（缩减后的特征影响力很小，但仍存在）。

6.4.1 操作步骤

1. 使用 UCI 机器学习库中的房屋数据集，数据文件可以在官网页面下载得到。

数据集一共包含 14 列，其中前 13 列（也就是变量）属于独立变量，用于预测美国波士顿自住房屋的平均房价（也就是最后一列）。

选择表 6-2 所示的前 8 列作为特征，并对其进行清洗。使用前 200 条记录进行训练，预测平均价格。

表 6-2

1	CRIM	城镇人均犯罪率
2	ZN	住宅用地面积超过 25000 平方英尺（约 2300 平方米）的比例
3	INDUS	每个城镇的非零售业务面积比例
4	CHAS	根据查尔斯河衍生的哑变量（如果是管道边界河流，取值为 1，否则为 0）
5	NOX	一氧化氮浓度（每千万份抽样检测结果）

6	RM	每栋住宅的平均房间数
7	年龄	1940 年以前建造的自住房屋比例

2．使用 IntelliJ 或其他所喜欢的 IDE 创建一个新项目，确保已经导入必要的 Jar 包。

3．创建程序所在的 package 目录：

```
package spark.ml.cookbook.chapter6
```

4．导入 Spark 上下文访问集群所需的依赖包，导入 log4j.Logger 减少 Spark 的输出量。

```
import org.apache.spark.mllib.regression.{LabeledPoint,
LinearRegressionWithSGD, RidgeRegressionWithSGD}
 import org.apache.spark.sql.{SQLContext, SparkSession}

 import org.apache.spark.ml.tuning.{ParamGridBuilder,
TrainValidationSplit}
 import org.apache.spark.mllib.linalg.{Vector, Vectors}
import org.apache.log4j.Logger
import org.apache.log4j.Level
```

5．通过 builder 模式进行配置，并实例化一个 SparkSession 作为访问 Spark 集群的入口点：

```
val spark = SparkSession
 .builder
 .master("local[4]")
 .appName("myRegress03")
 .config("spark.sql.warehouse.dir", ".")
 .getOrCreate()
```

6．为了演示岭回归模型中模型参数的收缩作用（参数值会收缩成很小的值，但不会被删除），这里仍然使用房屋数据。对原始数据进行清洗之后，选择前 8 列特征来预测最后一列的数值（平均房屋价格）：

```
val data = sc.textFile("../data/sparkml2/chapter6/housing8.csv")
```

7．首先对数据划分，然后将数据转为 double 类型，同时创建 LabeledPoint 格式（一种 Spark 需要的数据结构）的数据集：

```
val RegressionDataSet = data.map { line =>
    val columns = line.split(',')
```

```
        LabeledPoint(columns(13).toDouble ,
Vectors.dense(columns(0).toDouble,columns(1).toDouble,
columns(2).toDouble, columns(3).toDouble,columns(4).toDouble,
        columns(5).toDouble,columns(6).toDouble, columns(7).toDouble
        ))
}
```

8. 数据加载之后需要检查数据内容（推荐这一步），并演示 LabeledPoint 的内部结构，其中第一部分为单个数值（例如标签或因变量），第二部分为特征的密集向量（用于解释因变量）：

```
RegressionDataSet.collect().foreach(println(_))

(24.0,[0.00632,18.0,2.31,0.0,0.538,6.575,65.2,4.09])
(21.6,[0.02731,0.0,7.07,0.0,0.469,6.421,78.9,4.9671])
(34.7,[0.02729,0.0,7.07,0.0,0.469,7.185,61.1,4.9671])
. . . . .
. . . . .
. . . . .
. . . . .
(33.3,[0.04011,80.0,1.52,0.0,0.404,7.287,34.1,7.309])
(30.3,[0.04666,80.0,1.52,0.0,0.404,7.107,36.6,7.309])
(34.6,[0.03768,80.0,1.52,0.0,0.404,7.274,38.3,7.309])
(34.9,[0.0315,95.0,1.47,0.0,0.403,6.975,15.3,7.6534])
```

设置 RidgeRegressionWithSGD 的模型参数。

在 6.4.3 节，我们展示了 2 个极端值的收缩效果：

```
// Ridge regression Model parameters
 val numIterations = 1000
 val stepsSGD = .001
 val regularizationParam = 1.13
```

9. 调用 RidgeRegressionWithSGD()，使用 LabeledPoint 数据集和前面的参数创建和训练岭回归模型：

```
val myRidgeModel = RidgeRegressionWithSGD.train(RegressionDataSet,
numIterations,stepsSGD, regularizationParam)
```

10. 使用拟合的模型和数据集,得到预测值:

```
val predictedLabelValue = RegressionDataSet.map { lp => val
predictedValue = myRidgeModel.predict(lp.features)
  (lp.label, predictedValue)
}
```

11. 打印模型的截距和权重。将岭回归和前面的线性模型对比,可以发现收缩效果,而且这种效果在取值极端或者数据集共线性较强时候会更非常显著:

```
println("Intercept set:",myRidgeModel.intercept)
 println("Model Weights:",myRidgeModel.weights)
```


(Intercept set:,0.0)
(Model Weights:,[-0.03570346878210774,0.2577081687536239,0.005415957423129407,0.004368409890400891,0.026279497009143078,0.6130086051124276,0.19363086562068213,0.392655338663542])

12. 随机选择 20 条预测值,并可视化输出预测值:

(23.9,15.121761357965845)
(17.0,23.11542703857021)
(20.5,24.075526274194395)
(28.0,19.209708926376237)
(13.3,23.386162089812697)

. . . . .
. . . . .

13. 计算 RMSE,展示结果:

```
val MSE = predictedLabelValue.map{ case(l, p) => math.pow((l - p), 2)}.reduce(_ + _) / predictedLabelValue.count
 val RMSE = math.sqrt(MSE)

 println("training Mean Squared Error = " + MSE)
 println("training Root Mean Squared Error = " + RMSE)
```

输出如下:

```
training Mean Squared Error = 92.60723710764655
training Root Mean Squared Error = 9.623265407731752
```

6.4.2 工作原理

为了对比其他回归模型，并展示收缩效果，我们再次使用房屋数据，调用 RidgeRegressionWithSGD() 训练模型。完成模型拟合之后，输出训练模型的截距和参数。然后，使用 predict() API 预测输出值，并打印输出值，在进一步输出 MSE 和 RMSE 之前可视化检查前 20 个数值。

方法构造器的签名如下：

```
new RidgeRegressionWithSGD()
```

这些参数都会影响到拟合结果，因此想要得到一个好的拟合，需要经过大量的试验。前面的攻略已经介绍了前 2 个参数，第 3 个参数会影响到权重的收缩情况。在决定最后的参数值之前，必须经过不断试验和使用模型选择技术。

参数的默认值：

- stepSize= 1.0
- numIterations= 100
- regParm= 0.01
- miniBatchFraction= 1.0

第 9 章会详细介绍优化技术、L1（绝对值）和 L2（二次函数）正则化，在这一章中，我们建议读者首先理解岭回归为何使用 L2 惩罚（也就是收缩一些参数值），在下一章中将使用 L1 惩罚（也就是基于阈值删除一些参数）。我们鼓励读者对比本攻略和线性回归、Lasso 回归攻略中的权重内容，观察直接的效果。这里同样使用房屋数据集演示模型效果。

图 6-4 展示了使用正则化函数的岭回归。

简而言之，通过使用正则化惩罚减少变量的小偏差因子（岭回归）来处理特征依赖性是一种补救措施。岭回归对解释变量收缩但不设置为 0，而 Lasso 回归则是直接删除变量。

这个攻略的目的是演示如何在 Spark 中调用 API 使用岭回归。岭回归所涉及的数学和更深入解释的知识属于统计学的话题。为了更好地理解，我们强烈建议读者了解 L1、L2、……L4 正则化的概念，以及岭回归和线性 PCA 之间的关系。

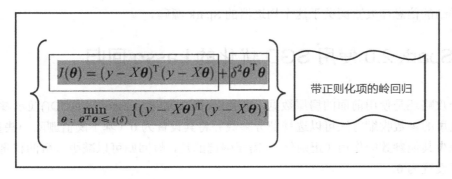

图 6-4

6.4.3 更多

参数的收缩数目和参数选择有关，但是使用参数选择要求收缩的参数之间存在共线性。可以通过使用真随机数（由随机生成器生成的 IID 解释变量）与高度依赖于彼此的特征（例如，腰线和重量）来真实地演示。

以下是考虑极端正则化值、模型权重和权重收缩影响力的两个示例：

```
val regularizationParam = .00001
(Model Weights:,
[-0.0373404807799996, 0.254990133676755847, 0.00491740051853082094,
0.0046110262713086455, 0.027391063252456684, 0.6401656691002464,
0.1911635644638509, 0.4085780172461439 ])

val regularizationParam = 50
(Model Weights:,[-0.012912409941749588, 0.2792184353165915,
0.016208621185873275, 0.0014162706383970278, 0.011205887829385417,
0.2466274224421205, 0.2261797091664634, 0.1696120633704305])
```

如果模型权重的计算结果为 NaN，则必须修改模型参数（也就是 SGD 步长和迭代次数等）直至模型收敛。

下面是一个由于参数选择不正确导致模型权重无法正确计算（一般来说是 SGD 的收敛问题）的示例。这时需要做的第一步就是进一步微调 SGD 的步长参数：

```
(Model Weights:,[NaN,NaN,NaN,NaN,NaN,NaN,NaN,NaN])
```

6.4.4　参考资料

更详细的信息需要查阅关于这个构造器的 Spark 源码。

6.5　Spark 2.0 使用 SGD 优化的 Lasso 回归

这个攻略还是使用前面的房屋数据，使用 Spark RDD 的 LassoWithSGD()演示参数收缩用法，这里的参数收缩方法可以选择部分参数并将其设置为 0（基于阈值删除一些参数），也可以减少其他参数的作用（正则化）。需要强调的是，岭回归可以减少参数的权重值，但不会将其设置为 0。

LassoWithSGD()是 Spark 基于 RDD 的 Lasso（最小绝对值收缩和选择操作）API，属于回归模型，可以同时执行变量选择和正则化操作，删除一些没有贡献的解释变量（也就是特征），从而提高预测准确率。Lasso 基于最小二乘法（OLS），可以容易地扩展到其他方法，例如广义线性模型（GLM）。

6.5.1　操作步骤

1. 使用 IntelliJ 或其他所喜欢的 IDE 创建一个新项目，确保已经导入必要的 Jar 包。

2. 创建程序所在的 package 目录：

```
package spark.ml.cookbook.chapter6
```

3. 导入 Spark 上下文访问集群所需的依赖包，导入 log4j.Logger 以减少 Spark 的输出量。

```
import org.apache.spark.mllib.regression.{LabeledPoint, LassoWithSGD, LinearRegressionWithSGD, RidgeRegressionWithSGD}
 import org.apache.spark.sql.{SQLContext, SparkSession}
 import org.apache.spark.ml.classification.LogisticRegression
 import org.apache.spark.ml.tuning.{ParamGridBuilder, TrainValidationSplit}
 import org.apache.spark.mllib.linalg.{Vector, Vectors}
import org.apache.log4j.Logger
import org.apache.log4j.Level
```

4. 通过 builder 模式进行配置，并实例化一个 SparkSession 作为访问 Spark 集群的入口点：

```
val spark = SparkSession
 .builder
 .master("local[4]")
 .appName("myRegress04")
 .config("spark.sql.warehouse.dir", ".")
 .getOrCreate()
```

5. 为了演示 Lasso 回归模型中模型参数的收缩作用（参数值会直接收缩到 0，相当于直接删除），这里再次使用房屋数据文件，清洗后选择前 8 列数据预测最后一列的数值（房屋平均价格）：

```
val data = sc.textFile("../data/sparkml2/chapter6/housing8.csv")
```

6. 首先对数据划分，然后将数据转为 double 类型，同时创建 LabeledPoint 格式（一种 Spark 需要的数据结构）的数据集：

```
val RegressionDataSet = data.map { line =>
val columns = line.split(',')

  LabeledPoint(columns(13).toDouble ,
Vectors.dense(columns(0).toDouble,columns(1).toDouble,
columns(2).toDouble, columns(3).toDouble,columns(4).toDouble,

  columns(5).toDouble,columns(6).toDouble, columns(7).toDouble
))

}
```

7. 数据加载之后检查数据内容（推荐这一步），并演示 LabeledPoint 的内部结构，其中第一部分为单个数值（例如标签或因变量），第二部分为特征的密集向量（用于解释因变量）：

```
RegressionDataSet.collect().foreach(println(_))

(24.0,[0.00632,18.0,2.31,0.0,0.538,6.575,65.2,4.09])
    .....
    .....
    .....
    (34.6,[0.03768,80.0,1.52,0.0,0.404,7.274,38.3,7.309])
(34.9,[0.0315,95.0,1.47,0.0,0.403,6.975,15.3,7.6534])
```

8. 设置 LassoWithSGD() 相关的模型参数。这些参数都会影响到拟合结果，因此想要得到一个好的拟合，需要大量的试验。前面的攻略已经介绍了前 2 个参数，第 3 个参数会影响到权重的收缩情况。在决定最后的参数值之前，必须经过不断试验和使用模型选择技术。在 6.5.3 节，我们展示了 2 个极端值的收缩效果：

```
// Lasso regression Model parameters


val numIterations = 1000
val stepsSGD = .001
val regularizationParam = 1.13
```

9. 调用 LassoWithSGD ()，使用 LabeledPoint 数据集和前面的参数创建和训练 Lasso 模型：

```
val myRidgeModel = LassoWithSGD.train(RegressionDataSet,
numIterations,stepsSGD, regularizationParam)
```

10. 使用拟合得到的模型对数据集进行预测（和所有的 Spark 回归方法类似）：

```
val predictedLabelValue = RegressionDataSet.map { lp => val
predictedValue = myRidgeModel.predict(lp.features)
   (lp.label, predictedValue)


}
```

11. 打印模型的截距和权重。将岭回归和前面的线性模型对比，可以发现收缩效果，而且这种效果在取值极端或者数据集共线性较强时候会更加显著：

在这个例子中，Lasso 使用正则化参数，直接将权重设置为 0，删除 3 个参数：

```
println("Intercept set:",myRidgeModel.intercept)
println("Model Weights:",myRidgeModel.weights)


(Intercept set:,0.0)
(Model
Weights:,[-0.0,0.2714890393052161,0.0,0.0,0.0,0.4659131582283458
,0.2090072656520274,0.2753771238137026])
```

12. 随机选择 20 条数据进行预测，并可视化输出预测值（这里只显示前 5 条记录）：

```
(18.0,24.145326403899134)
(29.1,25.00830500878278)
(23.1,10.127919006877956)
```

```
(18.5,21.133621139346403)
(22.2,15.755470439755092)
. . . . .
. . . . .
```

13. 计算 RMSE,并展示结果:

```
val MSE = predictedLabelValue.map{ case(l, p) => math.pow((l - p),
2)}.reduce(_ + _) / predictedLabelValue.count

val RMSE = math.sqrt(MSE)


println("training Mean Squared Error = " + MSE)
println("training Root Mean Squared Error = " + RMSE)
```

输出如下:

```
training Mean Squared Error = 99.84312606110213
 training Root Mean Squared Error = 9.992153224460788
```

6.5.2 工作原理

这里再次使用房屋数据集,并和岭回归进行对比,演示 Lasso 不仅能够像岭回归一样收缩参数值,还能够直接将不重要的参数值设置为 0。

方法构造器的签名如下:

```
new LassoWithSGD()
```

默认参数如下:

- stepSize= 1.0
- numIterations= 100
- regParm= 0.01
- miniBatchFraction= 1.0

提醒一下,岭回归只能降低参数权重值,但不能直接删除参数。在数据挖掘和机器学习领域,当面对海量参数、不使用深度学习系统时,Lasso 通常优先用于机器学习管道的早期阶段,减少输入参数数目,这个操作在数据探索阶段很常见。

Lasso 在高级数据挖掘和机器学习领域非常重要，它可以基于阈值选择出一小部分权重（也就是参数）。简而言之，Lasso 回归可以基于阈值决定哪些参数留用，哪些参数删除（也就是权重为 0）。

尽管岭回归可以显著地降低参数对整体结果的贡献程度，但它不能将参数权重降低到 0。而 Lasso 回归和岭回归不同，Lasso 可以将特征贡献的权重降低为 0（可以根据贡献的多少，选择部分特征），如图 6-5 所示。

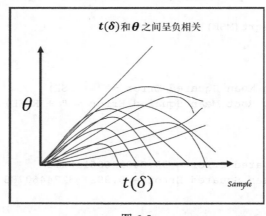

图 6-5

6.5.3 更多

参数选择（也就是将一些权重设置为零）的效果根据正则化参数值的不同而变化。下面是考虑极端正则化值、模型权重和权重收缩影响力的两个示例：

```
val regularizationParam = .30
```

在这个例子中，使用 Lasso 删除一个参数：

```
(Model Weights:,[-0.02870908693284211,0.25634834423693936,1.707233741603369E-4,
0.0,0.01866468882602282,0.6259954005818621,0.19327180817037548,0.3974126613
6942227])
```

```
val regularizationParam = 4.13
```

使用 Lasso 删除 4 个参数：

```
(Model Weights:,[-0.0,0.2714890393052161,0.0,0.0,0.0,
0.4659131582283458,0.2090072656520274,0.2753771238137026])
```

如果模型权重的计算结果为 NaN，则必须修改模型参数（也就是 SGD 步长和迭代次数等）直至模型收敛。

下面是一个由于参数选择不正确导致模型权重无法正确计算（一般来说是 SGD 的收敛问题）的示例。这时需要做的第一步是进一步微调 SGD 的步长参数：

```
(Model Weights:,[NaN,NaN,NaN,NaN,NaN,NaN,NaN,NaN])
```

6.5.4　参考资料

构造器的详细说明可以查阅 GitHub 上的 Spark 源码。

6.6　Spark 2.0 使用 L-BFGS 优化的逻辑回归

在这个攻略中，我们采用 UCI 学生录取数据集，针对机器学习中的极大参数数目的特定问题，演示使用 Spark 基于 RDD LogisticRegressionWithLBFGS() 的逻辑回归的解决方案。

对于非常大的变量空间，我们推荐采用 L-BFGS，因为 L-BFGS 基于二阶导数的 Hessian 矩阵，可以使用更新操作来近似。如果是数百万或数十亿参数的机器学习问题，那么建议使用深度学习技术。

6.6.1　操作步骤

1. 使用加州大学洛杉矶分校数字研究与教育研究所（IDRE）的录取数据集，完整的数据文件可以从相应的官网页面下载 binary.csv 文件。

数据文件包括 4 列，第一列为因变量（标签，学生是否被录取），其他 3 列属于解释变量，也就是用来解释学生录取情况的特征字段。

选择表 6-3 中的前 3 列作为特征，并进行清洗。选择前 200 条记录用于训练、预测录取结果。

表 6-3

1	录取结果	0 或 1，表示学生是否被录取
2	GRE	研究生入学考试成绩
3	GPA	成绩点平均分
4	排名	排名

前 3 条记录的示例如表 6-4 所示。

表 6-4

Admit	GRE	GPA	Rank
0	380	3.61	3
1	660	3.67	3
1	800	4	1

2. 使用 IntelliJ 或其他所喜欢的 IDE 创建一个新项目，确保已经导入必要的 Jar 包。

3. 创建程序所在的 package 目录：

```
package spark.ml.cookbook.chapter6
```

4. 导入 Spark 上下文访问集群所需的依赖包，导入 log4j.Logger 减少 Spark 的输出量。

```
import org.apache.spark.mllib.linalg.Vectors
import org.apache.spark.mllib.regression.LabeledPoint
import org.apache.spark.mllib.classification.LogisticRegressionWithLBFGS
import org.apache.spark.sql.{SQLContext, SparkSession}
import org.apache.log4j.Logger
import org.apache.log4j.Level
```

5. 通过 builder 模式进行配置，并实例化一个 SparkSession 作为访问 Spark 集群的入口点：

```
val spark = SparkSession
.builder
.master("local[4]")
.appName("myRegress06")
.config("spark.sql.warehouse.dir", ".")
.getOrCreate()
```

6. 将日志输出级别设置为 ERROR，以减少 Spark 的输出信息：

```
val data = sc.textFile("../data/sparkml2/chapter6/admission1.csv")
```

7. 对数据集进行划分，将数据转为 Double 类型，进一步转为 LabeledPoint 格式（一种 Spark 要求的格式）的数据集。在回归分析中，第 1 列（索引为 0）为因变量，第 2~4 列（GRE、GPA 和排名）为特征：

```
val RegressionDataSet = data.map { line =>
   val columns = line.split(',')

   LabeledPoint(columns(0).toDouble ,
Vectors.dense(columns(1).toDouble,columns(2).toDouble,
columns(3).toDouble ))

}
```

8.数据加载之后需要检查实际内容(推荐这一步)。这里涉及 LabeledPoint 数据结构,LabeledPoint 由单个数值(例如标签或因变量)和特征的密集向量(用于解释因变量)所组成。

```
RegressionDataSet.collect().foreach(println(_))

(0.0,[380.0,3.61,3.0])
(1.0,[660.0,3.67,3.0])
(1.0,[800.0,4.0,1.0])
(1.0,[640.0,3.19,4.0])
      . . . . .
      . . . . .
      . . . . .
      . . . . .
```

9.设置截距为 false,使用 new 操作符创建一个 LBFGS 回归对象,可以将创建结果和 logisticregressionWithSGD()攻略对比:

```
val myLBFGSestimator = new
LogisticRegressionWithLBFGS().setIntercept(false)
```

10.使用创建得到的模型对前面的数据集(数据结构为 LabeledPoint)执行 run()方法:

```
val model1 = myLBFGSestimator.run(RegressionDataSet)
```

11.一旦模型训练完成,使用 predict()方法进行预测,并对样本分组。在下面的代码中,使用密集向量定义 2 个学生的数据(GRE、GPA、Rank 等特征),预测学生是否会被录取(0 代表拒绝录取,1 代表同意录取)。

```
// predict a single applicant on the go
 val singlePredict1 = model1.predict(Vectors.dense(700,3.4, 1))
 println(singlePredict1)
```

```
val singlePredict2 = model1.predict(Vectors.dense(150,3.4, 1))
 println(singlePredict2)
```

输出如下：

1.0
0.0

12．为展示稍微复杂的过程，对 5 个学生定义 Seq 数据结构，并进一步使用 map()和 predict()批量预测。很明显，这种方法可以读取任何数据文件并进行转换，使我们可以对更大数据集进行预测：

```
val newApplicants=Seq(
(Vectors.dense(380.0, 3.61, 3.0)),
(Vectors.dense(660.0, 3.67, 3.0)),
(Vectors.dense(800.0, 1.3, 1.0)),
(Vectors.dense(640.0, 3.19, 4.0)),
(Vectors.dense(520.0, 2.93, 1.0))
)
```

13．对 Seq 数据结构执行 map()和 predict()操作，使用训练得到的模型批量生成预测结果：

```
val predictedLabelValue = newApplicants.map {lp => val predictedValue = model1.predict(lp)
  ( predictedValue)
 }
```

14．观察学生的输出和预测结果，数字 0 或 1 分别代表基于模型对学生录取结果做出拒绝和接受判断：

```
predictedLabelValue.foreach(println(_))

Output:
0.0
0.0
1.0
0.0
1.0
```

6.6.2 工作原理

基于 UCI 录取数据，使用 LogisticRegressionWithLBFGS()预测学生是否会被录取。设置截距为 false，对拟合得到的模型调用 run()和 preidct() API 进行预测。L-BFGS 适合参数的数量极其大的情况，尤其是存在大量稀疏数据的时候。

这个构造方法的签名如下：

```
LogisticRegressionWithLBFGS ()
```

Spark L-BFGS()的 L-BFGS 优化基于牛顿优化算法（除了曲线的二阶导数之外还使用曲率），可以认为是在可微函数上寻找固定点的最大似然函数。需要特别注意该算法的收敛性（也就是最佳参数或梯度为零）。

这一攻略的目的只是演示相关用法，读者需要进一步查阅第 4 章学习更多有关评估和参数选择的知识。

6.6.3 更多

LogisticRegressionWithLBFGS()对象有一个 setNumClasses()方法，可以用来处理多项式分布问题（也就是超过 2 个分组）。在默认情况下，该方法的取值为 2 个分组，也就是对应一个二分类的逻辑回归模型。

L-BFGS 是原始 BFGS（Broyden-Fletcher-GoldfarbShanno）方法的内存受限适应版本。L-BFGS 非常适合用于海量变量数目的回归模型，它是考虑内存受限的 BFGS 的近似形式，在对大型搜索空间搜索时试图估计 Hessian 矩阵。

我们建议读者再思考一下，将这个问题视作回归和优化技术（对比 SGD 的回归和 L-BFGS 的回归）的结合体。在这个攻略中，我们讲解的逻辑回归是一种考虑离散标签和优化算法（在这里选择 L-BFGS 而不是 SGD）的线性回归形式。

要想深入理解 L-BFGS 的细节，你必须熟悉 Hessian 矩阵和核心思想，并能够应对有大量参数的情况，尤其是在优化技术中使用稀疏矩阵的配置方式。

6.6.4 参考资料

有关构造器的详细文档可以查阅 Spark 源码，进一步熟悉相关用法。

6.7 Spark 2.0 的支持向量机（SVM）

在这个攻略中，我们使用 Spark 中基于 RDD、带有 SGD 的 SVM API。SVMWithSGD

将人群分为两个类别，并统计数目和使用 BinaryClassificationMetrics()检查模型性能。

出于时间和空间上的考虑，我们使用 Spark 已有的 LIBSVM 格式数据，但读者可以自行从台湾大学网站上下载其他数据文件。如果不需要掌握 Spark 或其他包中的具体实现，那么支持向量机（SVM）的概念非常简单。

SVM 背后的数学原理超出了本文范围，但我们鼓励读者阅读下面的教程和原始 SVM 论文深入了解。

SVM 最初论文由 Vapnik 和 Chervonenkis 在 1974 年和 1979 年完成。

在这里推荐我们书单中的 3 本书：

- V. Vapnik 的 *Nature of Statistical Learning Theory*；
- B. Scholkopf 和 A. Smola 的 *Learning with Kernels: Support Vector Machines, Regularization, Optimization, and Beyond*；
- K. Murphy 的 *Machine Learning: A Probabilistic Perspective*。

6.7.1 操作步骤

1. 使用 IntelliJ 或其他所喜欢的 IDE 创建一个新项目，确保已经导入必要的 Jar 包。
2. 创建程序所在的 package 目录：

```
package spark.ml.cookbook.chapter6
```

3. 导入 Spark 上下文访问集群所需的依赖包，导入 log4j.Logger 减少 Spark 的输出量。

```
import org.apache.spark.mllib.util.MLUtils
 import org.apache.spark.mllib.classification.{SVMModel, SVMWithSGD}
 import org.apache.spark.mllib.evaluation.{BinaryClassificationMetrics, MultilabelMetrics, binary}
 import org.apache.spark.sql.{SQLContext, SparkSession}
import org.apache.log4j.Logger
import org.apache.log4j.Level
```

4. 通过 builder 模式进行配置，并实例化一个 SparkSession 作为访问 Spark 集群的入口点。

```
val spark = SparkSession
 .builder
.master("local[4]")
 .appName("mySVM07")
.config("spark.sql.warehouse.dir", ".")
.getOrCreate()
```

5. Spark MLUtils 库可以读取格式为 libsvm 的任意文件。使用 LoadLibSVMFile()加载一个较短的示例文件（100 条记录），这个数据文件已经存在于 Spark 目录中，用于简单演示。sample_libsvm_data 文件位于 Spark 的 home 目录.../data/mlib/下。这里我们简单地将文件拷贝到 Windows 机器的目录下：

```
val dataSetSVM = MLUtils.loadLibSVMFile(sc,"
../data/sparkml2/chapter6/sample_libsvm_data.txt")
```

6. 输出文件内容，检查文件是否正确，具体可以参考下面的代码：

```
println("Top 10 rows of LibSVM data")
 dataSetSVM.collect().take(10).foreach(println(_))
```

```
Output:
(0.0,(692,[127,128,129,130,131,154, .... ]))
(1.0,(692,[158,159,160,161,185,186, .... ]))
```

7. 检查以确保所有数据都已加载，而且不存在重复记录：

```
println(" Total number of data vectors =", dataSetSVM.count())
 val distinctData = dataSetSVM.distinct().count()
 println("Distinct number of data vectors = ", distinctData)
```

```
Output:
( Total number of data vectors =,100)
(Distinct number of data vectors = ,100)
```

8. 将数据划分为两部分（80/20），用于随后的模型训练。allDataSVM 变量包含依据划分比例产生的 2 个随机数据集。两个数据集可以使用索引 0 和 1 指示，分别代表训练集和测试集。也可以指定 randomSplit()的第二个参数，用于定义随机划分的初始种子：

```
val trainingSetRatio = .20
 val populationTestSetRatio = .80
```

```
val splitRatio = Array(trainingSetRatio, populationTestSetRatio)
val allDataSVM = dataSetSVM.randomSplit(splitRatio)
```

9. 设置迭代次数为 100，接着定义 2 个参数：SGD 步长和正则化参数，这 2 个参数在这个攻略中使用的是默认值，但在实际中需要反复尝试不同的取值才能实现算法收敛：

```
val numIterations = 100
val myModelSVM = SVMWithSGD.train(allDataSVM(0),
numIterations,1,1)
```

10. 现在使用 map() 和 predict() 函数对测试数据（也就是索引为 1 的那部分数据）进行预测输出：

```
val predictedClassification = allDataSVM(1).map( x =>
(myModelSVM.predict(x.features), x.label))
```

11. 输出预测内容进行检查（为了方便检查，以下减少了实际输出数据）。在下一步将量化评估预测效果：

```
predictedClassification.collect().foreach(println(_))
(1.0,1.0)
(1.0,1.0)
(1.0,1.0)
(1.0,1.0)
(0.0,0.0)
(0.0,1.0)
(0.0,0.0)
.......
.......
```

12. 首先，快速使用 count/radio 方法得到准确率的一个总体感觉。由于前面没有设置种子，实际输出值在每次运行时候会有变化（但也比较稳定）：

```
val falsePredictions = predictedClassification.filter(p => p._1 !=
p._2)

println(allDataSVM(0).count())
println(allDataSVM(1).count())

println(predictedClassification.count())
```

```
println(falsePredictions.count())
Output:
13
87
87
2
```

13. 使用一个更加正式的方法对 ROC 进行量化（也就是 ROC 曲线下方的面积）。AUC 是准确率的最基础的标准测度指标，读者可以找到很多这方面的资料。我们使用标准和专有方法（手工编码）的组合方式来量化测量指标。

14. Spark 目前已经提供了二分类量化测度指标，使用下面的代码块获取测度指标：

```
val metrics = new
BinaryClassificationMetrics(predictedClassification)
```

15. 使用 areaUnderROC()方法获取 ROC 下方的面积：

```
val areaUnderROCValue = metrics.areaUnderROC()
  println("The area under ROC curve = ", areaUnderROCValue)

Output:
 (The area under ROC curve = ,0.9743589743589743)
```

6.7.2 工作原理

使用 Spark 现有的 LIBSVM 格式的示例数据运行 SVM 分类攻略。加载读取数据文件之后，执行 SVMWithSGD.train 训练模型，并进一步将数据预测为 0 和 1 两种输出标签。使用 BinaryClassificationMetrics 指标衡量性能。随后重点关注一个常用指标——ROC 曲线下方的面积，使用 BinaryClassificationMetrics()衡量性能。

这个方法的签名如下：

```
new SVMWithSGD()
```

默认参数如下：

- stepSize= 1.0

- numIterations= 100

- regParm= 0.01

- miniBatchFraction= 1.0

建议读者尝试各种参数取值从而获得最佳拟合结果。

SVM 性能出众的原因在于：一旦存在一些数据点落在分类面的错误一侧，模型会对其进行惩罚，从而获取最佳拟合结果。

Spark 的 SVM 实现使用了 SGD 优化技术，根据特征集合分类得到标签。使用 Spark 的 SVM 时，需要首先将数据转为 libsvm 的格式。用户可以从台湾大学网站上获取这种格式的资料，也可以直接下载现有的 libsvm 数据：

简而言之，libsvm 格式如下所示：

```
<label> <index1>:<value1> <index2>:<value2> ...
```

可以使用 Python 或者 Scala 编程创建一个简单的管道，将文本文件转为所需要的 libsvm 格式数据。

在/data/mlib 目录下，Spark 已经包含各种算法所需的示例文件，我们鼓励读者尝试使用这些数据文件，熟悉 Spark MLlib 算法：

```
SVMWithSGD()
```

接受者操作特征曲线（ROC）是用于诊断二分类系统性能的可视化方式，诊断结果随着判断阈值发生变化。

关于 ROC 曲线的详细信息可以查阅维基百科上的 ROC 词条。

6.7.3 更多

除了使用 libsvm 格式的公共数据集，也可以使用 Spark API SVMDataGenerator()产生适合 SVM 的样例数据（也就是满足高斯分布的数据）：

```
object SVMDataGenerator()
```

如图 6-6 所示，SVM 背后的思想总结如下：不使用线性判别（如在许多直线中挑选一条）和目标函数（如均方误差最小化）来区分和标记左边变量，而是使用最大间隔对样本划分，在最大间隔之间绘制一条实线。另外一种理解方式是如何使用两条直线（如图 6-6 中的两条虚线）将类别尽可能地区分开来（也就是性能最佳的判别器）。简而言之，将类别划分的越开，判别器的性能越好，越能在类别打标上取得更好的准确率。

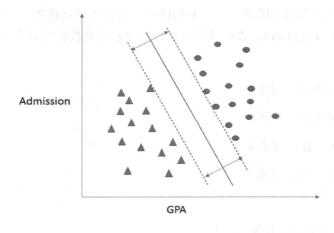

图 6-6

执行下面的步骤以进一步熟悉 SVM。

1．挑选能尽可能区分两个群体的最大间隔。

2．在最大间隔中间绘制一条直线，充当线性判别器。

3．目标函数用于最大化两个判别直线。

6.7.4 参考资料

关于 SVM 构造器的详细文档，读者可以查阅 Spark 的源码。

6.8 Spark 2.0 使用 MLlib 库的朴素贝叶斯分类器

这个攻略使用著名的 Iris 数据集，使用 Spark API NaiveBayes()对给定的一组观察样本进行预测和分类，判断各个样本分别属于 3 种花中的哪一种。这个是一个多分类示例，在评估的时候需要使用多类别指标。而前一个攻略评估拟合结果使用的是二分类分类器和指标。

6.8.1 操作步骤

1．对于这个朴素贝叶斯攻略，我们使用著名的数据集 iris.data，该数据集可以从 UCI 网站获取。这个数据集最初在 1930 年由 R．Fisher 开始使用，是一个包含花朵属性的多变量数据集，用于将花朵分为 3 个不同的组。

简而言之，通过分析 4 列数据，将一个物种分类为 3 类鸢尾花之一（也就是 Iris Setosa、Iris Versicolor 和 Iris Virginica）。数据可以从加州大学尔湾分校的网站上下载到。

列定义如下。

- 萼片长度（单位：厘米）
- 萼片宽度（单位：厘米）
- 花瓣长度（单位：厘米）
- 花瓣宽度（单位：厘米）
- 类别如下。
  - Iris Setosa =>将其替换为 0。
  - Iris Versicolour =>将其替换为 1。
  - Iris Virginica =>将其替换为 2。

对数据执行的步骤/操作如下。

- 下载数据集，使用数值数据对第 5 列数据进行替换（标签或分类类别），得到所需要的 iris.data 数据文件。朴素贝叶斯模型需要数值标签而不是文本，这在大多数算法中比较常见。
- 移除数据文件尾部的额外数据行。
- 使用 distinct()函数删除重复记录。

2. 使用 IntelliJ 或其他所喜欢的 IDE 创建一个新项目，确保已经导入必要的 Jar 包。

3. 创建程序所在的包目录：

package spark.ml.cookbook.chapter6

4. 导入 Spark 上下文访问集群所需的依赖包，导入 log4j.Logger 以减少 Spark 的输出量。

```
import org.apache.spark.mllib.linalg.{Vector, Vectors}
import org.apache.spark.mllib.regression.LabeledPoint
import org.apache.spark.mllib.classification.{NaiveBayes, NaiveBayesModel}
import org.apache.spark.mllib.evaluation.{BinaryClassificationMetrics,
```

```
MulticlassMetrics, MultilabelMetrics, binary}
 import org.apache.spark.sql.{SQLContext, SparkSession}

 import org.apache.log4j.Logger
 import org.apache.log4j.Level
```

5. 通过 builder 模式进行配置，并实例化一个 SparkSession 作为访问 Spark 集群的入口点：

```
val spark = SparkSession
 .builder
 .master("local[4]")
 .appName("myNaiveBayes08")
 .config("spark.sql.warehouse.dir", ".")
 .getOrCreate()
```

6. 加载 iris.data 文件，读取数据并将其保存为 RDD：

```
val data =
sc.textFile("../data/sparkml2/chapter6/iris.data.prepared.txt")
```

7. 使用 map() 解析数据，创建 LabeledPoint 数据结构的数据。原始数据的最后一列为标签，前 4 列为特征。然后，使用数值 0、1、2 替换最后一列中的文本：

```
val NaiveBayesDataSet = data.map { line =>
   val columns = line.split(',')

   LabeledPoint(columns(4).toDouble ,
Vectors.dense(columns(0).toDouble,columns(1).toDouble,columns(2).to
Double,columns(3).toDouble ))

 }
```

8. 需要确保数据文件没有包含冗余的重复数据，这里检查发现有 3 条重复数据，后续操作需要使用去重后的数据集：

```
println(" Total number of data vectors =",
NaiveBayesDataSet.count())
 val distinctNaiveBayesData = NaiveBayesDataSet.distinct()
 println("Distinct number of data vectors = ",
distinctNaiveBayesData.count())

Output:
```

```
(Total number of data vectors =,150)
(Distinct number of data vectors = ,147)
```

9. 通过输出内容检查数据:

```
distinctNaiveBayesData.collect().take(10).foreach(println(_))

Output:
(2.0,[6.3,2.9,5.6,1.8])
(2.0,[7.6,3.0,6.6,2.1])
(1.0,[4.9,2.4,3.3,1.0])
(0.0,[5.1,3.7,1.5,0.4])
(0.0,[5.5,3.5,1.3,0.2])
(0.0,[4.8,3.1,1.6,0.2])
(0.0,[5.0,3.6,1.4,0.2])
(2.0,[7.2,3.6,6.1,2.5])
..............
..............
..........
```

10. 根据30%和70%的比例将数据划分为训练集和测试集,代码示例中的13L只是代表一个种子数字,确保结果不会在每次运行randomSplit()后发生变化:

```
val allDistinctData =
distinctNaiveBayesData.randomSplit(Array(.30,.70),13L)
 val trainingDataSet = allDistinctData(0)
 val testingDataSet = allDistinctData(1)
```

11. 分别输出这2个数据集的记录数目:

```
println("number of training data =",trainingDataSet.count())
 println("number of test data =",testingDataSet.count())

Output:
(number of training data =,44)
(number of test data =,103)
```

12. 使用train()拟合训练数据集构建模型:

```
val myNaiveBayesModel = NaiveBayes.train(trainingDataSet)
```

13. 使用训练数据集,调用map()和predict()函数对花朵的特征进行预测:

```
val predictedClassification = testingDataSet.map( x =>
(myNaiveBayesModel.predict(x.features), x.label))
```

14. 输出数据，检查预测结果：

```
predictedClassification.collect().foreach(println(_))

(2.0,2.0)
(1.0,1.0)
(0.0,0.0)
(0.0,0.0)
(0.0,0.0)
(2.0,2.0)
.......
.......
.......
```

15. 使用 MulticlassMetrics()创建多分类的指标，这里需要注意和前一个攻略的不同点：上一个攻略使用的是 BinaryClassificationMetrics()：

```
val metrics = new MulticlassMetrics(predictedClassification)
```

16. 使用常见的混淆矩阵评估模型：

```
val confusionMatrix = metrics.confusionMatrix
 println("Confusion Matrix= \n",confusionMatrix)

Output:
    (Confusion Matrix=
    ,35.0    0.0    0.0
     0.0    34.0    0.0
     0.0    14.0   20.0  )
```

17. 通过其他属性评估模型：

```
val myModelStat=Seq(metrics.precision,metrics.fMeasure,metrics.recall)
 myModelStat.foreach(println(_))

Output:
0.8640776699029126
0.8640776699029126
0.8640776699029126
```

6.8.2 工作原理

我们在这个攻略中使用 IRIS 数据集,提前对数据集进行处理,使用 NaiveBayesDataSet.distinct() API 对重复记录去重。然后使用 NaiveBayes.train() API 训练模型,最后使用 predict() 进行预测,通过 MulticlassMetrics() 计算混淆矩阵、准确率和 F 值对模型性能进行评估。

朴素贝叶斯对样本划分的思想是根据所选特征集合(也就是特征工程)将样本分类。区别在于,基于给定条件概率的联合概率进行分类,这种概念被称为贝叶斯定理,由 18 世纪的贝叶斯提出。该定理是一个很强的独立性假设:潜在特征之间必须独立才能让贝叶斯分类器正常工作。

在更高层次,我们所使用的这种分类方法只是简单地将贝叶斯规则用于数据集。复习下基本的统计学知识,贝叶斯定理可以写成如下:

$$P(A|B) = \frac{P(B|A)P(A)}{P(B)}$$

这个公式表明给定事件 B 时,事件 A 发生的概率的计算方式:(1)事件 A 发生的概率乘以给定事件 A 时事件 B 发生的概率,(2)再除以事件 B 发生的概率。这个公式比较复杂,在反复思考之后,就会明白意义。

贝叶斯分类器比较简单但很强大,允许用户同时考虑整个概率特征空间。想要体会到贝叶斯分类器的简单性,需要记住概率和频率是一枚硬币的正反面。贝叶斯分类器属于增量学习分类器,可以使用新增样本进行自我更新。这使得模型可以在遇到新样本时及时进行自我更新,而不需要批处理更新操作。

6.8.3 更多

使用不同的指标对模型进行评估,由于这个攻略介绍的是多分类器,必须使用 MulticlassMetrics() 评价模型的准确率。

更多评估指标信息可以访问 Spark 官网。

6.8.4 参考资料

关于朴素贝叶斯分类器的构造器,需要读者进一步查阅 Spark 源码。

6.9 Spark 2.0 使用逻辑回归研究 ML 管道和 DataFrame

我们尽可能详细地介绍代码，并尽可能简单地使用，这使读者在不需要掌握 Scala 额外语法糖的情况下就可以开始使用。

在这个攻略中，我们结合机器学习管道和逻辑回归演示如何将多个步骤融合进单一管道中，通过这个攻略可以学习到如何对 DataFrame 转换和传递。我们将跳过数据划分、模型评估等步骤，将这些步骤保留到后面的章节，尽可能地缩减程序内容，此外在一个较短的攻略中全面介绍管道、DataFrame、评估器和转换操作。

将在这个攻略中以穿插的方式详细讲解管道和 DataFrame 的操作。

6.9.1 操作步骤

1. 使用 IntelliJ 或其他所喜欢的 IDE 创建一个新项目，确保已经导入必要的 Jar 包。
2. 创建程序所在的 package 目录：

```
package spark.ml.cookbook.chapter6
```

3. 导入训练模型所需要的 LogisticRegression 包，虽然 Spark MLlib 中还存在其他形式的 LogisticRegression，但在这里我们集中讲解基本的逻辑回归方法：

```
import org.apache.spark.ml.classification.LogisticRegression
```

4. 导入 SparkSession 实现访问集群和 SparkSQL，DataFrame 和 Dataset 抽象接口需要通过 SparkSession 实现：

```
org.apache.spark.sql.SparkSession
```

5. 从 ml.linalg 导入向量包，以便可以从 Spark 生态系统中导入和使用密集向量和稀疏向量：

```
import org.apache.spark.ml.linalg.Vector
```

6. 导入 log4j 包，设置输出水平为 ERROR，以减少 Spark 的冗余输出：

```
import org.apache.log4j.Logger
  import org.apache.log4j.Level
```

7. 使用导入的 SparkSession，设置一些必要参数的初始化并获取 Spark 集群句柄。在 Spark 2.0 中，实例化和访问 Spark 的方式已经发生改变，详细内容可以查看 6.9.3 节。

8. 参数设置如下所示：

```
val spark = SparkSession
 .builder
 .master("local[*]")
 .appName("myfirstlogistic")
 .config("spark.sql.warehouse.dir", ".")
 .getOrCreate()
```

9. Spark 集群类型可以按照需要自由设置，其他额外参数也可以依据访问 Spark 集群的需要进行设置。

10. 设置 Spark 集群为 local 集群，使用尽可能多的线程或 CPU 核，可以使用具体的数字代替*，告诉 Spark 准确使用多少个 CPU 核和线程：

```
master("local[*]")
```

11. 如下所示，可以使用一个数字而不是*，明确指定 Spark 集群所需要的 CPU 核数目：

```
master("local[2]")
```

12. 设置应用的名称，便于在集群存在多个应用运行时进行追踪：

```
appName("myfirstlogistic")
```

13. 设置 Spark home 相关的工作目录：

```
config("spark.sql.warehouse.dir", ".")
```

14. 使用下载好的学生录取数据的前 20 条记录创建所需要的数据结构（和前面的攻略一致）：

```
val trainingdata=Seq(
(0.0, Vectors.dense(380.0, 3.61, 3.0)),
(1.0, Vectors.dense(660.0, 3.67, 3.0)),
(1.0, Vectors.dense(800.0, 1.3, 1.0)),
(1.0, Vectors.dense(640.0, 3.19, 4.0)),
(0.0, Vectors.dense(520.0, 2.93, 4.0)),
(1.0, Vectors.dense(760.0, 3.00, 2.0)),
(1.0, Vectors.dense(560.0, 2.98, 1.0)),
```

```
(0.0, Vectors.dense(400.0, 3.08, 2.0)),
(1.0, Vectors.dense(540.0, 3.39, 3.0)),
(0.0, Vectors.dense(700.0, 3.92, 2.0)),
(0.0, Vectors.dense(800.0, 4.0, 4.0)),
(0.0, Vectors.dense(440.0, 3.22, 1.0)),
(1.0, Vectors.dense(760.0, 4.0, 1.0)),
(0.0, Vectors.dense(700.0, 3.08, 2.0)),
(1.0, Vectors.dense(700.0, 4.0, 1.0)),
(0.0, Vectors.dense(480.0, 3.44, 3.0)),
(0.0, Vectors.dense(780.0, 3.87, 4.0)),
(0.0, Vectors.dense(360.0, 2.56, 3.0)),
(0.0, Vectors.dense(800.0, 3.75, 2.0)),
(1.0, Vectors.dense(540.0, 3.81, 1.0))
)
```

15. 给定一条记录,最好的理解方式是将记录考虑为两部分:(1)标签,0 代表学生没有被录取。(2)特征向量,Vectors.dense(380.0, 3.61, 3.0)分别代表学生的 GRE、GPA 和 RANK。在后面的章节将详细介绍 Dense Vector。

16. Seq 是具有特定性质的 Scala 集合,可以认为是具有预定义顺序的可迭代数据结构。Seq 的更多用法需要访问 Scala 官网。

17. 将 Seq 结构转为 DataFrame。在任何新的程序中,为了和 Spark 新编程范式保持一致,强烈推荐使用 DataFrame 和 Dataset,而不是使用低级别的 RDD。

```
val trainingDF = spark.createDataFrame(trainingdata).toDF("label",
"features")
```

label 和 features 是 DataFrame 的列头。

18. 评估器 Estimator 是一个抽象 API,以 DataFrame 作为输入,通过调用 fit()函数输出可执行模型。使用 Spark MLlib 的 LogisticRegression()类创建一个评估器,设置最大迭代次数为 80(默认迭代次数为 100)。正则化参数设置为 0.01,同时拟合的时候设置拟合截距:

```
val lr_Estimator = new
LogisticRegression().setMaxIter(80).setRegParam(0.01).setFitInterce
pt(true)
```

19. 为了更好地理解程序的运作过程,可以查看输出并检查参数值:

```
println("LogisticRegression parameters:\n" +
lr_Estimator.explainParams() + "\n")
```

输出如下：

```
Admission_lr_Model parameters:
{
logreg_34d0e7f2a3f9-elasticNetParam: 0.0,
logreg_34d0e7f2a3f9-featuresCol: features,
logreg_34d0e7f2a3f9-fitIntercept: true,
logreg_34d0e7f2a3f9-labelCol: label,
logreg_34d0e7f2a3f9-maxIter: 80,
logreg_34d0e7f2a3f9-predictionCol: prediction,
logreg_34d0e7f2a3f9-probabilityCol: probability,
logreg_34d0e7f2a3f9-rawPredictionCol: rawPrediction,
logreg_34d0e7f2a3f9-regParam: 0.01,
logreg_34d0e7f2a3f9-standardization: true,
logreg_34d0e7f2a3f9-threshold: 0.5,
logreg_34d0e7f2a3f9-tol: 1.0E-6
}
```

20. 对于截距和 Admission 参数的理解可以参见以下步骤。

- elasticNetParam：ElasticNet 混合参数，取值分为[0, 1]。当 alpha=0 时，为 L2 惩罚，当 alpha=1 时，为 L1 惩罚（默认值为 0）。

- featuresCol：特征列的名称（默认为 features）。

- fitIntercept：是否拟合截距项（默认为 true，这个攻略中设置为 true）。

- labelCol：标签列的名称（默认为 label）。

- maxIter：最大迭代次数（>=0，默认为 100，这里设置为 80）。

- predictionCol：预测列名称（默认为 prediction）。

- probabilityCol：预测类别条件概率的列名称。主要注意不是所有的模型都有标准的概率评估。这里的概率应该被认为是一个置信度，而不是一个关于准确率的概率（默认为概率）。

- rawPredictionCol：原始预测值的列名称，当不存在预测值时为置信度，列名称默认为 rawPrediction。

- regParam：正则化参数（>=0，默认为 0，这个攻略设置为 0.01）。

- standardization：在拟合模型之前是否需要标准化训练集特征（默认为 true）。

- threshold：二分类预测中的阈值，取值为 0~1（默认为 0.5）。

- thresholds：多分类预测中的阈值，用以调整每一个类别的预测概率。这个数组的长度大于等于 0，而且必须等于类别数目的长度。最大 p/t 值也就是预测类别，p 为预测类别的原始概率，t 为类别的阈值（未定义的）。
- tol：迭代算法的收敛容忍度（默认为 1.0E-6）。

21. 调用 fit 函数拟合已经准备好的 DataFrame，得到逻辑回归模型：

```
val Admission_lr_Model=lr_Estimator.fit(trainingDF)
```

22. 探索模型的概要统计信息，更好地理解所拟合的内容。只有更好地理解模型的各个部分，才能准确地理解下面的步骤：

```
println(Admission_lr_Model.summary.predictions)
```

输出如下：

```
Admission_lr_Model Summary:
[label: double, features: vector ... 3 more fields]
```

23. 根据训练 DataFrame 构建最后的模型，获取评估器 Estimator，执行转换操作运行模型，得到各个部分已赋值的新 DataFrame（例如预测值）。输出 DataFrame 的模式，理解新创建的 DataFrame：

```
// Build the model and predict
 val predict=Admission_lr_Model.transform(trainingDF)
```

这实际上是一个 transformation 操作。

24. 为了更好地理解新创建的 DataFrame，打印相应的模式，可以使用如下代码：

```
// print a schema as a guideline
predict.printSchema()
```

输出如下：

```
root
|-- label: double (nullable = false)
|-- features: vector (nullable = true)
|-- rawPrediction: vector (nullable = true)
|-- probability: vector (nullable = true)
|-- prediction: double (nullable = true)
```

前 2 列为使用 API 转为 DataFrame 时的标签和特征向量，rawPredictions 列也就是置信度，probability 列包含了概率对。最后一列 prediction 是模型的预测输出。上面的输出展示了拟合模型的输出结构以及每个参数的信息。

25. 继续提取回归模型的各个参数。为了让代码更清晰和简洁，我们对每一个参数信息单独调用 collect 操作：

```
// Extract pieces that you need looking at schema and parameter
// explanation output earlier in the program
// Code made verbose for clarity
val label1=predict.select("label").collect()
val features1=predict.select("features").collect()
val probability=predict.select("probability").collect()
val prediction=predict.select("prediction").collect()
val rawPrediction=predict.select("rawPrediction").collect()
```

26. 为了演示需要，打印原始训练集的数目：

```
println("Training Set Size=", label1.size )
```

输出如下：

(Training Set Size=,20)

27. 抽取模型的预测结果（输出、置信度和概率值），逐行显示：

```
println("No. Original Feature Vector Predicted Outcome confidence probability")
 println("--- ---------------------------- ---------------------- --------------------------- --------------------")
 for( i <- 0 to label1.size-1) {
 print(i, " ", label1(i), features1(i), " ", prediction(i), " ", rawPrediction(i), " ", probability(i))
 println()
 }
```

输出如下：

No. Original Feature Vector Predicted Outcome confidence probability
--- ---------------------------- ---------------------- --------------- --------------------
(0, ,[0.0],[[380.0,3.61,3.0]], ,[0.0],
,[[1.8601472910617978,-1.8601472910617978]],
,[[0.8653141150964327,0.13468588490356728]])

```
(1,  ,[1.0],[[660.0,3.67,3.0]],  ,[0.0],
,[[0.6331801846053525,-0.6331801846053525]],
,[[0.6532102092668394,0.34678979073316063]])
(2,  ,[1.0],[[800.0,1.3,1.0]],  ,[1.0],
,[[-2.6503754234982932,2.6503754234982932]],
,[[0.06596587423646814,0.9340341257635318]])
(3,  ,[1.0],[[640.0,3.19,4.0]],  ,[0.0],
,[[1.1347022244505625,-1.1347022244505625]],
,[[0.7567056336714486,0.2432943663285514]])
(4,  ,[0.0],[[520.0,2.93,4.0]],  ,[0.0],
,[[1.5317564062962097,-1.5317564062962097]],
,[[0.8222631520883197,0.17773684791168035]])
(5,  ,[1.0],[[760.0,3.0,2.0]],  ,[1.0],
,[[-0.8604923106990942,0.8604923106990942]],
,[[0.2972364981043905,0.7027635018956094]])
(6,  ,[1.0],[[560.0,2.98,1.0]],  ,[1.0],
,[[-0.6469082170084807,0.6469082170084807]],
,[[0.3436866013868022,0.6563133986131978]])
(7,  ,[0.0],[[400.0,3.08,2.0]],  ,[0.0],
,[[0.803419600659086,-0.803419600659086]],
,[[0.6907054912633392,0.30929450873666076]])
(8,  ,[1.0],[[540.0,3.39,3.0]],  ,[0.0],
,[[1.0192401951528316,-1.0192401951528316]],
,[[0.7348245722723596,0.26517542772764036]])
(9,  ,[0.0],[[700.0,3.92,2.0]],  ,[1.0],
,[[-0.08477122662243242,0.08477122662243242]],
,[[0.4788198754740347,0.5211801245259653]])
(10,  ,[0.0],[[800.0,4.0,4.0]],  ,[0.0],
,[[0.8599949503972665,-0.8599949503972665]],
,[[0.7026595993369233,0.29734400663307665]])
(11,  ,[0.0],[[440.0,3.22,1.0]],  ,[0.0],
,[[0.025000247291374955,-0.025000247291374955]],
,[[0.5062497363126953,0.49375026368730474]])
(12,  ,[1.0],[[760.0,4.0,1.0]],  ,[1.0],
,[[-0.9861694953382877,0.9861694953382877]],
,[[0.27166933762974904,0.728330662370251]])
(13,  ,[0.0],[[700.0,3.08,2.0]],  ,[1.0],
,[[-0.5465264211455029,0.5465264211455029]],
,[[0.3666706806887138,0.6333293193112862]])
```

28. 观察上一步的输出信息，了解模型如何拟合，以及预测值和真实值之间的差异。在接下来的章节中将学习如何预测输出，下面几行是一些示例。

第 10 行：模型的预测结果正确。

第 13 行：模型的预测结果不正确。

29．最后一步，停止集群、释放所分配的资源：

```
spark.stop()
```

6.9.2 工作原理

首先定义一个 Seq 数据结构保存向量序列，每个向量包含一个标签和一个特征向量。接着将数据结构转为 DataFrame，调用 Estimator.fit()拟合数据得到模型。理解模型参数和 DataFrame 有助于进一步理解模型结果。在对预测结果迭代展示之前，需要结合 select()和 predict()操作对 DataFrame 进行分解。

Spark 中管道的思想来源于 scikit-learn，但我们在执行回归模型的时候没有使用到管道，而是打算在一个更全面的攻略中详细介绍 Spark ML 管道和逻辑回归算法。

根据我们的经验，所有的生产环境中的机器学习代码都使用某种形式的管道对多个步骤进行融合（例如数据封装、聚类和回归）。在接下来的章节中，我们将演示开发阶段如何在不使用管道的情况下通过使用这些算法来减少代码。

6.9.3 更多

我们在前面已经学习了在 Scala 和 Spark 中如何使用管道编码，为了更清晰地理解概念，我们在较高级别重新回顾和定义了一些概念。

1．管道

Spark 通过标准化 API 使得将多个步骤融合为一个机器学习管道更为简单，并进一步结合为一个工作流（也就是 Spark 中的管道）。尽管不使用管道也可以调用回归模型，但是现实工作系统（也就是端到端）需要使用多步骤的管道方法。

管道的概念来源于另一个流行的库 scikit-learn。

- Transformer：Transformer 是一个方法，可以将一个 DataFrame 转为另一个 DataFrame。
- Estimator：Estimator 作用在 DataFrame 上，可以产生一个新的 Transformer。

2．向量

Vector 基类同时支持 Dense（密集）向量和 Sparse（稀疏）向量，区别在于处理稀疏数据结构时候的效率不同。在这个攻略中，训练集的每一行都有意义，而且数据的稀疏性非常低，比较适合使用 Dense 向量。在处理稀疏向量、稀疏矩阵等情况时，稀疏向量的元组会同时包含索引和相应的数据。

6.9.4 参考资料

在这一章中，可以选择性地使用 Spark 文档和 Scala 参考手册，但不是必需的，为了保持内容的完整性，这里还是将其列出：

- Scala Seq 文档；
- Spark DataFrame、SparkVector、PipeLine 文档；
- Spark MLlib 库，读者可以自行查阅；
- Spark 基本的数据结构，尤其是向量。

第 7 章
使用 Spark 实现大规模的推荐引擎

在这一章，将讨论以下内容：
- 使用 Spark 2.0 生成可扩展推荐引擎所需的数据；
- 使用 Spark 2.0 研究推荐系统的电影数据；
- 使用 Spark 2.0 研究推荐系统的评分数据；
- 使用 Spark 2.0 和协同过滤构建可扩展的推荐引擎。

7.1 引言

在前面的章节中，我们已经使用简短攻略和非常简化的代码来演示 Spark 机器学习库中的基本构建块和概念。本章将介绍一个更加成熟高级的应用程序，使用 Spark API 和工具来处理特定的机器学习领域的问题。尽管本章的攻略数目较少，但是会学习到更多的机器学习应用程序。

本章将使用一种基于隐因子模型（可选最小二乘（ALS）的矩阵分解技术探究推荐系统及其实现。简而言之，当尝试将一个很大的"用户—项目评分矩阵"分解为 2 个更低秩、更瘦扁的矩阵时，经常遇到难以处理的非线性或非凸优化问题。碰巧，我们非常善于解决凸优化问题：先固定问题的某一部分，再从局部去解决问题的其他部分，继而来回重复多次（因此称为"交替"）。可以使用已有的并行优化技术更好地解决因子分解（可以发现一组隐因子）问题。

本章将使用一个流行的数据集（MovieLens 数据集）来实现推荐引擎，和其他章节不同的是：这里使用 2 个攻略来探索数据并展示如何将 JFreeChart 等图形单元添加进 Spark

机器学习工具库中。

图 7-1 展示了本章所涉及的概念和攻略流程，该流程演示一个 ALS（可选最小二乘）推荐应用。

图 7-1

推荐引擎已经存在很长时间，并且在 20 世纪 90 年代的早期电子商务系统中广泛使用，技术范围从硬编码产品关联延伸到由概要分析驱动的基于内容的推荐。现代推荐系统使用协作过滤（CF）来解决早期系统的问题，并解决现代商务系统（例如，亚马逊、奈飞、易贝、News 等）竞争中所面对的规模和延迟（例如最大 100 毫秒或更短）问题。

现代推荐系统使用基于历史交互数据和记录（页面浏览、购买、评分等）数据的协同过滤技术。这些系统解决了两个主要问题：可扩展性和稀疏性（没有所有电影或歌曲的所有评分数据）。大多数系统使用具有加权 Lambda 正则化的可选最小二乘法的变体技术，可以实现在大多数主要平台（如 Spark）上并行化处理。话说如此，但是一个以商业为目的的实用推荐系统会使用很多增强技术来处理现代推荐系统中存在的偏差（并非所有电影和用户都是一样）和时间问题（用户的选择会改变，物品的目录会改变）。在开发智能和领先的电子商务系统之后，发现构建有竞争性的推荐系统并不是一种纯粹的方法，而是一种使用多种技术的实用方法，在处理相似矩阵或热力图等上下文信息时至少要用到 3 种技术（协同过滤、基于内容的过滤和相似度）实现将相似矩阵或热力图看作上下文。

笔者鼓励读者查阅白皮书和材料以更深入地了解推荐系统的冷启动问题。

考虑到上下文的需要，图 7-2 提供了构建推荐系统所需要的高级方法的分类目录。

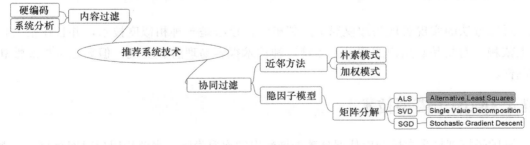

图 7-2

本章会简要介绍每个系统的一些优缺点，并重点关注 Spark 现有的矩阵分解技术（隐因子模型）。尽管奇异值分解（SVD）和可选最小二乘（ALS）都可用，但 SVD 在处理缺失数据等方面存在缺点，所以选用 ALS 处理 MovieLens 数据。SVD 将在第 11 章中更详细地探究。

本章所使用的推荐引擎技术将后面详细介绍。

7.1.1 内容过滤

内容过滤是推荐引擎的原始技术之一，它依赖于用户信息实现推荐。这种方法主要依赖于先验的用户信息（类型、人口统计、收入、地理位置、邮政编码）和商品列表（产品、电影或歌曲的特征）来推断因果，推断得到的因果可以用于过滤和后续操作。然而，内容过滤存在一个主要问题：先验知识通常不完善，而且来源非常昂贵，这种技术已经存在 10 多年，还在实践中不断发展。

7.1.2 协同过滤

协同过滤是现代推荐系统的主要技术，利用生态系统中的用户交互而非用户信息实现推荐。这种技术依赖于用户的历史行为数据和产品评分数据，并且不需要假设任何先验知识。

简而言之，用户对库存列表上的项目进行评分，并且假设用户兴趣随着时间保持相对恒定，可以利用这种恒定特性实施推荐。然而，一个智能系统会利用任何可用的上下文（例如，一位来自中国的女性登录用户）来增强推荐和重排序推荐。

这类技术的主要问题是冷启动，但不需要领域知识，有较高的准确性且更易扩展，这些优点使其成为大数据时代的赢家。

7.1.3 近邻方法

近邻方法的实现表现为加权局部近邻机制，核心是一种相似度技术，并且在很大程度上依赖于对物品和用户的假设。尽管这种技术很容易理解和实现，但缺乏可扩展性和准确性。

7.1.4 隐因子模型技术

隐因子模型技术尝试利用从评分数据推断出的次要隐因子来解释用户对库存物品（例如亚马逊上的产品）的评分。隐因子模型技术的优势在于不需要提前知道因子（类似于 PCA

技术），只是从评分数据本身推测出来。使用矩阵分解技术衍生得到隐因子，矩阵分解技术易扩展性、预测准确且非常灵活（允许用户和库存存在偏差，对时间属性表现稳定），因而非常流行。

- 奇异值分解（SVD）

SVD 现在已经存在于 Spark 中，但建议不要将它作为核心技术使用，SVD 存在以下问题：不适合处理现实生活中的稀疏数据（例如用户通常不会对所有内容进行评分），容易过拟合，需要数据有序（是否真的需要产生最少的 1000 条推荐）。

- 随机梯度下降（SGD）

SGD 易于实现而且运行得更快，可以一次查看一个电影和一个用户/物品向量（相对于批处理方法，这里选择一个电影并为该用户更新信息）。可根据需要使用 Spark 的矩阵工具和 SGD 来实现这里的 SGD 算法。

- 可选最小二乘（ALS）

在开始下面的内容之前，建议仔细查阅 ALS。Spark 已存在并行化处理的 ALS，与常见的半矩阵分解思想不同，这里的 ALS 在底层实现了全矩阵分解。我们鼓励读者阅读源码，以自行验证前文表述是否正确。Spark 提供显式（用于评分）和隐式（间接推测，如播放曲目的时间长度而非评分）这 2 种 API。这个攻略首先借助数学和直觉来讨论本攻略中的偏差和时间问题，然后再阐述攻略的观点。

7.2 用 Spark 2.0 生成可扩展推荐引擎所需的数据

这个攻略首先检查下载得到的 MovieLens 公共数据集，并初步探索数据。根据 MovieLens 数据集中的客户评分，明确使用何种数据。MovieLens 数据集包含来自 6000 个用户对 4000 部电影的 1000000 条评分数据。

使用以下命令行工具中的某一个获取指定数据：curl（推荐用于 Mac OS）或 wget（推荐用于 Windows 或 Linux）。

7.2.1 操作步骤

1. 选用 wget 或 curl 命令下载 grouplens 网站上的 ml-1m.zip 文件，获取数据集：
2. 解压 zip 文件：

```
unzip ml-1m.zip
creating: ml-1m/
inflating: ml-1m/movies.dat
inflating: ml-1m/ratings.dat
inflating: ml-1m/README
inflating: ml-1m/users.dat
```

该命令创建一个名为 ml-1m 的目录,保存解压后的数据文件。

3. 切换至目录 ml-1m:

```
cd ml-1m
```

4. 验证 movies.dat 文件中的格式化数据,开始数据探索的第一步:

```
head -5 movies.dat
1::Toy Story (1995)::Animation|Children's|Comedy
2::Jumanji (1995)::Adventure|Children's|Fantasy
3::Grumpier Old Men (1995)::Comedy|Romance
4::Waiting to Exhale (1995)::Comedy|Drama
5::Father of the Bride Part II (1995)::Comedy
```

5. 现在观察评分数据,查验数据格式:

```
head -5 ratings.dat
1::1193::5::978300760
1::661::3::978302109
1::914::3::978301968
1::3408::4::978300275
1::2355::5::978824291
```

7.2.2 工作原理

MovieLens 数据集是原始 "Netflix KDD" 竞赛数据集中的一个优秀数据集,包含多个子集合,范围从小(100k)到大(1M 和 2M)不等。对于那些喜欢微调源码增加数据量的用户来说,这个数据集的规模范围介于 100kB~20MB 之间,可以帮助他们更好地研究缩放效果,观察每个执行程序上的性能和 Spark 利用率。

下载地址可以访问 grouplens 网站,搜索 MovieLens 数据集。

7.2.3 更多

grouplens 网站上有很多数据集,下载数据的时候需要仔细查看从哪里下载。

图 7-3 描述了数据大小和数据量范围，本章使用较小的数据集，可以在资源有限的小型笔记本上轻松运行。

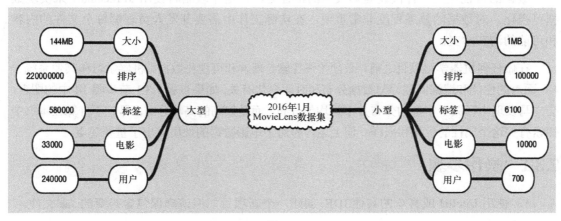

图 7-3

7.2.4　参考资料

仔细阅读数据解压后的目录中的 README 文件，该文件包含数据文件格式和数据描述信息。

还有一个 MovieLens 基因组标签集数据可供使用：

- 计算得到的 1100 万电影标签；
- 来自 1100 个标签的相关得分；
- 适用的 1000 部电影。

对于那些喜欢探索原始 Netflix 数据集的读者，可以查阅 academictorrents 网站上的详细信息。

7.3　用 Spark 2.0 研究推荐系统的电影数据

这个攻略将探索电影数据文件，将解析的数据包装成 Scala 的 case 类，并生成一个简单的度量指标。这个攻略的关键在于真正理解数据，只有这样才能在后期阶段遇到不确定的结果时，对问题形成独到的见解，才能对结果的正确性做出明智的结论。

本章会提供 2 个攻略来专门探索电影数据集，这是其中的一个。数据探索是统计分析和机器学习中非常重要的第一步。

数据的可视化是一种快速理解数据的最佳方法，这个攻略将使用 JFreeChart 来实现数据可视化。对数据的熟悉程度非常重要，在实际工作中需要开发人员理解每个文件的内容和可能的潜在含义。

在做任何机器学习项目之前，必须始终探索、理解和可视化数据，机器学习和其他系统一样，面对的性能和遗漏问题都与数据分布和时间变化有关。如果查看 7.3.1 节步骤 14 中的图表，会立马发现电影关于年份的分布并不是均匀分布，而是偏高的高峰分布。尽管不打算在本书中探索有关这个属性的优化和采样，但上述内容对于电影数据的性质提出了重要观点。

7.3.1 操作步骤

1. 使用 IntelliJ 或喜欢的其他 IDE 创建一个新项目，但请确保包含必要的 Jar 文件。

2. 从 sourceforge 网站下载 JFreeChart 的 Jar 文件。

3. 请确保 JFreeChart 类库和所依赖的 JCommon 类库位于这个攻略代码的 classpath 下。

4. 定义一个 Scala 程序的 Package 目录信息：

```
package spark.ml.cookbook.chapter7
```

5. 导入必要的包：

```
import java.text.DecimalFormat
import org.apache.log4j.{Level, Logger}
import org.apache.spark.sql.SparkSession
import org.jfree.chart.{ChartFactory, ChartFrame, JFreeChart}
import org.jfree.chart.axis.NumberAxis
import org.jfree.chart.plot.PlotOrientation
import org.jfree.data.xy.{XYSeries, XYSeriesCollection}
```

6. 定义一个 Scala 的 case 类，用于后续的电影数据建模：

```
case class MovieData(movieId: Int, title: String, year: Int, genre: Seq[String])
```

7. 定义一个函数，用于在窗口中显示 JFreeChart，JFreeChart 包有很多的图表和绘图选项值得研究和探索：

```
def show(chart: JFreeChart) {
```

```
val frame = new ChartFrame("plot", chart)
frame.pack()
frame.setVisible(true)
}
```

8. 定义一个函数用以解析 movie.dat 文件中的单行数据,将解析的结果包装在 case class 类型的类中:

```
def parseMovie(str: String): MovieData = {
val columns = str.split("::")
assert(columns.size == 3)

val titleYearStriped = """\(|\)""".r.replaceAllIn(columns(1), " ")
val titleYearData = titleYearStriped.split(" ")

MovieData(columns(0).toInt,
titleYearData.take(titleYearData.size - 1).mkString(" "),
titleYearData.last.toInt,
columns(2).split("|"))
}
```

9. 接着创建 main 函数,首先定义 movie.dat 文件的位置:

```
val movieFile = "../data/sparkml2/chapter7/movies.dat"
```

10. 创建 SparkSession 对象,进行相应的配置:

```
val spark = SparkSession
 .builder
.master("local[*]")
.appName("MovieData App")
.config("spark.sql.warehouse.dir", ".")
.config("spark.executor.memory", "2g")
.getOrCreate()
```

11. 交叉显示的日志信息不利于阅读,要将日志显示水平设置为 ERROR:

```
Logger.getLogger("org").setLevel(Level.ERROR)
```

12. 从数据文件中读取所有电影,创建一个数据集变量 movies:

```
import spark.implicits._
val movies = spark.read.textFile(movieFile).map(parseMovie)
```

13. 使用 SparkSQL 对变量 movies 按年进行分组：

```
movies.createOrReplaceTempView("movies")
val moviesByYear = spark.sql("select year, count(year) as count
from movies group by year order by year")
```

14. 对按年分组的电影数据使用直方图进行展示，如图 7-4 所示。

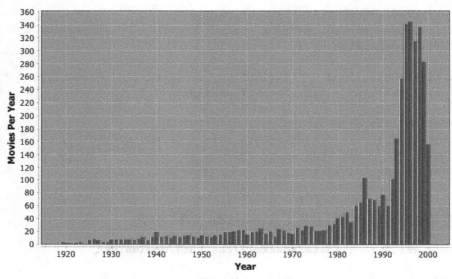

图 7-4

```
val histogramDataset = new XYSeriesCollection()
val xy = new XYSeries("")
moviesByYear.collect().foreach({
row => xy.add(row.getAs[Int]("year"), row.getAs[Long]("count"))
})

histogramDataset.addSeries(xy)

val chart = ChartFactory.createHistogram(
"", "Year", "Movies Per Year", histogramDataset,
PlotOrientation.VERTICAL, false, false, false)
val chartPlot = chart.getXYPlot()

val xAxis = chartPlot.getDomainAxis().asInstanceOf[NumberAxis]
xAxis.setNumberFormatOverride(new DecimalFormat("####"))

show(chart)
```

15．通过查看生成的图表有助于对电影数据集的清晰了解，目前至少有 2~4 种其他可视化数据的方式，这些可以由读者自己尝试探索。

16．停止 SparkSession，关闭程序：

```
spark.stop()
```

7.3.2　工作原理

当开始执行程序时，需要在 driver 程序（驱动程序）中初始化一个处理数据任务的 Spark 上下文对象。需要说明一点，数据必须加载到 driver 的内存（用户电脑/工作站）中，但这个攻略不需要将数据加载到服务器 driver 内存中。当处理非常大的极端数据集时，一种可选的方法是采用分而治之的思想（首先读取部分数据进行加载，然后在目标端组装各个部分的数据）。

继续读取和解析数据文件，并保存为电影数据类型的数据集。紧接着，对电影数据集按年进行分组，生成一个以年为主键的电影地图，同时附带对电影数据的分组，如图 7-5 所示。

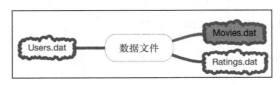

图 7-5

接着，对指定的年数据提取年和电影数目特征，生成直方图。最后收集数据，将全部的结果数据拉取到 driver 上，并传递到 JFreeChart 完成数据可视化的构建。

7.3.3　更多

SparkSQL 非常灵活有效，建议大家了解对应的用法，更多信息可以查看 Spark 官网。

7.3.4　参考资料

- 关于 JFreechart 的更多用法，请查阅 JFreeChart API 的文档。
- tutorialspoint 网址提供了一个关于 JFreeChart 的优秀教程。
- 关于 JFreeChart 其他信息可以查阅 JFree 官网。

7.4 用 Spark 2.0 研究推荐系统的评分数据

这个攻略将从用户/评级的角度探索数据,了解数据文件的性质和属性。首先探索电影评分数据文件,将数据解析为 Scala case class,并对其进行可视化分析。然后根据评级数据生成推荐引擎所需要的特征。再次强调,练习任何数据科学和机器学习的项目的第一步都应该是数据可视化和探索。

再次强调,理解数据的第一步是对数据进行可视化,这个攻略将使用 JFreeChart 散点图来执行这个操作。使用 JFreeChart 图表生成的用户评分数据说明存在一个包含异常值、类似多项式分布的一个分布,当评级幅度增加时,数据的稀疏度也增加。

7.4.1 操作步骤

1. 使用 IntelliJ 或所喜欢的其他 IDE 创建一个新项目,但请确保包含必要的 Jar 文件。

2. 创建包含 Scala 程序的 package 目录:

```
package spark.ml.cookbook.chapter7
```

3. 导入必要的软件包:

```
import java.text.DecimalFormat
import org.apache.log4j.{Level, Logger}
import org.apache.spark.sql.SparkSession
import org.jfree.chart.{ChartFactory, ChartFrame, JFreeChart}
import org.jfree.chart.axis.NumberAxis
import org.jfree.chart.plot.PlotOrientation
import org.jfree.data.xy.{XYSeries, XYSeriesCollection}
```

4. 定义一个 Scala 的 case class,用于封装评分数据:

```
case class Rating(userId: Int, movieId: Int, rating: Float, timestamp: Long)
```

5. 定义一个函数,用于在窗口中显示 JFreeChart 的图表:

```
def show(chart: JFreeChart) {
 val frame = new ChartFrame("plot", chart)
 frame.pack()
```

```
frame.setVisible(true)
}
```

6. 定义一个函数解析 ratings.dat 文件的行数据,转换为 case class:

```
def parseRating(str: String): Rating = {
 val columns = str.split("::")
 assert(columns.size == 4)
 Rating(columns(0).toInt, columns(1).toInt, columns(2).toFloat,
columns(3).toLong)
}
```

7. 创建 main 函数,定义 ratings.dat 文件所在的路径:

```
val ratingsFile = "../data/sparkml2/chapter7/ratings.dat"
```

8. 实例化 SparkSession 对象并进行相应配置,得到一个 Spark 变量。这个示例首先介绍设置 Spark executor 内存的大小(例如设置为 2GB),如果需要运行大数据集,则需要增加内存:

```
val spark = SparkSession
 .builder
.master("local[*]")
 .appName("MovieRating App")
 .config("spark.sql.warehouse.dir", ".")
 .config("spark.executor.memory", "2g")
 .getOrCreate()
```

9. 交叉显示的 Spark 日志信息难以阅读,将日志级别设置为 ERROR:

```
Logger.getLogger("org").setLevel(Level.ERROR)
```

10. 从数据文件中创建一个包含全部评分数据的 Dataset 类型的变量:

```
import spark.implicits._
 val ratings = spark.read.textFile(ratingsFile).map(parseRating)
```

11. 将 ratings 变量转换为一张内存视图表,便于使用 Spark SQL 查询功能:

```
ratings.createOrReplaceTempView("ratings")
```

12. 根据用户进行分组,生成包含用户总数的评分数据:

```
val resultDF = spark.sql("select ratings.userId, count(*) as count
```

```
from ratings group by ratings.userId")
resultDF.show(25, false);
```

控制台上的输出如图 7-6 所示。

```
From the Console output;
+------+-----+
|userId|count|
+------+-----+
|148   |624  |
|463   |123  |
|471   |105  |
|496   |119  |
|833   |21   |
|1088  |1176 |
|1238  |45   |
|1342  |92   |
|1580  |37   |
|1591  |314  |
|1645  |522  |
|1829  |30   |
|1959  |61   |
|2122  |208  |
|2142  |77   |
|2366  |41   |
|2659  |161  |
|2866  |205  |
|3175  |87   |
|3749  |118  |
|3794  |44   |
|3918  |26   |
|3997  |315  |
|4101  |95   |
|4519  |42   |
+------+-----+
only showing top 25 rows
```

图 7-6

13. 使用散点图展示每个用户的评分数据，这有别于前面的攻略，这里的散点图使用了不同方式展示数据。鼓励读者探索标准化技术（例如删除均值）或波动率变化机制（例如 GARCH）来探索该数据集的自回归条件异方差性质（这个概念超出了本书的范围）。建议读者阅读任何一本关于高级时间序列的图书，了解时间序列的时变波动性以及如何在使用前修正这一问题。

```
val scatterPlotDataset = new XYSeriesCollection()
val xy = new XYSeries("")

resultDF.collect().foreach({r => xy.add(
r.getAs[Integer]("userId"), r.getAs[Integer]("count")) })

scatterPlotDataset.addSeries(xy)
```

```
val chart = ChartFactory.createScatterPlot(
"", "User", "Ratings Per User", scatterPlotDataset,
PlotOrientation.VERTICAL, false, false, false)
val chartPlot = chart.getXYPlot()

val xAxis = chartPlot.getDomainAxis().asInstanceOf[NumberAxis]
xAxis.setNumberFormatOverride(new DecimalFormat("####"))
```

14. 生成的图表如图 7-7 所示。

```
show(chart)
```

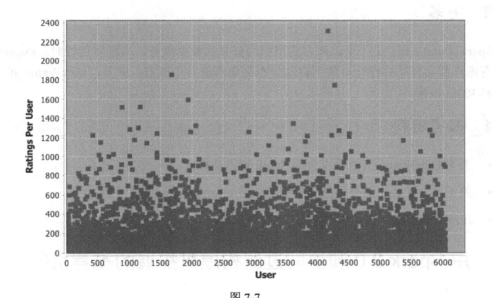

图 7-7

15. 停止 SparkSession，关闭程序：

```
spark.stop()
```

7.4.2 工作原理

首先加载数据文件并解析，将其保存为 Dataset 类型的 ratings 变量，最后再转换为 DataFrame。对 DataFrame 执行 Spark SQL 查询，按用户分组返回包含用户总数的评分数据，如图 7-8 所示。

本书已经在第 3 章深入学习过 Dataset 和 DataFrame，这里再次鼓励大家对 Dataset 和

DataFrame 深入研究。对于每一个 Spark 开发者来说，全面理解 API 和相关概念（延迟实例化、阶段化、管道和缓存）非常重要。

图 7-8

最后将结果数据传递给 JFreeChart 的散点图组件，以显示图表结果。

7.4.3 更多

Spark DataFrame 是一个以列方式组织的分布式数据集合。当程序运行时，DataFrame 的所有操作都会自动并行化、数据自动分布到集群的各个节点。此外，DataFrame 的 lazy 机制和 RDD 很像。

7.4.4 参考资料

- 关于 DataFrame 文档可以查阅 Spark 官方文档。
- 关于 JFreeChart 的一个优质教程可以从 tutorialspoint 网站下载。
- JFreeChart 可以从 jfree 网站下载。

7.5 用 Spark 2.0 和协同过滤构建可扩展的推荐引擎

这个攻略将展示一种推荐系统，该系统采用称为协同过滤的技术。从本质上来说，协同过滤可以分析用户与库存（如电影、书籍、新闻文章或歌曲）之间的依赖关系，根据一组称为潜在因素的次要因子来识别用户与项目之间的关系（例如，女性和男性、快乐和悲伤、主动和被动）。这个技术的关键在于不需要事先了解潜在因子。

推荐结果可以通过 ALS 算法得到，这是一种协同过滤技术。在高级别，协同过滤需要收集先前已知的偏好，再结合许多其他用户的偏好来预测当前用户可能感兴趣的内容。首先提取 MovieLens 数据集的评分数据，并转换为推荐算法所需的输入特征。

7.5.1 操作步骤

1. 使用 IntelliJ 或自己喜欢的其他 IDE 创建一个新项目，但请确保包含必要的 Jar 文件。

2. 创建程序所在的 package 目录:

```
package spark.ml.cookbook.chapter7
```

3. 导入必要的软件包:

```
import org.apache.log4j.{Level, Logger}
import org.apache.spark.sql.SparkSession
import org.apache.spark.ml.recommendation.ALS
```

4. 定义 Scala 的 case class,以封装评分数据:

```
case class Movie(movieId: Int, title: String, year: Int, genre: Seq[String])
case class FullRating(userId: Int, movieId: Int, rating: Float, timestamp: Long)
```

5. 定义一个函数解析 ratings.dat 文件的行数据,并转换为 case class:

```
def parseMovie(str: String): Movie = {
val columns = str.split("::")
assert(columns.size == 3)

val titleYearStriped = """\(|\)""".r.replaceAllIn(columns(1), " ")
val titleYearData = titleYearStriped.split(" ")

Movie(columns(0).toInt,
    titleYearData.take(titleYearData.size - 1).mkString(" "),
    titleYearData.last.toInt,
    columns(2).split("|"))
 }

def parseFullRating(str: String): FullRating = {
val columns = str.split("::")
assert(columns.size == 4)
FullRating(columns(0).toInt, columns(1).toInt, columns(2).toFloat, columns(3).toLong)
 }
```

6. 创建 main 函数,定义 movie.dat 和 ratings.dat 文件所在的路径:

```
val movieFile = "../data/sparkml2/chapter7/movies.dat"
val ratingsFile = "../data/sparkml2/chapter7/ratings.dat"
```

7. 创建 SparkSession 并完成相应的配置：

```
val spark = SparkSession
 .builder
.master("local[*]")
.appName("MovieLens App")
.config("spark.sql.warehouse.dir", ".")
.config("spark.executor.memory", "2g")
.getOrCreate()
```

8. 交叉显示的 Spark 日志信息难以阅读，请将日志级别设置为 ERROR：

```
Logger.getLogger("org").setLevel(Level.ERROR)
```

9. 将所有评分数据保存为 Dataset 类型的变量，将其注册为内存中的临时视图，便于使用 Spark SQL 查询功能：

```
val ratings = spark.read.textFile(ratingsFile).map(parseFullRating)

 val movies =
spark.read.textFile(movieFile).map(parseMovie).cache()
 movies.createOrReplaceTempView("movies")
```

10. 对内存中的视图表执行 SQL 查询：

```
val rs = spark.sql("select movies.title from movies")
rs.show(25)
```

控制台输出如图 7-9 所示。

11. 将评分数据划分为训练数据集和测试数据集，训练数据集用于训练交替最小二乘法推荐机器学习算法，而测试数据集用于评估预测值和实际值之间的准确率：

```
val splits = ratings.randomSplit(Array(0.8, 0.2), 0L)
val training = splits(0).cache()
val test = splits(1).cache()

val numTraining = training.count()
val numTest = test.count()
println(s"Training: $numTraining, test: $numTest.")
```

12. 现在创建一个 ID 为 0 的虚拟用户，进而生成一个包含多个评分的数据集。这个虚拟用户在后续有助于更好地理解 ALS 算法计算得到的预测值：

```
From the Console output:
+--------------------+
|               title|
+--------------------+
|           Toy Story|
|             Jumanji|
|    Grumpier Old Men|
|   Waiting to Exhale|
|  Father of the Bri...|
|                Heat|
|             Sabrina|
|        Tom and Huck|
|        Sudden Death|
|           GoldenEye|
|  American Presiden...|
|  Dracula: Dead and...|
|               Balto|
|               Nixon|
|    Cutthroat Island|
|              Casino|
|  Sense and Sensibi...|
|          Four Rooms|
|  Ace Ventura: When...|
|         Money Train|
|          Get Shorty|
|             Copycat|
|            Assassins|
|              Powder|
|    Leaving Las Vegas|
+--------------------+
only showing top 25 rows
```

图 7-9

```scala
val testWithOurUser = spark.createDataset(Seq(
  FullRating(0, 260, 0f, 0), // Star Wars: Episode IV - A New Hope
  FullRating(0, 261, 0f, 0), // Little Women
  FullRating(0, 924, 0f, 0), // 2001: A Space Odyssey
  FullRating(0, 1200, 0f, 0), // Aliens
  FullRating(0, 1307, 0f, 0) // When Harry Met Sally...
)).as[FullRating]

val trainWithOurUser = spark.createDataset(Seq(
  FullRating(0, 76, 3f, 0), // Screamers
  FullRating(0, 165, 4f, 0), // Die Hard: With a Vengeance
  FullRating(0, 145, 2f, 0), // Bad Boys
  FullRating(0, 316, 5f, 0), // Stargate
  FullRating(0, 1371, 5f, 0), // Star Trek: The Motion Picture
  FullRating(0, 3578, 4f, 0), // Gladiator
  FullRating(0, 3528, 1f, 0) // Prince of Tides
)).as[FullRating]
```

13. 将 testWithOurUser 数据集合并到原始测试数据集中，生成一个联合数据集。此外，对原始训练数据集和原始测试数据集分别调用 unpersist() 方法：

```
val testSet = test.union(testWithOurUser)
test.unpersist()
val trainSet = training.union(trainWithOurUser)
training.unpersist()
```

14. 创建 ALS 对象，设置相应的参数：

使用训练数据集训练得到模型：

```
val als = new ALS()
 .setUserCol("userId")
 .setItemCol("movieId")
 .setRank(10)
 .setMaxIter(10)
 .setRegParam(0.1)
 .setNumBlocks(10)
val model = als.fit(trainSet.toDF)
```

15. 在测试数据集上运行模型：

```
val predictions = model.transform(testSet.toDF())
predictions.cache()
predictions.show(10, false)
```

控制台输出如图 7-10 所示。

```
From the console output:
+------+-------+------+---------+----------+
|userId|movieId|rating|timestamp|prediction|
+------+-------+------+---------+----------+
|53    |148    |5.0   |977987826|3.360202  |
|3184  |148    |4.0   |968708953|3.1396782 |
|1242  |148    |3.0   |974909976|2.4897025 |
|3829  |148    |2.0   |965940170|2.3191774 |
|2456  |148    |2.0   |974178993|2.7297301 |
|4858  |463    |3.0   |963746396|2.4874766 |
|3032  |463    |4.0   |970356224|4.275539  |
|2210  |463    |3.0   |974601869|2.8614724 |
|4510  |463    |2.0   |966800044|2.205242  |
|3562  |463    |2.0   |966790403|2.9360452 |
+------+-------+------+---------+----------+
only showing top 10 rows
```

图 7-10

16. 使用 Spark SQL 查询构建一个包含所有预测值的内存数据表：

```
val allPredictions = predictions.join(movies, movies("movieId") ===
predictions("movieId"), "left")
```

17. 获取内存数据表中的评分和预测值，在控制台上显示前 20 条记录：

```
allPredictions.select("userId", "rating", "prediction",
"title").show(false)
```

控制台上的输出如图 7-11 所示。

```
From the Console output:
+------+------+----------+------------------------+
|userId|rating|prediction|title                   |
+------+------+----------+------------------------+
|53    |5.0   |3.360202  |Awfully Big Adventure, An|
|3184  |4.0   |3.1396782 |Awfully Big Adventure, An|
|1242  |3.0   |2.4897025 |Awfully Big Adventure, An|
|3829  |2.0   |2.3191774 |Awfully Big Adventure, An|
|2456  |2.0   |2.7297301 |Awfully Big Adventure, An|
|4858  |3.0   |2.4874766 |Guilty as Sin           |
|3032  |4.0   |4.275539  |Guilty as Sin           |
|2210  |3.0   |2.8614724 |Guilty as Sin           |
|4510  |2.0   |2.205242  |Guilty as Sin           |
|3562  |2.0   |2.9360452 |Guilty as Sin           |
|746   |1.0   |2.1229248 |Guilty as Sin           |
|5511  |2.0   |3.4050038 |Guilty as Sin           |
|331   |4.0   |2.572236  |Guilty as Sin           |
|3829  |2.0   |2.0906088 |Guilty as Sin           |
|5831  |4.0   |2.9544487 |Guilty as Sin           |
|392   |4.0   |3.579655  |Hudsucker Proxy, The    |
|1265  |4.0   |3.574471  |Hudsucker Proxy, The    |
|4957  |3.0   |3.473529  |Hudsucker Proxy, The    |
|78    |4.0   |3.5066679 |Hudsucker Proxy, The    |
|1199  |3.0   |2.7609487 |Hudsucker Proxy, The    |
+------+------+----------+------------------------+
only showing top 20 rows
```

图 7-11

18. 获取指定用户对电影的评分预测值：

```
allPredictions.select("userId", "rating", "prediction",
"title").where("userId=0").show(false)
```

控制台上的输出如图 7-12 所示。

```
From the Console output:
+------+------+----------+--------------------------------+
|userId|rating|prediction|title                           |
+------+------+----------+--------------------------------+
|0     |0.0   |2.624456  |When Harry Met Sally...         |
|0     |0.0   |4.1649804 |2001: A Space Odyssey           |
|0     |0.0   |3.994494  |Aliens                          |
|0     |0.0   |2.2429814 |Little Women                    |
|0     |0.0   |4.5856667 |Star Wars: Episode IV - A New Hope|
+------+------+----------+--------------------------------+
```

图 7-12

19．停止 SparkSession，关闭程序：

```
spark.stop()
```

7.5.2 工作原理

由于这个攻略的程序比较复杂，接下来首先对相关概念进行解释，然后再详细解释程序。

图 7-13 描述了 ALS 的概念视图，以及如何对 user/movie/rating 矩阵进行分解，即将一个高阶矩阵分解为一个低阶的瘦高形态的矩阵（users）和另一个隐因子向量（movies）。

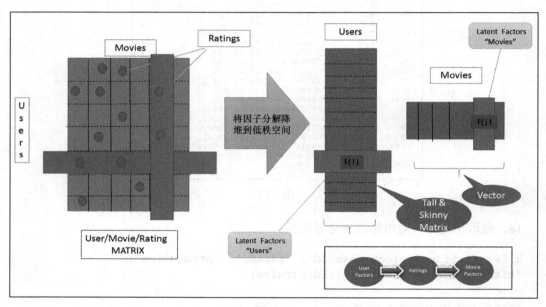

图 7-13

隐因子的另一种理解方式：将电影数据置于一个 n 维空间中，该空间可以匹配指定用户的推荐结果。这种技术可以认为机器学习是在维度变量空间中的一种搜索查询。但是需要牢记，学习到的几何空间的隐因子不是预定义的，其维度依赖具体的搜索或分解，可以是 10、100、1000。从经验角度来说，隐因子是 n 维空间中的概率质量。图 7-14 展示了一个具有两个隐因子模型（二维）的简化视图，可以说明上文的思想。

对于不同的系统，ALS 的实现机制会存在差异，但是核心思想都是加权正则化的迭代全分解方法（Spark 的实现）。关于 ALS 的数学原理和背后的算法特性，Spark 官网文档和教程提供了大量的文档，读者可以自行查阅。ALS 的算法公式如下：

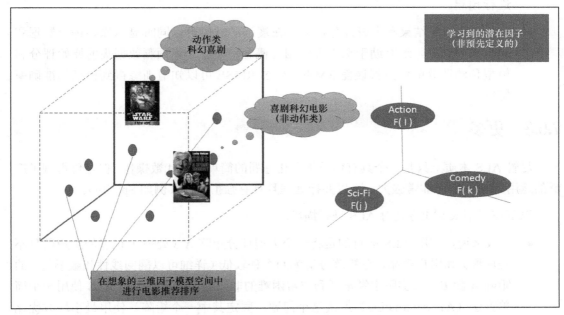

图 7-14

$$f(i) = \arg\min_{w \in \mathbb{R}^d} \sum_{j \in Nbrs(i)} (r_{ij} - w^T f[j])^2 + \lambda \|w\|_2^2$$

理解这个公式（算法）的最好办法将其视作一种迭代机制：通过交替处理输入数据发现隐因子（也就是固定其中一个输入，近似或优化另一个输入，不断反复迭代这个过程），同时最小化加权 lambda 的正则化惩罚的最小均方误差（MSE）。下面会对其进一步进行解释。

图 7-14 的流程如下。

- 首先读取 MovieLens 文件，加载评分数据和电影数据。将加载得到的数据转换为 Scala 的 case class，便于后续处理。下一步，将评分数据划分为训练集和测试集，训练集用于训练机器学习算法，训练得到一个机器学习模型对未知数据预测一个合适结果，而测试集则用于在最后一步对训练结果进行校验。
- 虚拟用户或 ID 为 0 的用户被配置为单个用户，这个用户不存在于原始数据集中，可以通过随机初始化数据的方式辅助用户理解算法结果，所以这个单个用户也会添加到训练集中。ALS 算法所使用的训练数据集包含用户 ID、电影 ID、评分等数据，使用 Spark 产生一个矩阵因子模型，可以对 ID 为 0 的用户和测试数据集进行预测。
- 合并模型预测结果和电影评分数据，在展示的时候可以同时显示原始评分数据和模型预测结果，这有助于深入理解相关概念。最后计算预测数据集的原始评分和模型预测评分的均方根误差 RMSE，通过 RMSE 可以知道训练得到模型的准确率情况。

7.5.3 更多

尽管 ALS 本质上只是一个具有额外正则化惩罚的简单线性代数操作，但是仍得到了广泛的运用。ALS 功能非常强大，可以并行处理且具有强扩展性（例如 Spotify）。

以下使用不太专业方式对 ALS 进行描述。

- 一般来说，使用 ALS 的目的是将一个大型评分矩阵 X（处理 1 亿多的用户数目不是问题）和用户产品评分矩阵分解为两个秩较低（详细可以翻阅线性代数书籍）的矩阵 A 和 B。在实际中经常遇到非常困难的非线性优化问题，但 ALS 使用一个简单方法（A：Alternating）解决这个问题：固定其中一个矩阵，使用最小均方优化技术（LS：Least Square）部分优化另一个矩阵。完整这一步之后，需要交换这两个矩阵：固定第二个矩阵，再优化第一个矩阵。
- 为了防止结果过拟合，需要在原始公式基础上引入正则化技术。通常来说，这一步是一个加权正则化，通过一个参数控制惩罚的大小。
- 简单来说，由于这个技术采用矩阵分解方法，使得该技术本身可以并行操作，这恰好也符合 Spark 的功能。

想要更加全面、深入地理解 ALS 算法，可以翻阅下面两处的文档：

- ACM 数据库中的 ALS 文档；
- IEEE 数据库中的 ALS 文档。

图 7-15 从数学角度解释了 ALS 算法（摘自原始 ALS 论文）。

可以使用排序指标 RankingMetrics（Spark 文档）衡量模型的性能，相关参数和逻辑回归模型中的评价方法很类似：

- 召回率；
- 准确率；

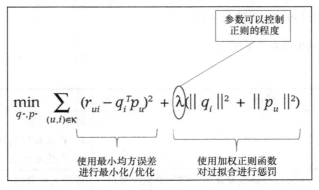

图 7-15

- F 指标。

Spark MLlib 提供的 RankingMetrics 不仅可以评价模型，还可以量化模型的效果，更多的信息可以查阅 Spark API 文档。

7.5.4 参考资料

- ALS API 同时存在于 Spark ML 和 MLlib，建议读者进一步了解。

- ALS 的参数和默认值如下所示：

```
{numBlocks: -1, rank: 10, iterations: 10, lambda: 0.
numBlocks: -1,
rank: 10,
iterations: 10,
lambda: 0.01,
implicitPrefs: false,
alpha: 1.0
```

7.5.5 在训练过程中处理隐式的输入数据

在很多时候，实际观测数据不是直接可用的，需要处理隐含的参数。这种情况可以理解为在看电影时候听到一些声音或者其他内容（电影提前放映的内容），又或者是突然发生屏幕切换（奈飞电影中开头和中间或其他特定时刻的画面）。在本章第三个攻略中，我们使用 ALS.train() 函数处理明确的问题。

Spark ML 提供了其他方法——ALS.tranImplicit()，使用 4 个超参数控制算法和处理这种问题。如果感兴趣，可以尝试使用 100 万首歌曲的数据集进行训练和预测输出进行检查。

相关数据集可以从 Columbia 网站上下载。

协同过滤的优缺点如表 7-1 所示。

表 7-1

优点	缺点
可扩展	冷启动问题 ● 在语料库出现新增项 ● 在生态系统出现新增用户
比较难以发现新知识，经常出现缺少整体性、虚幻的数据属性	需要大量数据
模型效果准确	
简便	

第 8 章
Spark 2.0 的无监督聚类算法

在这一章中，我们将讨论以下内容：
- 使用 Spark 2.0 构建 KMeans 分类系统；
- 介绍 Spark 2.0 中的新算法——二分 KMeans；
- 在 Spark 2.0 中使用高斯混合和期望最大（EM）对数据分类；
- 在 Spark 2.0 中使用幂迭代聚类（PIC）对图中的节点进行分类；
- 使用隐狄利克雷分布（LDA）将文档和文本划分为不同主题；
- 使用 Streaming KMeans 实现近实时的数据分类。

8.1 引言

无监督机器学习是一种尝试从一组未打标的观察样本中直接或间接（通过隐因子）获取推断的技术。简单来说，无监督机器学习技术试图从一组数据中发现隐藏的知识或结构，无须对训练数据打标。

当用于大型数据集（迭代、来回反复计算、大量的中间写操作）时，大多数机器学习库会崩溃失效，借助于并行和大规模数据集的设计特性，Apache Spark 机器学习库将中间数据写入内存，从而能够处理大型数据集。

从更抽象的层面来说，无监督学习可以划分几个部分。
- 聚类系统：使用硬编码（样本属于单个类簇）或软编码（样本对应概率，样本同时属于多个类别），将输入数据分为多个类别。

- 降维系统：使用原始数据的密集表示，发现数据的隐因子。

图 8-1 展示了机器学习技术的整个框架。前面的章节重点关注了监督机器学习技术，在本章将重点关注使用 Spark ML/MLLIB 库的无监督机器学习技术，包括聚类和隐因子模型。

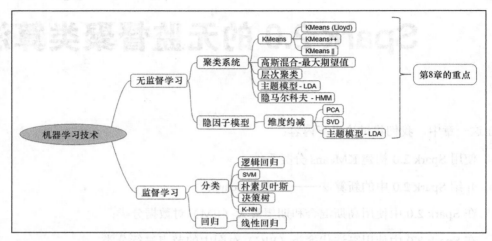

图 8-1

通常使用类簇内的相似性测量指标对类簇建模，例如使用欧式距离或概率。Spark 提供了一套完整、高性能的算法，可以实现大规模的并行。Spark 不仅提供 API，还提供了完整的源代码，非常有助于开发者理解性能瓶颈和解决个性化的需求（如衍生到 GPU）。

机器学习的应用领域非常广泛，超出了一般人的想象。下面是一些最广为人知的示例：

- 欺诈检测（财务、执法）；
- 网络安全（入侵检测、流量分析）；
- 模式识别（营销、情报社区、银行）；
- 推荐系统（零售、娱乐）；
- 联合营销（电子商务、推荐人、深度个性化）；
- 医学信息学（疾病检测、病人护理、资产管理）；
- 图像处理（对象/子对象检测、放射学）；

> 有关 ML 和 MLLIB 的使用，以及 Spark 未来发展方向的说明如下。
>
> 尽管 MLLIB 目前仍然可用，但未来的发展趋势是 Spark 的 ML 库，而不是 Spark 的 MLLIB。org.apache.spark.ml.clustering 是一个高级机器学习包，其 API 更侧重于 DataFrame。org.apache.spark.mllib.clustering 是一个较低级别的机器学习包，其 API 直接作用于 RDD。尽管这两个软件包都可以获得 Spark 的高性能和可扩展性，但主要区别点在于 DataFrame。org.apache.spark.ml 将成为未来的首选方法。
>
> 然而，我们鼓励开发人员同时研究 ML（org.apache.spark.ml.clustering）和 MLLIB（org.apache.spark.mllib.clustering）中与 Kmeans 有关的内容。

8.2 用 Spark 2.0 构建 KMeans 分类系统

在这个攻略中，我们使用 LIBSVM 文件加载一组特征（比如 x、y、z 坐标点），使用 KMeans() 实例化对象。预期的类簇数目设置为 3，使用 kmeans.fit() 执行算法。最后，打印找出的 3 个簇的中心点。

需要注意的是，Spark 并没有实现 KMeans ++，与主流文献相反，Spark 实现了 KMeans ||（发音为 KMeans Parallel）。通过参阅当前攻略和后面的代码内容，获得用 Spark 实现算法的完整说明。

8.2.1 操作步骤

1. 使用 IntelliJ 或其他所喜欢的 IDE 创建一个新项目，确保已经导入必要的 Jar 包。

2. 这个攻略的 package 语句如下：

```
package spark.ml.cookbook.chapter8
```

3. 导入 Spark 上下文（注：Spark 上下文指正常使用 Spark 所需的类库及相应的一系列参数，在这里可以简单地认为是 SparkSession）所需的包以访问集群，导入 Log4j.Logger 以减少 Spark 的输出量：

```
import org.apache.log4j.{Level, Logger}
import org.apache.spark.ml.clustering.KMeans
import org.apache.spark.sql.SparkSession
```

4. 将日志级别设置为 ERROR，减少 Spark 的日志输出：

```
Logger.getLogger("org").setLevel(Level.ERROR)
```

5. 创建 SparkSession 对象：

```
val spark = SparkSession
 .builder
.master("local[*]")
.appName("myKMeansCluster")
.config("spark.sql.warehouse.dir", ".")
.getOrCreate()
```

6. 读取 libsvm 格式的文件，创建训练数据集，并在控制台上显示文件内容：

```
val trainingData =
spark.read.format("libsvm").load("../data/sparkml2/chapter8/my_kmeans_data.txt")

trainingData.show()
```

控制台显示如图 8-2 所示的信息。

```
+-----+--------------------+
|label|            features|
+-----+--------------------+
|  1.0|(3,[0,1,2],[1.0,1...|
|  2.0|(3,[0,1,2],[1.1,1...|
|  3.0|(3,[0,1,2],[1.0,1...|
|  4.0|(3,[0,1,2],[1.0,1...|
|  5.0|(3,[0,1,2],[3.1,3...|
|  6.0|(3,[0,1,2],[3.3,3...|
|  7.0|(3,[0,1,2],[4.0,4...|
|  8.0|(3,[0,1,2],[3.4,3...|
|  9.0|(3,[0,1,2],[8.3,8...|
| 10.0|(3,[0,1,2],[9.3,9...|
| 11.0|(3,[0,1,2],[9.2,9...|
| 12.0|(3,[0,1,2],[9.5,9...|
+-----+--------------------+
```

图 8-2

图 8-3 是数据可视化的等高线：以 3D 和平面等高线的形式，描绘了每个特征向量和 3

个不同特征的关系。

7. 创建一个 KMeans 对象,设置 KMeans 模型的关键参数和其他参数。

在这个示例中,将 K 设置为 3、feature 列设置为 "feature",这在前面步骤中已经定义好。这一步的设置非常主观,最佳值会随特定数据集发生变化。建议读者尝试使用 2~50 之间的数值,并检查类簇中心的最终值。

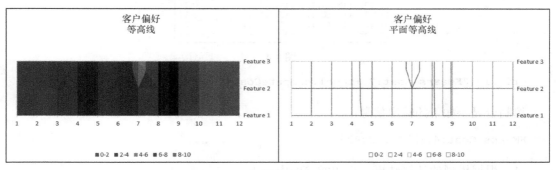

图 8-3

进一步将最大迭代次数设置为 10。大多数参数的默认值为以下代码中的注释所示。

```
// Trains a k-means model
val kmeans = new KMeans()
.setK(3) // default value is 2
.setFeaturesCol("features")
.setMaxIter(10) // default Max Iteration is 20
.setPredictionCol("prediction")
.setSeed(1L)
```

8. 继续训练数据集。fit()函数会运行算法,并基于前述步骤中所创建的数据集进行计算。这些步骤在 Spark ML 中很常见,并且通常不会随算法发生变化:

```
val model = kmeans.fit(trainingData)
```

在控制台上显示模型的预测值:

```
model.summary.predictions.show()
```

控制台上的显示如图 8-4 所示。

9. 使用 computeCost(x)函数计算损失值。

10. Kmeans 损失为"类内的均方误差和"(WSSSE),计算值打印在程序的控制台上:

```
+-----+-------------+----------+
|label|     features|prediction|
+-----+-------------+----------+
|  1.0|(3,[0,1,2],[1.0,1...|    0|
|  2.0|(3,[0,1,2],[1.1,1...|    0|
|  3.0|(3,[0,1,2],[1.2,1...|    0|
|  4.0|(3,[0,1,2],[1.0,1...|    0|
|  5.0|(3,[0,1,2],[3.1,3...|    2|
|  6.0|(3,[0,1,2],[3.3,3...|    2|
|  7.0|(3,[0,1,2],[4.0,4...|    2|
|  8.0|(3,[0,1,2],[3.4,3...|    2|
|  9.0|(3,[0,1,2],[8.3,8...|    1|
| 10.0|(3,[0,1,2],[9.3,9...|    1|
| 11.0|(3,[0,1,2],[9.2,9...|    1|
| 12.0|(3,[0,1,2],[9.5,9...|    1|
+-----+-------------+----------+
```

图 8-4

```
println("KMeans Cost:" +model.computeCost(trainingData))
```

控制台显示如下的输出信息:

```
KMeans Cost:4.137499999999979
```

11. 根据模型的计算结果,打印类簇的中心点:

```
println("KMeans Cluster Centers: ")
 model.clusterCenters.foreach(println)
```

12. 控制台的输出信息如下所示:

```
The centers for the 3 cluster (i.e. K= 3)
KMeans Cluster Centers:
[1.025,1.075,1.15]
[9.075,9.05,9.025]
[3.45,3.475,3.55]
```

根据 KMeans 聚类的设置选项,将 K 值设置为 3,模型会在训练数据集上计算 3 个聚类。

13. 停止 SparkSession,关闭程序:

```
spark.stop()
```

8.2.2　工作原理

读取包含一组坐标(可以认为是 3 个数字的元组)的 LIBSVM 文件,然后创建一个 KMeans()对象,更改默认的簇数(2 或 3)以演示不同效果。使用 fit()函数创建模型,使用 model.summary.predictions.show()函数显示哪个元组属于哪个类簇。最后一步打印出 3 个类簇的损失和中心值。从概念上讲,可以将一组 3D 坐标作为数据,然后使用 KMeans 算法将每个单独的坐标分配给 3 个类簇中的某一个。

KMeans 是一种无监督机器学习算法,其来源于信号处理(向量量化)和压缩(对相似的向量分组,获得更高的压缩比)领域。一般来说,KMeans 算法采用距离测度的形式,使用迭代优化方式将一组观察 $\{X_1, X_2, ..., X_n\}$ 划分到 $\{C_1, C_2 ...... C_n\}$ 类簇。

现有 3 种主要类型的 KMeans 算法在使用,在一个简单的调查后发现有 12 种 KMeans 算法的特殊变体。主要注意的是,Spark 实现的是一个名为 KMeans ||的版本(KMeans Parallel),而不是某些文献或视频中引用的 KMeans ++或标准 KMeans。

图 8-5 简要描述了 KMeans 的思想:

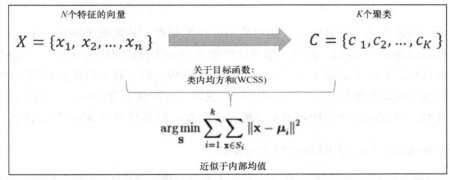

图 8-5

1. KMeans(Lloyd 算法)

基本版本的 KMeans 算法(Lloyd 算法)的基本步骤如下:

(1)从全部样本中随机选择 K 个数据点(样本)作为初始聚类中心。

(2)不断迭代下面子步骤,直至收敛:

- 计算各个数据点到各个聚类中心的距离;
- 将距离数据点最近的聚类中心作为当前数据点的类别;
- 根据距离公式重新计算得到新的聚类中心;
- 使用新的聚类中心更新旧的聚类中心。

KMeans 算法的 3 个演化版本如图 8-6 所示。

2. KMeans++(Arthur 算法)

对于标准的 KMeans,David Arthur 和 Sergei Vassilvitskii 在 2007 年提出了一个改进版的 KMeans ++。通过增强播种阶段(第一步)的选择性,Arthur 算法改善了最初 Lloyd 所提出的 KMeans 算法。

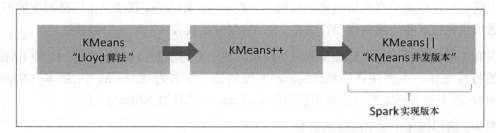

图 8-6

KMeans ++没有随机选择中心（随机质心）作为起点，其随机选取第一个质心，然后逐个选取数据点并计算 D(x)。然后，根据比例概率分布 $D(x)^2$ 随机选择另一个数据点，重复最后 2 步直至选择出全部的 K 个中心点。在初始播种之后，我们最终会使用新的播种中心运行 KMeans 或其变种算法。KMeans++算法能够保证在复杂度 Omega = O(log k)下找到一个解决方案。尽管在随机播种阶段需要额外的步骤，但其精确率得到很大的提升。

3. KMeans||（读作 KMeans Parallel）

将 KMeans ||优化为并行运行，性能比 Lloyd 的原始算法提高 1~2 个数量级。KMeans++的局限性在于需要对数据集进行 K 次传递，在使用大型或极端数据集时，这会导致严重的性能和实用性。Spark 的 KMeans ||的并行实现运行得更快，其通过在过程中采样 m 个点和过采样，需要更少（少很多）的数据传递。

算法核心和相关数学，如图 8-7 所示。

```
Algorithm 2 k-means‖ (k, ℓ) initialization.
1: C ← sample a point uniformly at random from X
2: ψ ← φ_X(C)
3: for O(log ψ) times do
4:     C' ← sample each point x ∈ X independently with
       probability p_x = ℓ·d²(x,C)/φ_X(C)
5:     C ← C ∪ C'
6: end for
7: For x ∈ C, set w_x to be the number of points in X closer
   to x than any other point in C
8: Recluster the weighted points in C into k clusters
```

Source: http://theory.stanford.edu/~sergei/papers/vldb12-kmpar.pdf
Stanford University : Bahman Bahmani plus others

图 8-7

简而言之，KMeans‖（并行 KMeans）的亮点在于 log(n)次迭代的粗粒度采样，最后经过 k * log(n)次迭代找到剩余的中心点，这种方法对于最优解是 C（恒定）距离。这种实现方式对异常数据点不太敏感，而这些异常数据点可能会扭曲 KMeans 和 KMeans ++中的聚类结果。

为了更深入地理解算法，读者可以查阅 Bahman Bahmani 的论文。

8.2.3 更多

Spark 中还有一个流式的 KMeans 版本，可以实时的对特征进行分类。KMeans 的流式版本将在第 13 章中详细介绍。

有一个类可以帮助我们生成 KMeans 所需的 RDD 数据，这个类在应用开发阶段非常有用。

```
def generateKMeansRDD(sc: SparkContext, numPoints: Int, k: Int, d: Int, r:
Double, numPartitions: Int = 2): RDD[Array[Double]]
```

这个类允许 Spark 创建指定数目的数据点、类簇、维度和分区的 RDD，一个有用的 API 是 generateKMeansRDD()，可以查阅 Spark 官网文档了解如何创建 KMeans 所需的 RDD。

8.2.4 参考资料

Spark 需要创建 KMenas‖所需的可写、测度和操作参数的两个对象。有关这两个对象的详细信息可以在 Spark 网站查阅到：

- KMeans()；
- KMeansModel()。

8.3 介绍 Spark 2.0 中的新算法，二分 KMeans

在这个攻略中，我们将下载玻璃数据，使用二分 KMeans 算法对每个玻璃进行识别和分类。

二分 KMeans 是 KMeans 算法的一个层次版本，在 Spark 中使用 BisectingKMeans()API 是实现。这个算法在概念上很像 KMeans，但它在一些层次路径的用例上可以运行得非常快。

这个攻略中所使用的数据集是玻璃识别数据库。玻璃类型的分类研究受到了犯罪学研究的推动，如果玻璃可以正确地识别出，则其可以被视为证据。这个数据可以在 NTU 获取，已经保存为 LIBSVM 格式。

8.3.1 操作步骤

1. 下载 LIBSVM 格式的数据文件，数据文件可以从南洋理工大学网站获取。

数据集包含 11 个特征和 214 条记录。

2. 原始数据集和数据目录位于 UCI 网站的"Glass+Identification"栏目：

- 身份证号码：1～214。
- RI：折射率。
- Na：钠（单位测量：相应的重量百分比）。
- 氧化物：属性 4～10。
- 镁：镁。
- 铝：铝。
- 硅：硅。
- K：钾。
- 钙：钙。
- 巴：钡。
- 铁：铁。

玻璃类型：使用 BisectingKMeans()发现类属性和类簇。

- building_windows_float_processed
- building_windows_non-_float_processed
- vehicle_windows_float_processed
- vehicle_windows_non-_float_processed (none in this database)
- Containers
- Tableware
- Headlamps

3. 使用 IntelliJ 或其他所喜欢的 IDE 创建一个新项目，确保已经导入必要的 Jar 包。

4. 这个攻略的 package 语句如下：

```
package spark.ml.cookbook.chapter8
```

5. 导入必要的包：

```
import org.apache.spark.ml.clustering.BisectingKMeans
import org.apache.spark.sql.SparkSession
import org.apache.log4j.{Level, Logger}
```

6. 将日志输出级别设置为 ERROR，减少 Spark 的日志输出：

```
Logger.getLogger("org").setLevel(Level.ERROR)
```

7. 创建 SparkSession 对象：

```
val spark = SparkSession
 .builder
.master("local[*]")
 .appName("MyBisectingKMeans")
 .config("spark.sql.warehouse.dir", ".")
 .getOrCreate()
```

8. 从 libsvm 格式的文件中创建变量 dataset，在控制台上显示数据：

```
val dataset =
spark.read.format("libsvm").load("../data/sparkml2/chapter8/glass.scale")
dataset.show(false)
```

在控制台上显示内容如图 8-8 所示。

```
+-----+---------------------------------------------------------------------------------------------------+
|label|features                                                                                           |
+-----+---------------------------------------------------------------------------------------------------+
|1.0  |(9,[0,1,2,3,4,5,6,7,8],[-0.134323,-0.124812,1.0,-0.495327,-0.296429,-0.980676,-0.3829,-1.0,-1.0])  |
|1.0  |(9,[0,1,2,3,4,5,6,7,8],[-0.432839,-0.0496238,0.603564,-0.333333,0.0428581,-0.845411,-0.553903,-1.0,-1.0])|
|1.0  |(9,[0,1,2,3,4,5,6,7,8],[-0.55838,-0.157895,0.581292,-0.221184,0.135713,-0.874396,-0.563197,-1.0,-1.0])|
|1.0  |(9,[0,1,2,3,5,6,7,8],[-0.428443,-0.254135,0.643653,-0.376947,-0.816425,-0.481413,-1.0,-1.0])       |
|1.0  |(9,[0,1,2,3,4,5,6,7,8],[-0.449511,-0.23609,0.612472,-0.4081,0.167857,-0.822866,-0.509294,-1.0,-1.0])|
|1.0  |(9,[0,1,2,3,4,5,6,7,8],[-0.577701,-0.380451,0.608018,-0.17134,0.128572,-0.793881,-0.509294,-1.0,0.0196078])|
|1.0  |(9,[0,1,2,3,4,5,6,7,8],[-0.448643,-0.227067,0.603564,-0.470405,0.171427,-0.813205,-0.490706,-1.0,-1.0])|
|1.0  |(9,[0,1,2,3,4,5,6,7,8],[-0.437224,-0.27218,0.608018,-0.52648,0.224999,-0.816425,-0.477695,-1.0,-1.0])|
|1.0  |(9,[0,1,2,3,4,5,6,7,8],[-0.294989,-0.00451109,0.594655,-0.327103,-0.189285,-0.819646,-0.466543,-1.0,-1.0])|
|1.0  |(9,[0,1,2,3,4,5,6,7,8],[-0.438103,-0.317293,0.603564,-0.333333,0.135713,-0.816425,-0.447955,-1.0,-0.568627])|
|1.0  |(9,[0,1,2,3,4,5,6,7,8],[-0.599648,-0.401504,0.541203,-0.208723,0.210713,-0.784219,-0.505576,-1.0,-0.0588235])|
|1.0  |(9,[0,1,2,3,4,5,6,7,8],[-0.43108,-0.377443,0.63029,-0.389408,0.142858,-0.806763,-0.418216,-1.0,-1.0])|
|1.0  |(9,[0,1,2,3,4,5,6,7,8],[-0.583844,-0.353383,0.52784,-0.308411,0.239285,-0.777778,-0.513011,-1.0,-0.0588235])|
|1.0  |(9,[0,1,2,3,4,5,6,7,8],[-0.444247,-0.359398,0.585746,-0.389408,0.214285,-0.826087,-0.451673,-1.0,-0.333333])|
|1.0  |(9,[0,1,2,3,4,5,6,7,8],[-0.43108,-0.434586,0.599109,-0.364486,0.242857,-0.813205,-0.429368,-1.0,-1.0])|
|1.0  |(9,[0,1,2,3,4,5,6,7,8],[-0.432839,-0.374436,0.576837,-0.41433,0.224999,-0.813205,-0.449814,-1.0,-1.0])|
|1.0  |(9,[0,1,2,3,4,5,6,7,8],[-0.412639,-0.413534,0.634744,-0.457944,0.178571,-0.803543,-0.392193,-1.0,-1.0])|
|1.0  |(9,[0,1,2,3,4,5,6,7,8],[-0.0509179,0.0917294,0.714922,-0.626168,-0.446428,-0.951691,-0.30855,-1.0,-1.0])|
|1.0  |(9,[0,1,2,3,4,5,6,7,8],[-0.301143,-0.0466165,0.66147,-0.445483,-0.174999,-0.980676,-0.356877,-1.0,-1.0])|
|1.0  |(9,[0,1,2,3,4,5,6,7,8],[-0.455665,-0.311278,0.576837,-0.127726,0.0428581,-0.826087,-0.440521,-1.0,-0.72549])|
+-----+---------------------------------------------------------------------------------------------------+
only showing top 20 rows
```

图 8-8

9. 按照 80% 和 20% 比例，将数据集随机的划分为两部分：

```
val splitData = dataset.randomSplit(Array(80.0, 20.0))
val training = splitData(0)
val testing = splitData(1)

println(training.count())
println(testing.count())
```

在控制台上输出如下（一共是 214 行）：

```
180
34
```

10. 创建一个 BisectingKMeans 对象，设置模型的一些关键参数。

在这个示例中，k 设置为 6，将 Feature 列设置为 "feature"，这些已经在前面步骤有过定义。这一步的设置主观性很强，最优值会随着特定数据集变化。我们推荐读者在 2~50 之间尝试不同的 k 值，检查最终的类簇中心点。

11. 将最大迭代次数设置为 65。大多数参数会有一个默认值，如下面的代码所示：

```
// Trains a k-means model
val bkmeans = new BisectingKMeans()
  .setK(6)
  .setMaxIter(65)
  .setSeed(1)
```

12. 接着训练数据集。fit()函数将运行算法并计算，这一步基于前面步骤所创建的数据集。我们可以打印出模型的参数：

```
val bisectingModel = bkmeans.fit(training)
println("Parameters:")
println(bisectingModel.explainParams())
```

控制台的输出如下所示：

```
Parameters:
featuresCol: features column name (default: features)
k: The desired number of leaf clusters. Must be > 1. (default:
4, current: 6)
maxIter: maximum number of iterations (>= 0) (default: 20,
current: 65)
minDivisibleClusterSize: The minimum number of points (if >=
```

```
1.0) or the minimum proportion of points (if < 1.0) of a
divisible cluster. (default: 1.0)
predictionCol: prediction column name (default: prediction)
seed: random seed (default: 566573821, current: 1)
```

13. 使用 computeCost()函数计算损失值：

```
val cost = bisectingModel.computeCost(training)
 println("Sum of Squared Errors = " + cost)
```

控制台的输出如下所示：

```
Sum of Squared Errors = 70.38842983516193
```

14. 根据模型的计算结果，打印类簇中心：

```
println("Cluster Centers:")
val centers = bisectingModel.clusterCenters
centers.foreach(println)
```

控制台的输出信息如图 8-9 所示。

```
The centers for the 6 cluster (i.e. K= 6)
KMeans Cluster Centers:
```

```
Cluster Centers:
[-0.4626092876543 2086,-0.26111557395061724,0.5348786182716052,-
0.30964194814814805,0.05978796913580248,-0.817260111111111,-
0.4476571234567898,-0.9895747530864197,-0.9544904320987653]
[-0.04337657000000001,-0.041694967272727264,0.6138895227272727,-
0.606060499999999,-0.3409090454545454,-0.9455423181818183,-
0.23056775045454544,-0.976912,-0.9447415000000001]
[-0.5077198235294117,-0.3592215294117648,0.5011136470588234,-
0.3384643647058823,0.15168052352941175,-0.8168040588235292,-
0.42444800000000005,-0.9902894705882354,-0.028835047058823532]
[-0.2522087266666667,-0.21162887333333336,0.5634743933333334,-
0.4600208666666667,-0.11619064000000001,-0.8570048666666668,-
0.3346964,-0.9784126666666667,-0.2575163]
[-0.5328278250000001,0.1389904357142857,-
0.8722557857142856,0.14753011428571428,0.16109662499999997,-
0.8543823571428572,-0.43892724642857156,-0.3585034142857142,-
0.964986]
[0.07246095882352938,-0.38911972941176465,-0.8026987647058825,-
0.33076779941176465,-0.07563012941176467,-
0.89599317764705884,0.2749834882352941,-0.8733893529411765,-
0.6009227823529412]
```

图 8-9

15. 使用训练得到的模型对测试数据集做预测：

```
val predictions = bisectingModel.transform(testing)
```

```
predictions.show(false)
```

控制台输出信息如图 8-10 所示。

```
+-----+--------------------------------------------------------------------------------------------------------+----------+
|label|features                                                                                                |prediction|
+-----+--------------------------------------------------------------------------------------------------------+----------+
|1.0  |(9,[0,1,2,3,4,5,6,7,8],[-0.599648,-0.401504,0.541203,-0.208723,0.210713,-0.784219,-0.505576,-1.0,-0.0588235])|2        |
|1.0  |(9,[0,1,2,3,4,5,6,7,8],[-0.468832,-0.203007,0.55902,-0.464174,0.0857134,-0.838969,-0.442379,-1.0,-1.0])     |0        |
|1.0  |(9,[0,1,2,3,4,5,6,7,8],[-0.445126,-0.365413,0.55902,-0.470405,0.235713,-0.819646,-0.420074,-1.0,-1.0])      |0        |
|1.0  |(9,[0,1,2,3,4,5,6,7,8],[-0.444247,-0.359398,0.585746,-0.389408,0.214285,-0.826087,-0.451673,-1.0,-0.333333])|2        |
|1.0  |(9,[0,1,2,3,4,5,6,7,8],[-0.442488,-0.371428,0.581292,-0.252336,0.0499997,-0.826087,-0.42565,-1.0,-0.254902])|2        |
|1.0  |(9,[0,1,2,3,4,5,6,7,8],[-0.438103,-0.317293,0.603564,-0.333333,0.135713,-0.816425,-0.447955,-1.0,-0.568627])|2        |
|1.0  |(9,[0,1,2,3,4,5,6,7,8],[-0.426685,-0.422556,0.585746,-0.370717,0.167857,-0.803543,-0.394052,-1.0,-0.45098]) |2        |
|1.0  |(9,[0,1,2,3,4,5,6,7,8],[-0.417035,-0.254135,0.510022,-0.352025,0.0535719,-0.809984,-0.412639,-1.0,-1.0])    |0        |
|1.0  |(9,[0,1,2,3,4,5,6,7,8],[-0.404737,-0.254135,0.550111,-0.302181,0.0107138,-0.809984,-0.442379,-1.0,-1.0])    |0        |
|1.0  |(9,[0,1,2,3,4,5,6,7,8],[-0.391571,-0.18797,0.278396,-0.439252,0.0821412,-0.822866,-0.330855,-1.0,-1.0])     |0        |
|1.0  |(9,[0,1,2,3,4,5,6,7,8],[-0.338015,-0.26015,0.501114,-0.445483,0.0392859,-0.816425,-0.36803,-1.0,-0.372549]) |3        |
|1.0  |(9,[0,1,2,3,4,5,6,7,8],[0.0579511,-0.100752,0.657016,-0.862928,-0.307143,-0.971014,-0.139405,-1.0,-0.372549])|3       |
|2.0  |(9,[0,1,2,3,4,5,6,7,8],[-0.582965,-0.371428,0.567929,0.00311525,0.0892856,-0.777778,-0.527881,-1.0,-1.0])   |0        |
|2.0  |(9,[0,1,2,3,4,5,6,7,8],[-0.562776,-0.0406013,0.567929,-0.401869,0.0964273,-0.880837,-0.533457,-1.0,-0.45098])|3       |
|2.0  |(9,[0,1,2,3,4,5,6,7,8],[-0.546972,-0.215037,0.5902,-0.202492,0.0928578,-0.803543,-0.542751,-1.0,-1.0])      |0        |
|2.0  |(9,[0,1,2,3,4,5,6,7,8],[-0.53907,-0.452631,0.550111,-0.0155763,0.221429,-0.797101,-0.507435,-1.0,-0.647059])|2        |
|2.0  |(9,[0,1,2,3,4,5,6,7,8],[-0.509221,-0.380451,0.567929,-0.221184,0.267857,-0.78744,-0.507435,-1.0,-1.0])      |0        |
|2.0  |(9,[0,1,2,3,4,5,6,7,8],[-0.495175,-0.218045,0.576837,-0.17757,-0.0249999,-0.780998,-0.501859,-1.0,-1.0])    |0        |
|2.0  |(9,[0,1,2,3,4,5,6,7,8],[-0.48024,-0.172932,0.550111,-0.115265,-0.0321442,-0.800322,-0.524164,-1.0,-1.0])    |0        |
|2.0  |(9,[0,1,2,3,4,5,6,7,8],[-0.476734,-0.350376,0.612472,-0.202492,0.124999,-0.803543,-0.501859,-1.0,-1.0])     |0        |
+-----+--------------------------------------------------------------------------------------------------------+----------+
only showing top 20 rows
```

图 8-10

16. 停止 SparkSession，关闭程序：

```
spark.stop()
```

8.3.2 工作原理

在这个攻略中，我们研究了 Spark 2.0 的新功能——二分 KMeans 模型。我们利用玻璃数据集，使用 Bisecting KMeans() 函数尝试分配一个类别，通过将 k 设置为 6，我们得到了足够的类簇。像往常一样，我们使用 Spark 的 libsvm 加载机制将数据加载到数据集中。将数据集按 80% 和 20% 的比例随机划分，其中 80% 用于训练模型，20% 用于测试模型。

创建 BiSecting Kmeans() 对象，使用 fit(x) 函数来创建模型。然后，我们使用 transform(x) 函数作用于测试数据集，探索模型的预测值，并在控制台输出打印结果。还输出计算得到的类簇的损失（误差平方和），并显示类簇中心点。最后，打印出特征和对应的预测类簇，并停止操作。

层次聚类的方法包括如下两种。

- 分裂：自上而下的方法（Apache Spark 实现方法）。
- 凝聚性：自下而上的方法。

8.3.3 更多

有关二分 KMeans 的更多信息可以查阅 Spark 官网。

使用聚类来探索数据，并了解结果的结果。对于 KMeans 而言，二分 KMeans 是层次分析的有趣案例。

理解二分 KMeans 的最好方法是将其认为是迭代层次的 KMeans。二分 KMeans 算法使用类似 KMeans 的相似性测量技术来划分数据，但使用层次方案来提高准确性。二分 KMeans 在文本挖掘中很普遍，其中层次方法将最小化文档中的语料库主体的内部类簇的依赖性。

二分 KMeans 算法首先将所有观测样本划分到单个簇中，然后使用 KMeans 方法将簇分解为 n 个分区（$K=n$）。然后，它继续选择最相似的类簇（最高内类簇得分）作为父类簇（根类簇），同时采用层次方法递归地拆分其他类簇，直到达到预期的目标类簇数目。在文本分析领域，二分 KMeans 是一个功能强大的特征向量（智能文本和主题分类）降维工具。通过使用这种聚类技术，我们最终将相似的单词、文本、文档、证据划分到相似组中。最后，如果你开始研究文本分析、主题传播和评分（例如，什么样的文章会变成病毒），那么你必然会在研究的早期阶段遇到这种技术。

建议读者可以进一步查阅二分 KMeans 的白皮书对文本聚类深入了解。

8.3.4　参考资料

有两种实现层次聚类的方法——Spark 使用递归的自顶向下方法：选择一个类簇，然后在层次结构上，自顶向下移动，对数据再次划分。

建议读者进一步了解以下技术。

- 层次聚类方法：维基百科的"Hierarchical_clustering"词条。
- 二分 KMeans：Spark 2.0 官方文档。
- 如何使用二分 KMeans 对 web 日志分类：ijcaonline 网站上的 research 栏目。

8.4　在 Spark 2.0 中使用高斯混合和期望最大化（EM）对数据分类

在这个攻略中，我们将研究期望最大化（EM）GaussianMixture()的 Spark 实现，会计算给定一组输入特征的最大似然。EM 假定一个高斯混合，其中每一个点均从 K 个子分布中采样而来。

8.4.1　操作步骤

1. 使用 IntelliJ 或其他所喜欢的 IDE 创建一个新项目，确保已经导入必要的 Jar 包。

2. 这个攻略的 package 语句如下:

```
package spark.ml.cookbook.chapter8
```

3. 导入向量和矩阵计算所需要的包:

```scala
import org.apache.log4j.{Level, Logger}
import org.apache.spark.mllib.clustering.GaussianMixture
import org.apache.spark.mllib.linalg.Vectors
import org.apache.spark.sql.SparkSession
```

4. 创建 SparkSession 对象:

```scala
val spark = SparkSession
 .builder
.master("local[*]")
 .appName("myGaussianMixture")
 .config("spark.sql.warehouse.dir", ".")
 .getOrCreate()
```

5. 首先查看数据集,检查输入文件。模拟的 "SOCR Knee Pain Centroid Location" 数据代表 1000 名受试者假设的膝关节疼痛位置的质心位置。数据包括质心的 X 和 Y 坐标值。

这个数据集可以用于阐述高斯混合和期望最大化的用法,可以从 UCLA 大学的网站下载。

示例数据如下:

X:受试者的质心位置的 x 坐标值

Y:受试者的质心位置的 y 坐标值

```
X, Y
11  73
20  88
19  73
15  65
21  57
26  101
24  117
35  106
37  96
35  147
41  151
42  137
43  127
41  206
47  213
```

```
49 238
40 229
```

图 8-9 描述了 SOCR 中的一个膝盖疼痛示意图。

6．将数据文件放置于指定数据目录下（可以将数据文件拷贝到任一指定目录下）：

数据文件包含 8666 条记录：

```
val dataFile ="../data/sparkml2/chapter8/socr_data.txt"
```

7．将数据加载到 RDD 中，结果如图 8-11 所示：

```
val trainingData = spark.sparkContext.textFile(dataFile).map { line
=>
 Vectors.dense(line.trim.split(' ').map(_.toDouble))
 }.cache()
```

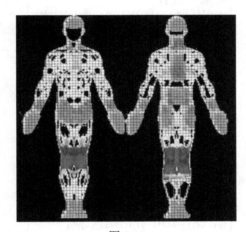

图 8-11

8．创建一个 GaussianMixture 模型，设置模型的参数。数据的收集角度有 4 个：左前（LF）、左后（LB）、右前（RF）和右后（RB），这里将 K 值设置为 4。收敛值默认设置为值 0.01，最大迭代次数设置为 100：

```
val myGM = new GaussianMixture()
 .setK(4 ) // default value is 2, LF, LB, RF, RB
 .setConvergenceTol(0.01) // using the default value
 .setMaxIterations(100) // max 100 iteration
```

9．运行模型算法：

```
val model = myGM.run(trainingData)
```

10. 当训练结束之后，打印出 GaussianMixture 模型的关键值：

```
println("Model ConvergenceTol: "+ myGM.getConvergenceTol)
println("Model k:"+myGM.getK)
println("maxIteration:"+myGM.getMaxIterations)

for (i <- 0 until model.k) {
  println("weight=%f\nmu=%s\nsigma=\n%s\n" format
  (model.weights(i), model.gaussians(i).mu,
model.gaussians(i).sigma))
}
```

11. 上述 K 值设置为 4，在控制台上将显示出 4 组数值，如图 8-12 所示。

```
Model ConvergenceTol: 0.01
Model k:4
maxIteration:100
weight=0.540515
mu=[147.30681254850833,208.6939884522598]
sigma=
4006.19815647266    -57.93614932156636
-57.93614932156636  662.9821920805127

weight=0.069784
mu=[351.3373566850737,231.83105600780897]
sigma=
33107.731896750345  57.84808144351749
57.84808144351749   4970.810900358368

weight=0.169685
mu=[507.34834190901864,194.47534268192427]
sigma=
4718.979203758771   13.290847642742316
13.290847642742316  178.16831733002988

weight=0.220017
mu=[155.24241473988965,218.9842905595943]
sigma=
3919.96712946773    37.75178487899691
37.75178487899691   149.10605322136172
```

图 8-12

12. 基于已有的高斯混合模型的预测值，打印出前 50 个聚类标签：

```
println("Cluster labels (first <= 50):")
val clusterLabels = model.predict(trainingData)
clusterLabels.take(50).foreach { x =>
print(" " + x)
}
```

13. 控制台显示的输出如下：

```
Cluster labels (first <= 50):
```

1 1 1 1 1 1 1 1 1 0 0 0 0 0 0 0 0 0 0 0 0 0 0 0 0 0 0 0 0 0 0 0 0 0 0
0 0 0 0 0 0 0 0 0 0 0 0 0 0 0 0 0

14．停止 SparkSession，关闭程序：

```
spark.stop()
```

8.4.2　工作原理

在前面的攻略中，可以观察到 KMeans 使用基于相似性的迭代方法（欧式距离等）寻找，并给每一个样本分配仅一个类簇。可以将 KMeans 视为结合 EM 模型的高斯混合的特定版本，其中强制给样本分配离散（硬）个类簇。

但是在有些情况下类簇会有重叠，这在医学或信号处理领域很常见，如图 8-13 所示。

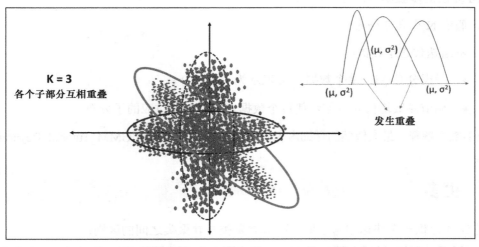

图 8-13

在这种情况下，我们需要一个概率密度函数，可以表示每个子分布中的样本。结合期望最大化（EM）的高斯混合模型在 Spark 中的对应一个专门处理这种情况的算法，叫作 GaussianMixture()。

下面是融合期望最大化的高斯混合模型（最大化对数似然函数）的 Spark API 的详细介绍：

实例化 GaussianMixture()

上述命令构造一个默认示例，控制模型行为的默认参数如下。

K：期望类簇数目，默认值为 2。

convergenceTol：收敛的阈值，默认值为 0.01。

maxIteration：迭代的最大次数，默认值为 100。

seed：初始化的设置，默认值为"random"。

结合期望最大化的高斯混合模型是软聚类的一种形式，其中可以使用对数最大似然函数推断样本成员的类簇。在这种情况下，使用具有均值和协方差的概率密度函数来定义 K 个聚类的成员样本或成员样本的似然。这种方式很灵活，无须量化成员样本，允许使用概率定义重叠的样本成员（多个子分布均对应索引）。

以下是对 EM 算法的简答描述：

$$X \sim N(\mu, \sigma^2) \cdots\cdots X \sim N(\mu, \sigma^2)$$

EM 算法的步骤如下。

1. 假定 N 个高斯分布。
2. 不断迭代直至收敛：
   - 考虑分布 Xi，单个数据点 Z 表示为 $P(Z|Xi)$；
   - 调节参数均值和方差，使每个数据点拟合各自对应的子分布。

更多数学解释（最大似然的详细内容），请下载 IISC 网站的 GMM_Tutorial_Reynolds.pdf 文件。

8.4.3 更多

图 8-14 提供一个快速参考示例，强调硬聚类与软聚类之间的区别：

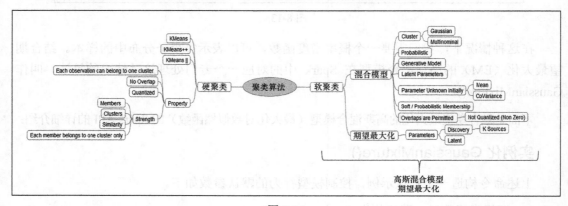

图 8-14

8.4.4 参考资料

想了解以下的几个技术可以查阅 Spark 官网文档：

- GaussianMixture 构造函数；
- GaussianMixtureModel 构造函数。

8.5 在 Spark 2.0 中使用幂迭代聚类（PIC）对图中节点进行分类

PIC 是处理图顶点的分类模型，通过图的边定义顶点之间的相似度。使用 Spark 提供的 GraphX 库实现这个算法。幂迭代聚类类似于其他特征向量/特征值分解算法，但性能开销少于矩阵分解。当需要处理大的稀疏矩阵时（例如，将图表示为稀疏矩阵），适合使用 PIC。

GraphFrames 将成为未来 GraphX 库的替代/合适接口。

8.5.1 操作步骤

1. 使用 IntelliJ 或其他所喜欢的 IDE 创建一个新项目，确保已经导入必要的 Jar 包。
2. 这个攻略的 package 语句如下：

```
package spark.ml.cookbook.chapter8
```

3. 导入 Spark 上下文所需的包以访问集群，导入 Log4j.Logger 以减少 Spark 输出量：

```
import org.apache.log4j.{Level, Logger}
import org.apache.spark.mllib.clustering.PowerIterationClustering
import org.apache.spark.sql.SparkSession
```

4. 将日志级别设置 ERROR，以减少输出信息：

```
Logger.getLogger("org").setLevel(Level.ERROR)
```

5. 创建 Spark 配置对象和 SQLContext，访问集群和按需创建和使用 DataFrame：

```
// setup SparkSession to use for interactions with Spark
val spark = SparkSession
  .builder
```

```
.master("local[*]")
.appName("myPowerIterationClustering")
.config("spark.sql.warehouse.dir", ".")
.getOrCreate()
```

6. 创建一个列表形式的训练数据集,使用 sparkContext.parallelize()函数创建 Spark RDD:

```
val trainingData =spark.sparkContext.parallelize(List(
(0L, 1L, 1.0),
(0L, 2L, 1.0),
(0L, 3L, 1.0),
(1L, 2L, 1.0),
(1L, 3L, 1.0),
(2L, 3L, 1.0),
(3L, 4L, 0.1),
(4L, 5L, 1.0),
(4L, 15L, 1.0),
(5L, 6L, 1.0),
(6L, 7L, 1.0),
(7L, 8L, 1.0),
(8L, 9L, 1.0),
(9L, 10L, 1.0),
(10L,11L, 1.0),
(11L,12L, 1.0),
(12L,13L, 1.0),
(13L,14L, 1.0),
(14L,15L, 1.0)
))
```

7. 创建一个 PowerIterationClustering 对象、设置参数。将 K 设置为 3,最大迭代次数设置为 15:

```
val pic = new PowerIterationClustering()
.setK(3)
.setMaxIterations(15)
```

8. 然后运行模型:

```
val model = pic.run(trainingData)
```

9. 基于训练数据得到的模型,打印出类簇分配结果:

```
model.assignments.foreach { a =>
 println(s"${a.id} -> ${a.cluster}")
}
```

10. 控制台输出的信息如下:

```
14 -> 1
4 -> 2
8 -> 2
0 -> 0
13 -> 0
11 -> 0
15 -> 0
5 -> 0
1 -> 0
7 -> 0
6 -> 2
12 -> 1
2 -> 0
10 -> 2
3 -> 0
9 -> 0
```

11. 对于每个类簇,按照集合方式输出模型给类簇分配的数据:

```scala
val clusters =
model.assignments.collect().groupBy(_.cluster).mapValues(_.map(_.id
))
 val assignments = clusters.toList.sortBy { case (k, v) => v.length
}
 val assignmentsStr = assignments
.map { case (k, v) =>
s"$k -> ${v.sorted.mkString("[", ",", "]")}"
}.mkString(", ")
 val sizesStr = assignments.map {
_._2.length
}.sorted.mkString("(", ",", ")")
 println(s"Cluster assignments: $assignmentsStr\ncluster sizes:
$sizesStr")
```

12. 控制台上的输出信息(一共有 3 个类簇,和前述步骤中的参数设置一致)如下:

```
Cluster assignments: 1 -> [12,14], 2 -> [4,6,8,10], 0 ->
[0,1,2,3,5,7,9,11,13,15]
 cluster sizes: (2,4,10)
```

13. 停止 SparkSession,关闭程序:

```
spark.stop()
```

8.5.2 工作原理

给定一个图，创建边和顶点列表，然后创建 PIC 对象并设置相应的参数：

new `PowerIterationClustering().setK(3).setMaxIterations(15)`

接下来运行训练数据对应的模型：

val `model = pic.run(trainingData)`

检查输出的类簇是否正确。末尾的代码片段使用 Spark 的转换操作打印出模型给各个类簇分配的样本集合。

PIC（幂迭代聚类）核心是一种特征值类算法，其产生的特征值和特征向量满足 $Av=\lambda v$，避免了矩阵分解。由于 PIC 避免了矩阵 A 的分解，所以当输入矩阵 A（在 Spark 的 PIC 的情况下，矩阵表征为图形）是大的稀疏矩阵时，使用 PIC 比较合适的。

图 8-15 是 PIC 用于处理图片（对纸张增强之后）的示例。

图 8-15

PIC 算法的 Spark 实现是对 NCut 的改进，计算给定 N 个顶点（例如关联矩阵）所对应边的相似性的伪特征向量。

图 8-16 所示的输入描述了图的 RDD 三元组。输出是模型给每个节点分配的类簇。算法假定节点间的相似性为正数或相等（图中没有显示出来）。

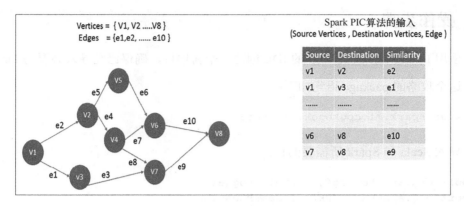

图 8-16

8.5.3 更多

关于这个问题的更详细的数学知识（幂迭代），可以查阅卡内基梅隆大学的白皮书。

8.5.4 参考资料

需要读者进一步学习的 Spark 文档如下：

- 构造函数 PowerIterationClustering()；
- 构造函数 PowerIterationClusteringModel()。

8.6 用隐狄利克雷分布（LDA）将文档和文本划分为不同主题

我们在本节中研究 Spark 2.0 中的隐狄利克算法，这个攻略所使用的 LDA 完全不同于线性判别分布（LDA）。尽管隐狄利克雷分布和线性判别分布都叫作 LDA，但是两者的技术截然不同。在这个攻略中，当我们提到 LDA 时，所指的就是隐狄利克雷分布。文本分析那一章的知识对于理解 LDA 也很有帮助。

LDA 经常用于自然语言处理领域，将大量的文档语料（如安然欺诈案件中的电子邮件）划分为一批离散的话题或主题，便于更好的理解。LDA 也可以用于从一批给定的杂志和页面中，根据某个人的兴趣，选择合适的文章。

8.6.1 操作步骤

1. 使用 IntelliJ 或其他所喜欢的 IDE 创建一个新项目，确保已经导入必要的 Jar 包。

2. 这个攻略的 package 语句如下：

```
package spark.ml.cookbook.chapter8
```

3. 导入 Scala 和 Spark 所需要的包：

```
import org.apache.log4j.{Level, Logger}
import org.apache.spark.sql.SparkSession
import org.apache.spark.ml.clustering.LDA
```

4. 创建 SparkSession 访问集群：

```
val spark = SparkSession
 .builder
.master("local[*]")
.appName("MyLDA")
.config("spark.sql.warehouse.dir", ".")
.getOrCreate()
```

5. 我们所需要的 LDA 示例数据集位于下面的相对路径（也可以自由选择绝对路径）。示例文件和任一 Spark 发行版本绑在一起，可以在 Spark 的数据目录（如图 8-17 所示）下找到。假定输入数据是一批特征集合，输入到 LDA 方法中。

```
val input="../data/sparkm12/chapter8/my-lda-data.txt"
```

```
Here is a sample of first 5 line of the file (file is in the libsvm format):
0 1:1 2:2 3:6 4:0 5:2 6:3 7:1 8:1 9:1 10:0 11:3
1 1:0 2:3 3:0 4:1 5:3 6:0 7:0 8:2 9:1 10:0 11:1
2 1:2 2:4 3:1 4:0 5:0 6:4 7:9 8:0 9:2 10:2 11:0
3 1:2 2:1 3:0 4:3 5:0 6:0 7:5 8:0 9:2 10:3 11:9
4 1:3 2:1 3:1 4:9 5:3 6:0 7:2 8:0 9:0 10:1 11:3
5 1:4 2:2 3:0 4:2 5:4 6:5 7:1 8:1 9:1 10:4 11:0
```

图 8-17

6. 在这个步骤，我们读取文件、创建必要的数据集（根据输入文件，控制台上显示前 5 行内容）：

```
val dataset = spark.read.format("libsvm").load(input)
 dataset.show(5)
```

控制台输出如图 8-18 所示。

```
+-----+--------------------+
|label|            features|
+-----+--------------------+
|  0.0|(11,[0,1,2,4,5,6,...|
|  1.0|(11,[1,3,4,7,8,10...|
|  2.0|(11,[0,1,2,5,6,8,...|
|  3.0|(11,[0,1,3,6,8,9,...|
|  4.0|(11,[0,1,2,3,4,6,...|
+-----+--------------------+
only showing top 5 rows
```

图 8-18

7. 创建 LDA 对象，设置相应的参数：

```scala
val lda = new LDA()
 .setK(5)
 .setMaxIter(10)
 .setFeaturesCol("features")
 .setOptimizer("online")
 .setOptimizeDocConcentration(true)
```

8. 使用软件包中的高级 API 运行模型：

```scala
val ldaModel = lda.fit(dataset)

 val ll = ldaModel.logLikelihood(dataset)
 val lp = ldaModel.logPerplexity(dataset)

 println(s"\t Training data log likelihood: $ll")
 println(s"\t Training data log Perplexity: $lp")
```

控制台输出如下：

```
Training data log likelihood: -762.2149142231476
 Training data log Perplexity: 2.8869048032045974
```

9. 对于每一个特征，获取 LDA 的主题分布，打印出对应主题。

10. 将 maxTermsPerTopic 设置为 3：

```scala
val topics = ldaModel.describeTopics(3)
 topics.show(false) // false is Boolean value for truncation for the dataset
```

11. 在控制台上，将打印输出如图 8-19 所示的信息。

```
+-----+-----------+--------------------------------------------------------------+
|topic|termIndices|termWeights                                                   |
+-----+-----------+--------------------------------------------------------------+
|0    |[2, 5, 7]  |[0.10590438713925907, 0.10552706453241487, 0.10414306358198831]|
|1    |[1, 6, 2]  |[0.10176875268567338, 0.09813701067499785, 0.09625065927903562]|
|2    |[10, 6, 9] |[0.224415590345134, 0.14259821198481398, 0.13437833678670488] |
|3    |[0, 4, 8]  |[0.10259611161709382, 0.09834614889684987, 0.09809818559264627]|
|4    |[9, 6, 4]  |[0.10443088806658334, 0.10406661341365932, 0.10092788028015136]|
+-----+-----------+--------------------------------------------------------------+
```

图 8-19

12. 使用 LDA 模型转换训练数据集，打印结果：

```
val transformed = ldaModel.transform(dataset)
transformed.show(false)
```

输出如图 8-20 所示。

```
+-----+----------------------------------------------------+------------------------------------------------+
|label|features                                            |topicDistribution                               |
+-----+----------------------------------------------------+------------------------------------------------+
|0.0  |(11,[0,1,2,4,5,6,7,8,10],[1.0,2.0,6.0,2.0,3.0,1.0,1.0,1.0,3.0])|[0.6652875701333743,0.009021752920617748,...] |
|1.0  |(11,[1,3,4,7,8,10],[3.0,1.0,3.0,2.0,1.0,1.0])       |[0.0158499797575876,0.01581565024938826,...]  |
|2.0  |(11,[0,1,2,5,6,8,9],[2.0,4.0,1.0,4.0,9.0,2.0,2.0])  |[0.007622470464432214,0.007627013290202738,...]|
|3.0  |(11,[0,1,3,6,8,9,10],[2.0,1.0,3.0,5.0,2.0,3.0,9.0]) |[0.007203235692928609,0.0072124840651476155,...]|
|4.0  |(11,[0,1,2,3,4,6,9,10],[3.0,1.0,1.0,9.0,3.0,2.0,1.0,3.0])|[0.007851742406435247,0.007862287638528116,...]|
|5.0  |(11,[0,1,2,3,4,5,6,7,8,9],[4.0,2.0,2.0,4.0,5.0,1.0,1.0,1.0,1.0,4.0])|[0.007578630665190091,0.007575611615864504,...]|
|6.0  |(11,[0,1,3,6,8,9,10],[1.0,1.0,3.0,5.0,2.0,2.0,9.0]) |[0.007800362084464072,0.007809853027526702,...]|
|7.0  |(11,[0,1,2,3,4,5,6,9,10],[2.0,2.0,2.0,9.0,2.0,1.0,1.0,2.0,1.0,3.0])|[0.007564655969980252,0.007567856115057907,...]|
|8.0  |(11,[0,1,3,4,5,6,7],[4.0,4.0,3.0,4.0,2.0,1.0,3.0])  |[0.008607307662614899,0.008618046211724592,...]|
|9.0  |(11,[0,1,2,4,6,8,9,10],[1.0,8.0,2.0,3.0,2.0,2.0,7.0,2.0])|[0.006723495485324213,0.006722272305280794,...]|
|10.0 |(11,[0,1,2,3,5,6,9,10],[2.0,1.0,1.0,9.0,2.0,2.0,2.0,3.0,0.3])|[0.007892050842839225,0.007895033920912157,...]|
|11.0 |(11,[0,1,4,5,6,7,9],[3.0,2.0,4.0,5.0,1.0,3.0,1.0])  |[0.009491103339631072,0.00947274250255502,...] |
+-----+----------------------------------------------------+------------------------------------------------+
```

图 8-20

如果将处理方法改为：

```
transformed.show(true)
```

13. 输出的结果将会被截断，如图 8-21 所示。

```
+-----+--------------------+--------------------+
|label|            features|   topicDistribution|
+-----+--------------------+--------------------+
|  0.0|(11,[0,1,2,4,5,6,...|[0.66525666771208...|
|  1.0|(11,[1,3,4,7,8,10...|[0.01584989652565...|
|  2.0|(11,[0,1,2,5,6,8,...|[0.00762242653921...|
|  3.0|(11,[0,1,3,6,8,9,...|[0.00720319194955...|
|  4.0|(11,[0,1,2,3,4,6,...|[0.00785171521188...|
|  5.0|(11,[0,1,3,4,5,6,...|[0.00757858435810...|
|  6.0|(11,[0,1,3,6,8,9,...|[0.00779999202859...|
|  7.0|(11,[0,1,2,3,4,5,...|[0.00756460520509...|
|  8.0|(11,[0,1,3,4,5,6,...|[0.00860724611808...|
|  9.0|(11,[0,1,2,4,6,8,...|[0.00672030365907...|
| 10.0|(11,[0,1,2,3,5,6,...|[0.00789214021488...|
| 11.0|(11,[0,1,4,5,6,7,...|[0.00948779706633...|
+-----+--------------------+--------------------+
```

图 8-21

14. 关闭 SparkContext，结束程序：

```
spark.stop()
```

8.6.2 工作原理

LDA 假定文档服从由多个狄利克雷先验分布的不同主题所构成的混合分布。文档中的单词被假定与特定主题具有关联性，这允许 LDA 对全部文档（构建和分发某一个分布）进行分类以寻找各个文档所匹配的最佳主题。

主题模型是一种用于发现文档主体（对于人类来说，文档通常因太大而无法处理）中的抽象主题（话题）的生成式隐模型。这些模型是对大量未标记文档及其内容进行汇总、搜索和浏览的初步标准。一般来说，我们试图找到一组共同出现的特征（单词、子图像等）。

图 8-22 描绘了 LDA 的整体模式：

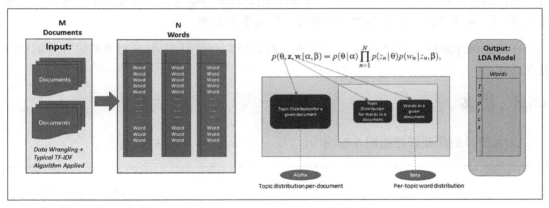

图 8-22

更全面、详细的知识，请务必查看斯坦图大学网站上的白皮书。

LDA 算法的步骤如下：

1. 初始化下面的参数（控制聚集性和平滑性）。

（1）阿尔法参数（越高的阿尔法值使得文档彼此之间的相似性更高，而且包含相似的主题）。

（2）贝塔参数（越高的贝塔值表示每一个主题更易包含大多数单词的混合）。

2．随机初始化主题的分布。

3．不断反复迭代。

- 对于每个的单独文档：

（1）遍历文档中的各个单词

（2）对每个单词重新抽样主题

- 获得所有其他单词以及相应的抽样分配

4．计算结果。

5．模型评估。

在统计学中，狄利克雷分布 Dir（阿尔法）是由正实数的向量 α 参数化的连续多元概率分布的族。有关 LDA 的更深入的操作，请参阅 *Journal of Machine Learning* 中的原始论文。

LDA 不会给主题分配任何语义，也不关心什么样的主题会被调用。它只是一个生成模型，使用细粒度项目的分布（例如，猫、狗、鱼、汽车等单词）来分配一个得分最高的整体主题。LDA 不了解、也不关注或理解关于狗或猫的主题。

在将文档作为输入传给 LDA 算法之前，我们经常会使用 TF-IDF 对文档进行分词和向量化。

8.6.3　更多

LDA 整体的简要描述如图 8-23 所示。

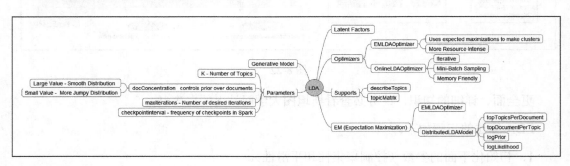

图 8-23

现有两种方法进行文档分析。可以简单地使用矩阵分解技术对大型矩阵数据集进行分解，得到较小的矩阵（主题分布）×一个向量（主题本身），如图 8-24 所示。

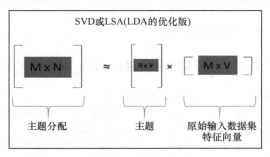

图 8-24

8.6.4 参考资料

Spark 官网上的几个重要的技术文档：

- LDA 的构造器；
- LDAModel 的构造器。

此外，还可以查阅 Spark 的 Scala API 文档，学习以下内容：

- DistributedLDAModel；
- EMLDAOptimizer；
- LDAOptimizer；
- LocalLDAModel；
- OnlineLDAOptimizer。

8.7 用 Streaming KMeans 实现近实时的数据分类

Spark Streaming 是一个非常强大的工具，可以在同一个范式中实现近实时处理和批处理。Streaming KMeans 接口是机器学习聚类和 Spark Streaming 的结合体，充分利用了 Spark Streaming 所提供的核心功能（例如，容错、准确一次交付语义等）。

8.7.1 操作步骤

1. 使用 IntelliJ 或其他所喜欢的 IDE 创建一个新项目，确保已经导入必要的 Jar 包。
2. 导入 streaming KMeans 所需的 package：

```
package spark.ml.cookbook.chapter8
```

3. 导入 streaming KMeans 所需要的其他包:

```
import org.apache.log4j.{Level, Logger}
import org.apache.spark.mllib.clustering.StreamingKMeans
import org.apache.spark.mllib.linalg.Vectors
import org.apache.spark.mllib.regression.LabeledPoint
import org.apache.spark.sql.SparkSession
import org.apache.spark.streaming.{Seconds, StreamingContext}
```

4. 为 streaming KMeans 程序设置下面的参数。训练目录用于存放训练数据文件。KMeans 聚类模型利用训练数据来运行模型和进行计算。testDirectory 存放测试数据,用于预测。batchDuration 代表每秒一次 batch 运行所处理的数据量。在下面的示例中,程序将每隔 10 秒检查一次,判断是否存在新的数据文件需要重新计算。

5. 类簇数目设置为 2,数据维度为 3:

```
val trainingDir = "../data/sparkml2/chapter8/trainingDir"
val testDir = "../data/sparkml2/chapter8/testDir"
val batchDuration = 10
val numClusters = 2
val numDimensions = 3
```

6. 根据前面的设置,训练数据的样例将包含下面的数据(格式为[X1, X2, ...Xn],其中 n 代表 numDimensions):

```
[0.0,0.0,0.0]
[0.1,0.1,0.1]
[0.2,0.2,0.2]
[9.0,9.0,9.0]
[9.1,9.1,9.1]
[9.2,9.2,9.2]
[0.1,0.0,0.0]
[0.2,0.1,0.1]
....
```

测试数据文件所包含的数据(格式为(y,[X1,X2, … Xn],其中 n 代表 numDimensions,y 代表标识符)如下面所示:

```
(7,[0.4,0.4,0.4])
```

```
(8,[0.1,0.1,0.1])
(9,[0.2,0.2,0.2])
(10,[1.1,1.0,1.0])
(11,[9.2,9.1,9.2])
(12,[9.3,9.2,9.3])
```

7. 创建 SparkSession 访问集群：

```
val spark = SparkSession
 .builder
.master("local[*]")
 .appName("myStreamingKMeans")
 .config("spark.sql.warehouse.dir", ".")
 .getOrCreate()
```

8. 定义 streaming 上下文和最小批处理窗口：

```
val ssc = new StreamingContext(spark.sparkContext,
Seconds(batchDuration.toLong))
```

9. 下面的代码将解析前面两个数据目录中的数据文件，并将创建的数据写入到 trainingData 和 testData RDD 中：

```
val trainingData =
ssc.textFileStream(trainingDir).map(Vectors.parse)
 val testData = ssc.textFileStream(testDir).map(LabeledPoint.parse)
```

10. 创建 StreamingKMeans 模型，设置参数：

```
val model = new StreamingKMeans()
 .setK(numClusters)
 .setDecayFactor(1.0)
 .setRandomCenters(numDimensions, 0.0)
```

11. 接下来，程序使用训练数据训练模型，使用测试数据进行预测：

```
model.trainOn(trainingData)
 model.predictOnValues(testData.map(lp => (lp.label,
lp.features))).print()
```

12. 启动 streaming 上下文，程序将每隔 10 秒运行一次批处理，检查是否存在新的可用数据以供训练，以及是否存在新的测试数据用于预测。一旦程序接收到终止信号（是否退出批处理运行），程序将退出。

```
ssc.start()
ssc.awaitTermination()
```

13．复制 testKStreaming1.txt 数据文件到前面的 testDir 目录下，将在控制台上看到下面的打印输出如下：

```
-------------------------------------------
Time: 1481750570000 ms
-------------------------------------------
(1.0,1)
(2.0,1)
(3.0,0)
(4.0,0)
(5.0,0)
(6.0,0)
```

14．对于 Windows 系统来说，我们将 testKStreaming1.txt 文件拷贝到目录 C:\spark-2.0.0-binhadoop2.7\data\sparkml2\chapter8\testDir\下：

15．查看 SparkUI 可以获取到更多的信息。

如图 8-25 所示，Jobs 选项卡将显示 streaming 的 Jobs。

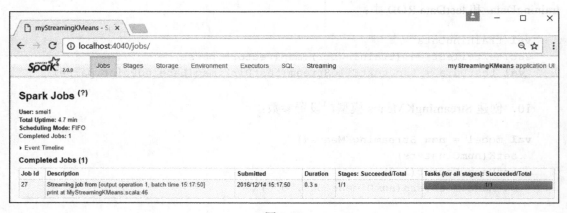

图 8-25

如图 8-26 所示，streaming 选项卡将显示 Streaming KMeans 矩阵作为矩阵显示，在这个示例中，batch job 每隔 10 秒运行一次：

可以通过单击任意一个 batch，查看 streaming 批处理的详细信息，如图 8-27 所示。

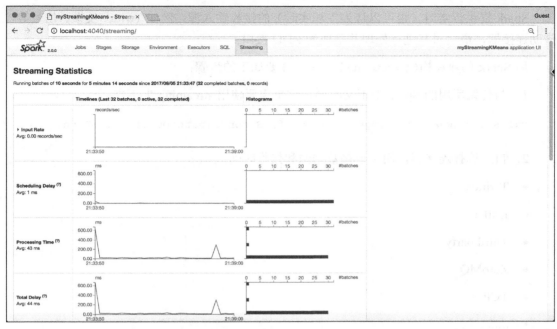

图 8-26

图 8-27

8.7.2 工作原理

在某些情况下，我们不能使用批处理方法来加载和捕获事件，继而对事件做出相响应。我们可以使用创造性的方法来捕获内存或登录数据库中的事件，然后快速将其引导转移到另一个系统进行处理，但是大多数的系统都无法充当流式系统，而且构建起来非常昂贵。

Spark 提供近实时（也可以认为主观实时）的接收输入源，例如 Twitter 反馈、信号等，借助连接器，最后对其进行处理并呈现为 RDD 接口。

用 Spark 创建和构建 streaming KMeans 需要如下的步骤：

1. 与传统所用的 Spark 上下文不同，这里需要使用 streaming 上下文：

```
val ssc = new StreamingContext(conf, Seconds(batchDuration.toLong))
```

2. 自主选择连接器，用于连接数据源和接收时间：

- Twitter
- Kafka
- Third party
- ZeroMQ
- TCP
- ....

3. 创建 streaming KMeans 模型，设置所需要的参数：

```
model = new StreamingKMeans()
```

4. 和通常做法一样，进行训练和测试。需要注意的是，在运行过程中，无法修改 K 值。

5. 启动上下文，等待停止信号并退出：

- `ssc.start()`
- `ssc.awaitTermination()`

8.7.3 更多

Streaming KMeans 是 KMeans 实现的特殊情况，数据可以近实时地到达，并按需分类到某一个类簇（硬分类）。Streaming KMeans 应用程序非常广泛，从近乎实时的异常检测（欺诈、犯罪、情报、监控和监视）到金融领域中结合沃罗诺伊图的细粒度的小扇形旋转可视化。第 13 章对 streaming 做了详细的讲解。

关于沃罗诺伊图的进一步介绍可以查看维基百科上的"Voronoi_diagram"词条。

除 streaming KMeans 之外，现有的 Spark 机器学习库中还提供了其他算法，如图 8-28 所示。

图 8-28

8.7.4 参考资料

需要进一步查阅的 Spark 官方文档如下：

- Streaming KMeans；
- Streaming KMeans Model；
- Streaming Test（对数据生成非常有用）。

第 9 章
最优化——用梯度下降法寻找最小值

这一章将讨论以下内容：
- 优化二次损失函数，使用数学方法寻找最小值进行分析；
- 从零开始使用梯度下降法（GD）编码实现二次损失函数的优化过程；
- 从零开始编码梯度下降优化算法，解决线性回归问题；
- 在 Spark 2.0 中使用正规方程法解决线性回归问题。

9.1 引言

理解最优化的工作原理是机器学习相关职业取得成功的基础。我们选择梯度下降方法（GD）进行端到端的研究，演示最优化技术的内部工作原理。我们将使用 3 个攻略阐述这个概念，这些攻略将和开发人员一起从零开始编写一个完全开发代码，以解决现实的实际问题。第四个攻略使用 Spark 和正规方程寻找 GD 的替代方案，以解决回归问题。

现在开始吧！机器是如何学习的？机器真的会从错误中吸取教训吗？当机器使用最优化技术寻找解决方案时到底在想什么？

从高层次上来看，机器采用下面 5 种技术中的某一种进行学习。

- 基于误差的学习：在域空间寻找一组参数值（权重）组合，最小化训练数据的总误差（预测值和真实值）。
- 信息理论学习：使用经典香农信息理论中的熵和信息增益等概念。基于树的机器学习系统（如 ID3 算法）是这一类别的典型代表，而集成树模型则代表了这一类别中取得的最高成就。我们将在第 10 章探讨树模型。

- 概率空间学习：这一分支基于贝叶斯定理，机器学习领域最出名的方法就是朴素贝叶斯（还有多种变种）。朴素贝叶斯的发展在贝叶斯网络时达到顶峰，可以更好地对模型进行控制。

- 相似性测度学习：该方法试图先定义一个相似性测度，进而使用该测度拟合观察数据的一个分组。众所周知的 KNN 即是典型代表，其已经成为任何机器学习工具包中的标准组件。Spark 的 ML 实现了拥有并行能力的 K-Means 算法（K 代表并行）K-means++。

- 遗传算法（GA）和进化学习：可以认为是达尔文理论（物种起源）在最优化和机器学习上的应用。GA 的背后思想是先使用递归生成算法创建一组初始候选者，然后使用反馈信息（适应度条件）消除远距离候选者，合并相似候选者，同时对不太可能的候选者引入随机突变（数值或符号抖动），不断重复上述过程直至找到解决方案。

一些数据科学家和机器学习工程师更倾向将最优化看作最大化对数似然而非最小化损失函数，其实这两者是同一枚硬币的两面而已！在本章中，我们将重点讨论基于误差的学习，尤其是梯度下降法。

为了更好地理解，我们将学习 3 个关于梯度下降的攻略（应用了最优化），并深入研究梯度下降方法（GD）。然后，我们将介绍关于 Spark 正规方程的攻略，作为数值优化方法的替代方案，如梯度下降（GD）、Limited-memory Broyden-Fletcher-Goldfarb-Shanno（LBFGS）算法。

Apache Spark 为所有类别提供了优秀的算法种类范围。图 9-1 描绘了一个分类标准，它将指导你完成数值优化领域的旅程，这是获得机器学习卓越技能的基础。

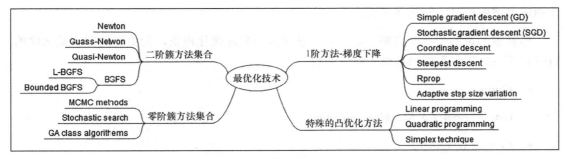

图 9-1

机器如何使用基于误差的系统进行学习

机器的学习方式与我们的学习方式非常相似,它们从错误中吸取教训。首先做一个初始猜测(参数的随机权重)。其次,机器使用自己的模型(例如,GLM、RRN、保序回归)进行预测(例如,数字)。第三,看看答案应该是什么(训练集)。第四,使用各种技术(例如最小二乘法、相似性等)来度量实际值与预测值之间的差异。

一旦这些机制到位,就会在整个训练数据集上不断地重复该过程,同时学习一组能在整个训练数据集上取得最小误差的参数组合。令人感兴趣的是,机器学习的每个分支都使用数学或领域已知的事实来避免暴力组合方法,暴力组合方法在实际环境中无法停止学习。

基于误差的机器学习优化是数学编程(MP)的一个分支,其在算法上实现,但精度受限($10^{-6} \sim 10^{-2}$)。大多数(并非全部)此类方法利用简单的微积分知识[例如一阶导数(斜率)],例如梯度下降(GD)技术和二阶导数(曲率)(如 BFGS 技术)来最小化损失函数。在使用 BFGS 技术的情况下,看不见的手是矫正函数(L1 矫正函数)、秩(秩二矫正),使用 Hessian-free 技术而非二阶导数矩阵,来近似最终答案/解决方案。

图 9-2 描述了一些有关 Spark 最优化的工具。

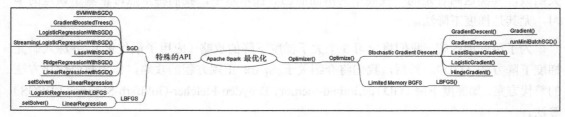

图 9-2

SGD 和 LBFGS 最优化组件可以在 Spark 中自由使用。要使用它们,还需要能够编写并提供损失函数。对于损失函数(如 runMiniBatchSGD),不能单纯独立理解,还需要很好地理解上述两种算法的具体实现。

尽管本书讲的是一些攻略,但我们无法深入研究最优化理论,为更好地理解最优化的背景和相关知识,我们推荐以下参考资料:

- *Optimization*;
- *Optimization for Machine Learning*;
- *Convex Optimization*;
- *Genetic Algorithm in Search, Optimization and Machine Learning*;

- *Swarm Intelligence from Natural to Artificial Systems*。

9.2 优化二次损失函数，使用数学方法寻找最小值进行分析

在这个攻略中，在引入梯度下降（一阶导数）和 LBFGS（一种 Hessian-free 拟牛顿方法）之前，我们将使用简单导数探索数学优化背后的基本概念。

我们将以一个二次损失/误差函数作为示例进行探索，并展示如何只用数学来寻找最小值或最大值。

$$f(x) = ax^2 + bx + c$$

我们将使用解析解方法（顶点公式）和导数方法（斜率）来寻找最小值，但我们将遵循本章后面的方法来介绍数值优化技术，例如梯度下降及其在回归中的应用。

9.2.1 操作步骤

1．假设有一个二次损失函数，现在寻找函数的最小值：

$$f(x) = 2x^2 - 8x + 9$$

2．当我们在搜索空间中移动时，统计机器学习算法中的损失函数相当于"难度水平、能量损耗或总误差"的代理。

3．我们要做的第一件事是绘制函数图，并进行可视化检查，如图 9-3 所示。

4．经过可视化检查，我们发现 $f(x) = 2x^2 - 8x + 9$ 是一个凹函数，在点（2,1）处取得最小值。

5．下一步通过优化该函数，寻找最小值。在机器学习中，损失或误差函数的测度示例可以是平方误差、欧几里得距离、MSSE 或任何其他相似性度量，这些测度可以捕获与最佳数值答案的距离。

6．下一步是搜索最佳参数值，最小化机器学习技术中的误差（如成本）。例如，通过优化线性回归损失函数（平方误差之和），我们得出其参数的最佳值。

- 导数方法：将一阶导数设为零并求解。
- 顶点方法：使用代数的解析形式。

7．求解最小值：使用导数方法计算一阶导数，将其设置为零，并求解 x 和 y，如

图 9-4 所示。

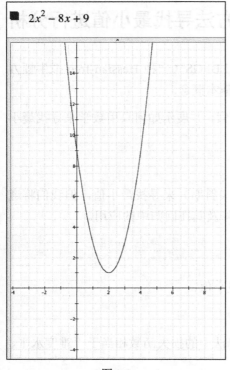

图 9-3

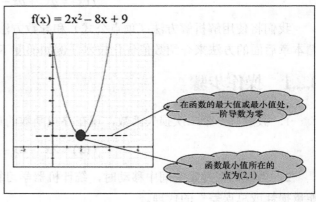

图 9-4

给定 $f(x) = 2x^2 - 8x + 9$ 作为损失/误差函数，导数可以计算为：

$$f'(x) = \frac{d}{dx}(2x^2 - 8x + 9)$$

$$f'(x) = 4x - 8$$

$f(x) = x^n$ 则 $f'(x) = nx^{n-1}$

$f'(x) = 0$ （将导数设置为 0 并求解 x）

$$4x - 8 = 0$$

$$x = \frac{8}{4}$$

$$= 2$$

$$y = f(2)$$

$$= 2(2^2) + (-8)(2) + 9$$

$$= 1$$

我们现在使用顶点公式法验证所求解的最小值。使用代数方法计算最小值的步骤如下。

8. 给定函数 $f(x) = ax^2 - bx + c$，顶点坐标为：

$$\left(-\frac{b}{2a}, f\left(-\frac{b}{2a}\right)\right)$$

9. 让我们使用顶点代数公式计算最小值：

$$f(x) = 2x^2 - 8x + 9$$

$$x = \frac{-b}{(2a)}$$

$$x = 8/(2 \times 2)$$

$$= 2$$

$$y = f(x)$$

$$= 2(2)^2 + (-8)(2) + 9$$

$$= 1$$

10. 代数形式的最后一步，我们检查步骤 8 和步骤 9（前两步）的结果，以确保我们使用闭合代数形式（顶点公式）得到的最小值（2,1）与导数方法的结果一致，都是（2,1）。

11. 最后在左侧面板显示 $f(x)$ 的图形，在右侧面板显示对应的导数图形，便于直观地进行可视化做检查，如图 9-5 所示。

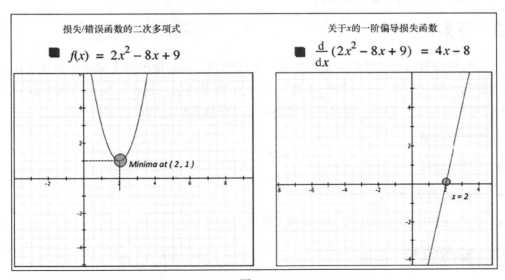

图 9-5

12. 如图 9-5 所示，经过简单检查发现最小值顶点（2,1）位于图形左侧，即 $\{x = 2, f(x)= 1\}$；而图形右侧显示，关于 x 的函数的导数，在 $x=2$ 处取得最小值。根据前面的步骤，我们将函数的导数设置为零，并求解 x，得到数值 2。你还可以直观地检查图形的左右两个面板和方程式，以确保 $x=2$ 正确，并且在上图的两种情况下都有意义。

9.2.2 工作原理

在不使用数值方法的情况下，我们有两种技术可以求解二次函数的最小值。在现实生活的统计机器学习最优化中，我们使用导数来求解凸函数的最小值。如果函数是凸的（或者最优化是可以求解的），则只有一个局部最小值，因此这里的问题比深度学习中的非线性/非凸问题简单得多。

在前述攻略中，使用导数方法的求解步骤。

- 第一，使用导数规则（比如指数规则）求解导数。
- 第二，我们使用如下常识：给定一个简单的二次函数（凸优化），最小值在一阶导数为零时取得。
- 第三，我们简单地遵循和使用微积分规则求解得到导数。
- 第四，我们将函数的导数置为零，即 $f'(x) = 0$，并求解 x。
- 第五，我们使用求解得到的 x 值，并将其代入到原始方程得到 y。通过这些步骤，我们在点(2,1)处取得最小值。

9.2.3 更多

大多数统计机器学习算法定义和搜索一个域空间，同时使用损失或误差函数来获得最佳的数值近似解（例如，一组回归参数）。函数取得最小值（最小化损失/误差）或最大值（最大化对数似然性）的点，即是对应最小误差（最佳近似）的最佳解决方案。

其他知识列表：

- 微分法则；
- 最小化二次函数；
- 二次函数的优化和形式（麻省理工学院）。

9.2.4 参考资料

加州大学圣克鲁兹分校网站上有一些关于二次方程的资料，非常值得阅读。

二次函数可以被表达为如下形式之一：

二次函数形式 $ax^2 + bx + c$	二次函数的标准形式
$f(x) = ax^2 + bx + c$	$f(x) = a(x-h)^2 + k$

其中，a、b、c 属于实数。

图 9-6 提供了有关最小值/最大值的一个快速参考，以及凹凸函数外观的参数调整方案。

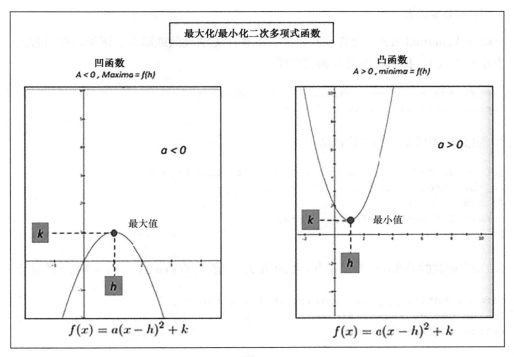

图 9-6

9.3 用梯度下降法（GD）编码实现二次损失函数的优化过程

在这个攻略中，我们将编程实现一种称为梯度下降（GD）的迭代数值优化技术，以找到二次函数 $f(x) = 2x^2 - 8x + 9$ 的最小值。

这个攻略的重点从使用数学求解最小值（将一阶导数设置为零）转变为使用一种称为梯度下降（GD）的迭代数值方法，该方法从猜测开始，然后使用损失/错误函数作为准则，在每次迭代中不断地逼近问题答案。

9.3.1 操作步骤

1. 使用 IntelliJ 或其他 IDE 创建一个新项目，确保已经添加必要的 Jar 包。

2. 使用 package 指令设置路径：

```
package spark.ml.cookbook.chapter9.
```

3. 导入必要的包：

scala.util.control.Breaks 允许中断程序，当程序无法收敛或陷入无限循环的过程时（例如，当步长太大），我们可以用来调试程序。

```
import scala.collection.mutable.ArrayBuffer
import scala.util.control.Breaks._
```

4. 定义试图最小化的二次函数：

```
def quadratic_function_itself(x:Double):Double = {
// the function being differentiated
// f(x) = 2x^2 - 8x + 9
return 2 * math.pow(x,2) - (8*x) + 9
}
```

5. 定义函数的导数，也就是在点 x 处的梯度，即函数 $f(x) = 2x^2 - 8x + 9$ 的一阶导数。

```
def derivative_of_function(x:Double):Double = {
// The derivative of f(x)
return 4 * x - 8
}
```

6. 设置一个随机初始值（这里设置为 13），这是在 x 轴上的初始起点。

```
var currentMinimumValue = 13.0 // just pick up a random value
```

7. 使用在前一个攻略中求得的实际最小值，以便我们可以在每一次迭代中评估和实际值的差异。

```
val actualMinima = 2.0 // proxy for a label in training phase
```

这一数值在机器学习算法的训练阶段期间充当标签。在现实环境中，我们将有一个带标签的训练数据集,并让算法训练并相应地调整其参数。

8. 设置统计变量,定义 ArrayBuffer 数据结构的变量存储损失/误差和估计的最小值,以便后续检查和可视化。

```
var oldMinimumValue = 0.0
var iteration = 0;
var minimumVector = ArrayBuffer[Double]()
var costVector = ArrayBuffer[Double]()
```

9. 这一步骤设置梯度下降算法所用到的内部控制变量:

```
val stepSize = .01
val tolerance = 0.0001
```

将 stepSize 变量作为学习率,指示程序每次移动的距离,而 tolerance 变量用来告诉程序在足够逼近最小值时需要及时停止。

10. 首先设置一个迭代循环,以及基于期望容忍值 tolerance 设置一个当足够逼近最小值时的停止条件。

```
while (math.abs(currentMinimumValue - oldMinimumValue) > tolerance)
{
iteration +=1 //= iteration + 1 for debugging when non-convergence
```

11. 在每次迭代时更新最小值,以及根据当前更新值计算和返回导数值:

```
oldMinimumValue = currentMinimumValue
val gradient_value_at_point =
derivative_of_function(oldMinimumValue)
```

12. 首先根据上一步返回的导数值乘以步长(对其进行缩放)来决定移动距离,然后通过减去移动距离(导数乘以步长)来更新当前最小值:

```
val move_by_amount = gradient_value_at_point * stepSize
currentMinimumValue = oldMinimumValue - move_by_amount
```

13. 使用简单的均方距离公式计算损失函数的值。在日常工作中,实际最小值来自训练数据,这里我们简单地使用上一个攻略求解的值。

```
costVector += math.pow(actualMinima - currentMinimumValue, 2)
minimumVector += currentMinimumValue
```

14. 我们生成一些中间输出结果，在每次迭代时观察变量 **currentMinimum** 的变化情况：

```
print("Iteration= ",iteration," currentMinimumValue= ",
currentMinimumValue)
print("\n")
```

输出结果如下：

```
(Iteration= ,1, currentMinimumValue= ,12.56)
(Iteration= ,2, currentMinimumValue= ,12.1376)
(Iteration= ,3, currentMinimumValue= ,11.732096)
(Iteration= ,4, currentMinimumValue= ,11.342812160000001)
(Iteration= ,5, currentMinimumValue= ,10.9690996736)
(Iteration= ,6, currentMinimumValue= ,10.610335686656)
(Iteration= ,7, currentMinimumValue= ,10.265922259189761)
(Iteration= ,8, currentMinimumValue= ,9.935285368822171)
..........
..........
..........
(Iteration= ,203, currentMinimumValue= ,2.0027698292180602)
(Iteration= ,204, currentMinimumValue= ,2.0026590360493377)
(Iteration= ,205, currentMinimumValue= ,2.0025526746073643)
(Iteration= ,206, currentMinimumValue= ,2.00245056762307)
(Iteration= ,207, currentMinimumValue= ,2.002352544918147)
```

15. 下面语句提醒我们：不管如何实现优化算法，都应始终提供方法以退出非收敛算法（例如，应该对用户输入和边缘情况做检查）：

```
if (iteration == 1000000) break //break if non-convergence -
debugging
}
```

16. 在每次迭代中收集输出损失和最小值的向量，用于后续的分析和绘图：

```
print("\n Cost Vector: "+ costVector)
print("\n Minimum Vactor" + minimumVector)
```

输出如下：

```
Cost vector: ArrayBuffer(111.51360000000001, 102.77093376000002,
94.713692553216, 87.28813905704389, .........7.0704727116774655E-6,
6.516147651082496E-6, 6.005281675238673E-6, 5.534467591900128E-6)
```

```
Minimum VactorArrayBuffer(12.56, 12.1376, 11.732096,
11.342812160000001, 10.9690996736, 10.610335686656,
10.265922259189761, 9.935285368822171, ........2.0026590360493377,
2.0025526746073643, 2.00245056762307, 2.002352544918147)
```

17. 定义并设置变量，代表最终的最小值和实际函数值 f（最小值）。这 2 个变量表示为(x,y)形式，代表最小值所在的坐标：

```
var minimaXvalue= currentMinimumValue
var minimaYvalue= quadratic_function_itself(currentMinimumValue)
```

18. 输出使用迭代方法计算得到的最终结果，与前一个攻略的结果一致。最终结果认为是我们的最小值，坐标为（2,1），可以通过可视化或使用前一攻略的结果做检查：

```
print("\n\nGD Algo: Local minimum found at
X="+f"$minimaXvalue%1.2f")
print("\nGD Algo: Y=f(x)= : "+f"$minimaYvalue%1.2f")
}
```

输出如下：

```
GD Algo: Local minimum found at X = : 2.00
GD Algo: Y=f(x)= : 1.00
```

整个过程以退出代码 0 结束。

9.3.2 工作原理

梯度下降技术利用了函数梯度（一阶导数）的一个常识：函数梯度指向函数的下降方向。从概念上讲，用梯度下降（GD）优化一个损失或误差函数，以搜索模型的最佳参数。图 9-7 演示了梯度下降的迭代性质。

在这个攻略中，我们定义步长（学习速率）、容忍值、可微函数和函数的一阶导数，然后不断迭代，并从初始猜测（这里是 13）不断逼近目标的最小值。

在每次迭代中，我们计算数据点的梯度（该点的一阶导数），然后使用步长对其进行缩放以调节每次移动的距离。由于我们的期望是目标函数值不断下降，用旧数据点减去缩放的梯度，找到更接近答案的下一个数据点（通过最小化误差）。

这里会有一些困惑：为了达到新的数据点，是选择增加还是减少梯度值？这个困惑接下来会进行阐述。解决这个困惑的指导原则：斜率是负还是正。为向正确的方向移动，必须沿一阶导数（梯度）的方向移动。

图 9-8 和图 9-9 提供了梯度下降（GD）更新步骤的指南/说明：

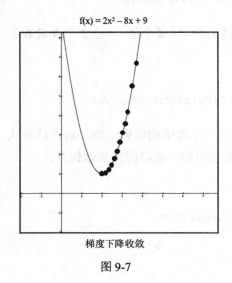

图 9-7

$\nabla f(p1) < 0$ 负梯度	$\nabla f(p1) > 0$ 正梯度
$P_2 = P_1 - \alpha(\nabla f(x))$	$P_2 = P_1 - \alpha(\nabla f(x))$

图 9-8

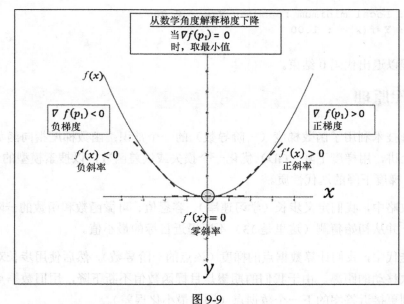

图 9-9

图 9-10 描绘了单个步骤（负斜率）的内部工作原理，其中不论我们从起点减去或添加

梯度以到达下一个点,都将使我们更接近二次函数的最小值。

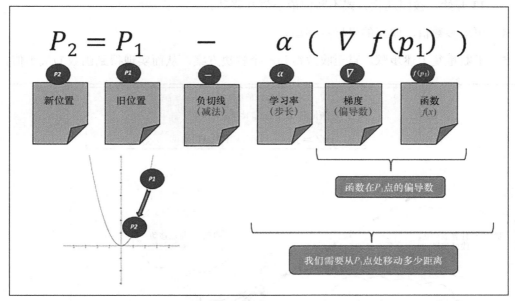

图 9-10

例如,在这个攻略中从数据点 13 开始,经过 200 多次迭代(取决于学习速率),我们最终得到最小值 (2,1),这与前面攻略的解决方案一致。

为了更好地理解这些步骤,我们尝试对简单函数 $f(x) = x^2$ 的图形左侧部分按步骤逐一执行。在这种情况下,我们位于曲线的左侧(原始猜测是负数),目标是向下移动,变量 x 在每次迭代时沿着梯度(一阶导数)方向进行递增。

以下步骤将引导完成下一操作,以演示这个攻略中的核心概念和步骤,如图 9-11 所示。

1. 对于给定的数据点,计算导数,即梯度。
2. 使用步长对步骤 1 中的梯度进行缩放,得到每次移动的距离。
3. 减去移动的距离,寻找新的坐标点。

- 负梯度情况:如图 9-11 所示,对原始数据点减去负梯度(相当于对梯度相加),因此最后会下降到 $f(x) = x^2$ 的最小值,在 0 处取得。该图中描绘的图表符合这种情况。
- 正梯度情况:如果处于具有正梯度的曲线的另一侧,前一坐标减去正梯度数值(相当于对梯度相减），不断向下移动到最小值。这个攻略适合这种情况，从一个正数 13 开始，按照迭代方式不断向最小值 0 移动。

4. 更新参数值，向新的坐标点移动。
5. 不断重复上述步骤，直至收敛得到一个解决方案，从而实现得到函数的最小值。

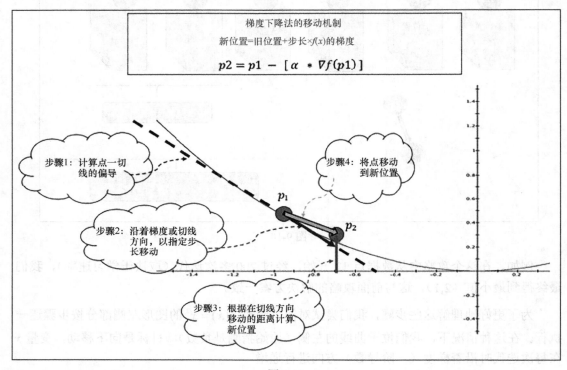

图 9-11

6. 值得注意的是，梯度下降（GD）及其变体使用一阶导数，这意味着它们是曲率无关的；而二阶导数算法，如牛顿或拟牛顿（BFGS、LBFGS）方法同时使用梯度和曲率，曲率可以按需结合 Hessian 矩阵（每个变量的偏导数矩阵）。

梯度下降法（GD）的其他替代方案通常是搜索整个域空间以获得最佳设置，这种方法不实用，而且还实际工作中机器学习会遇到大数据问题（数据规律和尺度），这种方法也无法收敛。

9.3.3 更多

第一次接触梯度下降（GD）时，理解步长或学习速度的概念非常重要。如果步长太小，则会导致计算浪费，并且呈现出梯度下降不会收敛到解决方案的情形。对于 demo 和小项目而言，设置步长不重要，但设置一个错误的值会导致大型机器学习项目浪费大量的计算资源。另一方面，如果步长太大，会遇到乒乓效应（不断上下波动）或者无法收敛情形，导致误差曲线爆炸，误差会随着迭代不断增加而非减小。

根据我们的经验，一个好的方法是查看误差与迭代的关系图表，并使用拐点来确定正确的值。另一种方法是尝试.01, .001, ……0001, 同时观察每次迭代如何收敛（步长太小或太大）。有一点需要记住：步长只是一个缩放因子，因为该点的实际梯度可能对于移动而言太大（会跳过最小值）。

总结如下：

- 如果步长过小，函数会难以收敛；
- 如果步长过大，函数可能会跳过最小值（跨越过度），导致计算缓慢和乒乓效应（上下波动收敛）。

图 9-12 描绘了不同步长情况下的变化，和前面提到的要点对应。

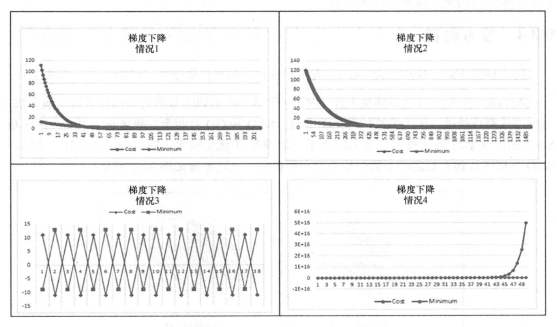

图 9-12

- 情况 1：步长=0.01，这个步长恰到好处，虽然仍有一点点小，但也可以在 200 次迭代内实现收敛。观察图形，发现当坐标轴上的数字大于 200，就看不到其他内容，这种变化趋势很普遍,可以在现实情况中经常见到。

- 情况 2:步长=0.001,这个步长太小,导致收敛过慢。尽管表现看起来不很糟糕(1500 多次迭代),但它可能被认为太细粒度了。

- 情况 3:步长=0.05,步长太大。这种情况,算法会反复震动,来回不断无法收敛。不得不强调,假如在实际情况下出现这种情形(现实情况下的数据性质和分布变化很大,需要随时准备好应付各种情形),需要考虑是否要停止计算。

- 情况 4:步长=0.06,步长太大,导致无法收敛和梯度爆炸。错误曲线爆炸(以非线性方式递增)说明在每次迭代中,错误/误差不降反升。在实际中,这种情况比上面的情况更加普遍,但也可能同时发生,需要随时应付。正如你所见,情况 3 和情况 4 中的步长只有 0.01 的差异,但梯度下降的行为却迥然不同。这也是相同的问题(最优化)使得算法权衡很困难。

值得一提的是,对于这类平滑凸优化问题,局部最小值通常与全局最小值等价。可以将局部最小值/最大值视为给定范围内的极值。对于相同的函数,全局最小值/最大值是指函数整个范围内的全局或最有可能的值。

9.3.4 参考资料

随机梯度下降:梯度下降(GD)有多种变化,随机梯度下降(SGD)是最受关注的。

Apache Spark 支持随机梯度下降(SGD)变体,使用训练数据的一部分子集更新参数,这种方式有点挑战,因为需要同时更新参数。SGD 和 GD 有两个主要区别:第一个区别是 SGD 是在线学习/优化技术,而 GD 更多是离线学习/优化技术;第二个区别是收敛速度,SGD 在更新任何参数之前不需要检查整个数据集。上述差异如图 9-13 所示。

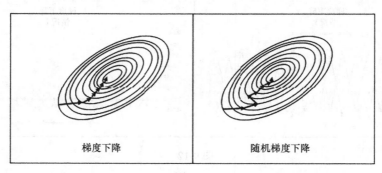

图 9-13

我们可以在 Apache Spark 中设置批处理窗口大小,使算法对大数据集的性能更好(在一次迭代中，无须遍历整个数据集）。SGD 会有一些随机性，但总体而言，它是目前使用的“事实上”方法，速度更快，可以更快地收敛。

不管 GD 还是 SGD，都需要通过更新原始参数来搜索模型的最佳参数。区别在于，GD 的核心思想要求必须在遍历所有数据点后，才能在给定迭代中对参数执行微小更新；而 SGD 则不同，在遍历训练集中的单个（或小批量）样本后，即可更新参数。

如果需要参考简短的一般性文章，可以查看以下内容：

- GD；
- SGD。

CMU、Microsoft 和 Journal of Statistical 软件可以提供的更多数学内容。

9.4　用梯度下降优化算法解决线性回归问题

在本文中，我们将探索如何编码梯度下降来解决线性回归问题。在上一个攻略中，我们演示了如何编写梯度下降法寻找二次函数的最小值。

这个攻略会演示一个更现实的优化问题，我们在 Apache Spark 2.0+上使用优化（最小化）均方损失函数来解决线性回归问题。我们将使用实际数据运行算法，并将结果与领先的商用统计软件进行比较，以证明其准确性和速度。

9.4.1　操作步骤

1．从普林斯顿大学网站下载文件包含以下数据，如图 9-14 所示。

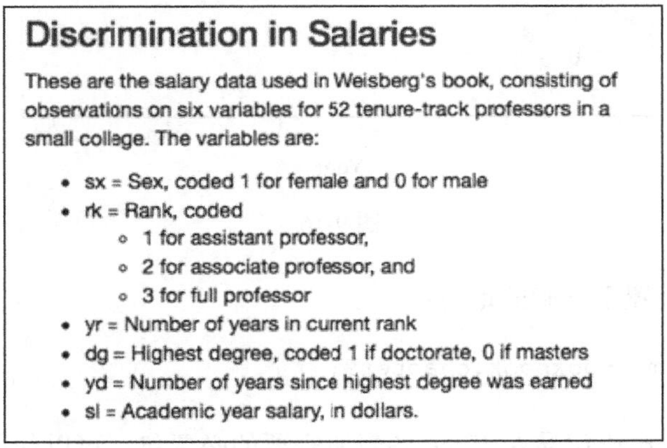

Discrimination in Salaries

These are the salary data used in Weisberg's book, consisting of observations on six variables for 52 tenure-track professors in a small college. The variables are:

- sx = Sex, coded 1 for female and 0 for male
- rk = Rank, coded
  - 1 for assistant professor,
  - 2 for associate professor, and
  - 3 for full professor
- yr = Number of years in current rank
- dg = Highest degree, coded 1 if doctorate, 0 if masters
- yd = Number of years since highest degree was earned
- sl = Academic year salary, in dollars.

图 9-14

2. 下载普林斯顿大学网站的 salay 数据。

3. 为了简化问题，我们选择变量 *yr* 和变量 *sl* 来研究年龄的排名如何影响薪水。为了防止数据量过多而导致代码冗余，我们运用两列数据并将其保存到文件 Year_Salary.csv，以学习它们之间的线性关系，如图 9-15 所示。

年龄	薪水（美元）
25.00	36350.00
13.00	35350.00
10.00	28200.00
7.00	26775.00
19.00	33696.00
......	....
......	....

图 9-15

4. 我们使用 IBM SPSS 包中的散点图直观地检查数据，如图 9-16 所示。再次强调，可视化检查应该是任何数据科学项目的第一步。

5. 选择 IntelliJ 或所喜欢的 IDE 创建一个新项目，确保所需要的 Jar 包已经添加。

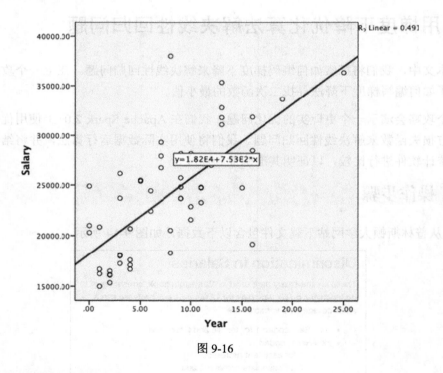

图 9-16

6. 导入数据包并置于正确的地方：

package spark.ml.cookbook.chapter9.

下面前 4 个 import 语句导入 JFree 图表所需要的必要包，可以使用相同的代码绘制梯度下降过程中的损失和收敛关系。第 5 个 import 语句利用 ArrayBuffer 数据结构保存中间结果：

```
import java.awt.Color
import org.jfree.chart.plot.{XYPlot, PlotOrientation}
import org.jfree.chart.{ChartFactory, ChartFrame, JFreeChart}
import org.jfree.data.xy.{XYSeries, XYSeriesCollection}
import scala.collection.mutable.ArrayBuffer
```

7．为了实现最小化误差并能收敛到合适答案，需要为斜率（mStep）和截距（bStep）定义数据结构，保存中间结果：

```
val gradientStepError = ArrayBuffer[(Int, Double)]()
val bStep = ArrayBuffer[(Int, Double)]()
val mStep = ArrayBuffer[(Int, Double)]()
```

8．定义使用 JFree 图表进行可视化的函数。第一个函数仅仅显示图表，第二个函数设置图表属性。这里只是个模板代码，可以根据个人喜好自定义。

```
def show(chart: JFreeChart) {
val frame = new ChartFrame("plot", chart)
frame.pack()
frame.setVisible(true)
}
def configurePlot(plot: XYPlot): Unit = {
plot.setBackgroundPaint(Color.WHITE)
plot.setDomainGridlinePaint(Color.BLACK)
plot.setRangeGridlinePaint(Color.BLACK)
plot.setOutlineVisible(false)
}
```

9．基于最小二乘原理，定义一个误差函数，对其最小化以找到最佳拟合解。该函数通过训练数据，捕捉预测值与实际值（薪水）之间的差异。在找到差异后，计算差异的均方值进而统计总误差。pow() 函数是用于计算平方的 Scala 数学函数。

$$\text{Find } \min_{\alpha,\beta} Q(\alpha,\beta), \text{for} Q(\alpha,\beta)=\sum_{i=1}^{n}\varepsilon_i^2=\sum_{i=1}^{n}(y_i-\alpha-\beta x_i)^2$$

```
Beta  : Slope (m variable)
Alpha : Intercept b variable)

def compute_error_for_line_given_points(b:Double, m:Double, points:
```

```
Array[Array[Double]]):Double = {
var totalError = 0.0
for( point <- points ) {
var x = point(0)
var y = point(1)
totalError += math.pow(y - (m * x + b), 2)
}
return totalError / points.length
}
```

10. 继续定义下一个函数 $f(x) = b + mx$，计算两个梯度（一阶导数）并在域上求解它们的均值（所有点）。与第二个攻略的过程相似，但是我们需要偏导数（梯度），因为最小化的是两个参数 m 和 b（斜率和截距）而非一个。

代码的最后两行，通过乘以学习速率（步长）来缩放梯度。这样做是为了确保不会产生较大的步长以及不会越过最小值，导致上一个攻略中讨论的乒乓效应或误差爆炸。

```
def step_gradient(b_current:Double, m_current:Double,
points:Array[Array[Double]], learningRate:Double) : Array[Double]= {
var b_gradient= 0.0
var m_gradient= 0.0
var N = points.length.toDouble
for (point <- points) {
var x = point(0)
var y = point(1)
b_gradient += -(2 / N) * (y - ((m_current * x) + b_current))
m_gradient += -(2 / N) * x * (y - ((m_current * x) + b_current))
}
var result = new Array[Double](2)
result(0) = b_current - (learningRate * b_gradient)
result(1) = m_current - (learningRate * m_gradient)
return result
}
```

11. 定义函数读取和解析 csv 文件：

```
def readCSV(inputFile: String) : Array[Array[Double]] =
{scala.io.Source.fromFile(inputFile)
.getLines()
.map(_.split(",").map(_.trim.toDouble))
.toArray
}
```

12. 下面是一个封装后的函数，迭代 N 次，对给定的坐标点调用函数 step_gradient() 计算梯度。对于每一个迭代步，存储相应结果便于后续处理（比如可视化）。

需要注意的是，Tuple2()用来存放函数 step_gradient()的返回值。

在函数的最后，调用函数 compute_error_for_line_given_points()计算给定斜率和截距时的错误值，并存放在变量 gradientStepError 中。

```
def gradient_descent_runner(points:Array[Array[Double]],
starting_b:Double, starting_m:Double, learning_rate:Double,
num_iterations:Int):Array[Double]= {
var b = starting_b
var m = starting_m
var result = new Array[Double](2)
var error = 0.0
result(0) =b
result(1) =m
for (i <-0 to num_iterations) {
result = step_gradient(result(0), result(1), points, learning_rate)
bStep += Tuple2(i, result(0))
mStep += Tuple2(i, result(1))
error = compute_error_for_line_given_points(result(0), result(1),
points)
gradientStepError += Tuple2(i, error)
}
```

13. 最后一步是主程序，包括设置斜率、截距的初始坐标、迭代次数和学习率等。我们特意选择较小的学习率和较大的迭代次数来验证准确性和速度。

- 第一，初始化梯度下降（GD）相关的关键控制变量（学习率、迭代次数和初始坐标）。

- 第二，我们打印初始节点(0,0)，以及调用函数 compute_error_for_line_given_points() 产生的初始错误值。需要注意，在开始运行梯度下降（GD）后，计算的误差起初比较小，在最后步骤才会打印结果。

- 第三，由于需要寻找一个优化解决方案（斜率和截距的最佳组合，以最小化误差），因此给 JFree 图表设置必要的调用和数据结构，用来绘制包括斜率、截距和误差行为的两个图表。

```
def main(args: Array[String]): Unit = {
val input = "../data/sparkml2/chapter9/Year_Salary.csv"
val points = readCSV(input)
```

```
val learning_rate = 0.001
val initial_b = 0
val initial_m = 0
val num_iterations = 30000
println(s"Starting gradient descent at b = $initial_b, m
=$initial_m, error = "+
compute_error_for_line_given_points(initial_b, initial_m,
points))
println("Running...")
val result= gradient_descent_runner(points, initial_b,
initial_m, learning_rate, num_iterations)
var b= result(0)
var m = result(1)
println( s"After $num_iterations iterations b = $b, m = $m,
error = "+ compute_error_for_line_given_points(b, m,
points))
val xy = new XYSeries("")
gradientStepError.foreach{ case (x: Int,y: Double) =>
xy.add(x,y) }
val dataset = new XYSeriesCollection(xy)
val chart = ChartFactory.createXYLineChart(
"Gradient Descent", // chart title
"Iteration", // x axis label
"Error", // y axis label
dataset, // data
PlotOrientation.VERTICAL,
false, // include legend
true, // tooltips
false // urls)
val plot = chart.getXYPlot()
configurePlot(plot)
show(chart)
val bxy = new XYSeries("b")
bStep.foreach{ case (x: Int,y: Double) => bxy.add(x,y) }
val mxy = new XYSeries("m")
mStep.foreach{ case (x: Int,y: Double) => mxy.add(x,y) }
val stepDataset = new XYSeriesCollection()
stepDataset.addSeries(bxy)
stepDataset.addSeries(mxy)
val stepChart = ChartFactory.createXYLineChart(
"Gradient Descent Steps", // chart title
"Iteration", // x axis label
"Steps", // y axis label
stepDataset, // data
```

```
    PlotOrientation.VERTICAL,
    true, // include legend
    true, // tooltips
    false // urls
)
val stepPlot = stepChart.getXYPlot()
configurePlot(stepPlot)
show(stepChart)
}
```

14. 当前攻略的输出如下:

首先打印初始坐标点(0,0)和误差 6.006,然后运行算法,当完成指定迭代次数后打印结果,如图 9-17 所示。

```
C:\Java\jdk1.8.0_101\bin\java ...
Starting gradient descent at b = 0, m =0, error = 6.006692873846154E8
Running...
After 30000 iterations b = 18166.147526619356, m = 752.7977590699244, error = 1.748171059198056E7

Process finished with exit code 0
```

图 9-17

注意开始和结束时的误差数值以及误差数值减少的趋势是如何受到优化机制影响的。

15. 我们使用 IBM SPSS 作为检查工具,结果表明梯度下降(GD)算法的结果与 SPSS 软件包的结果(1:1)一致,结果相当准确!

图 9-18 展示了 IBM SPSS 的结果,用以对比结果。

Coefficients[a]

Model		Unstandardized Coefficients		Standardized Coefficients	t	Sig.
		B	Std. Error	Beta		
1	(Constant)	18166.148	1003.658		18.100	.000
	Year	752.798	108.409	.701	6.944	.000

a. Dependent Variable: Salary

图 9-18

16. 在最后一步中,程序生成两个连续的图表:

图 9-19 和图 9-20 显示了迭代之后,斜率(m)和截距(b)如何收敛到最小化误差的最佳组合。

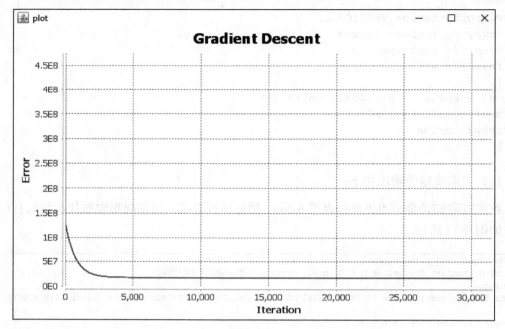

图 9-19

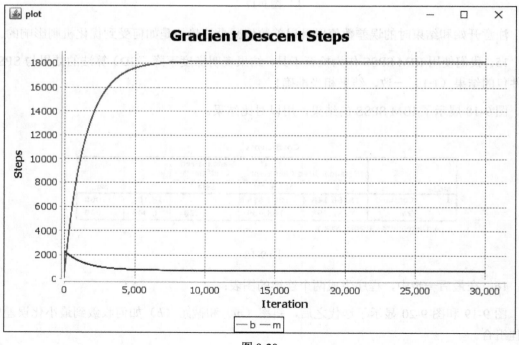

图 9-20

9.4.2　工作原理

梯度下降是一种迭代数值方法，从初始猜测开始，然后通过检查误差函数（计算预测值与训练数据中实际数据的平方距离）进行自我反馈和修正。

在这个程序中，我们选择了一个简单的线性函数 $f(x)=b+mx$ 方程作为模型。为了实现优化，并找出模型中斜率 m、截距 b 的最佳组合，将 52 个实际的数据对（年龄、工资）传入线性模型（预测薪资=斜率×年龄+截距）。简而言之，我们希望找到斜率和截距的最佳组合，帮助我们拟合线性的直线，实现最小化平方距离。平方函数的返回值均是正数，这有助于我们只关注误差的大小。

ReadCSV()：读取并解析数据文件

$$(x_1, y_1), (x_2, y_2), (x_3, y_3), \ldots (x_{52}, y_{52})$$

Compute_error_for_line_given_points()：这个函数实现计算损失和误差，我们使用线性模型（直线方程）进行预测，并度量与真实数值的均方距离。对误差进行累加，计算误差均值并返回总误差。

$$y = mx + b$$
$$y_i = mx_i + b : \text{for all data pair}(x, y)$$
$$\sum_{p=1}^{P}(b + x_p w - y_p)^2$$

值得注意的是，代码的第一行计算预测值（$mx + b$）和真实值 y 之间的均方距离，第二行代码计算均值并返回：

$$\frac{1}{N}\sum_{i=1}^{N}(y_i - (mx_i + b))^2$$

totalError += math.pow(y - (m * x + b), 2)

....

return totalError / points.length

图 9-21 显示了最小二乘的基本概念。简而言之，我们计算实际训练数据的点与模型预测的点之间的距离，对它们求平方并累加。我们对它们计算平方是为了避免使用绝对值函数 abs()，这不是一个好的计算方式。均方误差有更好的数学特性，具有连续可微分的属性，当需要实现最小化时，这种属性更好。

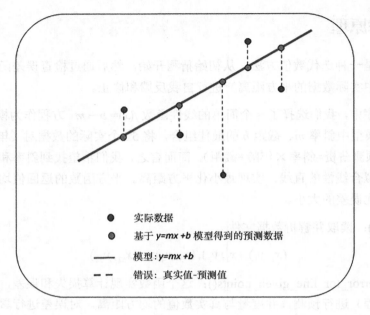

图 9-21

- step_gradient()：这个函数使用当前的迭代点(x_i, y_i)计算梯度（一阶导数）。需要注意，与前文的攻略不同，这里有 2 个参数，因为我们需要计算的是截距（b_gradient）和斜率（m_gradient）的偏导数。而且需要除以数据点的数目求解均值。

$$\frac{\partial}{\partial m} = \frac{2}{N} \sum_{i=1}^{N} -x_i(y_i - (mx_i + b))$$

$$\frac{\partial}{\partial b} = \frac{2}{N} \sum_{i=1}^{N} -(y_i - (mx_i + b))$$

- 关于截距（b）的偏导数：

    b_gradient += −(2 / N) * (y − ((m_current * x) + b_current))

- 关于斜率（m）的偏导数：

    m_gradient += − (2 / N) * x * (y − ((m_current * x) + b_current))

- 最后一步是通过学习率（步长）来缩放需要计算的梯度，并将斜率（m_current）和截距（b_current）移动到新的坐标点：

    result(0) = *b_current* - (*learningRate* * *b_gradient*)

    result(1) = *m_current* - (*learningRate* * *m_gradient*)

- gradient_descent_runner()：对于给定的迭代数目，在迭代步里面执行函数 step_gradient() 和函数 compute_error_for_line_given_points()：

```
r (i <-0 to num_iterations) {
step_gradient()
...
compute_error_for_line_given_points()
...
}
```

9.4.3 更多

尽管这个攻略能够处理实际数据，而且计算结果可以媲美商业软件包，但在实际工作中仍需要自己实现随机梯度下降。

Spark 2.0 提供带有 min-batch 窗口（用于效率控制）的随机梯度下降（SGD）。

Spark 提供了两种利用 SGD 的方法。第一种方法是使用独立的优化技术，你可以在其中传入优化函数。

第二种方法是使用已经内置 SGD 的专用 API 作为其优化技术：

- LogisticRegressionWithSGD()；
- StreamingLogisticRegressionWithSGD()；
- LassoWithSGD()；
- LinearRegressionWithSGD()；
- RidgeRegressionWithSGD()；
- SVMWithSGD()。

9.4.4 参考资料

更多关于最优化技术的内容可以查阅 Spark2.0 官方文档。

9.5 在 Spark 2.0 中使用正规方程法解决线性回归问题

在这个攻略中，我们提出了梯度下降（GD）和 LBFGS 的替代方案，使用正规方程来解决线性回归问题。在正规方程的情况下，可以将回归问题表示为特征矩阵和标签向量（因变量），同时尝试使用矩阵运算（如逆、转置等）来求解。

这个攻略的重点是强调使用 Spark 中的正规方程解决回归问题，而非模型或生成系数的细节。

9.5.1 操作步骤

1. 我们使用房屋数据集，这个数据集在第 5 章和第 6 章中广泛运用，房屋价格与多种属性（比如房间数目等）有关。

这个数据位于第 9 章对应的数据目录下，以 housing8.csv 形式提供。

2. 使用 package 命令处理文件存放目录：

```
package spark.ml.cookbook.chapter9
```

3. 导入必要的软件包：

```
import org.apache.spark.ml.feature.LabeledPoint
import org.apache.spark.ml.linalg.Vectors
import org.apache.spark.ml.regression.LinearRegression
import org.apache.spark.sql.SparkSession
import org.apache.log4j.{Level, Logger}
import spark.implicits._
```

4. 将日志级别设置为 Level.ERROR，以减少 Spark 的输出信息：

```
Logger.getLogger("org").setLevel(Level.ERROR)
Logger.getLogger("akka").setLevel(Level.ERROR)
```

5. 使用合适的属性创建 SparkSession：

```
val spark = SparkSession
 .builder
 .master("local[*]")
 .appName("myRegressNormal")
 .config("spark.sql.warehouse.dir", ".")
 .getOrCreate()
```

6. 读取输入文件，解析为一个数据对象：

```
val data =
spark.read.text("../data/sparkml2/housing8.csv").as[String]
```

```
val RegressionDataSet = data.map { line => val columns = 
line.split(',')
LabeledPoint(columns(13).toDouble ,
Vectors.dense(columns(0).toDouble,columns(1).toDouble,
columns(2).toDouble, columns(3).toDouble,columns(4).toDouble,
columns(5).toDouble,columns(6).toDouble, columns(7).toDouble
))
}
```

7．展示数据内容，但仅仅限定将前 3 行作为检查：

```
+-----+------------------------------------------+
|label|         features                         |
+-----+------------------------------------------+
|24.0 |[0.00632,18.0,2.31,0.0,0.538,6.575,65.2,4.09] |
|21.6 |[0.02731,0.0,7.07,0.0,0.469,6.421,78.9,4.9671] |
|34.7 |[0.02729,0.0,7.07,0.0,0.469,7.185,61.1,4.9671] |
……..
……..
```

8．创建一个 LinearRegression 对象，设置迭代次数、ElasticNet 和正则化参数。最后一步选择 setSolver("normal")，设置一个正确的解析方法：

```
val lr = new LinearRegression()
  .setMaxIter(1000)
  .setElasticNetParam(0.0)
  .setRegParam(0.01)
  .setSolver("normal")
```

为了让"normal"解析器起作用，请确保将参数 ElasticNet 设置为 0.0。

9．如以下语句所示，使用 LinearRegressionModel 拟合数据：

```
val myModel = lr.fit(RegressionDataSet)
Extract the model summary:
val summary = myModel.summary
```

当运行程序时，输出如下：

```
training Mean Squared Error = 13.609079490110766
training Root Mean Squared Error = 3.6890485887435482
```

读者可以输出更多信息，但由于模型摘要已经在第 5 章和第 6 章的其他阐述，这里不再复述。

9.5.2 工作原理

本质上讲，我们尝试使用解析解形式求解线性回归的下面等式：

$$b = (X'X)^{-1}(X')Y$$

Spark 提供一个功能强大的并行方法解决这个方程，即简单的设置 setSolver("normal")。

9.5.3 更多

如果没有将参数 ElasticNet 设置为 0，Spark 使用正规方程求解时会采用 L2 正则化技术，进而导致出错。

需要读者进一步学习的技术文档：

- 保序回归（Spark 2.0 的官方文档）；
- 模型摘要（Spark 2.0 的官方文档）。

9.5.4 参考资料

还可以参考表 9-1。

表 9-1

迭代方法（SGD, LBFGS）	解析解、正规方程
选择学习率	没有参数
迭代次数会很大	不需要迭代
在大量特征数据集上的性能比较高	在大量特征数据集上运行较慢、不实际
易错点：错误的参数会导致收敛到局部，无法收敛	$(X^TX)^{-1}$ 计算成本很高，n 的三次方

关于 LinearRegression 对象的配置信息，还有一些快速参考，但请先查阅第 5 章和第 6 章以获取更多信息。

- L1：Lasso 回归。
- L2：岭回归。
- L1-L2：Elastic net，可以自由调节两者的比例。

哥伦比亚大学网站提供了一些求解线性回归问题的正规方程的资料，读者可以访问官网下载。

第 10 章
使用决策树和集成模型构建机器学习系统

在本章中,我们将讨论以下内容:
- 获取和预处理实际的医疗数据,研究 Spark 2.0 中的决策树和集成模型;
- 使用 Spark 2.0 的决策树构建分类系统;
- 使用 Spark 2.0 的决策树解决回归问题;
- 使用 Spark 2.0 的随机森林构建分类系统;
- 使用 Spark 2.0 的随机森林解决回归问题;
- 使用 Spark 2.0 的梯度提升树(GBT)构建分类系统;
- 使用 Spark 2.0 的梯度提升树(GBT)解决回归问题。

10.1 引言

决策树是在商业领域应用最久远、最广泛的机器学习方法之一。决策树流行不仅是因为它具有处理复杂的分区和分割问题的能力(比线性模型更灵活),还因为它能解释如何实现解决方案,以及为什么结果能被预测或分类为一个类或标签。

Apache Spark 提供了一套决策树算法的完美组合方案,能够完全充分利用 Spark 的并行性。Spark 的实现方案从直接单一的决策树(CART 算法)到集成树,例如随机森林和 GBT(梯度提升树),它们都有能处理分类(例如分类变量,比如高度=短/高)或回归(比如连续变量，比如身高=2.5 米）问题的各种变种。

图 10-1 所示的思维导图描述了在本书完成编写之时，Spark 机器学习库所包含的决策树算法。

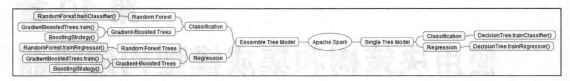

图 10-1

快速理解决策树算法的一种简便方法是将其视作一种试图最小化损失函数（例如 L2 或最小二乘）的智能分区算法，尝试将取值范围分区寻找能最佳拟合数据决策边界的分割空间。通过对数据重采样、特征组合，决策树可以集成为一种更复杂的集成模型，集成模型中的各个学习器（原始的部分样本或者某种特征组合）通过投票机制得到最终结果。

图 10-2 描绘了决策树的简化版本，训练得到的简单二叉树（树桩）将数据分类为两种不同颜色的片段（例如健康的患者或真实病人）。这个图展示了一种简单的算法，这个算法在每次建立决策边界（这里对应分类）时，将 x/y 特征空间一分为二，同时最小化错误样本数量（例如 L2 正则化的最小二乘法）。

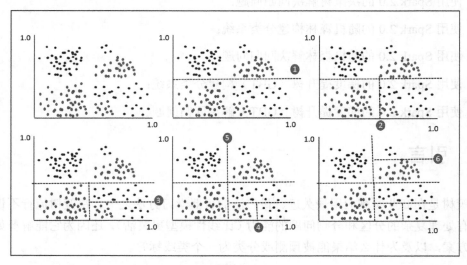

图 10-2

图 10-3 展示了相应的树，可以根据候选的分割空间可视化算法（这个案例属于一种分而治之的方法）。决策树算法受欢迎的原因是它能够以一种语言显示其分类结果，这种语言

可以轻松地与业务用户进行交流，而无须太多数学知识。

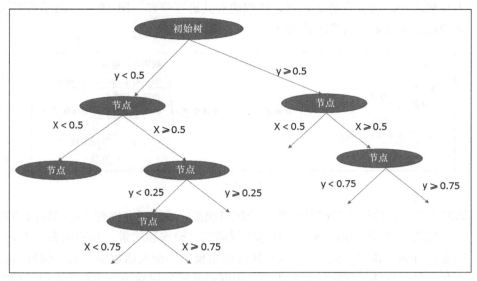

图 10-3

Spark 中的决策树是一种并行算法，可以针对分类变量（分类）或连续变量（回归）的数据集进行拟合，并生成单个树。决策树是一种基于树桩的贪婪算法，可以迭代地分割问题空间，同时使用信息增益最大化原则（基于熵）在所有可能的分割中寻找最佳分割。

10.1.1 集成方法

理解 Spark 中决策树算法的另一个方法是将算法视为两个不同阵营。第一个阵营是引言部分所介绍的树，所关注的点是单棵树，其试图使用各种技术方法寻找适合数据集的最佳单棵树。尽管对于许多数据集而言，这种方法没有问题，但是决策树算法的贪婪特性会导致意想不到的后果，例如过拟合、树的过度生长等可能导致算法捕获训练数据中的所有边界（也就是过度优化）。

为了克服过拟合问题和提升预测的精确率与质量，Spark 实现了两类不同的集成决策树模型，集成决策树模型尝试根据部分数据（又分为有放回或无放回的抽样）和部分特征，创建许多不完美的学习器。尽管单棵树的准确性较低，但通过许多树的集合投票（或连续变量的平均概率）和结果平均值，效果比任意单棵树都要准确。

- 随机森林：随机森林通过并发地创建多棵树，对输出结果进行投票或平均，尽可能降低容易在单棵树算法中出现的过拟合问题。随机森林不需要任何额外扩展就可以捕获特征的非线性和交叉特性。随机森林是第一个可以用于分析数据和理解构成的工具集之一，读者有必要认真、仔细地对其进行研究。图10-4 所展示的可视化指导描述了 Spark 中该算法的实现。

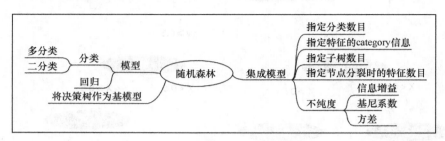

图 10-4

- 梯度提升树：梯度提升树是另外一种集成模型，通过对多棵树（单棵树的预测结果不太完美）平均操作，从而提升算法预测的精确率和质量。与随机森林不同的是，梯度提升树一次只构建一棵树,每棵树使用最小化损失函数学习前一棵树的缺点和不足之处。与梯度下降的概念类似，梯度提升树使用最小化思想（类似于梯度）选择和提高下一棵树的性能（沿着树的方向生长，从而得到最佳精确率）。

损失函数有 3 种选择。

- 对数损失：分类的负似然值。
- L2：回归的最小二乘法。
- L1：回归的绝对误差。

图 10-5 提供了一个非常方便的可视化参考。

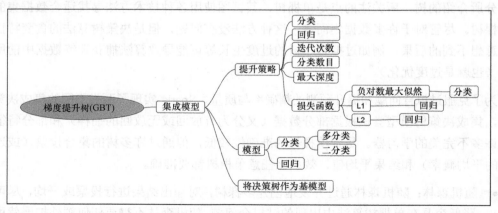

图 10-5

在 Spark 机器学习库中有关决策树的主要包如下所示：

```
org.apache.spark.mllib.tree
org.apache.spark.mllib.tree.configuration
org.apache.spark.mllib.tree.impurity
org.apache.spark.mllib.tree.model
```

10.1.2 不纯度的度量

对于所有机器学习算法而言，我们都是在视图最小化一些损失函数，以得到最佳选择。Spark 使用 3 种候选方案最大化算法的功能，图 10-6 描述了可能的方案。

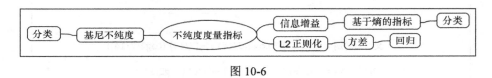

图 10-6

在本节中，我们会详细解释这 3 种候选方案。

- 信息增益：简单来说，这个方法基于熵的概念来衡量一组数据的不纯度水平，这个概念来源于香农信息理论，由 Quinlan 在 ID3 算法中正式提出。

熵的计算公式如下所示：

$$\text{Entropy} = \sum_i -p_i \log_2 p_i$$

信息增益帮助我们在所有特征向量空间中寻找一个最能区分类别的属性。我们使用得到的属性判断如何在一颗给定树的节点中对属性（会影响到决策边界）排序。

对熵的计算过程的可视化如图 10-7 所示，该图有助于理解熵的内涵。第一步，我们选择一个能最大化根节点或父节点信息增益（IG）的属性，然后使用该属性的每一个值（也就是关联向量）构建孩子节点。不断地重复迭代算法，直到信息增益没有任何增长。

- 基尼指数：通过分割类别使得最大类别和总体区分开来，从而提升信息增益（IG）。基尼指数和熵的不同之处在于，基尼指数将数据一分为二，并进一步分割推断找到解决方案。基尼指数用于表征一个变量的影响力，而这个变量不会影响多个属性状态。基尼指数不使用分布，而是采用一个简单的频率计数。基尼指数适合高维度和噪声较多的数据，计算方式如图 10-8 所示。

当数据复杂、维度较高，同时想从数据集中分析得到某些简单信号时，比较适合使用基尼不纯度。

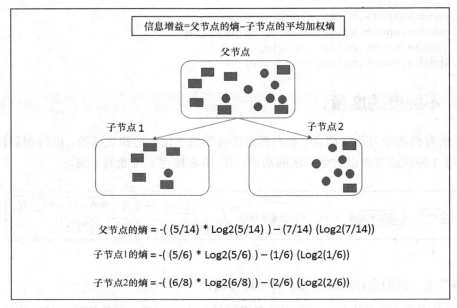

图 10-7

另外，假如现在已经有一份更干净、维度更低的数据集，同时也在寻找一份更复杂的数据集，这时候也可以使用信息增益（或任何其他基于熵的系统）。

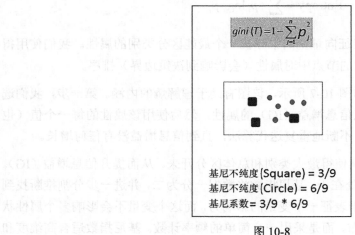

图 10-8

- 方差：方差用于表示决策树算法的回归模型。简单来说，我们依然是在试图最小化 L2 损失函数，但不同点在于，在最小化观察样本的距离平方的同时，也需要考虑节点的均值（分割段）。

图 10-9 描述了可视化计算的简单版本。

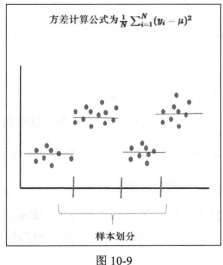

图 10-9

对于树模型的分类和回归评估，有如下可用的 Spark 模型评估工具。

混淆矩阵是一张表格，用来表征分类模型的分类性能，除测试数据集之外，数据的真实值都是已知的。不得不说，混淆矩阵相对简单，只是一个 2×2 的矩阵。

		预测为正	预测为负
		Yes	No
实际为正	Yes	真阳性（TP）	假阴性（FN）
实际为负	No	假阳性（FP）	真阴性（TN）

对于癌症数据集：

- 真阳性（TP）：对于预测结果为"yes"的患者，确实患有乳腺癌。
- 真阴性（TN）：对于预测结果为"no"的患者，没有患乳腺癌。
- 误报（FP）：对于预测结果为"yes"的患者，实际没有患乳腺癌。
- 假阴性（FN）：对于预测结果为"no"的患者，确实患有乳腺癌。

对一个好的分类系统来说，实际值应该与 TP 和 TN 值非常接近，同时又拥有较低的 FP 和 FN 值。

总体来说，下面几个术语也可以用于分类系统中。

1. 准确率：模型预测正确的比例。
- (TP+TN) / Total

2. 错误率：模型预测错误的比例。
- (FP+FN) / Total

说明：错误率和正确率等价，两者之和为 1。

在 Spark 机器学习库中，存在一个工具类可以用来计算前面所提到的混淆矩阵：

org.apache.spark.mllib.evaluation.RegressionMetrics

在后续的示例代码中，我们将用到这个工具类。

和回归算法一样，均方误差（MSE）或误差平方的平均值也可以当作模型测度的一个关键参数。在 Spark 机器学习库中，也存在一个可以用于回归模型的关键指标（参考 Spark 官网文档）。

10.2 获取和预处理实际的医疗数据，在 Spark 2.0 中研究决策树和集成模型

这个数据集通常用于描述机器学习决策树算法的实际应用，使用癌症数据集来预测患者病情是否为良性。为了研究决策树的实际作用，我们使用一个医学数据集来刻画具有复杂误差曲面的实际非线性的特性。

10.2.1 操作步骤

"威斯康星乳腺癌数据集"来自威斯康星大学医院的 William H Wolberg 博士。Wolberg 博士通过定期报告他的临床病例，形成了这份原始数据集。

这份数据可以从多个数据源获取到，现在可以直接从加州大学欧文分校的网站下载，也可以从威斯康星大学的网站下载。

数据集目前包含 1989～1991 年的临床病例。它有 699 例，其中 458 例为良性肿瘤，241 例为恶性病例。每个病例包括 9 个整数值在 1～10 范围内的属性和一个二进制类标签。在这 699 个病例中，有 16 个病例缺少某些属性。

我们从内存中删除这 16 个病例,并针对模型计算预处理剩余的病例(也就是说一共 683 个病例)。

抽样得到的原始数据如下所示:

```
1000025,5,1,1,1,2,1,3,1,1,2
1002945,5,4,4,5,7,10,3,2,1,2
1015425,3,1,1,1,2,2,3,1,1,2
1016277,6,8,8,1,3,4,3,7,1,2
1017023,4,1,1,3,2,1,3,1,1,2
1017122,8,10,10,8,7,10,9,7,1,4
...
```

属性信息如表 10-1 所示。

表 10-1

#	属性	值域
1	示例代码编号	ID 编号
2	丛厚度	1-10
3	细胞大小的均匀性	1-10
4	细胞形状的均匀性	1-10
5	边际粘附力	1-10
6	单个上皮细胞大小	1-10
7	裸核仁	1-10
8	温和的染色质	1-10
9	正常核仁	1-10
10	有丝分裂	1-10
11	类别	2 代表良性,4 代表恶性

假如以正确列式进行展示,如表 10-2 所示。

表 10-2

ID 编号	丛厚度	细胞大小的均匀性	细胞形状的均匀性	边际粘附力	单个上皮细胞的大小	裸核仁	温和的染色质	正常核仁	有丝分裂	类别
1000025	5	1	1	1	2	1	3	1	1	2
1002945	5	4	4	5	7	10	3	2	1	2

续表

ID 编号	丛厚度	细胞大小的均匀性	细胞形状的均匀性	边际粘附力	单个上皮细胞的大小	裸核仁	温和的染色质	正常核仁	有丝分裂	类别
1015425	3	1	1	1	2	2	3	1	1	2
1016277	6	8	8	1	3	4	3	7	1	2
1017023	4	1	1	3	2	1	3	1	1	2
1017122	8	10	10	8	7	10	9	7	1	4
1018099	1	1	1	1	2	10	3	1	1	2
1018561	2	1	2	1	2	1	3	1	1	2
1033078	2	1	1	1	2	1	1	1	5	2
1033078	4	2	1	1	2	1	2	1	1	2
1035283	1	1	1	1	1	1	3	1	1	2
1036172	2	1	1	1	2	1	2	1	1	2
1041801	5	3	3	3	2	3	4	4	1	4
1043999	1	1	1	1	2	3	3	1	1	2
1044572	8	7	5	10	7	9	5	5	4	4
...	...	...	...	...	...	...	...	...	...	...

10.2.2 工作原理

"威斯康星乳腺癌数据集"广泛应用于在机器学习社区。数据集包含有限数目的属性，其中大多数是离散数值类型。我们可以很容易将分类算法和回归模型应用于这个数据集。

已经有超过 20 篇研究论文和一些出版物引用了这个数据集，开发者可以公开下载数据集，使用起来非常简单。

这个数据集包含多个变量，其中属性为整数，属性数量正好等于 10。这使该数据集成为本章中分类和回归分析的经典数据集。

10.3 用 Spark 2.0 的决策树构建分类系统

在这个攻略中，我们将使用乳腺癌数据集和分类机制来演示在 Spark 中如何使用决策树算法。

我们将使用信息增益（IG）和基尼指数（Gini）介绍使用 Spark 所提供的工具来避免

不必要的编码。这个攻略采用二分类的方式来拟合单棵树,来训练和预测数据集中的标签(良性为 0.0,恶性为 1.0)。

10.3.1 操作步骤

1. 使用 IntelliJ 或其他所喜欢的 IDE 创建一个新项目,确保已经导入必要的 Jar 包。

2. 创建程序所在的包目录:

```
package spark.ml.cookbook.chapter10
```

3. 导入 Spark 上下文访问集群所需的依赖包,导入 log4j.Logger 减少 Spark 的输出量

```
import org.apache.spark.mllib.evaluation.MulticlassMetrics
import org.apache.spark.mllib.tree.DecisionTree
import org.apache.spark.mllib.linalg.Vectors
import org.apache.spark.mllib.regression.LabeledPoint
import org.apache.spark.mllib.tree.model.DecisionTreeModel
import org.apache.spark.rdd.RDD
import org.apache.spark.sql.SparkSession
import org.apache.log4j.{Level, Logger}
```

4. 设置 Spark 配置项,创建 SparkSession,访问集群:

```
Logger.getLogger("org").setLevel(Level.ERROR)

 val spark = SparkSession
 .builder
.master("local[*]")
.appName("MyDecisionTreeClassification")
.config("spark.sql.warehouse.dir", ".")
.getOrCreate()
```

5. 从原始数据文件读取数据:

```
val rawData =
spark.sparkContext.textFile("../data/sparkml2/chapter10/breastcancer-wisconsin.data")
```

6. 预处理数据:

```
val data = rawData.map(_.trim)
  .filter(text => !(text.isEmpty || text.startsWith("#") ||
```

```
text.indexOf("?") > -1))
    .map { line =>
    val values = line.split(',').map(_.toDouble)
    val slicedValues = values.slice(1, values.size)
    val featureVector = Vectors.dense(slicedValues.init)
    val label = values.last / 2 -1
    LabeledPoint(label, featureVector)
}
```

首先，去除首尾空白字符并移除任意其他空格。在下一步中，假如当前数据行是空白或包含缺失字符"?"，则移除当前数据行。接着，在内存中去除数据集中存在缺失的那 16 行数据。

然后，我们将逗号分隔符字符串读入 RDD。因为数据集的第一行只包含病例的 ID 号，建议在实际计算时去除这一列。在下面的代码中，我们使用分片操作从 RDD 中去除第一列。

```
val slicedValues = values.slice(1, values.size)
```

继续将剩余数值转为一个密集向量（dense vector）。

根据"威斯康星乳腺癌数据集"训练得到的分类器，可能预测病人为良性（最后一列值为 2），也可能是恶性（最后一列值为 4），我们需要使用下面的代码进一步处理数值。

```
val label = values.last / 2 -1
```

将良性数值 2 转为 0，恶性数值 4 转为 1，会更便于后续的计算。将前面经过处理的数据行保存为 LabeledPoint 格式的变量。

```
Raw data: 1000025,5,1,1,1,2,1,3,1,1,2
Processed Data: 5,1,1,1,2,1,3,1,1,0
Labeled Points: (0.0, [5.0,1.0,1.0,1.0,2.0,1.0,3.0,1.0,1.0])
```

7. 检查原始数据的行数和处理后数据的行数：

```
println(rawData.count())
println(data.count())
```

在控制台上输出如下信息：

```
699
683
```

8. 将整个数据集随机划分为训练数据（70%）和测试数据（30%）。需要注意的是，随机划分会产生 211 个测试数据，这只是占整个数据集的近似 30%，而非精确的 30%。

```
val splits = data.randomSplit(Array(0.7, 0.3))
val (trainingData, testData) = (splits(0), splits(1))
```

9. 利用 Spark 的 MulticlassMetrics 定义指标计算函数:

```
def getMetrics(model: DecisionTreeModel, data: RDD[LabeledPoint]):
MulticlassMetrics = {
 val predictionsAndLabels = data.map(example =>
  (model.predict(example.features), example.label)
 )
 new MulticlassMetrics(predictionsAndLabels)
}
```

这个函数将读取模型并测试数据集,然后创建一个包含前面所提到的混淆矩阵指标,这个指标将包含分类模型的一个标识符——准确率。

10. 定义一个包含决策树模型可调参数的评价函数,并在数据集上执行训练:

```
def evaluate(
 trainingData: RDD[LabeledPoint],
 testData: RDD[LabeledPoint],
 numClasses: Int,
 categoricalFeaturesInfo: Map[Int,Int],

 impurity: String,
 maxDepth: Int,
 maxBins:Int
 ) :Unit = {
 val model = DecisionTree.trainClassifier(trainingData, numClasses,
 categoricalFeaturesInfo,
 impurity, maxDepth, maxBins)
 val metrics = getMetrics(model, testData)
 println("Using Impurity :"+ impurity)
 println("Confusion Matrix :")
 println(metrics.confusionMatrix)
 println("Decision Tree Accuracy: "+metrics.precision)
 println("Decision Tree Error: "+ (1-metrics.precision))
}
```

评价函数将读取包括不纯度类型(模型的基尼指数和熵)在内的多个参数,并生成评估所用的指标。

11. 设置下面的参数:

```
val numClasses = 2
 val categoricalFeaturesInfo = Map[Int, Int]()
```

```
val maxDepth = 5
val maxBins = 32
```

由于只有良性（0.0）和恶性（1.0），这里将 numClasses 设置为 2。其他参数是可以自由调节的，有些参数属于算法的迭代停止条件。

12. 首先评价基尼不纯度：

```
evaluate(trainingData, testData, numClasses,
categoricalFeaturesInfo,
"gini", maxDepth, maxBins)
```

控制台上输出如下：

```
Using Impurity :gini
Confusion Matrix :
115.0 5.0
0 88.0
Decision Tree Accuracy: 0.9620853080568721
Decision Tree Error: 0.03791469194312791
To interpret the above Confusion metrics, Accuracy is equal to
(115+ 88)/ 211 all test cases, and error is equal to 1 -
accuracy
```

13. 评价熵的不纯度：

```
evaluate(trainingData, testData, numClasses,
categoricalFeaturesInfo,
"entropy", maxDepth, maxBins)
```

控制台输出如下：

```
Using Impurity:entropy
Confusion Matrix:
116.0 4.0
9.0 82.0
Decision Tree Accuracy: 0.9383886255924171
Decision Tree Error: 0.06161137440758291
To interpret the preceding confusion metrics, accuracy is equal
to (116+ 82)/ 211 for all test cases, and error is equal to 1 -
accuracy
```

14. 停止 SparkSession，关闭程序：

```
spark.stop()
```

10.3.2 工作原理

这个数据集比通常的数据集要复杂一些，和前面章节的其他攻略相比而言，除了一些额外步骤，解析操作都基本一致。解析操作首先要读取原始形式的数据，并转为一系列的中间格式，最终转为 Spark 机器学习中常见的 LabeledPoint 模式。

```
Raw data: 1000025,5,1,1,1,2,1,3,1,1,2
Processed Data: 5,1,1,1,2,1,3,1,1,0
Labeled Points: (0.0, [5.0,1.0,1.0,1.0,2.0,1.0,3.0,1.0,1.0])
```

在训练数据集上运行 DecisionTree.trainClassifier() 训练得到分类树，接着通过检查各种不纯度指标和混淆矩阵测度，演示如何衡量树模型的效果。

笔者鼓励读者仔细分析输出信息，并尝试阅读其他机器学习书籍以进一步理解混淆矩阵和不纯度测度的概念，更好地掌握 Spark 中的树模型以及各种变体。

10.3.3 更多

为了更好地进行可视化，我们介绍一个简单的 Spark 决策树工作流程示例，在这个流程中首先将数据读入到 Spark。然后，根据数据文件创建 RDD，使用随机抽样函数将数据集划分为训练数据集和测试数据集。

数据划分之后，使用训练数据集训练模型，再使用测试数据集检查模型的准确率。一个好的模型应该有一个非常好的准确率（接近 1.0），图 10-10 展示了这个工作流程。

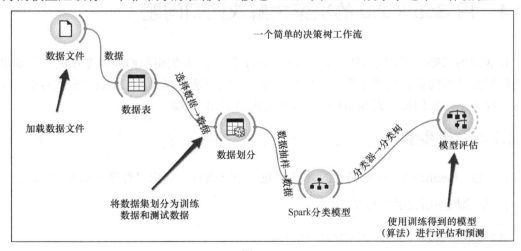

图 10-10

根据"威斯康星乳腺癌数据集"生成一棵示例树。在图 10-11 中,红色框代表恶性病例,而蓝色框代表良性病例。我们可以根据下面的图进一步熟悉决策树。

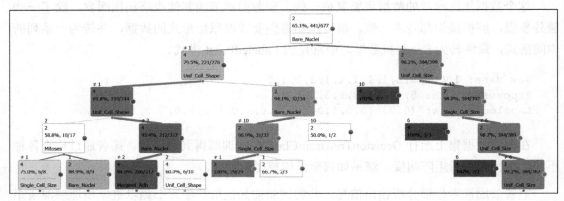

图 10-11

10.3.4 参考资料

Spark 官网文档:

- DecisionTreeModel 的构造函数;
- 矩阵评价指标(MulticlassMetrics)。

10.4 用 Spark 2.0 的决策树解决回归问题

和前面的攻略一样,我们使用 DecisionTree() 类训练,并使用回归树模型预测一个输出。在我们所要学习的这些模型中有一个模型变体——拥有两种模式的 CART(分类回归树)。在这个攻略中,我们将探索 Spark 中决策树实现的回归 API。

10.4.1 操作步骤

1. 使用 IntelliJ 或其他所喜欢的 IDE 创建一个新项目,确保已经导入必要的 Jar 包。
2. 创建程序所在的包目录:

```
package spark.ml.cookbook.chapter10
```

3. 导入 Spark 上下文访问集群所需的依赖包，导入 log4j.Logger 以减少 Spark 的输出量：

```
import org.apache.spark.mllib.evaluation.RegressionMetrics
import org.apache.spark.mllib.linalg.Vectors
import org.apache.spark.mllib.regression.LabeledPoint
import org.apache.spark.mllib.tree.DecisionTree
import org.apache.spark.mllib.tree.model.DecisionTreeModel
import org.apache.spark.rdd.RDD
import org.apache.spark.sql.SparkSession
import org.apache.log4j.{Level, Logger}
```

4. 创建 Spark 配置和 SparkSession，以便可以访问集群：

```
Logger.getLogger("org").setLevel(Level.ERROR)

val spark = SparkSession
 .builder
.master("local[*]")
.appName("MyDecisionTreeRegression")
.config("spark.sql.warehouse.dir", ".")
.getOrCreate()
```

5. 从原始数据文件读取数据：

```
val rawData =
spark.sparkContext.textFile("../data/sparkml2/chapter10/breastcancer-wisconsin.data")
```

6. 预处理数据集（详细内容参考前面的代码）：

```
val data = rawData.map(_.trim)
 .filter(text => !(text.isEmpty || text.startsWith("#") ||
text.indexOf("?") > -1))
 .map { line =>
val values = line.split(',').map(_.toDouble)
val slicedValues = values.slice(1, values.size)
val featureVector = Vectors.dense(slicedValues.init)
val label = values.last / 2 -1
LabeledPoint(label, featureVector)
 }
```

7. 检查原始数据行数和处理后数据的行数：

```
println(rawData.count())
```

```
println(data.count())
```

控制台上输出如下:

```
699
683
```

8. 将整个数据集划分为训练数据集(70%)和测试数据集(30%):

```
val splits = data.randomSplit(Array(0.7, 0.3))
val (trainingData, testData) = (splits(0), splits(1))
```

9. 利用 Spark 的 RegressionMetrics 定义一个指标计算函数:

```
def getMetrics(model: DecisionTreeModel, data: RDD[LabeledPoint]):
RegressionMetrics = {
 val predictionsAndLabels = data.map(example =>
  (model.predict(example.features), example.label)
 )
 new RegressionMetrics(predictionsAndLabels)
}
```

10. 设置下面的参数:

```
val categoricalFeaturesInfo = Map[Int, Int]()
val impurity = "variance"
val maxDepth = 5
val maxBins = 32
```

11. 首先评估基尼不纯度:

```
val model = DecisionTree.trainRegressor(trainingData,
categoricalFeaturesInfo, impurity, maxDepth, maxBins)
val metrics = getMetrics(model, testData)
println("Test Mean Squared Error = " + metrics.meanSquaredError)
println("My regression tree model:\n" + model.toDebugString)
```

控制台输出如下:

```
Test Mean Squared Error = 0.037363769271664016
My regression tree model:
DecisionTreeModel regressor of depth 5 with 37 nodes
 If (feature 1 <= 3.0)
  If (feature 5 <= 3.0)
```

```
    If (feature 0 <= 6.0)
     If (feature 7 <= 3.0)
      Predict: 0.0
     Else (feature 7 > 3.0)
      If (feature 0 <= 4.0)
       Predict: 0.0
      Else (feature 0 > 4.0)
       Predict: 1.0
    Else (feature 0 > 6.0)
     If (feature 2 <= 2.0)
      Predict: 0.0
     Else (feature 2 > 2.0)
      If (feature 4 <= 2.0)
       Predict: 0.0
      Else (feature 4 > 2.0)
       Predict: 1.0
   Else (feature 5 > 3.0)
    If (feature 1 <= 1.0)
     If (feature 0 <= 5.0)
      Predict: 0.0
     Else (feature 0 > 5.0)
      Predict: 1.0
    Else (feature 1 > 1.0)
     If (feature 0 <= 6.0)
      If (feature 7 <= 4.0)
       Predict: 0.875
      Else (feature 7 > 4.0)
       Predict: 0.3333333333333333
     Else (feature 0 > 6.0)
      Predict: 1.0
  Else (feature 1 > 3.0)
   If (feature 1 <= 4.0)
    If (feature 4 <= 6.0)
     If (feature 5 <= 7.0)
      If (feature 0 <= 8.0)
       Predict: 0.3333333333333333
      Else (feature 0 > 8.0)
       Predict: 1.0
     Else (feature 5 > 7.0)
      Predict: 1.0
    Else (feature 4 > 6.0)
     Predict: 0.0
   Else (feature 1 > 4.0)
    If (feature 3 <= 1.0)
     If (feature 0 <= 6.0)
```

```
    If (feature 0 <= 5.0)
     Predict: 1.0
    Else (feature 0 > 5.0)
     Predict: 0.0
   Else (feature 0 > 6.0)
     Predict: 1.0
  Else (feature 3 > 1.0)
     Predict: 1.0
```

12. 停止 SparkSession，关闭程序：

```
spark.stop()
```

10.4.2 工作原理

所用到的数据集和前面的攻略一样，但是这次使用决策树解决回归问题。需要注意的是，创建指标计算函数使用的是 Spark 的 RegressionMetrics()。

```
def getMetrics(model: DecisionTreeModel, data: RDD[LabeledPoint]):
RegressionMetrics = {
 val predictionsAndLabels = data.map(example =>
  (model.predict(example.features), example.label)
 )
 new RegressionMetrics(predictionsAndLabels)
}
```

然后使用 DecisionTree.trainRegressor() 运行实际的回归过程，获取不纯度测度值（Gini）。进一步得到由一系列决策节点或分支所构成的实际回归输出值，该输出值可以在给定分支上进行决策。

```
If (feature 0 <= 4.0)
      Predict: 0.0
    Else (feature 0 > 4.0)
      Predict: 1.0
  Else (feature 0 > 6.0)
   If (feature 2 <= 2.0)
      Predict: 0.0
   Else (feature 2 > 2.0)
    If (feature 4 <= 2.0)
........
........
.......
```

10.4.3　参考资料

Spark 官方文档：

- DecisionTreeModel 构造函数；
- 矩阵评价指标（RegressionMetrics）。

10.5　用 Spark 2.0 的随机森林构建分类系统

在这个攻略，我们将研究 Spark 的随机森林实现，将使用随机森林技术解决离散分类问题。充分利用 Spark 的并行能力（一次可以生成很多棵树）可以让随机森林实现的运行速度非常快。我们也不需要过多地担心超参数，从技术上来说，只需设置树的数量。

10.5.1　操作步骤

1. 使用 IntelliJ 或其他所喜欢的 IDE 创建一个新项目，确保已经导入必要的 Jar 包。
2. 创建程序所在的包目录：

```
package spark.ml.cookbook.chapter10
```

3. 导入 Spark 上下文访问集群所需的依赖包，导入 log4j.Logger 以减少 Spark 的输出量

```
import org.apache.spark.mllib.evaluation.MulticlassMetrics
import org.apache.spark.mllib.linalg.Vectors
import org.apache.spark.mllib.regression.LabeledPoint
import org.apache.spark.mllib.tree.model.RandomForestModel
import org.apache.spark.rdd.RDD
import org.apache.spark.mllib.tree.RandomForest

import org.apache.spark.sql.SparkSession
import org.apache.log4j.{Level, Logger}
```

4. 创建 Spark 配置和 SparkSession，以便可以访问集群：

```
Logger.getLogger("org").setLevel(Level.ERROR)

val spark = SparkSession
```

```
.builder
.master("local[*]")
.appName("MyRandomForestClassification")
.config("spark.sql.warehouse.dir", ".")
.getOrCreate()
```

5. 从原始数据文件读取数据：

```
val rawData =
spark.sparkContext.textFile("../data/sparkml2/chapter10/breastcancer-
wisconsin.data")
```

6. 预处理数据集（详细内容参考前面的代码）：

```
val data = rawData.map(_.trim)
 .filter(text => !(text.isEmpty || text.startsWith("#") ||
text.indexOf("?") > -1))
 .map { line =>
val values = line.split(',').map(_.toDouble)
val slicedValues = values.slice(1, values.size)
val featureVector = Vectors.dense(slicedValues.init)
val label = values.last / 2 -1
LabeledPoint(label, featureVector)
}
```

7. 检查原始数据行数和处理后数据的行数：

```
println("Training Data count:"+trainingData.count())
println("Test Data Count:"+testData.count())
```

控制台输出如下：

```
Training Data count: 501
Test Data Count: 182
```

8. 将整个数据集划分为训练数据集（70%）和测试数据集（30%）：

```
val splits = data.randomSplit(Array(0.7, 0.3))
val (trainingData, testData) = (splits(0), splits(1))
```

9. 利用 Spark 的 MulticlassMetrics 定义一个指标计算函数：

```
def getMetrics(model: RandomForestModel, data: RDD[LabeledPoint]):
MulticlassMetrics = {
```

```
val predictionsAndLabels = data.map(example =>
(model.predict(example.features), example.label)
)
new MulticlassMetrics(predictionsAndLabels)
}
```

这个函数将读取模型和测试数据集,并创建一个包含前面所述混淆矩阵的指标,这个指标将包含分类模型的一个标识符——准确率。

10. 定义一个包含决策树模型可调参数的评价函数,并在数据集上执行训练:

```
def evaluate(
 trainingData: RDD[LabeledPoint],
 testData: RDD[LabeledPoint],
 numClasses: Int,
 categoricalFeaturesInfo: Map[Int,Int],
 numTrees: Int,
 featureSubsetStrategy: String,
 impurity: String,
 maxDepth: Int,
 maxBins:Int
 ) :Unit = {
val model = RandomForest.trainClassifier(trainingData, numClasses,
categoricalFeaturesInfo, numTrees, featureSubsetStrategy,impurity,
maxDepth, maxBins)
val metrics = getMetrics(model, testData)
println("Using Impurity :"+ impurity)
println("Confusion Matrix :")
println(metrics.confusionMatrix)
println("Model Accuracy: "+metrics.precision)
println("Model Error: "+ (1-metrics.precision))
 }
```

评价函数将读取包括不纯度类型(模型的基尼指数和熵)在内的多个参数,并生成评估所用的指标。

11. 设置下面的参数:

```
val numClasses = 2
 val categoricalFeaturesInfo = Map[Int, Int]()
 val numTrees = 3 // Use more in practice.
 val featureSubsetStrategy = "auto" // Let the algorithm choose.

val maxDepth = 4
```

```
val maxBins = 32
```

12．首先评估基尼不纯度：

```
evaluate(trainingData, testData,
numClasses,categoricalFeaturesInfo,numTrees,
featureSubsetStrategy, "gini", maxDepth, maxBins)
```

控制台输出如下：

```
Using Impurity :gini
Confusion Matrix :
118.0  1.0
4.0   59.0
Model Accuracy: 0.9725274725274725
Model Error: 0.027472527472527486
To interpret the above Confusion metrics, Accuracy is equal to
(118+ 59)/ 182 all test cases, and error is equal to 1 -
accuracy
```

13．评价熵的不纯度：

```
evaluate(trainingData, testData, numClasses,
categoricalFeaturesInfo,
 "entropy", maxDepth, maxBins)
```

控制台输出如下：

```
Using Impurity :entropy
Confusion Matrix :
115.0  4.0
0.0    63.0
Model Accuracy: 0.978021978021978
Model Error: 0.02197802197802201
To interpret the above Confusion metrics, Accuracy is equal to
(115+ 63)/ 182 all test cases, and error is equal to 1 -accuracy
```

14．停止 SparkSession，关闭程序：

```
spark.stop()
```

10.5.2 工作原理

所用到的数据集和前面的攻略一样，但这次使用随机森林和多指标 API 解决分类问题：

- RandomForest.trainClassifier()
- MulticlassMetrics()

为了得到复杂分类曲面的合适边界，随机森林树的很多选项需要调整。其中的一些参数列出如下：

```
val numClasses = 2
val categoricalFeaturesInfo = Map[Int, Int]()
val numTrees = 3 // Use more in practice.
val featureSubsetStrategy = "auto" // Let the algorithm choose.
val maxDepth = 4
val maxBins = 32
```

需要注意，这个混淆矩阵是通过 MulticlassMetrics() API 计算得到的。为了更好地解释前面的混淆矩阵，对于所有的测试病例，准确率等于（118+59）/182，错误率等价于正确率。

```
Confusion Matrix :
118.0 1.0
4.0 59.0
Model Accuracy: 0.9725274725274725
Model Error: 0.027472527472527486
```

10.5.3 参考资料

Spark 官方文档：

- RandomForestModel 构造函数；
- 矩阵评价指标（MulticlassMetrics）。

10.6 用 Spark 2.0 的随机森林解决回归问题

这个攻略和前面的攻略类似，但是这里使用随机森林解决回归问题（连续取值）。下面的参数用来告诉算法使用回归而不是分类。我们再次将类别的数目设置为 2：

```
val impurity = "variance" // USE variance for regression
```

10.6.1 操作步骤

1. 使用 IntelliJ 或其他所喜欢的 IDE 创建一个新项目，确保已经导入必要的 Jar 包。

2. 创建程序所在的包目录：

```
package spark.ml.cookbook.chapter10
```

3. 导入 Spark 所需要的必要包。

```
import org.apache.spark.mllib.evaluation.RegressionMetrics
import org.apache.spark.mllib.linalg.Vectors
import org.apache.spark.mllib.regression.LabeledPoint
import org.apache.spark.mllib.tree.model.RandomForestModel
import org.apache.spark.rdd.RDD
import org.apache.spark.mllib.tree.RandomForest

import org.apache.spark.sql.SparkSession
import org.apache.log4j.{Level, Logger}
```

4. 创建 Spark 配置和 SparkSession，以便可以访问集群：

```
Logger.getLogger("org").setLevel(Level.ERROR)

val spark = SparkSession
.builder
.master("local[*]")
.appName("MyRandomForestRegression")
.config("spark.sql.warehouse.dir", ".")
.getOrCreate()
```

5. 从原始数据文件读取数据：

```
val rawData =
spark.sparkContext.textFile("../data/sparkml2/chapter10/breastcancer-wisconsin.data")
```

6. 预处理数据集（详细内容参考前面的代码）：

```
val data = rawData.map(_.trim)
  .filter(text => !(text.isEmpty || text.startsWith("#") ||
text.indexOf("?") > -1))
  .map { line =>
  val values = line.split(',').map(_.toDouble)
  val slicedValues = values.slice(1, values.size)
  val featureVector = Vectors.dense(slicedValues.init)
  val label = values.last / 2 -1
LabeledPoint(label, featureVector)
```

}

7. 将整个数据集随机划分为训练数据集（70%）和测试数据集（30%）：

```
val splits = data.randomSplit(Array(0.7, 0.3))
val (trainingData, testData) = (splits(0), splits(1))
println("Training Data count:"+trainingData.count())
println("Test Data Count:"+testData.count())
```

控制台输出如下：

```
Training Data count:473
Test Data Count:210
```

8. 利用 Spark 的 RegressionMetrics 定义一个指标计算函数：

```
def getMetrics(model: RandomForestModel, data: RDD[LabeledPoint]): RegressionMetrics = {
val predictionsAndLabels = data.map(example =>
 (model.predict(example.features), example.label)
 )
new RegressionMetrics(predictionsAndLabels)
 }
```

9. 设置下面的参数：

```
val numClasses = 2
val categoricalFeaturesInfo = Map[Int, Int]()
val numTrees = 3 // Use more in practice.
val featureSubsetStrategy = "auto" // Let the algorithm choose.
val impurity = "variance"
 val maxDepth = 4
val maxBins = 32
val model = RandomForest.trainRegressor(trainingData,
categoricalFeaturesInfo,
numTrees, featureSubsetStrategy, impurity, maxDepth, maxBins)
val metrics = getMetrics(model, testData)
println("Test Mean Squared Error = " + metrics.meanSquaredError)
println("My Random Forest model:\n" + model.toDebugString)
```

控制台输出如下：

```
Test Mean Squared Error = 0.028681825568809653
My Random Forest model:
```

```
TreeEnsembleModel regressor with 3 trees
  Tree 0:
    If (feature 2 <= 3.0)
     If (feature 7 <= 3.0)
      If (feature 4 <= 5.0)
       If (feature 0 <= 8.0)
        Predict: 0.006825938566552901
       Else (feature 0 > 8.0)
        Predict: 1.0
      Else (feature 4 > 5.0)
       Predict: 1.0
     Else (feature 7 > 3.0)
      If (feature 6 <= 3.0)
       If (feature 0 <= 6.0)
        Predict: 0.0
       Else (feature 0 > 6.0)
        Predict: 1.0
      Else (feature 6 > 3.0)
       Predict: 1.0
    Else (feature 2 > 3.0)
     If (feature 5 <= 3.0)
      If (feature 4 <= 3.0)
       If (feature 7 <= 3.0)
        Predict: 0.1
       Else (feature 7 > 3.0)
        Predict: 1.0
      Else (feature 4 > 3.0)
       If (feature 3 <= 3.0)
        Predict: 0.8571428571428571
       Else (feature 3 > 3.0)
        Predict: 1.0
     Else (feature 5 > 3.0)
      If (feature 5 <= 5.0)
       If (feature 1 <= 4.0)
        Predict: 0.75
       Else (feature 1 > 4.0)
        Predict: 1.0
      Else (feature 5 > 5.0)
       Predict: 1.0
  Tree 1:
...
```

10. 停止 SparkSession,关闭程序:

```
spark.stop()
```

10.6.2 工作原理

针对这个数据集，我们使用随机森林解决回归问题。这个攻略的数据解析和划分操作和前面的攻略一致，但是我们使用以下 2 个 API 执行树回归和评价结果：

- RandomForest.trainRegressor()；
- RegressionMetrics()。

需要注意的是，定义 getMetrics()函数使用的是 Spark 中的 RegressionMetrics()功能：

```
def getMetrics(model: RandomForestModel, data: RDD[LabeledPoint]):
RegressionMetrics = {
val predictionsAndLabels = data.map(example =>
 (model.predict(example.features), example.label)
 )
new RegressionMetrics(predictionsAndLabels)
}
```

这里将不纯度选项设置为"variance"，便于获取测度误差的方差：

```
val impurity = "variance" // use variance for regression
```

10.6.3 参考资料

Spark 官网文档：

- RandomForestModel 构造函数；
- 矩阵评价指标（RegressionMetrics）。

10.7 用 Spark 2.0 的梯度提升树（GBR）构建分类系统

在这个攻略中，我们研究 Spark 中梯度提升树（GBT）的分类实现。GBT 对超参数比较敏感，在得到理想的输出之前需要多次尝试。需要记住的是，在使用 GBT 时可以得到较短的树。

10.7.1 操作步骤

1. 使用 IntelliJ 或其他所喜欢的 IDE 创建一个新项目，确保已经导入必要的 Jar 包。

2. 创建程序所在的包目录：

```
package spark.ml.cookbook.chapter10
```

3. 导入 Spark 上下文所需要的必要包：

```
import org.apache.spark.mllib.evaluation.MulticlassMetrics
import org.apache.spark.mllib.linalg.Vectors
import org.apache.spark.mllib.regression.LabeledPoint
import org.apache.spark.mllib.tree.model.GradientBoostedTreesModel
import org.apache.spark.rdd.RDD
import org.apache.spark.mllib.tree.GradientBoostedTrees
import org.apache.spark.mllib.tree.configuration.BoostingStrategy
import org.apache.spark.sql.SparkSession
import org.apache.log4j.{Level, Logger}
```

4. 创建 Spark 配置和 SparkSession，以便可以访问集群：

```
Logger.getLogger("org").setLevel(Level.ERROR)

val spark = SparkSession
   .builder
.master("local[*]")
   .appName("MyGradientBoostedTreesClassification")
   .config("spark.sql.warehouse.dir", ".")
   .getOrCreate()
```

5. 从原始数据文件读取数据：

```
val rawData =
spark.sparkContext.textFile("../data/sparkml2/chapter10/breastcancer-wisconsin.data")
```

6. 预处理数据集（详细内容参考前面的代码）：

```
val data = rawData.map(_.trim)
 .filter(text => !(text.isEmpty || text.startsWith("#") ||
text.indexOf("?") > -1))
 .map { line =>
 val values = line.split(',').map(_.toDouble)
 val slicedValues = values.slice(1, values.size)
 val featureVector = Vectors.dense(slicedValues.init)
 val label = values.last / 2 -1
LabeledPoint(label, featureVector)
```

7. 将整个数据集划分为训练数据集（70%）和测试数据集（30%）。需要注意的是，随机划分会产生 211 个测试数据，这些数据只占整个数据集的近似 30%，而非精确的 30%：

```
val splits = data.randomSplit(Array(0.7, 0.3))
val (trainingData, testData) = (splits(0), splits(1))
println("Training Data count:"+trainingData.count())
println("Test Data Count:"+testData.count())
```

控制台输出如下：

```
Training Data count:491
Test Data Count:192
```

8. 利用 Spark 的 MulticlassMetrics 定义一个指标计算函数：

```
def getMetrics(model: GradientBoostedTreesModel, data:
RDD[LabeledPoint]): MulticlassMetrics = {
 val predictionsAndLabels = data.map(example =>
 (model.predict(example.features), example.label)
 )
 new MulticlassMetrics(predictionsAndLabels)
}
```

9. 定义一个评价函数，包含梯度提升树模型的多个可调参数，并对数据集进行训练：

```
def evaluate(
 trainingData: RDD[LabeledPoint],
 testData: RDD[LabeledPoint],
 boostingStrategy : BoostingStrategy
) :Unit = {


 val model = GradientBoostedTrees.train(trainingData,
boostingStrategy)

 val metrics = getMetrics(model, testData)
 println("Confusion Matrix :")
 println(metrics.confusionMatrix)
 println("Model Accuracy: "+metrics.precision)
 println("Model Error: "+ (1-metrics.precision))


}
```

10. 设置下面的参数:

```scala
val algo = "Classification"
val numIterations = 3
val numClasses = 2
val maxDepth = 5
val maxBins = 32
val categoricalFeatureInfo = Map[Int,Int]()
val boostingStrategy = BoostingStrategy.defaultParams(algo)
boostingStrategy.setNumIterations(numIterations)
boostingStrategy.treeStrategy.setNumClasses(numClasses)
boostingStrategy.treeStrategy.setMaxDepth(maxDepth)
boostingStrategy.treeStrategy.setMaxBins(maxBins)
boostingStrategy.treeStrategy.categoricalFeaturesInfo =
categoricalFeatureInfo
```

11. 使用前面的策略参数评价模型:

```
evaluate(trainingData, testData, boostingStrategy)
```

控制台输出如下:

```
Confusion Matrix :
124.0 2.0
2.0 64.0
Model Accuracy: 0.9791666666666666
Model Error: 0.02083333333333337

To interpret the above Confusion metrics, Accuracy is equal to
(124+ 64)/ 192 all test cases, and error is equal to 1 -
accuracy
```

12. 停止 SparkSession,关闭程序:

```
spark.stop()
```

10.7.2 工作原理

数据获取、解析操作和前面的策略一样,这里不再叙述,但是有一个不同点,即如何设置超参数,尤其是参数"classification"传入 BoostingStrategy.defaultParams():

```scala
val algo = "Classification"
 val numIterations = 3
```

```
val numClasses = 2
val maxDepth = 5
val maxBins = 32
val categoricalFeatureInfo = Map[Int,Int]()

val boostingStrategy = BoostingStrategy.defaultParams(algo)
```

我们使用 evaluate() 函数计算不纯度和混淆矩阵等参数值：

```
evaluate(trainingData, testData, boostingStrategy)

Confusion Matrix :
124.0 2.0
2.0 64.0
Model Accuracy: 0.9791666666666666
Model Error: 0.020833333333333337
```

10.7.3 更多

GBT 是一种带有螺旋性质的迭代算法：在生成一棵树时会从错误中吸取教训，然后以迭代的方式生成下一棵树。

10.7.4 参考资料

Spark 官方文档：

- GradientBoostedTreesModel 构造函数；
- 矩阵评价指标（MulticlassMetrics）。

10.8 用 Spark 2.0 的梯度提升树（GBT）解决回归问题

这个攻略中，除了改用回归，其他与前面的 GBT 分类问题很类似。我们会使用 BoostingStrategy.defaultParams() 来告诉 GBT 选择使用回归：

```
algo = "Regression"
val boostingStrategy = BoostingStrategy.defaultParams(algo)
```

10.8.1 操作步骤

1. 使用 IntelliJ 或其他所喜欢的 IDE 创建一个新项目，确保已经导入必要的 Jar 包。

2. 创建程序所在的包目录:

```
package spark.ml.cookbook.chapter10
```

3. 导入 Spark 上下文所需要的必要包:

```
import org.apache.spark.mllib.evaluation.RegressionMetrics
import org.apache.spark.mllib.linalg.Vectors
import org.apache.spark.mllib.regression.LabeledPoint
import org.apache.spark.mllib.tree.model.GradientBoostedTreesModel
import org.apache.spark.rdd.RDD
import org.apache.spark.mllib.tree.GradientBoostedTrees
import org.apache.spark.mllib.tree.configuration.BoostingStrategy

import org.apache.spark.sql.SparkSession
import org.apache.log4j.{Level, Logger}
```

4. 创建 Spark 配置和 SparkSession,以便可以访问集群:

```
Logger.getLogger("org").setLevel(Level.ERROR)

val spark = SparkSession
  .builder
  .master("local[*]")
  .appName("MyGradientBoostedTreesRegression")
  .config("spark.sql.warehouse.dir", ".")
  .getOrCreate()
```

5. 从原始数据文件读取数据:

```
val rawData =
spark.sparkContext.textFile("../data/sparkml2/chapter10/breastcancer-
wisconsin.data")
```

6. 预处理数据集(详细内容参考前面的代码):

```
val data = rawData.map(_.trim)
  .filter(text => !(text.isEmpty || text.startsWith("#") ||
text.indexOf("?") > -1))
  .map { line =>
 val values = line.split(',').map(_.toDouble)
 val slicedValues = values.slice(1, values.size)
 val featureVector = Vectors.dense(slicedValues.init)
 val label = values.last / 2 -1
```

```
LabeledPoint(label, featureVector)
}
```

7. 将整个数据集随机划分为训练数据集（70%）和测试数据集（30%）：

```
val splits = data.randomSplit(Array(0.7, 0.3))
val (trainingData, testData) = (splits(0), splits(1))
println("Training Data count:"+trainingData.count())
println("Test Data Count:"+testData.count())
```

控制台输出如下：

```
Training Data count:469
Test Data Count:214
```

8. 利用 Spark 的 RegressionMetrics 定义一个指标计算函数：

```
def getMetrics(model: GradientBoostedTreesModel, data:
RDD[LabeledPoint]): RegressionMetrics = {
 val predictionsAndLabels = data.map(example =>
 (model.predict(example.features), example.label)
 )
 new RegressionMetrics(predictionsAndLabels)
 }
```

9. 设置下面的参数：

```
val algo = "Regression"
val numIterations = 3
val maxDepth = 5
val maxBins = 32
val categoricalFeatureInfo = Map[Int,Int]()
val boostingStrategy = BoostingStrategy.defaultParams(algo)
boostingStrategy.setNumIterations(numIterations)
boostingStrategy.treeStrategy.setMaxDepth(maxDepth)
boostingStrategy.treeStrategy.setMaxBins(maxBins)
boostingStrategy.treeStrategy.categoricalFeaturesInfo =
categoricalFeatureInfo
```

10. 使用前面的策略参数评价模型：

```
val model = GradientBoostedTrees.train(trainingData, boostingStrategy)
val metrics = getMetrics(model, testData)
```

```
println("Test Mean Squared Error = " + metrics.meanSquaredError)
println("My regression GBT model:\n" + model.toDebugString)
```

控制台输出如下：

```
Test Mean Squared Error = 0.05370763765769276
My regression GBT model:
TreeEnsembleModel regressor with 3 trees
Tree 0:
If (feature 1 <= 2.0)
 If (feature 0 <= 6.0)
  If (feature 5 <= 5.0)
   If (feature 5 <= 4.0)
    Predict: 0.0
   Else (feature 5 > 4.0)
...
```

11. 停止 SparkSession，关闭程序：

```
spark.stop()
```

10.8.2　工作原理

和上一个攻略一样，我们使用 GBT，但是需要调整参数告诉 BGT API 使用回归，而不是分类。对于下面的代码片段，需要和前面攻略仔细对比。"Regression"告诉 GBT 在数据集上使用回归：

```
val algo = "Regression"
val numIterations = 3
val maxDepth = 5
val maxBins = 32
val categoricalFeatureInfo = Map[Int,Int]()


val boostingStrategy = BoostingStrategy.defaultParams(algo)
```

使用下面的 API 训练模型和对指标进行评价：

- GradientBoostedTrees.train()；
- getMetrics()。

下面的代码片段展示了用于检查模型的典型输出信息：

```
Test Mean Squared Error = 0.05370763765769276
My regression GBT model:
Tree 0:
    If (feature 1 <= 2.0)
     If (feature 0 <= 6.0)
      If (feature 5 <= 5.0)
       If (feature 5 <= 4.0)
        Predict: 0.0
       Else (feature 5 > 4.0)
...
```

10.8.3 更多

GBT 和随机森林一样可以捕获非线性和变量的交叉特性，也可以处理多类别的标签问题。

10.8.4 参考资料

Spark 官方文档：

- GradientBoostedTreesModel 构造函数；
- 矩阵评价指标（RegressionMetrics）。

第 11 章
大数据中的高维灾难

在本章中，我们将讨论以下内容：

- Spark 提取和准备 CSV 文件的 2 种处理方法；
- Spark 使用奇异值分解（Singular Value Decomposition，SVD）对高维数据降维；
- Spark 使用主成分分析（Principal Component Analysis，PCA）为机器学习挑选最有效的潜在因子。

11.1 引言

高维灾难并不是一个新的术语或概念，该术语最早在 R. Bellman 处理动态规划问题（贝尔曼方程）时提出。在机器学习中，高维灾难是指：当增加维数（坐标轴或特征）时，训练数据（样本）的数目保持不变（或相对减少），导致预测准确率下降。这种现象也被称为休斯效应，以 G. Hughes 的名字命名，用于描述当向问题空间引入越来越多的维度时，搜索空间快速（指数）增长的现象。上述描述有点违反直觉，但是实际的确如此：如果样本数量的增长率和维度数目增长率不一致，那么实际模型的准确率也较低。

简而言之，绝大多数机器学习算法本质是基于统计学的，试图通过在训练期间对空间划分，并对每个子空间中每个类的数量进行某种计数，进而学习目标空间的属性。维度灾难是由越来越少的数据样本造成的，而数据样本可以帮助算法在增加更多维度时进行区分和学习。一般而言，如果有 N 个一维样本，那么在 D 维中需要 $(N)^D$ 个样本才能保持样本密度不变。

例如，有 10 个二维（身高和体重）的病人数据，构成在二维平面上的 10 个数据点。如果引入其他的维度，例如地区、摄入卡路里量、种族、收入等，那么会发生什么？在这种情况下，还是仅有 10 个观察点（10 个病人），但却对应 6 个维度的更大空间。当新的维度引入时，样本数据（用于训练）无法指数增长的问题称为维度灾难。

通过一个图形化的例子来展示搜索空间与数据样本的增长关系，图 11-1 表示在 5×5（25 个单元格）坐标轴上，展示了 5 个数据点的集合。当增加另一个维度时，预测准确度会发生什么变化？在三维空间的 125 个单元格中，仍然仅有 5 个数据点，这会导致大量的稀疏子空间，无法帮助机器学习算法更好地学习（或区分），因此导致算法准确性降低。

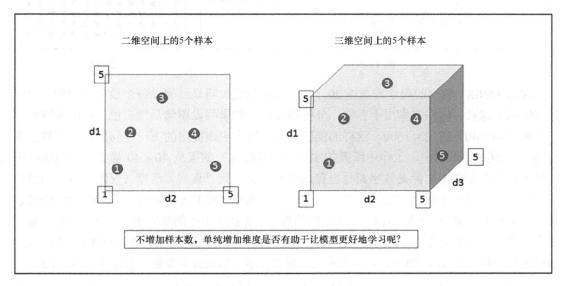

图 11-1

机器学习的目标应该是寻找近似最优的特征或维度数量，而不是增加越来越多的特征（最大特征或维度）。然而，如果只是添加越来越多的特征或维度，算法不应该有更好的分类错误吗？单纯从直觉上是这样的，但大多数情况下的答案是"否"，除非可以按指数方式增加样本，但这在几乎所有情况下都不实际也不可能实现。

图 11-2 描述了学习错误率和特征总数之间的关系。

在前面的章节中，讨论了维度灾难中的核心概念，但没有谈到维度灾难的其他副作用，以及如何处理维度灾难。正如前述所讲，与普遍的观点相反，维度灾难的原因并非维度本身，而是样本与搜索空间的比例减少，从而导致预测结果不准确。

假设有一个图 11-3 所示的简单机器学习系统。机器学习系统采用 MNIST 手写数据集，希望通过训练以预测包裹上所使用的六位数邮政编码：

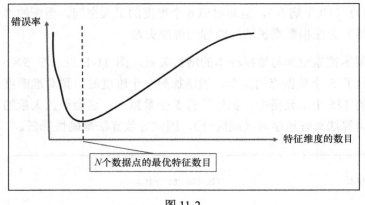
图 11-2

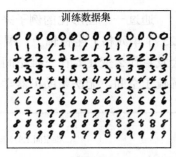
图 11-3

尽管 MNIST 数据的尺寸为 20×20，为了使问题更加明显，假设每个数字对应图片尺寸为 40×40 像素，这些像素用于存储、分析和预测。如果假设图像是黑白色，很明显维度等于 2×（40×40）或 2×1600，这样的维度很大。现在应该提出的下一个问题是：在数据现有的 2×1600 个维度中，工作中所需的实际维度是什么？如果从 40×40 像素中提取所有可能样本，有多少样本实际是数字？一旦仔细分析，会看到"真实"维度（仅限于较小的流形子空间，即用笔画出数字的空间。真实的子空间非常小，而且非随机分布在 40×40 的像素点上）实际上非常少。实际数据（人类绘制的数字）存在于更小的维度中，并且很可能局限于子空间的一个流形集合中（数据存在于特定子空间）。为了更好地理解，在 40×40 像素区域中随机抽取 1000 个样本，如果只是单纯靠人工观察样本，那么有多少数字会是 3、6 或者 5？

当我们增加维度时，由于没有足够的样本保证预测准确和简单判断本身是否引入了噪声，因此会无意中在机器学习系统引入了噪声，导致误差率增加。增加更多维度的常见问题如下所示：

- 更长的计算时间；
- 增加噪音；
- 需要更多的样本来维持同样的学习率和预测率；
- 稀疏空间中缺乏有效样本导致过拟合。

图 11-4 可以辅助理解"表层维度"与"实际维度"之间的差异，以及为什么在这种情况下"特征更少反而更好"：

减少维度的好处可以归为以下几种：

- 更好地可视化数据；

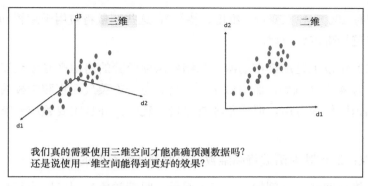

图 11-4

- 压缩数据、降低存储要求；
- 提高信噪比；
- 实现更快的运行时间。

特征选择和特征抽取

将维度降低到更易于管理的空间的处理方法有 2 种：特征选择和特征抽取。这些技术中的每一个都是一门独特的学科，有自己的方法论和复杂性。尽管它们看起来相同，但它们却非常不同，需要单独处理。

图 11-5 提供了一个思维导图，对比所用到的特征选择和特征抽取。特征选择（也称为特征工程）超出了本书的范围，所以我们通过详细的攻略介绍 2 种最常见的特征抽取技术（PCA 和 SVD）。

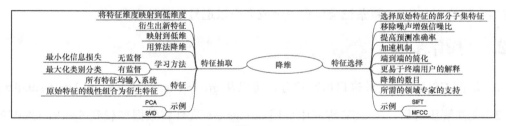

图 11-5

这两种技术可以提取可以机器学习算法的一组特征和输入集合。

- 特征选择：在这种技术中，使用领域知识来选择一个最能描述数据变化的特征子集，选择有助于预测结果的最佳因变量（特征）。这种方法通常被称为"特征工程"，需要数据工程师或专业领域知识才能发挥作用。

例如，假定有 200 个独立变量（维度、特征），这些变量将被用于逻辑回归分类器，预测房屋是否会在芝加哥市场出售。

在与拥有 20 年以上芝加哥市场购买和销售房屋经验的房地产专家交谈后，发现 200 个初始特征中只有 4 个（例如，卧室数量、价格、总平方英尺面积和学校的质量）可以用于预测。领域知识固然很有用，但通常非常昂贵、耗时，并且需要领域专家来分析和提供指导。

- 特征抽取：通过映射函数将高维数据映射到低维空间的算法。

例如，将三维空间映射（例如，高度、重量、眼睛颜色）到可以捕获数据集中绝大部分差异的一维空间（例如，潜在因子）。

这里的关键在于，如何通过原始因子组合（线性关系）找到一组可以准确捕捉和解释数据的潜在因子。例如，我们用于描述文档的单词维度通常介于 $10^6 \sim 10^9$ 之间，但如果使用更抽象和更高层次的主题（例如，浪漫、战争、和平、科学、艺术等）来描述文档会不会更适合？此外，在文本分析中，是否真的需要每一个词？如果这样开销又是多少？

特征抽取主要是降维算法，它是一种从"表层维度"到"实际维度"的映射代理。

11.2　Spark 提取和准备 CSV 文件的 2 种处理方法

在这个攻略中，我们将讨论用一个典型的机器学习程序读取、解析和准备 CSV 文件的方法。CSV 文件通常指存储表格类数据（数字和文本）的纯文本文件。一个典型的 CSV 文件，每行都是数据记录，大多数情况下，第一行也称为标题行，它存储字段的标识符（通常称为字段的列名称）。每条记录包含一个或多个以逗号分隔的字段。

11.2.1　操作步骤

1. 示例 CSV 数据文件来自电影评分，可以从 grouplens 网站下载 ml-latest-small.zip。

2. 文件解压之后，在 CSV 程序中使用 ratings.csv 文件将数据加载到 Spark，CSV 文件如表 11-1 所示。

表 11-1

userId	movieId	rating	timestamp
1	16	4	1217897793
1	24	1.5	1217895807

续表

userId	movieId	rating	timestamp
1	32	4	1217896246
1	47	4	1217896556
1	50	4	1217896523
1	110	4	1217896150
1	150	3	1217895940
1	161	4	1217897864
1	165	3	1217897135
1	204	0.5	1217895786
...	...	...	...

3．使用 IntelliJ 或自己喜欢的 IDE 创建有个新项目，确保包含必要的 Jar 文件。

4．设置程序所在的 package 位置：

```
package spark.ml.cookbook.chapter11.
```

5．导入 Spark 访问集群的必要软件包，导入 log4j.Logger 以减少 Spark 的输出量：

```
import org.apache.log4j.{Level, Logger}
import org.apache.spark.sql.SparkSession
```

6．创建 Spark 的 configuration 和 SparkSession，访问集群：

```
Logger.getLogger("org").setLevel(Level.ERROR)

 val spark = SparkSession
 .builder
.master("local[*]")
 .appName("MyCSV")
 .config("spark.sql.warehouse.dir", ".")
 .getOrCreate()
```

7．将 CSV 文件作为文本文件读取：

```
// 1. load the csv file as text file
val dataFile = "../data/sparkml2/chapter11/ratings.csv"
val file = spark.sparkContext.textFile(dataFile)
```

8. 处理数据，代码如下：

```
val headerAndData = file.map(line => line.split(",").map(_.trim))
val header = headerAndData.first
val data = headerAndData.filter(_(0) != header(0))
val maps = data.map(splits => header.zip(splits).toMap)
val result = maps.take(10)
result.foreach(println)
```

注意的是，这里的 split 函数仅用于演示目的，在生产中应该使用更强大的分词器技术。

9. 首先对样本行调用 trim 函数去除空格，并将 CSV 文件加载到名为 headerAndData 的 RDD 中，其中 ratings.csv 存在标题行。

10. 其次我们读取第一行数据作为 header，并将其余数据读入 RDD 类型的 data 变量。任何进一步的计算都可以使用 RDD 类型的 data 来执行机器学习算法。

为了演示目的，我们将 header 映射到 data，并打印出前 10 行。

在应用程序控制台，将看到以下内容：

```
Map(userId -> 1, movieId -> 16, rating -> 4.0, timestamp -> 1217897793)
Map(userId -> 1, movieId -> 24, rating -> 1.5, timestamp -> 1217895807)
Map(userId -> 1, movieId -> 32, rating -> 4.0, timestamp -> 1217896246)
Map(userId -> 1, movieId -> 47, rating -> 4.0, timestamp -> 1217896556)
Map(userId -> 1, movieId -> 50, rating -> 4.0, timestamp -> 1217896523)
Map(userId -> 1, movieId -> 110, rating -> 4.0, timestamp -> 1217896150)
Map(userId -> 1, movieId -> 150, rating -> 3.0, timestamp -> 1217895940)
Map(userId -> 1, movieId -> 161, rating -> 4.0, timestamp -> 1217897864)
Map(userId -> 1, movieId -> 165, rating -> 3.0, timestamp -> 1217897135)
Map(userId -> 1, movieId -> 204, rating -> 0.5, timestamp -> 1217895786)
```

11. Spark 中还有其他方法加载 CSV 文件，比如 Spark-CSV 包,。

要使用此功能，需要下载以下 Jar 文件，并置于 classpath 中。由于 Spark-CSV 软件包也依赖于 common-csv 包，所以需要从 Apache 网站位置获取 common-csv JAR 文件。

下载 common-csv-1.4-bin.zip 之后，解压得到 commons-csv-1.4.jar，并将前面的两个 Jar 放到 classpath 中。

12. 使用 Databricks 的 spark-csv 加载 CSV 文件，在成功加载下面的 CSV 文件之后，将会创建 DataFrame 对象。

```
// 2. load the csv file using databricks package
val df =
spark.read.format("com.databricks.spark.csv").option("header",
"true").load(dataFile)
```

13. 基于现有的 DataFrame 注册一个临时内存视图 ratings

```
df.createOrReplaceTempView("ratings")
 val resDF = spark.sql("select * from ratings")
 resDF.show(10, false)
```

对这个视图执行 SQL 查询，显示前 10 行。在控制台上，会打印以下内容：

```
+------+-------+------+----------+
|userId|movieId|rating|timestamp |
+------+-------+------+----------+
|1     |16     |4.0   |1217897793|
|1     |24     |1.5   |1217895807|
|1     |32     |4.0   |1217896246|
|1     |47     |4.0   |1217896556|
|1     |50     |4.0   |1217896523|
|1     |110    |4.0   |1217896150|
|1     |150    |3.0   |1217895940|
|1     |161    |4.0   |1217897864|
|1     |165    |3.0   |1217897135|
|1     |204    |0.5   |1217895786|
+------+-------+------+----------+
only showing top 10 rows
```

14. 其他的机器学习算法也可以使用已经创建的 DataFrame。

15. 停止 SparkSesson，关闭程序：

```
spark.stop()
```

11.2.2 工作原理

对于旧版 Spark，需要使用特定的包读取 CSV 文件，但是对于新版 Spark，可以使用 spark.sparkContext.textFile(dataFile)读取文件。Spark 通过 SparkSession 启动程序状态，

第 11 章 大数据中的高维灾难

SparkSession 在创建语句中可以任意命名,如下所示:

```
val spark = SparkSession
 .builder
.master("local[*]")
.appName("MyCSV")
.config("spark.sql.warehouse.dir", ".")
.getOrCreate()
spark.sparkContext.textFile(dataFile)
spark.sparkContext.textFile(dataFile)
```

Spark 2.0 以上的版本使用 spark.sql.warehouse.dir 来设置存储表的仓库位置,而不是 hive.metastore.warehouse.dir。spark.sql.warehouse.dir 的默认值是 System.getProperty("user.dir")。查阅 spark-defaults.conf 以获取更多信息。

相对于这个攻略中的第 9 步使用特殊包和依赖 JAR 的方法,更喜欢下面的方式读取 csv:

```
spark.read.format("com.databricks.spark.csv").option("header",
"true").load(dataFile)
```

上面的代码演示了读取文件的方式。

11.2.3 更多

CSV 格式有很多种类,一般使用逗号分隔符分隔文本,但也可以使用制表符或其他字符。有时,文件的标题行也是可选的。

CSV 文件由于其可移植性和简单性的优点广泛用于存储原始数据,它可以跨不同的应用程序移植。我们将介绍两种简单而典型的方式,将示例 CSV 文件加载到 Spark 中,并且可以轻松地按需修改。

11.2.4 参考资料

有关 Spark-CSV 包的更多信息访问 GitHub 的 databricks 仓库。

11.3 Spark 使用奇异值分解(SVD)对高维数据降维

在本攻略中,我们将介绍一种源自线性代数的维度约简方法,称为 SVD(奇异值分解)。

不同于直接使用很大的 $M×N$ 矩阵，SVD 的核心思想是采用一组低秩矩阵（通常为 3 个）来近似于原始矩阵，这组低秩矩阵使用的数据少很多。

SVD 是一种简单的线性代数技术，将原始数据转换为特征向量/特征值的低秩矩阵，这些低秩矩阵可以在更高效的低秩矩阵系统中捕捉大多数属性（原始维度）。

图 11-6 描述了如何使用 SVD 来减少维度，使用图中的 Σ 矩阵保留或消除原始数据中的更高级别概念（比原始列/特征更少的列的低级矩阵）：

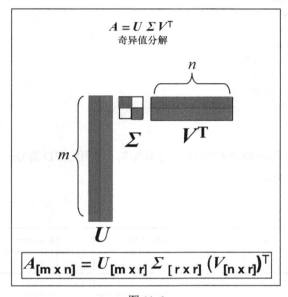

图 11-6

11.3.1 操作步骤

1. 使用电影评分数据进行 SVD 分析。数据集 MovieLens 1M 包含大约 100 万条记录，其中包含由近 6000 名 MovieLens 用户对 3900 部电影的匿名评分。

 数据集可以从 grouplens 网站下载得到。

数据集包含以下文件。

- **ratings.dat**：包含用户 ID、电影 ID、评分和时间戳。

- **movies.dat**：包含电影 ID、标题和流派。
- **users.dat**：包含用户 ID、性别、年龄、职业和邮政编码。

2. 使用 ratings.dat 进行 SVD 分析，ratings.dat 的示例数据如下所示：

```
1::1193::5::978300760
1::661::3::978302109
1::914::3::978301968
1::3408::4::978300275
1::2355::5::978824291
1::1197::3::978302268
1::1287::5::978302039
1::2804::5::978300719
1::594::4::978302268
1::919::4::978301368
1::595::5::978824268
1::938::4::978301752
```

接下来将使用以下程序将数据转换为评分矩阵，使用 SVD 算法进行拟合（目前总共有 3953 列），如表 11-2 所示。

表 11-2

	Movie1	Movie2	Movie…	Movie3953
user1	1	4	-	3
user2	5	-	2	1
user…	-	3	-	2
user N	2	4	-	5

3. 使用 IntelliJ 或自己喜欢的 IDE 创建一个新项目，同时确保包含必要的 Jar 文件。

4. 设置程序所在的 package 位置：

```
package spark.ml.cookbook.chapter11.
```

5. 导入 Spark 访问集群的必要软件包，导入 log4j.Logger 以减少 Spark 的输出量。

```
import org.apache.log4j.{Level, Logger}
import org.apache.spark.mllib.linalg.distributed.RowMatrix
import org.apache.spark.mllib.linalg.Vectors
import org.apache.spark.sql.SparkSession
```

6. 创建 Spark 的 configuration 和 SparkSession，访问集群：

```
Logger.getLogger("org").setLevel(Level.ERROR)

val spark = SparkSession
.builder
.master("local[*]")
.appName("MySVD")
.config("spark.sql.warehouse.dir", ".")
.getOrCreate()
```

7. 从原始数据文件中读取数据：

```
val dataFile = "../data/sparkml2/chapter11/ratings.dat"


//read data file in as a RDD, partition RDD across <partitions> cores
val data = spark.sparkContext.textFile(dataFile)
```

8. 处理数据，代码如下所示：

```
//parse data and create (user, item, rating) tuples
val ratingsRDD = data
   .map(line => line.split("::"))
   .map(fields => (fields(0).toInt, fields(1).toInt, fields(2).toDouble))
```

由于我们对评分更感兴趣，因此从数据文件提取 userId、movieId 和评分字段，即 fields(0)、fields(1)和 fields(2)，并根据上述记录创建评分 RDD 变量。

9. 计算一下评分数据集中有多少电影和最大电影索引号。

```
val items = ratingsRDD.map(x => x._2).distinct()
val maxIndex = items.max + 1
```

数据集中一共有 3953 部电影。

10. 使用 RDD 中的 groupByKey 函数对用户电影项目评分进行聚合，因此单个用户的电影评分被分在一组。

```
val userItemRatings = ratingsRDD.map(x => (x._1, ( x._2, x._3))).groupByKey().cache()
 userItemRatings.take(2).foreach(println)
```

我们打印最前面的 2 条记录以此观察数据集。当遇到大数据集时，需要缓存（cache）RDD 以提高性能。

在控制台窗口，显示如下内容：

```
(4904,CompactBuffer((2054,4.0), (588,4.0), (589,5.0),
(3000,5.0), (1,5.0), ..., (3788,5.0)))
(1084,CompactBuffer((2058,3.0), (1258,4.0), (588,2.0),
(589,4.0), (1,3.0), ..., (1242,4.0)))
```

在上面的记录中，用户 ID 为 4904。编号 2054 电影的评分为 4.0，编号 588 电影评分为 4，以此类推。

11．创建一个 Sparse Vector 存储数据：

```
val sparseVectorData = userItemRatings
 .map(a=>(a._1.toLong,
Vectors.sparse(maxIndex,a._2.toSeq))).sortByKey()

 sparseVectorData.take(2).foreach(println)
```

接着，将当前数据转为更好的格式：userID 作为主键（排序），电影评分数据转为 sparse vector 类型。

在控制台中，你将看到以下内容：

```
(1,(3953,[1,48,150,260,527,531,588,...],
[5.0,5.0,5.0,4.0,5.0,4.0,4.0...]))
(2,(3953,[21,95,110,163,165,235,265,...],[1.0,2.0,5.0,4.0,3.0,3.0,4
.0,...]))
```

查看上面的打印输出，用户 1 一共对应 3953 部电影。电影 1 的评分为 5.0 分。稀疏向量包含 movieID 数组和评分值数组。

12．为 SVD 创建评分矩阵：

```
val rows = sparseVectorData.map{
 a=> a._2
 }
```

13．基于前面的 RDD 创建一个 RowMatrix，创建之后调用 Spark 的 computeSVD 函数计算 SVD 输出：

```
val mat = new RowMatrix(rows)
val col = 10 //number of leading singular values
val computeU = true
val svd = mat.computeSVD(col, computeU)
```

14. 前面的参数也可以根据需求进行调整，一旦 SVD 计算结束，就可以得到模型的输出数据。

15. 将得到的奇异值输出如下：

```
println("Singular values are " + svd.s)
println("V:" + svd.V)
```

在控制台上打印如图 11-7 的输出。

```
From the Console output:

Singular values are
[1893.2105586893467,671.3435653757858,574.852759968471,518.0842250
224509,444.8547808167268,426.1654026154194,398.74614105343363,346.
7068453394093,335.46238645017104,316.0886024906154]

V:
-2.347441377231427E-18   -8.784853777445487E-18  ... (10 total)
0.07013713935424937      -0.020940154058955024   ...
0.023543815047740807     -0.029792454996902265   ...
0.013765839311244537     -0.01670389871069218    ...
0.0053233961967827865    -0.002962760146380113   ...
0.00971651374884698      -0.013488583341154305   ...
0.03647700692534388      -0.028836567457181495   ...
0.016502155323570307     -0.009293625770132707   ...
0.0020735701100955267    -0.0021536731391318957  ...
0.003307240697454707     -0.008420669455844697   ...
0.03226286349395502      -0.054049868186743680   ...
0.036296874437922        -0.012167583080393507   ...
0.004316939811906837     -0.005677295155360184   ...
0.003401032821348119     -0.0028903404963566883  ...
... (3953 total)
```

图 11-7

16. 查看 Spark Master，可以看到如图 11-8 所示的跟踪信息：

17. 停止 SparkSession，关闭程序：

```
spark.stop()
```

图 11-8

11.3.2 工作原理

攻略的核心是通过声明一个 RowMatrix 对象，然后调用 computeSVD 方法将矩阵分解为多个更小的子组件，实现以一定的损失来近似原始数据

```
valmat = new RowMatrix(rows)
val col = 10 //number of leading singular values
val computeU = true
val svd = mat.computeSVD(col, computeU)
```

SVD 属于一种实矩阵或复矩阵的因子分解技术。从本质上讲，SVD 是来源于 PCA 的线性代数技术。该概念广泛用于推荐系统（ALS，SVD），主题建模（LDA）和文本分析，实现从原始高维矩阵中提取概念。在不深入剖析 SVD 分解中的输入和输出的数学细节的前提下，我们尝试进行一下概述。图 11-9 描述如何实现维度缩减，以及如何实现数据集（MovieLens）和 SVD 分解的对应：

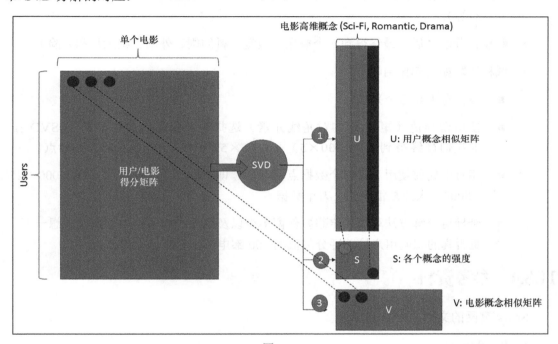

图 11-9

11.3.3 更多

基于原始数据集，我们将得到用于后续计算的更有效的矩阵（即低秩矩阵）。下面的等式描述了 $m \times n$ 矩阵的分解，该 $m \times n$ 矩阵很大并且难以使用。等式的右边即是 SVD 技术的基础—矩阵分解问题。

$$A_{[m \times n]} = U_{[m \times r]} \Sigma_{[r \times r]} (V_{[n \times r]})^T$$

以下步骤循序渐进的描述了 SVD 分解的具体示例：

- 给定一个 1000×1000 的矩阵，包含 100 万个数据点（M=用户，N=电影）。
- 假设数据有 1000 行（观察数目）和 1000 列（电影数目）。

- 假设已经使用 Spark 的 SVD 方法将矩阵 A 分解为 3 个新矩阵。
  - 矩阵 $U[m \times r]$ 包含 1000 行，但现在只有 5 列（$r=5$，r 可以被认为是概念）。
  - 矩阵 $S[r \times r]$ 包含奇异值，这是每个概念的强度（仅对角线元素有效）。
  - 矩阵 $V[n \times r]$ 包含真正的奇异值向量（n = Movies，r = 概念，例如浪漫，科幻等）。
- 假设在分解之后，最终得到 5 个概念（浪漫、科幻剧、外国、纪录片和冒险）。
- 低秩矩阵如何起作用呢？
  - 最初有 100 万个兴趣点。
  - 使用奇异值（矩阵 S 的对角线元素）选择想要保留的内容，通过 SVD 技术我们最终得到 U（1000×5）+ S（5×5）+ V（1000×5）个兴趣点。
  - 相对于先前使用 100 万个数据点（矩阵 A，即 1000×1000），现在对应 5000 + 25 + 5000，大约是很少的 1 万个数据点。
  - 奇异值分解方法可以决定想要保留多少以及想要舍弃多少数据点（试想一下，是否真的想向用户推荐评分最低的 900 部电影，它有什么价值吗？）

11.3.4 参考资料

Spark 官网的文档：

- RowMatrix；
- SingularValueDecomposition。

11.4 Spark 使用主成分分析（PCA）为机器学习挑选最有效的潜在因子

在这个攻略中，我们使用 PCA（主成分分析）将较高维数据（表面维度）映射到较低维空间（实际维度）。很难相信，PCA 的根源最早可以追溯到 1901 年（参见 K. Pearson 的著作），并且在 1930 年由 H. Hotelling 独立发现。

PCA 尝试采用沿着垂直轴的方向，以最大化方差的方式挑选新的组件，并有效地将高维原始特征转换为包含衍生特征的较低维空间，这些衍生特征可以以更简洁的形式解释数据的变化（区分类）。

有关 PCA 的直观理解如图 11-10 所示。假设现在的数据有两个维度（x,y），那么有一个问题：数据的大多数变化（和区分能力）能否只用一个维度解释，或者更精确地说，能否用原始特征的线性组合的结果进行解释？

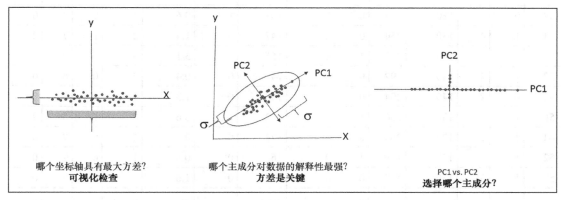

图 11-10

11.4.1 操作步骤

1．克利夫兰心脏病数据库是机器学习研究人员发布的公共数据集。该数据集包含十几个字段，克利夫兰数据库的研究集中于将地区疾病分类为存在（1、2、3）和不存在（0）（目标列，第 14 列）。

2．克利夫兰心脏病数据集可以从 UCI 网站下载 processed.cleveland.data 文件得到。

3．该数据集包含以下属性（age、sex、cp、trestbps、chol、fbs、restecg、thalach、exang、oldpeak、slope、ca、thal、num），这些属性在表 11-3 中显示为标题。

4．数据集如表 11-3 所示。

表 11-3

age	sex	cp	trestbps	chol	fbs	restecg	thalach	exang	oldpeak	slope	ca	thal	num
63	1	1	145	233	1	2	150	0	2.3	3	0	6	0
67	1	4	160	286	0	2	108	1	1.5	2	3	3	2
67	1	4	120	229	0	2	129	1	2.6	2	2	7	1
37	1	3	130	250	0	0	187	0	3.5	3	0	3	0

age	sex	cp	trestbps	chol	fbs	restecg	thalach	exang	oldpeak	slope	ca	thal	num
41	0	2	130	204	0	2	172	0	1.4	1	0	3	0
56	1	2	120	236	0	0	178	0	0.8	1	0	3	0
62	0	4	140	268	0	2	160	0	3.6	3	2	3	3
57	0	4	120	354	0	0	163	1	0.6	1	0	3	0
63	1	4	130	254	0	2	147	0	1.4	2	1	7	2
53	1	4	140	203	1	2	155	1	3.1	3	0	7	1
57	1	4	140	192	0	0	148	0	0.4	2	0	6	0
56	0	2	140	294	0	2	153	0	1.3	2	0	3	0
56	1	3	130	256	1	2	142	1	0.6	2	1	6	2
44	1	2	120	263	0	0	173	0	0	1	0	7	0
52	1	3	172	199	1	0	162	0	0.5	1	0	7	0
57	1	3	150	168	0	0	174	0	1.6	1	0	3	0
...	...	...	...	...	...	...	...	...	...	...	...	...	...

5. 使用 IntelliJ 或喜欢的 IDE 创建一个新项目，确保包含必要的 Jar 文件。

6. 设置程序所在的 package 位置：

```
package spark.ml.cookbook.chapter11.
```

7. 导入 SparkSession 所需的必要包：

```
import org.apache.log4j.{Level, Logger}
import org.apache.spark.ml.feature.PCA
import org.apache.spark.ml.linalg.Vectors
import org.apache.spark.sql.SparkSession
```

8. 创建 Spark 的 configuration 和 SparkSession，访问集群：

```
Logger.getLogger("org").setLevel(Level.ERROR)
val spark = SparkSession
.builder
.master("local[*]")
.appName("MyPCA")
.config("spark.sql.warehouse.dir", ".")
.getOrCreate()
```

9. 读取原始数据文件，计算原始数据行数：

```
val dataFile =
"../data/sparkml2/chapter11/processed.cleveland.data"
val rawdata = spark.sparkContext.textFile(dataFile).map(_.trim)
println(rawdata.count())
```

在控制台上，可以看到如下输出：

303

10. 预处理数据集（相关的详细信息参考前面的代码）

```
val data = rawdata.filter(text => !(text.isEmpty ||
text.indexOf("?") > -1))
 .map { line =>
 val values = line.split(',').map(_.toDouble)

 Vectors.dense(values)
 }

 println(data.count())

data.take(2).foreach(println)
```

在前面的代码中，过滤缺失的数据记录，使用 Spark 的 DenseVector 来存储数据。过滤缺失的数据之后，在控制台中获得以下数据：

297

输出的记录如下所示：

```
[63.0,1.0,1.0,145.0,233.0,1.0,2.0,150.0,0.0,2.3,3.0,0.0,6.0,0.0]
[67.0,1.0,4.0,160.0,286.0,0.0,2.0,108.0,1.0,1.5,2.0,3.0,3.0,2.0]
```

11. 根据前面的 RDD 创建一个 DataFrame，同时创建一个 PCA 对象用于计算：

```
val df =
sqlContext.createDataFrame(data.map(Tuple1.apply)).toDF("features")
val pca = new PCA()
.setInputCol("features")
.setOutputCol("pcaFeatures")
.setK(4)
```

```
.fit(df)
```

12. PCA 模型的参数如前面的代码所示。将 K 值设置为 4，这里的 K 代表在使用降维算法后感兴趣的前 K 个主要组件。

13. 除了上面的方案，还可以使用：mat.computePrincipalComponents(4)来实现，其中 4 代表维数减少完成后的前 K 个主成分。

14. 使用 transform 函数计算，并将结果打印在控制台上：

```
val pcaDF = pca.transform(df)
val result = pcaDF.select("pcaFeatures")
result.show(false)
```

15. 控制台上将显示以下内容，包含 4 个新的 PCA 组件（PC1、PC2、PC3 和 PC4）可以用来替代原始的 14 个特征。通过 PCA 技术，已成功地将高维空间（14 维）映射到较低维空间（4 维），如图 11-11 所示。

```
+----------------------------------------------------------------------------+
|pcaFeatures                                                                 |
+----------------------------------------------------------------------------+
|[-242.03006877784283,121.3036201521749,158.55788754696337,57.4213027823489] |
|[-295.93413194888035,78.62237868291045,164.89404714411137,50.774221590904006]|
|[-236.95589307378614,102.81012275608082,131.81674495980488,61.776752762650545]|
|[-257.18475255366803,164.13217618694355,144.80875573077037,39.93660552917494]|
|[-211.46023940233792,148.16356844339373,145.71965730283782,42.714109070944815]|
|[-243.41916012300274,152.93562964073197,136.88231960613228,58.89077688960155]|
|[-276.6610310706115,132.24904523885735,153.00538430798025,57.91011107741793] |
|[-361.2514826750539,139.82848436190866,128.40666628113823,54.062535428181164]|
|[-262.2329240388853,120.32509839464255,142.27376030462807,58.59450238467356] |
|[-211.46070674857862,128.02378249384793,154.75149804635947,50.062208180745024]|
|[-200.63315592340862,120.42953701711679,154.81412810709375,53.1373395559146] |
|[-302.3849334900374,127.06531023774065,149.7993102888494,50.159455332553186] |
|[-263.97657591438696,116.7927409886531,140.56663969089703,50.91680644765467] |
|[-269.9299103822257,150.554536226529,133.21451586020208,45.58110348236035]   |
|[-209.04761491867765,131.39647389196247,187.15860399038323,45.54423137717909]|
|[-177.14287138297178,144.35605338289676,169.58339402096036,56.60456363500367]|
|[-235.6463017059383,145.5439429890641,125.0966983578342,51.110873484307696]  |
|[-247.40278654007753,133.43896522241678,153.5230149688606,50.88656791382292] |
|[-282.63409740151326,115.76292129048788,138.0241685632812,42.10626388266632] |
|[-273.6249269017216,146.66834495346865,143.16546461334735,48.57367552676949] |
+----------------------------------------------------------------------------+
only showing top 20 rows
```

图 11-11

在 Spark Master，可以跟踪 Job 的执行过程，如图 11-12 所示。

16. 停止 SparkSession，关闭程序：

```
spark.stop()
```

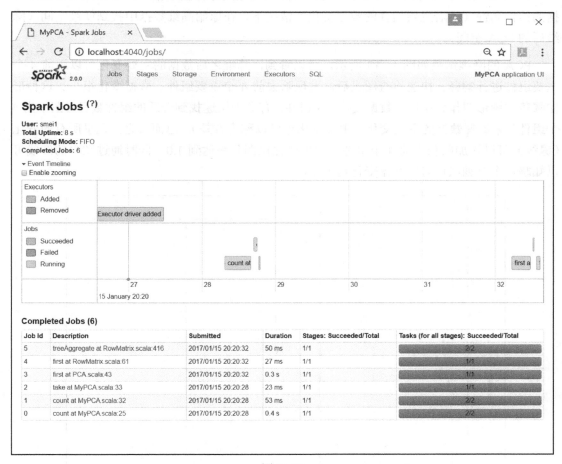

图 11-12

11.4.2 工作原理

在加载和处理数据之后，PCA 的核心是通过以下代码完成的：

```
val pca = new PCA()
 .setInputCol("features")
 .setOutputCol("pcaFeatures")
 .setK(4)
 .fit(df)
```

PCA 函数允许根据自己的需要选择映射的组件数目，在这个攻略中，选择前 4 个组件。

PCA 实现在不考虑原始高维空间时，最大限度地区分标签数据，即尽可能保留原始数据的结构属性（沿着主要组件的数据变化）情况下，在原始高维数据中找到低维空间（降维后的 PCA 空间）。

PCA 的降维结果如图 11-13 所示，可以看到，降维之后数据的主要变化可以用前 4 个主要组件进行解释。快速检查图表后，发现除去前 4 个主要组件，数据变化很小。这种形如膝盖的图形叫作膝型图（数据变化 VS 组件）有助于快速找到合适的组件数目（图中为 4 个组件）来解释数据的主要变化（主要变化也可以称为方差）。总而言之，几乎所有的变化（绿线）可以累加归功于前 4 个组件，数据变化比例几乎达到 1.0，同时通过图中的红线可以知晓每个单独组件对应数据变化贡献量。

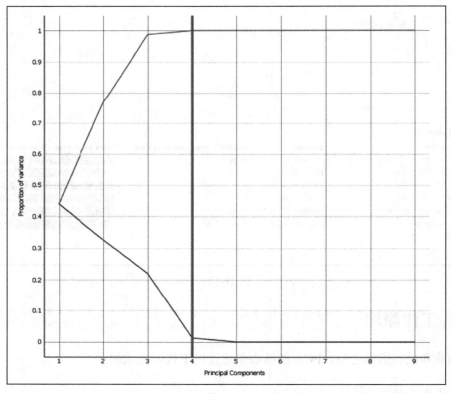

图 11-13

图 11-3 是对 Kaiser 准则的描述，经常用于选择合适的组件数目。可以通过使用 R 根据主要组件绘制特征值或使用 Python 编写程序，生成上述图表。有关 R 的绘图问题，请参阅密苏里大学的 pca_in_r_2 文档链接。

正如前文所述，该图表和 Kaiser 准则有关，Kaiser 准则说明相关变量数目在特定的主成分组件中越多，相应主成分对于解释数据越重要。在这种情况下，特征值可以被认为是一种指标，可以衡量一个组件解释数据的好坏（方差最大方向）。

和其他方法类似，PCA 可以学习到数据的分布。使用 PCA 需要用到估计的协方差，由原始特征的均值和 K 值（需要保留的组件数目）所构成。总而言之，数据的维度约减是通过忽略方差最小的方向（PCA 组件）的机制实现。请记住，PCA 使用起来可能会很困难，需要掌握原理并明白如何选择预期的组件数目（使用膝型图选择 K 值或要保留的组件数目）。

计算 PCA 的 2 种方法：

- 协方差方法；
- 奇异值分解方法（SVD）。

接下来，将简单概述协方差矩阵方法（直接计算特征向量和特征值，结合去中心化），读者可以随意参考前述 SVD 攻略中的内容［在 Spark 中使用奇异值分解（SVD）对高维数据降维］，SVD 的内部工作与 PCA 有关。

简单来说，使用协方差矩阵方法实现 PCA 算法包含以下几步。

1. 给定一个 $N \times M$ 的矩阵：

    1. $N=$ 训练数据集的样本总数
    2. $M=$ 特定的维度（特征）数目
    3. $M \times N$ 中的点是相应的样本值

2. 计算均值

$$\mu = \frac{1}{N}\sum_{i=1}^{N} x_i$$

3. 去中心化（标准化）数据：减去每个观测的均值

$$\sum_{i=1}^{N} x_i - \mu$$

4. 构建协方差矩阵：

$$\frac{1}{N-1} D \times D^{\mathrm{T}}$$

5. 计算协方差矩阵的特征向量和特征值（注意：不是所有的矩阵都可以分解）。

6. 选择具有最大特征值的特征向量。

7. 特征值越大，PCA 主成分的方差越大。

11.4.3 更多

当前攻略使用 PCA 的最终结果是将 14 维的原始搜索空间（也就是 14 个特征）减少到 4 维，而这 4 个维度几乎可以解释了原始数据集中的所有变化。

PCA 并不是一个单纯的机器学习概念，早在机器学习出现之前就已经在金融领域使用多年。PCA 的核心是通过正交变换（每个组件垂直于另一个组件）将原始特征（表面维度）映射到一组新的衍生维度，可以删除大多数冗余和共线属性，PCA 得到的衍生组件（真正的潜在维度）是原始属性的线性组合。

PCA 只是一个简单的线性变换，不管是使用协方差矩阵还是 SVD 分解，PCA 都是学习线性代数的最直接的练习手段。

GitHub 上 Spark 源码包含降维和特征抽取，提供了有关 PCA 的样例，可供查阅。

11.4.4 参考资料

Spark 官方文档：

- PCA；
- PCAModel。

关于 PCA 使用和缺点的一些注意事项如下所示。

- 一些数据集是互斥的，特征值之间不会呈现减小趋势关系（矩阵中的每一个值都需要，无法去除）。比如，有如下向量：(0.5,0,0)、(0,0.5,0,0)、(0,0,0.5,0)和(0,0,0,0.5)等，对这种数据计算得到的特征值将无法被舍弃。

- PCA 本质上是线性的，并试图通过均值和协方差矩阵学习一个高斯分布。

- 有时，彼此平行的 2 个高斯分布将使得 PCA 无法找到正确的方向，对于这种情况，尽管 PCA 最终仍会找到和输出一些主成分方向，但输出的这些方向是最佳的吗？这些问题值得读者反复思考，只有这样才能真正掌握 PCA。

第 12 章
使用 Spark 2.0 ML 库实现文本分析

在这一章中,我们将讨论以下内容:
- 用 Spark 统计词频;
- 使用 Spark 和 Word2Vec 查找相似词;
- 下载维基百科的全部语料数据,构建一个真实的 Spark 机器学习项目;
- 使用 Spark 2.0 和潜在语义分析实现文本分析;
- 使用 Spark 2.0 和潜在狄利克雷实现主题模型。

12.1 引言

文本分析属于机器学习、数学、语言学和自然语言处理的交叉内容。文本分析(在旧文献中称为文本挖掘)试图从非结构化和半结构化数据中提取信息,并推断出更高级别的概念、情感和语义细节。值得注意的是,传统的关键字搜索方法无法有效地处理存在噪音、二义性和不相关的标记和概念,而这些在实际上下文中需要过滤掉。

从根本上来说,所要做的是针对一组给定的文档(文本、推文、网络和社交媒体),确定文档想要表达的要点,以及文档试图传达的概念(主题和概念)。仅仅将文档分解为不同部分和不同类别的方法过于原始,不能被视为文本分析。我们还可以做得更好。

Spark 提供了一套工具和方法来简化文本分析,用户可以将这些技术结合起来构建一个可行的系统(例如,KKN 模型和主题模型的结合)。

值得一提的是,目前有许多商用系统可以提供一组技术组合方案来解决最终问题。尽管 Spark 拥有很多适合处理大规模数据的工具集,但不难想象,任一文本分析系统也可以采用图模型(比如 GraphFrame、GraphX)。图 12-1 是 Spark 针对文本分析所提供的工具和方法的简述。

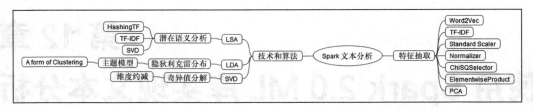

图 12-1

文本分析是未来的一个重要领域,在安全、客户互动、情感分析、社交媒体和在线学习等许多领域有重要应用,如图 12-2 所示。使用文本分析技术,可以将传统数据存储(结构化数据和数据库表)与非结构化数据(客户评论、情绪和社交媒体交互)结合起来,以得到更高阶的理解和更完整的业务单元视图,这在以前是无法实现的。在选择社交媒体和非结构化文本作为主要交流方式的新时代,上述这一点尤为重要。

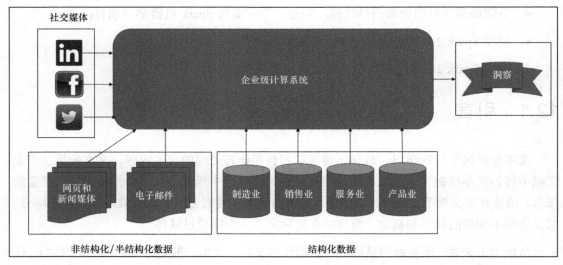

图 12-2

非结构化文本的主要挑战是不能使用传统的数据平台工具(如 ETL)来提取数据和对数据进行强制排序。想要结合自然语言处理技术(NLP),就需要一种新的数据整理、机器学习和统计方法,并通过这些方法提取信息和探测数据。社交媒体和客户互动(例如呼叫中心的呼叫语音)包含有价值的信息,如果不想失去竞争优势,这些信息就不能再被忽视。

想要有效地解决实际问题，文本分析不仅需要处理离线的海量数据，还必须考虑动态的海量数据（比如，推文和数据流）。

有几种方法可以处理非结构化数据。图12-3简述了现有工具包中的技术。尽管基于规则的系统可以很好地适用于受限的文本和域空间，但由于其特定的决策边界被设定为在特定域中有效，因此基于规则的系统的泛化能力很差。近现代的系统使用统计学和自然语言处理（NLP）技术，可以取得更高的准确率并适用于更大规模的数据。

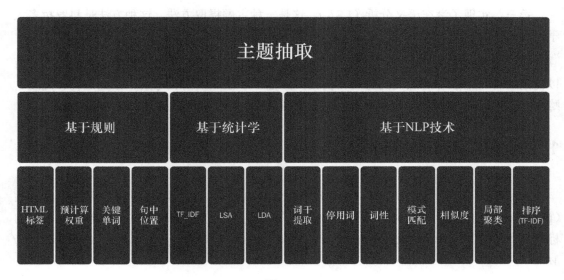

图12-3

本章将介绍4个攻略和2个真实数据集，演示Spark工具如何对非结构化数据进行文本分析，如图12-4所示。

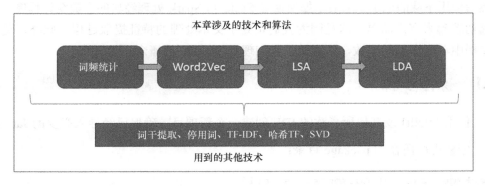

图12-4

第一，从一个简单攻略开始，我们不仅模仿网络搜索的早期阶段（关键字频率），而且使用原始代码格式深入理解 TF-IDF。这个攻略试图找出文档中的单词或短语的频率。令人难以置信的是这项技术获得了美国专利！

第二，继续介绍一个著名的算法 WordVec，这个算法试图回答一个问题：如果给定一个单词，能否求得它附近的单词或附近有什么？这是使用统计技术在文档中查询同义词的好方法。

第三，实现了潜在语义分析（LSA），这是一种主题提取方法。这种方法是科罗拉多大学博尔德分校发明的，并且一直是社会科学领域的主力军。

第四，通过实现潜在狄利克雷（LDA）来演示主题建模，其中抽象概念被提取，并可以使用一种可缩放和有意义的方法（例如，家庭、幸福、爱情、母亲、家庭宠物、儿童、购物和派对可以被提取作为一个主题）关联短语或单词（即不太原始的结构）。

12.2 用 Spark 统计词频

古腾堡项目提供超过 5 万本各种形式的免费电子书。这个攻略将从古腾堡项目网站（gutenberg）下载一本文本格式的数据。当你看到文件的内容时，你会注意到这本书的标题和作者，即 Edgar Rice Burroughs 的 *The Project Cutenberg EBook of A Princess of Mars*。

警告：
这本电子书适合任何人在任何地方免费阅读，几乎没有任何限制。你可以将其复制、赠送或重复使用。

然后使用下载的电子书来演示如何使用 Scala 和 Spark 处理经典的字数统计程序。这个例子起初看起来有点简单，这是因为我们正处于文本处理的特征提取过程。此外，更好地理解文档中单词出现的次数，将有助于我们理解 TF-IDF 的概念。

12.2.1 操作步骤

1. 使用 IntelliJ 或其他所喜欢的 IDE 创建一个新项目，确保已经导入必要的 Jar 包。
2. 创建程序所在的 package 目录：

package spark.ml.cookbook.chapter12

3. 导入 Scala、Spark 和 JFreeChart 所需要的包：

```
import org.apache.log4j.{Level, Logger}
import org.apache.spark.sql.SQLContext
import org.apache.spark.{SparkConf, SparkContext}
import org.jfree.chart.axis.{CategoryAxis, CategoryLabelPositions}
import org.jfree.chart.{ChartFactory, ChartFrame, JFreeChart}
import org.jfree.chart.plot.{CategoryPlot, PlotOrientation}
import org.jfree.data.category.DefaultCategoryDataset
```

4. 定义一个函数，在窗口中展示 JFreeChart 图表：

```
def show(chart: JFreeChart) {
val frame = new ChartFrame("", chart)
   frame.pack()
   frame.setVisible(true)
 }
```

5. 定义该攻略所用文件的路径：

```
val input = "../data/sparkml2/chapter12/pg62.txt"
```

6. 使用工厂模式，创建一个 SparkSession：

```
val spark = SparkSession
 .builder
 .master("local[*]")
 .appName("ProcessWordCount")
 .config("spark.sql.warehouse.dir", ".")
 .getOrCreate()
import spark.implicits._
```

7. 将日志级别设置为 WARN，避免输出太多信息导致无法查看：

```
Logger.getRootLogger.setLevel(Level.WARN)
```

8. 读取图书文件中的停用词，后续作为过滤条件：

```
val stopwords =
scala.io.Source.fromFile("../data/sparkml2/chapter12/stopwords.txt"
).getLines().toSet
```

9. 停用词包含很多常用的词，这些词在匹配或比较文档时没有相关性，因此需要使用过滤器从词库中移除。

10. 现在下载图书文件,进行分词、分析、去停用词、过滤、计算和排序:

```
val lineOfBook = spark.sparkContext.textFile(input)
 .flatMap(line => line.split("\\W+"))
 .map(_.toLowerCase)
 .filter( s => !stopwords.contains(s))
 .filter( s => s.length >= 2)
 .map(word => (word, 1))
 .reduceByKey(_ + _)
 .sortBy(_._2, false)
```

11. 获取最高频的前 25 个词:

```
val top25 = lineOfBook.take(25)
```

12. 遍历结果 RDD 中的每一个元素,创建一个目录数据模型,以构建单词出现的图表:

```
val dataset = new DefaultCategoryDataset()
top25.foreach( {case (term: String, count: Int) =>
dataset.setValue(count, "Count", term) })
```

单词计数的柱形图,如图 12-5 所示。

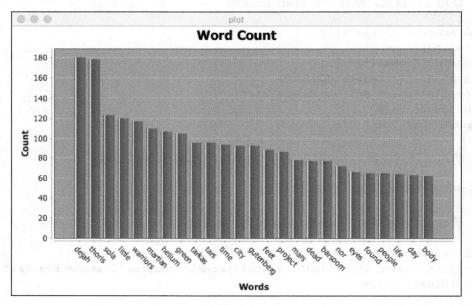

图 12-5

```
val chart = ChartFactory.createBarChart("Term frequency",
```

```
"Words", "Count", dataset, PlotOrientation.VERTICAL,
 false, true, false)

val plot = chart.getCategoryPlot()
val domainAxis = plot.getDomainAxis();
domainAxis.setCategoryLabelPositions(CategoryLabelPositions.DOWN_45
);
show(chart)
```

13. 停止 SparkSession,关闭程序:

```
spark.stop()
```

12.2.2 工作原理

首先加载已经下载的图书文件,采用正则表达式对其进行分词。下一步,将所有词转换为小写,从词列表中移除停用词,过滤掉长度少于两个字符的单词。

删除停用词和特定长度的单词会减少需要处理的特征数目。这可能看起来不太明显,但基于各种预处理方法删除特定单词,会减少后续内容中涉及的机器学习算法所需要处理的维度。

最后,按照降序方式对词计数结果排序,获取前 25 个词,使用柱形体展示。

12.2.3 更多

这个攻略需要有关键字搜索的基础,了解主题建模和关键字搜索之间的区别非常重要。在关键字搜索中,尝试根据词出现与否,将短语与给定文档相关联。在这种情况下,将用户与一组具有最多出现次数的文档相关联。

12.2.4 参考资料

对于这个算法,开发人员可以尝试进行各种扩展:增加权重并提出加权平均值。在接下来的攻略中 Spark 会提供一些有意义的工具。

12.3 用 Spark 和 Word2Vec 查找相似词

这个攻略将探索 Word2Vec,一个用于评估单词相似度的 Spark 工具。Word2Vec 算法的灵感来自普通语言学中的分布假设,其核心思想认为在相同的上下文中出现的词(与目标的距离)倾向于具有相同的原始概念/含义。

Word2Vec 算法是由 Google 研究人员发明的。请参阅本攻略的"更多"部分中提到的白皮书,其中更详细地介绍了 Word2Vec。

12.3.1 操作步骤

1. 使用 IntelliJ 或其他所喜欢的 IDE 创建一个新项目,确保已经导入必要的 Jar 包。

2. 这个攻略的 package 语句如下:

```
package spark.ml.cookbook.chapter12
```

3. 导入 Scala 和 Spark 所需要的包:

```
import org.apache.log4j.{Level, Logger}
import org.apache.spark.ml.feature.{RegexTokenizer, StopWordsRemover, Word2Vec}
import org.apache.spark.sql.{SQLContext, SparkSession}
import org.apache.spark.{SparkConf, SparkContext}
```

4. 定义图书文件所在的目录:

```
val input = "../data/sparkml2/chapter12/pg62.txt"
```

5. 使用工厂模式创建一个 SparkSession:

```
val spark = SparkSession
     .builder
.master("local[*]")
     .appName("Word2Vec App")
     .config("spark.sql.warehouse.dir", ".")
     .getOrCreate()
import spark.implicits._
```

6. 将日志级别设置为 WARN,避免产生过多的输出信息:

```
Logger.getRootLogger.setLevel(Level.WARN)
```

7. 加载图书文件,将其转换为 DataFrame:

```
val df = spark.read.text(input).toDF("text")
```

8. 使用 Spark 正则表达式分词工具,将每一行文本转换为词袋数据,进一步将每个词转为小写,过滤掉长度小于 4 个字符的单词:

```
val tokenizer = new RegexTokenizer()
 .setPattern("\\W+")
 .setToLowercase(true)
 .setMinTokenLength(4)
 .setInputCol("text")
 .setOutputCol("raw")
val rawWords = tokenizer.transform(df)
```

9. 使用 Spark 的 StopWordRemover 类，移除停用词：

```
val stopWords = new StopWordsRemover()
 .setInputCol("raw")
 .setOutputCol("terms")
 .setCaseSensitive(false)
val wordTerms = stopWords.transform(rawWords)
```

10. 使用 Word2Vec 机器学习算法抽取特征：

```
val word2Vec = new Word2Vec()
 .setInputCol("terms")
 .setOutputCol("result")
 .setVectorSize(3)
 .setMinCount(0)
val model = word2Vec.fit(wordTerms)
```

11. 从图书文件中寻找单词 martian 的 10 个近义词：

```
val synonyms = model.findSynonyms("martian", 10)
```

12. 显示模型找到的 10 个近义词，如图 12-6 所示。

```
synonyms.show(false)
```

```
+----------+-------------------+
|word      |similarity         |
+----------+-------------------+
|fool      |0.399660404463996  |
|friendships|0.3995726061226465|
|recently  |0.399537090796303  |
|belongings|0.3995208890222543 |
|passageway|0.39947730349854393|
|dignified |0.3993753331167374 |
|entry     |0.3993680127191416 |
|maximum   |0.3993070923891028 |
|tongue    |0.3992951179510815 |
|groundless|0.39928608744352556|
+----------+-------------------+
```

图 12-6

13．停止 SparkSession，关闭程序：

spark.stop()

12.3.2 工作原理

Spark 中的 Word2Vec 使用 skip-gram 而不是连续词袋（CBOW），skip-gram 更适合神经网络（NN）。Word2Vec 的核心是寻找单词的表示。强烈建议用户理解本地表示与分布式表示之间的区别，这与单词本身的明显含义非常不同。

如果对单词使用分布式向量表示，那么类似的单词在向量空间中会很接近，对于模式抽象和操作，这是一种理想的泛化技术（即将问题简化为向量运算）。

对于给定单词集合{Word_1，Word_2，...，Word_n}，经过清洗和预处理之后，需要做的就是将单词集合定义为序列的最大似然函数（例如，对数似然），继而最大化似然（即典型的机器学习问题），如图 12-7 所示。对于那些熟悉神经网络的开发人员来说，这是一个简单的多类 softmax 模型。

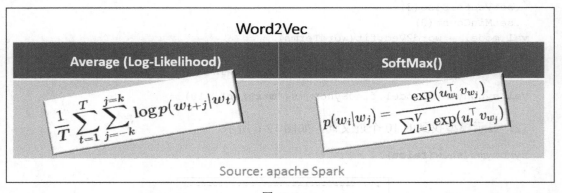

图 12-7

首先将免费的图书文件加载到内存中，并对其进行分词。然后将这些词转换为小写，同时会过滤掉长度少于 4 个字符的单词。我们最后应用停止词和 Word2Vec 计算。

12.3.3 更多

这里存在一些问题：（1）如何找到相似的单词？（2）有多少算法可以解决这个问题，（3）它们如何变化？Word2Vec 算法已经存在了一段时间，存在一个名为 CBOW 的产物。此外，Spark 已经提供了 skip-gram 方法作为实现技术。

Word2Vec 算法的变种如下：

- 连续词袋模型（CBOW）：给定一个词的上下文，预测当前词。
- Skip-gram：给定一个词，预测该词的上下文。

这个算法还有一个变种，叫作 skip-gram model with negative sampling (SGNS)，性能优于其他变种。

共现关系是 CBOW 和 skip-gram 的潜在基本概念。尽管 skip-gram 不直接使用共现矩阵，但会间接使用它。

在运行算法之前，这个攻略使用自然处理技术（NLP）中的停用词技术清理语料库。英文单词中的停用词，比如"the"，需要移除，因为它们不会对结果有任何贡献。

另一个重要的概念是词干提取，这里没有涉及，但会在后面的攻略中进行讨论。词干提取可以移除额外的语言伪影，并将单词缩减为根（例如，Engineering、Engineer 和 Engineers 转换词根 Engin）。

想要对 Word2Vec 有更深入的理解，读者可以自行查阅 Word2Vec 的白皮书。

12.3.4　参考资料

Word2Vec 在 Spark 官网上存在几个重要的函数，有兴趣的读者可以自行查阅：

- Word2Vec；
- Word2VecModel；
- StopWordsRemover。

12.4　构建真实的 Spark 机器学习项目

这个攻略将下载并探索维基百科的全部语料数据并将其作为所需的数据集，进而实现真实的文本分析示例。需要使用命令行工具 curl 或浏览器来获取压缩文件，文件大约为 13.6 GB。由于文件大小的原因，推荐使用 curl 命令行工具。

12.4.1　操作步骤

1. 使用"curl –L -O"从维基百科下载 enwiki-latest-pages-articles-multistream.xml.bz2 文件。

2. 解压 ZIP 文件:

```
bunzip2 enwiki-latest-pages-articles-multistream.xml.bz2
```

这个操作将产生一个非压缩文件 enwiki-latest-pages-articles-multistream.xml,大小约 56GB。

3. 查看维基百科的 XML 文件:

```
head -n50 enwiki-latest-pages-articles-multistream.xml
<mediawiki xmlns=http://www.mediawiki.org/xml/export-0.10/
xmlns:xsi="http://www.w3.org/2001/XMLSchema-instance"
xsi:schemaLocation="http://www.mediawiki.org/xml/export-0.10/
http://www.mediawiki.org/xml/export-0.10.xsd"version="0.10"
xml:lang="en">

  <siteinfo>
    <sitename>Wikipedia</sitename>
    <dbname>enwiki</dbname>
    <base>https://en.wikipedia.org/wiki/Main_Page</base>
    <generator>MediaWiki 1.27.0-wmf.22</generator>
    <case>first-letter</case>
    <namespaces>
      <namespace key="-2" case="first-letter">Media</namespace>
      <namespace key="-1" case="first-letter">Special</namespace>
      <namespace key="0" case="first-letter" />
      <namespace key="1" case="first-letter">Talk</namespace>
      <namespace key="2" case="first-letter">User</namespace>
      <namespace key="3" case="first-letter">User talk</namespace>
      <namespace key="4" case="first-letter">Wikipedia</namespace>
      <namespace key="5" case="first-letter">Wikipedia talk</namespace>
      <namespace key="6" case="first-letter">File</namespace>
      <namespace key="7" case="first-letter">File talk</namespace>
      <namespace key="8" case="first-letter">MediaWiki</namespace>
      <namespace key="9" case="first-letter">MediaWiki talk</namespace>
      <namespace key="10" case="first-letter">Template</namespace>
      <namespace key="11" case="first-letter">Template talk</namespace>
      <namespace key="12" case="first-letter">Help</namespace>
      <namespace key="13" case="first-letter">Help talk</namespace>
      <namespace key="14" case="first-letter">Category</namespace>
      <namespace key="15" case="first-letter">Category talk</namespace>
      <namespace key="100" case="first-letter">Portal</namespace>
```

```xml
      <namespace key="101" case="first-letter">Portal talk</namespace>
      <namespace key="108" case="first-letter">Book</namespace>
      <namespace key="109" case="first-letter">Book talk</namespace>
      <namespace key="118" case="first-letter">Draft</namespace>
      <namespace key="119" case="first-letter">Draft talk</namespace>
      <namespace key="446" case="first-letter">Education Program</namespace>
      <namespace key="447" case="first-letter">Education Program talk</namespace>
      <namespace key="710" case="firstletter">TimedText</namespace>
      <namespace key="711" case="first-letter">TimedText talk</namespace>
      <namespace key="828" case="first-letter">Module</namespace>
      <namespace key="829" case="first-letter">Module talk</namespace>
      <namespace key="2300" case="first-letter">Gadget</namespace>
      <namespace key="2301" case="first-letter">Gadget talk</namespace>
      <namespace key="2302" case="case-sensitive">Gadget definition</namespace>
      <namespace key="2303" case="case-sensitive">Gadget definition talk</namespace>
      <namespace key="2600" case="first-letter">Topic</namespace>
    </namespaces>
  </siteinfo>
  <page>
    <title>AccessibleComputing</title>
    <ns>0</ns>
    <id>10</id>
    <redirect title="Computer accessibility" />
```

12.4.2 更多

根据实际经验，建议将 XML 文件切割为文件块，在准备提交最终任务之前，对文件块抽样进行试验，这将节省大量的时间和精力。

12.4.3 参考资料

维基百科上的数据下载词条是：Database_download。

12.5 用 Spark 2.0 和潜在语义分析实现文本分析

这个攻略使用下载得到的维基百科文章语料数据探索 LSA。使用 LSA 技术分析文档语料库，在这些文档中寻找潜在含义或主题。

本章的第一个攻略已经介绍了 TF（单词频率）技术的基础知识，这个攻略会使用 Hashing TF 来计算 TF，并使用 IDF 对计算到的 TF 拟合一个模型。LSA 的核心是在单词频率文档上使用奇异值分解（SVD）来减少维数，从而提取最重要的概念。此外，还需要做其他清理步骤（例如，去除停用词和词干提取），即在开始分析之前需要对词袋数据进行清洗。

12.5.1 操作步骤

1. 使用 IntelliJ 或其他所喜欢的 IDE 创建一个新项目，确保已经导入必要的 Jar 包。
2. 创建程序代码所在的 package 目录：

package spark.ml.cookbook.chapter12

3. 导入 Scala 和 Spark 所需要的包：

```
import edu.umd.cloud9.collection.wikipedia.WikipediaPage
import edu.umd.cloud9.collection.wikipedia.language.EnglishWikipediaPage
import org.apache.hadoop.fs.Path
import org.apache.hadoop.io.Text
import org.apache.hadoop.mapred.{FileInputFormat, JobConf}
import org.apache.log4j.{Level, Logger}
import org.apache.spark.mllib.feature.{HashingTF, IDF}
import org.apache.spark.mllib.linalg.distributed.RowMatrix
import org.apache.spark.sql.SparkSession
import org.tartarus.snowball.ext.PorterStemmer
```

最开始的 2 个语句用于导入 Cloud9 工具，用来处理维基百科 XML 文件块/对象。Cloud9 是一个易于开发人员访问和处理维基百科 XML 文件块的工具。

维基百科是一个免费的知识体系，可以访问维基百科的"Database_download"词条，下载相应的数据集作为 XML 文件块/对象的备份：

使用 Cloud9 工具可以方便处理文本和对应文本结构的复杂性，使用前面列出的 import

命令可以方便地获取数据集。

Cloud9 库的主页和源码可以访问 GitHub 仓库和 grepcode 网站。

接着开始下面的步骤。

1. 定义一个函数解析维基百科页面，返回页面的标题和内容文本：

```
def parseWikiPage(rawPage: String): Option[(String, String)] = {
 val wikiPage = new EnglishWikipediaPage()
 WikipediaPage.readPage(wikiPage, rawPage)

 if (wikiPage.isEmpty
 || wikiPage.isDisambiguation
 || wikiPage.isRedirect
 || !wikiPage.isArticle) {
 None
 } else {
 Some(wikiPage.getTitle, wikiPage.getContent)
 }
}
```

2. 使用 Porter 词干提取算法，定义一个简短的函数：

```
def wordStem(stem: PorterStemmer, term: String): String = {
 stem.setCurrent(term)
 stem.stem()
 stem.getCurrent
 }
```

3. 定义一个函数，对页面内容文本进行分词处理：

```
def tokenizePage(rawPageText: String, stopWords: Set[String]):
Seq[String] = {
 val stem = new PorterStemmer()

 rawPageText.split("\\W+")
 .map(_.toLowerCase)
 .filterNot(s => stopWords.contains(s))
 .map(s => wordStem(stem, s))
 .filter(s => s.length > 3)
 .distinct
 .toSeq
 }
```

4. 定义维基百科数据的位置：

```
val input = "../data/sparkml2/chapter12/enwiki_dump.xml"
```

5. 创建一个 Hadoop XML streaming 的任务配置对象：

```
val jobConf = new JobConf()
 jobConf.set("stream.recordreader.class",
"org.apache.hadoop.streaming.StreamXmlRecordReader")
 jobConf.set("stream.recordreader.begin", "<page>")
 jobConf.set("stream.recordreader.end", "</page>")
```

6. 对 Hadoop XML streaming 处理过程，定义一个数据路径：

```
FileInputFormat.addInputPath(jobConf, new Path(input))
```

7. 使用工厂模式创建一个 SparkSession：

```
val spark = SparkSession
   .builder
.master("local[*]")
   .appName("ProcessLSA App")
   .config("spark.serializer",
"org.apache.spark.serializer.KryoSerializer")
   .config("spark.sql.warehouse.dir", ".")
   .getOrCreate()
```

8. 将日志级别设置为 WARN，避免输出过多的信息：

```
Logger.getRootLogger.setLevel(Level.WARN)
```

9. 将维基百科数据处理以文章页面为单位的数据，然后查看数据文件：

```
val wikiData = spark.sparkContext.hadoopRDD(
 jobConf,
 classOf[org.apache.hadoop.streaming.StreamInputFormat],
 classOf[Text],
 classOf[Text]).sample(false, .1)
```

10. 将示例数据转换为一个包含标题和页面内容的元组的 RDD：

```
val wikiPages = wikiData.map(_._1.toString).flatMap(parseWikiPage)
```

11. 输出待处理的维基百科文章的数目:

```
println("Wiki Page Count: " + wikiPages.count())
```

12. 将停用词加载到内存, 用于过滤页面内容:

```
val stopwords =
scala.io.Source.fromFile("../data/sparkml2/chapter12/stopwords.txt"
).getLines().toSet
```

13. 对页面内容分词, 并转换为后续处理需要的单词:

```
val wikiTerms = wikiPages.map{ case(title, text) =>
tokenizePage(text, stopwords) }
```

14. 使用 Spark 的 HashingTF 类, 计算分词后页面内容中的单词频率:

```
val hashtf = new HashingTF()
 val tf = hashtf.transform(wikiTerms)
```

15. 使用词频和 Spark 中的 IDF 类, 计算逆文档频率:

```
val idf = new IDF(minDocFreq=2)
 val idfModel = idf.fit(tf)
 val tfidf = idfModel.transform(tf)
```

16. 使用逆文档词频创建一个 RowMatrix, 计算奇异值分解结果:

```
tfidf.cache()
 val rowMatrix = new RowMatrix(tfidf)
 val svd = rowMatrix.computeSVD(k=25, computeU = true)

println(svd)
```

在代码中, U、S 和 V 分别有以下含义。

U: 行代表文档, 列代表概念。

S: 元素代表每个概念的数量变化。

V: 行代表词, 列代表概念。

17. 停止 SparkSession, 关闭程序:

```
spark.stop()
```

12.5.2 工作原理

首先加载维基百科 XML 数据，使用 Cloud9 Hadoop XML streaming 工具处理庞大的 XML 文档。完成解析页面文本之后，分词阶段会被调用，将维基百科页面文本转换为词。在分词阶段使用了 Porter 词干分析器将单词缩减为常见的基本形式。

关于词干提取的更多细节可以参考维基百科的 Stemming 词条。

紧接着，使用 Spark 的 HashingTF 对每个页面计算词频，当词频计算完成之后，可以利用 Spark 的 IDF 产生逆文档词频。

最后，利用 TF-IDF API 和奇异值分解算法进行因子分解和维度缩减。

图 12-8 显示了这个攻略的步骤和流程：

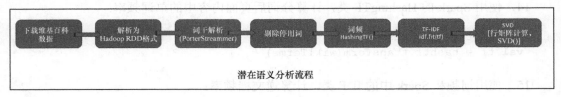

图 12-8

Cloud9 Hadoop XML 工具和其他一些必需的依赖项可以在 Maven 仓库找到。

12.5.3 更多

很明显，尽管 Spark 没有提供直接的 LSA 实现，但是可以组合 TF-IDF 和 SVD 实现 LSA，将大型语料库矩阵分解为 3 个矩阵，其中使用 SVD 有助于解释维度缩减的原因。读者可以根据自己的需求，专注于最有意义的部分（如推荐算法）。

SVD 将词频文档（属性组成的文档）分解为 3 个不同的矩阵，相比于直接从一个大型矩阵提取到 N 个概念（示例中 $N = 27$），这种因子分解方法更高效和廉价。在机器学习中，相对于其他类型矩阵，总是更喜欢高且瘦的矩阵（在这个示例中是 U 矩阵）。

下面是 SVD 技术：

$$M = U\Sigma V^*$$

SVD 的主要目标是降低维数，得到期望（前 N 个）主题或抽象概念。使用以下输入来获得下一节中所需要的输出。

当输入为一个大型矩阵 $m \times n$（m 代表文档数码，n 代表词或属性数目）时，输出如下：

- 矩阵 1($m \times n$)：U [话题]。
- 矩阵 2($n \times n$)：S [特征值是矩阵 S 的对角线元素]。
- 矩阵 3($n \times n$)：V [贡献比例]。

有关 SVD 的更详细示例和简短教程，可以登录印度理工学院坎普尔大学网站查阅相应资料。此外，关于 RStudio 的资料，可以访问亚马逊网站。

12.5.4 参考资料

- SVD 在第 11 章中已经有了详细介绍，图形讲解可以参考相关章节的攻略内容。
- 要想了解 SingularValueDecomposition() 的详细文档可以访问 Spark 官网。

12.6 用 Spark 2.0 和潜在狄利克雷实现主题模型

在这个攻略中，我们将使用潜在狄利克雷（Latent Dirichlet Allocation）演示主题模型的生成，从文档集合中推断出主题。

之前的章节介绍了 LDA，因为它适用于聚类和主题建模，但本章将使用更真实和复杂的数据集演示文本应用问题。

此外，本章还应用 NLP 技术（例如词干提取和停用词）为 LDA 问题解决提供更现实的方法。这里需要做的是发现一组潜在因子（与原始因子不同），它们可以在更低的计算空间中以更有效的方式解决和描述解决方案。

在使用 LDA 和主题模型时，第一个问题是：狄利克雷是什么？狄利克雷仅仅是一种分布表示，仅此而已。更详细的信息请参阅明尼苏达大学网站上的潜在狄利克雷资料。

12.6.1 操作步骤

1. 使用 IntelliJ 或其他所喜欢的 IDE 创建一个新项目，确保已经导入必要的 Jar 包。
2. 创建程序所在的 package 目录：

```
package spark.ml.cookbook.chapter12
```

3. 导入 Scala 和 Spark 所需要的包：

```
import edu.umd.cloud9.collection.wikipedia.WikipediaPage
```

第 12 章 使用 Spark 2.0 ML 库实现文本分析

```
import edu.umd.cloud9.collection.wikipedia.language.EnglishWikipediaPage
import org.apache.hadoop.fs.Path
import org.apache.hadoop.io.Text
import org.apache.hadoop.mapred.{FileInputFormat, JobConf}
import org.apache.log4j.{Level, Logger}
import org.apache.spark.ml.clustering.LDA
import org.apache.spark.ml.feature._
import org.apache.spark.sql.SparkSession
```

4. 定义一个函数来解析维基百科页面,返回页面的标题和内容:

```
def parseWikiPage(rawPage: String): Option[(String, String)] = {
val wikiPage = new EnglishWikipediaPage()
WikipediaPage.readPage(wikiPage, rawPage)

if (wikiPage.isEmpty
|| wikiPage.isDisambiguation
|| wikiPage.isRedirect
|| !wikiPage.isArticle) {
None
} else {
Some(wikiPage.getTitle, wikiPage.getContent)
}
}
```

5. 定义维基百科数据的位置:

```
val input = "../data/sparkml2/chapter12/enwiki_dump.xml"
```

6. 对 Hadoop XML streaming 创建一个任务配置对象:

```
val jobConf = new JobConf()
jobConf.set("stream.recordreader.class",
"org.apache.hadoop.streaming.StreamXmlRecordReader")
jobConf.set("stream.recordreader.begin", "<page>")
jobConf.set("stream.recordreader.end", "</page>")
```

7. 对 Hadoop XML streaming 处理设置一个数据路径:

```
FileInputFormat.addInputPath(jobConf, new Path(input))
```

8. 使用工厂模式创建一个 SparkSession:

```
val spark = SparkSession
    .builder
.master("local[*]")
    .appName("ProcessLDA App")
    .config("spark.serializer",
"org.apache.spark.serializer.KryoSerializer")
    .config("spark.sql.warehouse.dir", ".")
    .getOrCreate()
```

9. 将日志级别设置为 WARN，避免输出过多的信息：

```
Logger.getRootLogger.setLevel(Level.WARN)
```

10. 将海量的维基百科数据处理为文章页面，并查看：

```
val wikiData = spark.sparkContext.hadoopRDD(
 jobConf,
 classOf[org.apache.hadoop.streaming.StreamInputFormat],
 classOf[Text],
 classOf[Text]).sample(false, .1)
```

11. 将示例数据转换为一个包含标题和页面内容元组的 RDD，并创建 DataFrame：

```
val df = wiki.map(_._1.toString)
 .flatMap(parseWikiPage)
 .toDF("title", "text")
```

12. 针对维基百科的页面，使用 Spark 的 RegexTokenizer 将 DataFrame 的文本列转换为原始词形式：

```
val tokenizer = new RegexTokenizer()
 .setPattern("\\W+")
 .setToLowercase(true)
 .setMinTokenLength(4)
 .setInputCol("text")
 .setOutputCol("raw")
 val rawWords = tokenizer.transform(df)
```

13. 移除停用词，过滤原始词集合：

```
val stopWords = new StopWordsRemover()
 .setInputCol("raw")
 .setOutputCol("words")
 .setCaseSensitive(false)
```

```
val wordData = stopWords.transform(rawWords)
```

14. 使用 Spark 的 CountVectorizer 类对过滤后的词计算词频,产生一个包含列特征的新的 DataFrame:

```
val cvModel = new CountVectorizer()
 .setInputCol("words")
 .setOutputCol("features")
 .setMinDF(2)
 .fit(wordData)
val cv = cvModel.transform(wordData)
cv.cache()
```

"MinDF"表示不同文档词的最小数目,这些词需要包含在词汇表中。

15. 调用 Spark 的 LDA 类,产生"主题"和"词—主题"的分布:

```
val lda = new LDA()
 .setK(5)
 .setMaxIter(10)
 .setFeaturesCol("features")
val model = lda.fit(tf)
val transformed = model.transform(tf)
```

"K"代表有多少主题,"MaxIter"代表最大迭代次数。

16. 最后显示产生的前 5 个主题,如图 12-9 所示。

```
val topics = model.describeTopics(5)
topics.show(false)
```

```
+-----+--------------------+--------------------+
|topic|         termIndices|         termWeights|
+-----+--------------------+--------------------+
|    0|[712, 2706, 155, ...|[0.00156744184517...|
|    1|[0, 1991, 1, 712,...|[0.00164906709185...|
|    2|[155, 74, 56, 974...|[0.00142808800646...|
|    3|[2473, 3487, 1, 9...|[0.00121717433276...|
|    4|[712, 155, 4533, ...|[0.00145563043495...|
+-----+--------------------+--------------------+
```

图 12-9

17. 主题以及与主题相关的词显示如下:

```
val vocaList = cvModel.vocabulary
```

```
topics.collect().foreach { r => {
 println("\nTopic: " + r.get(r.fieldIndex("topic")))
 val y =
r.getSeq[Int](r.fieldIndex("termIndices")).map(vocaList(_))
  .zip(r.getSeq[Double](r.fieldIndex("termWeights")))
 y.foreach(println)
 }
}
```

输出如图 12-10 所示。

```
Topic: 0                                  Topic: 1                                       Topic: 2
(insurance,0.0015674418451765248)         (american,0.0016490670918540016)               (rights,0.0014280880064640189)
(samba,0.0011258608853073513)             (netscape,0.0014955491401855165)               (human,0.001249116068564253)
(rights,0.0010481985926593705)            (used,9.353119763794209E-4)                    (party,9.28780904037864E-4)
(spyware,8.513540441748018E-4)            (insurance,8.560486990185497E-4)               (labor,8.218773234641597E-4)
(time,8.01287339366417E-4)                (analog,6.742308290569271E-4)                  (mail,8.203236523858697E-4)


Topic: 3                                  Topic: 4
(belarus,0.001217174332760276)            (Insurance, 0.0014556304349531235)
(interlingua,9.702547559148557E-4)        (rights,0.0011301614983826025)
(used,8.767760726675688E-4)               (voight,7.854171410474698E-4)
(city,5.509786244008334E-4)               (human,7.751093184402613E-4)
(embassy,5.30830057520273E-4)             (world,6.139408988550648E-4)
```

图 12-10

18. 停止 SparkSession（注：在本章中，Spark、SparkSession、Spark 上下文表示相同的含义），关闭程序：

```
spark.stop()
```

12.6.2　工作原理

首先加载维基百科的语料数据，使用 Hadoop XML streaming 的相关 API 将页面文本解析为词。特征提取过程利用几个类来设置 LDA 类的最终处理过程，使得词可以在 Spark 的 RegexTokenize、StopwordsRemover 和 HashingTF 之间流动。词频计算完成之后，将数据传递给 LDA 类，并在几个主题下对文章进行聚合。

Hadoop XML 工具和其他一些必需的依赖项可以从 Maven 仓库下载。

12.6.3　更多

有关 LDA 对文档分类和将文本转为主题的内容，可以查看第 8 章的内容。

Journal of Machine Learning Research (JMLR)能给那些想要深入理解的开发者提供更加全面的信息。这是一篇写得很好的论文,具有统计和数学背景的人应该能够毫无疑问地读懂它。

12.6.4 参考资料

- LDA 的构造函数文档(Spark 官网)。
- LDAModel 文档(Spark 官网)。
- Spark 的 Scala API 文档如下:
    - DistributedLDAModel;
    - EMLDAOptimizer;
    - LDAOptimizer;
    - LocalLDAModel;
    - OnlineLDAOptimizer。

第 13 章
Spark Streaming 和机器学习库

在这一章中，我们将讨论以下内容：

- 用于近实时机器学习的 Structured streaming；
- 用于实时机器学习的流式 DataFrame；
- 用于实时机器学习的流式 Dataset；
- 流式数据和用于调试的 queueStream；
- 下载并熟悉著名的 Iris 数据，用于无监督分类；
- 用于实时在线分类器的流式 KMeans；
- 下载葡萄酒质量数据，用于流式回归；
- 用于实时回归的流式线性回归；
- 下载 Pima 糖尿病数据，用于监督分类；
- 用于在线分类器的流式逻辑回归。

13.1 引言

Spark Streaming 正朝着构建一个统一和结构化的 API 不断演变，以解决批处理与流式的问题。在 Spark 1.3 发布 Discretized Stream（DStream）之后，Spark streaming 已经实际可用。现在新的发展方向是使用无界限的表模型抽象底层框架，使用户可以使用 SQL 或函数式编程对表进行查询，并能以多种模式（全量、增量和追加输出）将输出写入另一个输出表。Spark SQL Catalyst 优化器和 Tungsten（堆外内存管理器）现在已经集成为 Spark

Streaming 的内部组件，可以让 Spark 程序高效地执行。

在这一章中，我们不仅介绍 Spark 机器库中现有的流式工具，还会包含 4 个有指导作用的攻略，我们发现这些攻略对更好地理解 Spark 2.0 非常有用。

图 13-1 描述了本章的整体内容。

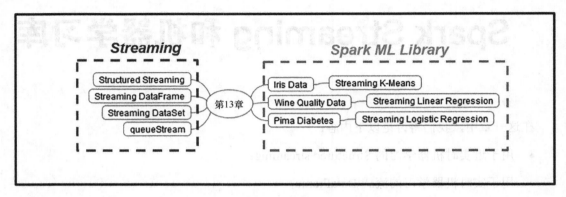

图 13-1

Spark 2.0+基于前面成功的版本开发得来，抽象了框架的一些内部工作原理，在提供给开发人员使用时，程序员不必担心重新编写一次性语义的代码。现在的流式计算已经从基于 RDD 的 DStream 发展到结构化流式（structured streaming）的范式，结构化流式将流式领域视作一些拥有多种输出模式、无边界数据表。

状态管理机制已经从 updateStateByKey（Spark 1.3 到 Spark 1.5）发展到 mapWithState（Spark 1.6+），并进一步发展到具有结构化流式（Spark 2.0+）的第三代状态管理机制。

现代机器学习流式系统是一个复杂的连续应用程序，不仅需要将各种机器学习步骤组合到一个管道中，还能与其他子系统交互以提供真实有用、端到端的信息系统。

- 在本书编写完成之时，Spark 社区的 Databricks 公司在 Spark Summit West 2017 上发布了以下有关 Spark Streaming 未来发展方向的声明（尚未发布产品）：

"今天，我们很高兴提出一个新的扩展——持续处理功能，这能去除微批处理的执行。正如我们今天早上在 Spark Summit 上所展示的那样，这种新的执行模式可以让用户实现亚毫秒级别、端到端延迟的许多重要工作负载，却不需要改变他们已有的 Spark 应用程序。"

图 13-2 描绘了一个最小可用的流式系统，这也是大多数流式系统的基础（为了演示，我们对图做了简化处理）。

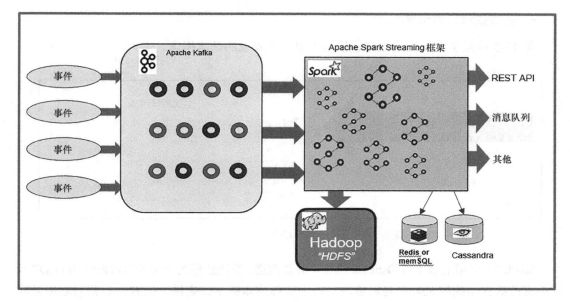

图 13-2

任何实际系统都必须与批处理交互（例如模型参数的离线学习），而其中更快的子系统侧重对外部事件进行实时响应（也就是在线学习）。

Spark structured streaming 即将与 Spark 的机器学习库完全集成，此外我们可以创建和使用流式 DataFrame 和流式 Dataset 互补，这些将在后续的一些攻略中介绍。

新的 structured streaming 有以下优点，例如：

- 批处理和流式 API 的统一（无须转换）；
- 具有更简洁表达语言的函数式编程；
- 容错状态管理（第三代）；
- 显著简化的编程模型；
    - 触发
    - 输入
    - 查询
    - 结果
- 输出

- 将数据流作为无界表。

图 13-3 描绘了有关流式数据建模为无限、无界表的基本概念。

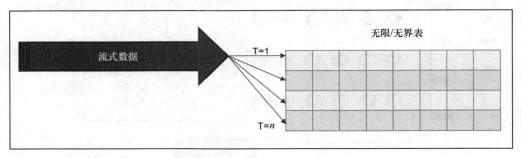

图 13-3

Spark 2.0 之前的版本对 Dstream 进行了升级改造，将流建模为一组离散数据结构（RDD），这种离散数据结构很难处理延迟数据。由于实际成本的不确定性，固有的迟到问题使得构建具有实时退款模型（在云服务器中很常见）的系统变得困难。

图 13-4 以可视化方式描述了 DStream 模型，便于进行比较。

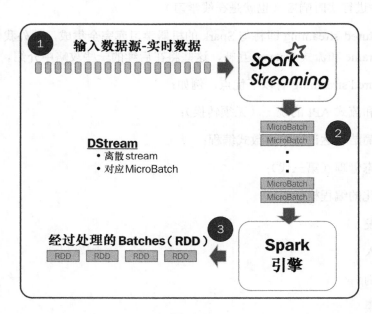

图 13-4

相比之下，新模型需要让开发人员担心的概念更少，并且不需要将代码从批处理模型（通常是类似 ETL 的代码）转换为实时流模型。

目前，由于时间和历史遗留等问题，在 Spark 2.0 之前版本的所有代码被舍弃之前，开发者必须同时掌握这两种模型（DStream 和 structured streaming）。我们发现新的 structured streaming 模型比 DStream 模型更加简单，我们将使用本章中的 4 个攻略来介绍两者之间的差异。

13.2　用于近实时机器学习的 structured streaming

在这个攻略中，我们将探讨 Spark 2.0 新引入的 structured streaming 范式。我们将使用 sockets 和 structured streaming API 来演示实时流处理，模拟相应的投票和投票计数。

我们还可以随机生成选票模拟流，探索新引入的子系统，挑选最不受欢迎的漫画人物。在这个攻略中，有 2 个完全不同的程序（VoteCountStream.scala 和 Count Streamproducer.scala）。

13.2.1　操作步骤

1. 使用 IntelliJ 或其他所喜欢的 IDE 创建一个新项目，确保已经导入必要的 Jar 包。
2. 创建程序所在的包目录：

package spark.ml.cookbook.chapter13

3. 导入 Spark 上下文访问集群所需的依赖包，导入 log4j.Logger 以减少 Spark 的输出量。

```
import org.apache.log4j.{Level, Logger}
import org.apache.spark.sql.SparkSession
import java.io.{BufferedOutputStream, PrintWriter}
import java.net.Socket
import java.net.ServerSocket
import java.util.concurrent.TimeUnit
import scala.util.Random
import org.apache.spark.sql.streaming.ProcessingTime
```

4. 定义一个 Scala 类，用于在客户端 socket 创建投票数据：

class CountStreamThread(socket: Socket) **extends** Thread

5. 定义一个包含投票人名称的字面字符串数组：

```
val villians = Array("Bane", "Thanos", "Loki", "Apocalypse", "Red
Skull", "The Governor", "Sinestro", "Galactus",
"Doctor Doom", "Lex Luthor", "Joker", "Magneto", "Darth Vader")
```

6. 重写 Threads 类的 run 方法，随机模拟一个特定人物的一次投票：

```
override def run(): Unit = {

 println("Connection accepted")
 val out = new PrintWriter(new
BufferedOutputStream(socket.getOutputStream()))

 println("Producing Data")
 while (true) {
 out.println(villians(Random.nextInt(villians.size)))
 Thread.sleep(10)
 }

 println("Done Producing")
}
```

7. 然后，我们定义一个 Scala 单例对象接收来自指定端口 9999 上的连接，并生成投票数据：

```
object CountStreamProducer {

 def main(args: Array[String]): Unit = {

 val ss = new ServerSocket(9999)
 while (true) {
 println("Accepting Connection...")
 new CountSreamThread(ss.accept()).start()
 }
 }
}
```

8. 需要注意的是，不要忘记启动数据生成服务器，这样流式示例才可以处理流式投票数据。

9. 将日志输出级别设置为 ERROR 以减少 Spark 的输出信息：

```
Logger.getLogger("org").setLevel(Level.ERROR)
Logger.getLogger("akka").setLevel(Level.ERROR)
```

10. 创建一个 SparkSession 用以访问 Spark 集群和底层的 session 对象属性,例如 SparkContext 和 SparkSQLContext:

```
val spark = SparkSession
 .builder
 .master("local[*]")
 .appName("votecountstream")
 .config("spark.sql.warehouse.dir", ".")
 .getOrCreate()
```

11. 导入 Spark implicits,在编写 Spark 代码时只需导入一次就可添加访问操作:

```
import spark.implicits._
```

12. 创建一个连接到本地 9999 端口的流式 DataFrame,流式 DataFrame 使用 Spark socket 源作为流式数据的数据源:

```
val stream = spark.readStream
 .format("socket")
 .option("host", "localhost")
 .option("port", 9999)
 .load()
```

13. 在这一步,我们根据漫画人物名称对流式数据进行分组和计数,来模拟实时流式传输的用户投票:

```
val villainsVote = stream.groupBy("value").count()
```

14. 现在我们定义一个每 10 秒触发一次的流式查询,将整个结果集输出到控制台,这通过启动 start()方法来调用:

```
val query = villainsVote.orderBy("count").writeStream
 .outputMode("complete")
 .format("console")
 .trigger(ProcessingTime.create(10, TimeUnit.SECONDS))
 .start()
```

第一次批量输出在这里显示为 batch 0:

```
-------------------------------------------
Batch: 0
-------------------------------------------
+------------+-----+
|       value|count|
+------------+-----+
|        Bane|   57|
|   Red Skull|   58|
|      Thanos|   60|
|The Governor|   62|
|     Magneto|   68|
| Doctor Doom|   69|
|    Sinestro|   72|
| Darth Vader|   72|
|    Galactus|   75|
|  Apocalypse|   76|
|        Loki|   77|
|       Joker|   77|
|  Lex Luthor|   78|
+------------+-----+
```

其他的批量输出结果显示如下：

```
-------------------------------------------
Batch: 51
-------------------------------------------
+------------+-----+
|       value|count|
+------------+-----+
|   Red Skull| 3805|
|        Bane| 3814|
| Doctor Doom| 3830|
|        Loki| 3852|
|    Sinestro| 3880|
|       Joker| 3885|
| Darth Vader| 3886|
|  Apocalypse| 3896|
|The Governor| 3901|
|     Magneto| 3906|
|      Thanos| 3913|
|  Lex Luthor| 3923|
|    Galactus| 4021|
+------------+-----+
```

15. 最后，等待流式查询的终止或使用 SparkSession 的 API 停止处理过程：

```
query.awaitTermination()
```

13.2.2　工作原理

在这个攻略中，我们首先创建了一个简单的数据生成服务器来模拟流式的投票数据流，然后统计投票。图 13-5 展示了这个概念的高阶描述。

首先，启动数据生成服务器。其次，定义一个 socket 数据源，以允许连接到数据生成服务器。第三，构建一个简单的 Spark 表达式，对漫画人物（也就是反派超级英雄）分组，并计算当前收到的所有投票数。最后，配置一个阈值间隔为 10 秒的触发器来执行流式查询，并将累积的结果输出到控制台。

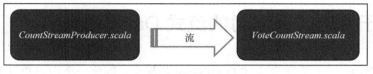

图 13-5

这个攻略中包含两个简短的程序。

- CountStreamproducer.scala
    - 生产者：数据生成服务器。
    - 模拟投票并进行广播。
- VoteCountStream.scala
    - 消费者：对数据进行消费、聚合和统计。
    - 接收和计数反派超级英雄漫画人物的投票。

13.2.3 更多

有关如何使用 Spark 中的 Spark streaming 和 structured streaming 进行编程不在本书的范围内，但是在深入研究 Spark 的机器学习流式服务之前，我们认为有必要分享一些程序来介绍这些概念。

有关流式处理的详细介绍，请参阅 Spark 文档的两个概念：

- Spark 2.0+ structured streaming；
- Spark 1.6 streaming。

13.2.4 参考资料

以下几个模块在 Spark 官网有相关文档，读者可以进一步查阅：

- structured streaming；
- DStream；
- DataStreamReader；
- DataStreamWriter；

- StreamingQuery。

13.3 用于实时机器学习的流式 DataFrame

在这个攻略中，我们将研究流式 DataFrame 的概念。创建一个由用户姓名和年龄组成、通过管道流式传输的 DataFrame。流式 DataFrame 是一种与 Spark 机器学习模块结合使用的流行技术，在编写本书时 Spark structured ML 还没有完全集成。

在这个攻略中，我们将仅仅演示流式 DataFrame 的相关用法，其他内容将留给读者自行学习，建议读者自行研究如何将流式 DataFrame 应用到自定义的机器学习管道中。尽管流式 DataFrame 在 Spark 2.1.0 中还没完全可用，但可以预见在未来的 Spark 版本中这将是一种自然的演变趋势。

13.3.1 操作步骤

1. 使用 IntelliJ 或其他所喜欢的 IDE 创建一个新项目，确保已经导入必要的 Jar 包。
2. 创建程序所在的包目录：

```
package spark.ml.cookbook.chapter13
```

3. 导入所需要的必要包：

```
import java.util.concurrent.TimeUnit
import org.apache.log4j.{Level, Logger}
import org.apache.spark.sql.SparkSession
import org.apache.spark.sql.streaming.ProcessingTime
```

4. 创建一个 SparkSession，作为访问 Spark 集群的入口点：

```
val spark = SparkSession
.builder
.master("local[*]")
.appName("DataFrame Stream")
.config("spark.sql.warehouse.dir", ".")
.getOrCreate()
```

5. 日志信息的交叉输出使输出信息难以阅读，需要将日志级别设置为 ERROR：

```
Logger.getLogger("org").setLevel(Level.ERROR)
Logger.getLogger("akka").setLevel(Level.ERROR)
```

6. 接下来，加载 person 数据文件并推断出数据模型，而不需要手动编码结构类型：

```
val df = spark.read
.format("json")
.option("inferSchema", "true")
.load("../data/sparkml2/chapter13/person.json")
df.printSchema()
```

控制台上的输出如下：

```
root
 |-- age: long (nullable = true)
 |-- name: string (nullable = true)
```

7. 配置一个流式 DataFrame 访问数据：

```
val stream = spark.readStream
.schema(df.schema)
.json("../data/sparkml2/chapter13/people/")
```

8. 执行一个简单的数据转换，过滤去除年龄大于 60 岁的数据：

```
val people = stream.select("name", "age").where("age > 60")
```

9. 将转换后的流式数据输出到控制台，这个操作将每秒触发一次：

```
val query = people.writeStream
.outputMode("append")
.trigger(ProcessingTime(1, TimeUnit.SECONDS))
.format("console")
```

10. 启动定义后的流式查询，等待流式传输中的数据：

```
query.start().awaitTermination()
```

11. 最后，流式查询结果在控制台上的输出如图 13-6 所示。

```
-------------------------------------------
Batch: 0
-------------------------------------------
+-----+---+
| name|age|
+-----+---+
| Mary| 85|
| Duke| 75|
|Micky| 67|
+-----+---+
```

图 13-6

13.3.2 工作原理

在这个攻略中，我们首先使用步骤 6 描述的快速方法（使用 JSON 对象）发现 person 对象的潜在模式。将潜在模式应用到流式输入之后，结果 DataFrame 将知晓应用了何种模式，并将结果 DataFrame 作为一个流式 DataFrame（如 13.3.1 节的步骤 7 所示）。

正如 13.3.1 节的步骤 8 所示，将流视为一个 DataFrame，并使用函数式或 SQL 范式对其进行操作是一个非常有用的概念。然后，使用带有 append 模式和批处理间隔为一秒触发器的 writestream() 输出结果。

13.3.3 更多

DataFrame 和 structured programming 结合使用是一个非常有用的概念，这有助于将数据层和流区分开来，使编程更加容易。DStream（Spark 2.0 之前的版本）最大的缺点之一是它无法将用户与流/ RDD 实现的底层细节隔离开来。

DataFrame 相关的 Spark 文档如下：

- DataFrameReader；
- DataFrameWriter。

13.3.4 参考资料

有关 Spark 流式数据的读和写的文档（Spark 官网）如下：

- DataStreamReader；
- DataStreamWriter。

13.4 用于实时机器学习的流式 Dataset

在这个攻略中，我们创建了一个流式 Dataset，演示 Dataset 与 Spark 2.0 结构化编程范例的结合使用。我们使用 Dataset 从文件中流式传输股票价格数据，并应用过滤器选择当日收盘价超过 100 美元的股票。

这个攻略将演示简单的结构化流（structured streaming）编程模型如何对流过滤、对传入数据进行操作。尽管和 DataFrame 类似，但还是存在一些语法上的差异。这个攻略按照通用方式编写，用户可以在自己的 Spark 机器学习项目中进行定制。

13.4.1 操作步骤

1. 使用 IntelliJ 或其他所喜欢的 IDE 创建一个新项目，确保已经导入必要的 Jar 包。
2. 创建程序存放的包目录：

```
package spark.ml.cookbook.chapter13
```

3. 导入所需的必要包：

```
import java.util.concurrent.TimeUnit
import org.apache.log4j.{Level, Logger}
import org.apache.spark.sql.SparkSession
import org.apache.spark.sql.streaming.ProcessingTime
```

4. 定义一个 Scala case class，对流式数据建模：

```
case class StockPrice(date: String, open: Double, high: Double,
low: Double, close: Double, volume: Integer, adjclose: Double)
```

5. 创建一个 SparkSession 作为访问 Spark 集群的入口点：

```
val spark = SparkSession
.builder
.master("local[*]")
.appName("Dataset Stream")
.config("spark.sql.warehouse.dir", ".")
.getOrCreate()
```

6. 日志信息的交叉输出使输出信息难以阅读，需要将日志级别设置为 ERROR：

```
Logger.getLogger("org").setLevel(Level.ERROR)
Logger.getLogger("akka").setLevel(Level.ERROR)
```

7. 加载通用电子 CSV 文件，推断相应的模式：

```
val s = spark.read
```

```
.format("csv")
.option("header", "true")
.option("inferSchema", "true")
.load("../data/sparkml2/chapter13/GE.csv")
s.printSchema()
```

在控制台上输出如下信息:

```
root
 |-- date: timestamp (nullable = true)
 |-- open: double (nullable = true)
 |-- high: double (nullable = true)
 |-- low: double (nullable = true)
 |-- close: double (nullable = true)
 |-- volume: integer (nullable = true)
 |-- adjclose: double (nullable = true)
```

8. 然后,将通用电子 CSV 文件读入到 StockPrice 类型的 Dataset:

```
val streamDataset = spark.readStream
        .schema(s.schema)
        .option("sep", ",")
        .option("header", "true")
        .csv("../data/sparkml2/chapter13/ge").as[StockPrice]
```

9. 过滤、去除掉任何收盘价格大于 100 美元的数据:

```
val ge = streamDataset.filter("close > 100.00")
```

10. 每秒触发一次,将转换后的流式数据输出到控制台:

```
val query = ge.writeStream
.outputMode("append")
.trigger(ProcessingTime(1, TimeUnit.SECONDS))
.format("console")
```

11. 启动定义好的流式查询,等待数据出现在流中:

```
query.start().awaitTermination()
```

12. 最后,流式查询结果在控制台上的显示如图 13-7 所示。

```
----------------------------------------
Batch: 0
----------------------------------------
+--------------------+---------+---------+---------+---------+--------+--------+
|                date|     open|     high|      low|    close|  volume|adjclose|
+--------------------+---------+---------+---------+---------+--------+--------+
|2000-05-05 00:00:...|153.999996|159.999996|153.500004|158.000004|20685900|31.356408|
|2000-05-04 00:00:...|157.437504|    157.5|152.750004|153.999996|15411000|30.562573|
|2000-05-03 00:00:...|159.500004|159.999996|154.562496|156.062496|16594800|30.971894|
|2000-05-02 00:00:...|    159.0|161.8125|158.187504|  161.0625|12725100|31.964186|
|2000-05-01 00:00:...|    159.0|    162.0|157.749996|  159.375|12486600|31.629287|
|2000-04-28 00:00:...|161.375004|    162.0|  156.5625|157.250004|14133900|31.207564|
|2000-04-27 00:00:...|    160.5|161.937504|158.187504|161.499996|20227200|32.051011|
|2000-04-26 00:00:...|  166.125|167.937504|161.312496|163.250004|21333300|32.398314|
|2000-04-25 00:00:...|162.249996|  166.3125|  160.875|165.999996|22854600|32.944073|
|2000-04-24 00:00:...|156.999996|163.937496|156.312504|162.062496|24014700|32.162643|
|2000-04-20 00:00:...|156.062496|158.499996|155.499996|158.499996|17056800|31.455636|
|2000-04-19 00:00:...|156.062496|156.812496|   154.125|155.499996|14150400|30.860261|
|2000-04-18 00:00:...|  152.8125|157.937496|151.937496|156.500004|25437900|31.058721|
|2000-04-17 00:00:...|  144.375|153.249996|143.874996|152.000004|31951500|30.165658|
|2000-04-14 00:00:...|147.999996|150.125004| 143.0625|145.749996|31645500|28.925293|
|2000-04-13 00:00:...|157.374996|157.437504|    150.0|150.500004|25497000|29.867971|
|2000-04-12 00:00:...|162.624996|163.250004|    156.0|   156.75|19443000|31.108334|
|2000-04-11 00:00:...|158.312496|  163.875|157.625004|  161.625|21002400|32.075819|
|2000-04-10 00:00:...|  159.375|161.000004|  157.875|159.437496|14234400| 31.64169|
|2000-04-07 00:00:...|157.625004|159.812496|  156.1875|  158.8125|13326600|31.517655|
+--------------------+---------+---------+---------+---------+--------+--------+
only showing top 20 rows
```

图 13-7

13.4.2 工作原理

在这个攻略中,我们利用通用电气(GE)收盘价的市场数据,该数据的历史可以追溯到 1972 年。为简化数据,我们针对攻略的目的对数据进行预处理。我们使用与上一个攻略相同的方法,通过解析 JSON 对象发现数据模式(步骤 7),并将数据模式应用到步骤 8 的流上。

下面的代码展示了如何通过使用模式让流看起来像一个可以动态读取的简单表。这是一个非常强大的概念,可以让更多的程序员更好地使用流式编程。下面代码片段中的 schema (s.schema)和 as[StockPrice]是创建流式 Dataset 的必要组成部分,使得 Dataset 具有关联的模式。

```
val streamDataset = spark.readStream
    .schema(s.schema)
    .option("sep", ",")
    .option("header", "true")
    .csv("../data/sparkml2/chapter13/ge").as[StockPrice]
```

13.4.3 更多

Spark 官网上有 Dataset 所有可用 API 文档。

13.4.4 参考资料

在研究流式 Dataset 概念的时候，Spark 官网上的几个文档非常有用。

- StreamReader；
- StreamWriter；
- StreamQuery。

13.5 流式数据和用于调试的 queueStream

在这个攻略中，我们将研究 queueStream() 的概念，这是一个有价值的工具，可以在开发周期中运行一个流式程序。queueStream() API 非常有用，其他开发人员也可以从这个详细描述的攻略中受到启发和得到帮助。

如图 13-8 所示，首先使用 ClickGenerator.scala 程序模拟用户浏览各种不同网页时相关联的各种 URL，然后使用 ClickStream.scala 程序继续消费和统计数据（用户行为/访问）。

图 13-8

在结合 Dstream() 使用 Spark streaming API 的时候，需要使用流上下文。这也是使用 Spark streaming 和 Spark structured streaming 编程模型时，我们所要强调的差异之一。

 在这个攻略中，有 2 个完全不同的程序（ClickGenerator.scala 和 ClickStream.scala）。

13.5.1 操作步骤

1. 使用 IntelliJ 或其他所喜欢的 IDE 创建一个新项目，确保已经导入必要的 Jar 包。
2. 创建程序所在的包目录：

package spark.ml.cookbook.chapter13

3. 导入必要的包：

```
import java.time.LocalDateTime
import scala.util.Random._
```

4. 定义一个 Scala case class 建模用户的点击事件，包含用户标识符、IP 地址、事件时间、URL 和 HTTP 状态代码：

```
case class ClickEvent(userId: String, ipAddress: String, time: String, url: String, statusCode: String)
```

5. 定义状态码：

```
val statusCodeData = Seq(200, 404, 500)
```

6. 定义 URL：

```
val urlData = Seq("http://www.fakefoo.com",
 "http://www.fakefoo.com/downloads",
 "http://www.fakefoo.com/search",
 "http://www.fakefoo.com/login",
 "http://www.fakefoo.com/settings",
 "http://www.fakefoo.com/news",
 "http://www.fakefoo.com/reports",
 "http://www.fakefoo.com/images",
 "http://www.fakefoo.com/css",
 "http://www.fakefoo.com/sounds",
 "http://www.fakefoo.com/admin",
 "http://www.fakefoo.com/accounts"
)
```

7. 定义 IP 地址范围：

```
val ipAddressData = generateIpAddress()
def generateIpAddress(): Seq[String] = {
 for (n <- 1 to 255) yield s"127.0.0.$n"
}
```

8. 定义时间戳范围：

```
val timeStampData = generateTimeStamp()

def generateTimeStamp(): Seq[String] = {
val now = LocalDateTime.now()
```

```
for (n <- 1 to 1000) yield LocalDateTime.of(now.toLocalDate,
now.toLocalTime.plusSeconds(n)).toString
}
```

9. 定义用户标识符范围:

```
val userIdData = generateUserId()

 def generateUserId(): Seq[Int] = {
 for (id <- 1 to 1000) yield id
 }
```

10. 定义一个函数生成一个或多个伪随机事件:

```
def generateClicks(clicks: Int = 1): Seq[String] = {
0.until(clicks).map(i => {
val statusCode = statusCodeData(nextInt(statusCodeData.size))
val ipAddress = ipAddressData(nextInt(ipAddressData.size))
val timeStamp = timeStampData(nextInt(timeStampData.size))
val url = urlData(nextInt(urlData.size))
val userId = userIdData(nextInt(userIdData.size))

s"$userId,$ipAddress,$timeStamp,$url,$statusCode"
})
 }
```

11. 定义一个函数, 从字符串中解析一个伪随机 ClickEvent 事件:

```
def parseClicks(data: String): ClickEvent = {
val fields = data.split(",")
new ClickEvent(fields(0), fields(1), fields(2), fields(3),
fields(4))
 }
```

12. 创建带有 1 秒时间间隔的 Spark 配置项和 Spark streaming 上下文:

```
val spark = SparkSession
.builder
.master("local[*]")
 .appName("Streaming App")
 .config("spark.sql.warehouse.dir", ".")
 .config("spark.executor.memory", "2g")
 .getOrCreate()
val ssc = new StreamingContext(spark.sparkContext, Seconds(1))
```

13. 日志信息交叉输出难以阅读，将日志级别设置为 WARN：

```
Logger.getRootLogger.setLevel(Level.WARN)
```

14. 创建一个可变队列，用来追加不断产生的数据：

```
val rddQueue = new Queue[RDD[String]]()
```

15. 通过 streaming 上下文和传递的数据队列引用，创建一个 Spark 队列流：

```
val inputStream = ssc.queueStream(rddQueue)
```

16. 处理队列流接收的任何数据，并计算用户点击的每个特定链接的总数：

```
val clicks = inputStream.map(data =>
ClickGenerator.parseClicks(data))
 val clickCounts = clicks.map(c => c.url).countByValue()
```

17. 输出 12 个 URL 和它们的全部内容：

```
clickCounts.print(12)
```

18. 启动 streaming 上下文，接受微批量数据：

```
ssc.start()
```

19. 循环 10 次，在每一次迭代中产生 100 个伪随机事件，并追加到可变队列中，实现在流队列中的抽象。

```
for (i <- 1 to 10) {
 rddQueue +=
ssc.sparkContext.parallelize(ClickGenerator.generateClicks(100))
 Thread.sleep(1000)
 }
```

20. 停止 Spark streaming 上下文，关闭程序：

```
ssc.stop()
```

13.5.2 工作原理

在这个攻略中，我们使用了许多人忽略的一项技术引入 Spark Streaming，它能够利用

Spark 的 QueueInputDStream 类来创建一个流应用程序。QueueInputDStream 类不仅仅有助于理解 Spark streaming，也有助于在开发周期中进行调试。在开始的步骤中，我们创建一些数据结构，在稍后阶段生成用于流处理的伪随机点击流事件数据。

需要注意的是，在步骤 12 中，我们创建 streaming 上下文而不是 SparkContext。streaming 上下文用在 Spark streaming 应用程序中。接下来，创建队列和队列流接收流数据。现在，步骤 15 和步骤 16 使用类似于通常 Spark 应用程序的方式来处理 RDD。下一步开始 streaming 上下文的处理。启动 streaming 上下文之后，将数据追加到队列，并且以微批处理方式开始处理数据。

一些相关话题的文档（Spark 官网）如下：

- StreamingContext 和 queueStream()；
- DStream；
- InputDStream。

13.5.3 参考资料

本质上来说，在 spark streaming（2.0 之前版本）转为 RDD 之后，queueStream() 只是一个 RDD 队列，相关 Spark 官方文档如下：

- structured streaming（Spark 2.0 之前版本）；
- streaming（Spark 2.0 之前版本）。

13.6 下载并熟悉著名的 Iris 数据，用于无监督分类

在这个攻略中，我们下载并熟悉广为人知的 Iris 数据集，为接下来的实时分类和聚类的流式 Kmeans 攻略做准备。

这些数据存放在 UCI 机器学习库中，UCI 机器学习库是一个很好的原型算法数据源。读者会注意到很多人在使用这个数据集。

13.6.1 操作步骤

1. 有 3 种方式可以从 UCI 官网上下载数据集：
   - wget；
   - curl；

■ 文件链接下载。

2. 现在开始数据探索的第一步，检查 iris.data 中的数据格式：

```
head -5 iris.data
5.1,3.5,1.4,0.2,Iris-setosa
4.9,3.0,1.4,0.2,Iris-setosa
4.7,3.2,1.3,0.2,Iris-setosa
4.6,3.1,1.5,0.2,Iris-setosa
5.0,3.6,1.4,0.2,Iris-setosa
```

3. 查看下 iris 数据，了解数据是如何组织的：

```
tail -5 iris.data
6.3,2.5,5.0,1.9,Iris-virginica
6.5,3.0,5.2,2.0,Iris-virginica
6.2,3.4,5.4,2.3,Iris-virginica
5.9,3.0,5.1,1.8,Iris-virginica
```

13.6.2 工作原理

数据由 150 个观察样本组成。每个观察样本包含 4 个数字特征（单位 cm）和一个标记，该标签表示每个 iris 属于哪个类。

- 特征或属性
    - 萼片长度（cm）
    - 萼片宽度（cm）
    - 花瓣长度（cm）
    - 花瓣宽度（cm）
- 标签或类别
    - Iris Setosa
    - Iris Versicolour
    - Iris Virginic

13.6.3 更多

为了直观地了解，图 13-9 描绘了一个带有花瓣和萼片的鸢尾花。

图 13-9

13.6.4 参考资料

有关 Iris dataset 的详细信息可以查阅维基百科上的 "Iris_flower_data_set" 词条。

13.7 用于实时在线分类器的流式 KMeans

在这个攻略中，我们将研究 Spark 中用于无监督学习问题的 KMeans 流式版本。流式 KMeans 算法的目的是基于样本间的相似性因子将一组数据点分类或分组成多个簇。

KMeans 分类方法有两种实现方式，一种用于静态/离线数据，另一种用于连续、实时更新数据。

我们将 iris 数据集聚类作为新数据流，流式传输到 streaming 上下文。

13.7.1 操作步骤

1. 使用 IntelliJ 或其他所喜欢的 IDE 创建一个新项目，确保已经导入必要的 Jar 包。

2. 创建程序所在的包目录：

package spark.ml.cookbook.chapter13

3. 导入必要的包：

import org.apache.spark.mllib.linalg.Vectors
import org.apache.spark.mllib.regression.LabeledPoint
import org.apache.spark.rdd.RDD
import org.apache.spark.SparkContext
import scala.collection.mutable.Queue

4. 首先定义一个函数，将 iris 数据加载到内存中，过滤掉空行，为每个元素追加一个标识符，最后返回 string 和 long 类型的元组：

```
def readFromFile(sc: SparkContext) = {
sc.textFile("../data/sparkml2/chapter13/iris.data")
.filter(s => !s.isEmpty)
.zipWithIndex()
}
```

5. 创建一个解析器，获取元组的字符串部分，并创建一个 LabeledPoint：

```
def toLabelPoints(records: (String, Long)): LabeledPoint = {
val (record, recordId) = records
val fields = record.split(",")
LabeledPoint(recordId,
Vectors.dense(fields(0).toDouble, fields(1).toDouble,
fields(2).toDouble, fields(3).toDouble))
}
```

6. 创建一个查找映射，将标识符转换为文本标签特征：

```
def buildLabelLookup(records: RDD[(String, Long)]) = {
records.map {
case (record: String, id: Long) => {
val fields = record.split(",")
(id, fields(4))
}
}.collect().toMap
}
```

7. 创建带有 1 秒时间间隔的 Spark 配置项和 Spark streaming 上下文：

```
val spark = SparkSession
 .builder
.master("local[*]")
 .appName("KMean Streaming App")
 .config("spark.sql.warehouse.dir", ".")
 .config("spark.executor.memory", "2g")
 .getOrCreate()

 val ssc = new StreamingContext(spark.sparkContext, Seconds(1))
```

8. 日志信息交叉输出难以阅读，将日志级别设置为 WARN：

```
Logger.getRootLogger.setLevel(Level.WARN)
```

9. 读取 iris 数据,并创建一个查询映射表来显示最终的输出:

```
val irisData = IrisData.readFromFile(spark.sparkContext)
val lookup = IrisData.buildLabelLookup(irisData)
```

10. 创建可变队列用来追加源源不断的流式数据:

```
val trainQueue = new Queue[RDD[LabeledPoint]]()
val testQueue = new Queue[RDD[LabeledPoint]]()
```

11. 创建 Spark streaming 队列接收数据:

```
val trainingStream = ssc.queueStream(trainQueue)
val testStream = ssc.queueStream(testQueue)
```

12. 创建流式 KMeans 对象,并将数据划分为 3 组:

```
val model = new StreamingKMeans().setK(3)
  .setDecayFactor(1.0)
  .setRandomCenters(4, 0.0)
```

13. 创建 KMeans 模型,接收流式训练数据以构建一个新模型:

```
model.trainOn(trainingStream.map(lp => lp.features))
```

14. 创建 KMeans 模型以预测类簇值:

```
val values = model.predictOnValues(testStream.map(lp => (lp.label,
lp.features)))
values.foreachRDD(n => n.foreach(v => {
  println(v._2, v._1, lookup(v._1.toLong))
}))
```

15. 启动 streaming 上下文,用来处理不断增加的数据:

```
ssc.start()
```

16. 将 iris 数据转为 LabelPoints 形式:

```
val irisLabelPoints = irisData.map(record =>
IrisData.toLabelPoints(record))
```

17. 将 LabeledPoints 数据划分为训练数据集和测试数据集：

```
val Array(trainData, test) = irisLabelPoints.randomSplit(Array(.80,
.20))
```

18. 将训练数据集追加到流式队列进行后续处理：

```
trainQueue += irisLabelPoints
Thread.sleep(2000)
```

19. 将测试数据集划分为 4 组，并追加到流队列中进行处理：

```
val testGroups = test.randomSplit(Array(.25, .25, .25, .25))
 testGroups.foreach(group => {
 testQueue += group
 println("-" * 25)
 Thread.sleep(1000)
 })
```

20. 前文配置的流式队列输出如下的聚类预测分组结果：

```
-------------------------
(0,78.0,Iris-versicolor)
(2,14.0,Iris-setosa)
(1,132.0,Iris-virginica)
(0,55.0,Iris-versicolor)
(2,57.0,Iris-versicolor)
-------------------------
(2,3.0,Iris-setosa)
(2,19.0,Iris-setosa)
(2,98.0,Iris-versicolor)
(2,29.0,Iris-setosa)
(1,110.0,Iris-virginica)
(2,39.0,Iris-setosa)
(0,113.0,Iris-virginica)
(1,50.0,Iris-versicolor)
(0,63.0,Iris-versicolor)
(0,74.0,Iris-versicolor)
-------------------------
(2,16.0,Iris-setosa)
(0,106.0,Iris-virginica)
(0,69.0,Iris-versicolor)
(1,115.0,Iris-virginica)
(1,116.0,Iris-virginica)
(1,139.0,Iris-virginica)
```

```
(2,1.0,Iris-setosa)
(2,7.0,Iris-setosa)
(2,17.0,Iris-setosa)
(0,99.0,Iris-versicolor)
(2,38.0,Iris-setosa)
(0,59.0,Iris-versicolor)
(1,76.0,Iris-versicolor)
```

21．停止 SparkSession，关闭程序：

```
ssc.stop()
```

13.7.2 工作原理

在这个攻略中，首先加载 iris 数据集，然后使用 zip() API 将数据与数据的唯一标识符配对，生成 KMeans 算法可以使用的 LabeledPoints 数据结构。

接下来，创建可变队列和 QueueInputDStream 来追加数据，用来模拟流处理。当 QueueInputDStream 开始接收数据之后，则流式 KMeans 聚类开始动态地聚类数据并打印出结果。需要注意的是，训练数据集在一个队列流上流式传输，而测试数据在另一个流队列上流式传输。一旦将数据追加到队列之后，KMeans 聚类算法便开始处理源源不断的输入数据，并动态生成聚类结果。

13.7.3 更多

有关 StreamingKMeans()的文档（Spark 官网）如下：

- StreamingKMeans；
- StreamingKMeansModel。

13.7.4 参考资料

通过 Builder 模式或 streamingKMeans 创建对象时候的超参数如下：

```
setDecayFactor()
setK()
setRandomCenters(,)
```

更多的详细信息，请查阅第 8 章的 8.2 节。

13.8 下载葡萄酒质量数据，用于流式回归

在这个攻略中，我们从 UCI 机器学习库下载并熟悉葡萄酒质量数据集，提前为使用 MLlib 中的 Spark 的流式线性回归算法准备数据。

13.8.1 操作步骤

1. 使用下面 3 个命令行工具从 UCI 网站下载 "winequality-white.csv" 数据文件：
   - wget；
   - curl；
   - 数据文件链接。

2. 现在开始数据探索的第一步，检查 winequality-white.csv 中的数据如何构成：

```
head -5 winequality-white.csv
"fixed acidity";"volatile acidity";"citric acid";"residual
sugar";"chlorides";"free sulfur dioxide";"total sulfur
dioxide";"density";"pH";"sulphates";"alcohol";"quality"
7;0.27;0.36;20.7;0.045;45;170;1.001;3;0.45;8.8;6
6.3;0.3;0.34;1.6;0.049;14;132;0.994;3.3;0.49;9.5;6
8.1;0.28;0.4;6.9;0.05;30;97;0.9951;3.26;0.44;10.1;6
7.2;0.23;0.32;8.5;0.058;47;186;0.9956;3.19;0.4;9.9;6
```

3. 进一步查看葡萄酒质量数据，了解数据格式：

```
tail -5 winequality-white.csv
6.2;0.21;0.29;1.6;0.039;24;92;0.99114;3.27;0.5;11.2;6
6.6;0.32;0.36;8;0.047;57;168;0.9949;3.15;0.46;9.6;5
6.5;0.24;0.19;1.2;0.041;30;111;0.99254;2.99;0.46;9.4;6
5.5;0.29;0.3;1.1;0.022;20;110;0.98869;3.34;0.38;12.8;7
6;0.21;0.38;0.8;0.02;22;98;0.98941;3.26;0.32;11.8;6
```

13.8.2 工作原理

这个数据由 1599 种红葡萄酒和 4898 种白葡萄酒组成，训练时候可以使用 11 种特征和一个输出标签。

特征或属性列表如下：

- 固定酸度；
- 挥发性酸度；
- 柠檬酸；
- 剩余的糖；
- 氯化物；
- 游离二氧化硫；
- 二氧化硫总量；
- 密度；
- PH 值；
- 硫酸盐；
- 醇。

输出标签如下：

- 质量（0~10 之间的小数）。

13.8.3 更多

维基百科的"List_of_datasets_for_machine_learning_research"词条列出了各种流行的机器学习算法的数据集，可以根据需要选择某个数据集进行试验。

假如选择 Iris 数据集，那么就可以在线性回归模型中使用连续数值特征。

13.9 用于实时回归的流式线性回归

在这个攻略中，我们将使用来自 UCI 的葡萄酒质量数据集和 MLlib 中的 Spark 流线性回归算法，根据一组葡萄酒特征来预测葡萄酒的质量。

现在这个攻略和以前传统的回归攻略之间的区别在于 Spark ML streaming 使用线性回归模型实时评估葡萄酒的质量。

13.9.1 操作步骤

1. 使用 IntelliJ 或其他所喜欢的 IDE 创建一个新项目，确保已经导入必要的 Jar 包。

2. 创建程序所在的包目录：

```
package spark.ml.cookbook.chapter13
```

3. 导入必要的软件包：

```
import org.apache.log4j.{Level, Logger}
import org.apache.spark.mllib.linalg.Vectors
import org.apache.spark.mllib.regression.LabeledPoint
import org.apache.spark.mllib.regression.StreamingLinearRegressionWithSGD
import org.apache.spark.rdd.RDD
import org.apache.spark.sql.{Row, SparkSession}
import org.apache.spark.streaming.{Seconds, StreamingContext}
import scala.collection.mutable.Queue
```

4. 创建 Spark 配置对象和 streaming 上下文：

```
val spark = SparkSession
 .builder
.master("local[*]")
.appName("Regression Streaming App")
.config("spark.sql.warehouse.dir", ".")
.config("spark.executor.memory", "2g")
.getOrCreate()

import spark.implicits._

val ssc = new StreamingContext(spark.sparkContext, Seconds(2))
```

5. 日志信息交叉显示会导致难以阅读，将日志级别设置为 WARN：

```
Logger.getRootLogger.setLevel(Level.WARN)
```

6. 使用 Databricks CSV API 加载葡萄酒质量 CSV 文件，保存为 DataFrame：

```
val rawDF = spark.read
 .format("com.databricks.spark.csv")
.option("inferSchema", "true")
.option("header", "true")
.option("delimiter", ";")
.load("../data/sparkml2/chapter13/winequality-white.csv")
```

7. 将 DataFrame 转为 RDD，并使用 zip 函数追加唯一标识符：

```scala
val rdd = rawDF.rdd.zipWithUniqueId()
```

8. 创建一个查询映射表，用来对比预测质量和实际质量之间的差异：

```scala
val lookupQuality = rdd.map{ case (r: Row, id: Long)=> (id,
r.getInt(11))}.collect().toMap
```

9. 将葡萄酒质量数据转为机器学习库可以使用的 LabeledPoint 格式：

```scala
val labelPoints = rdd.map{ case (r: Row, id: Long)=>
LabeledPoint(id,
 Vectors.dense(r.getDouble(0), r.getDouble(1), r.getDouble(2),
r.getDouble(3), r.getDouble(4),
 r.getDouble(5), r.getDouble(6), r.getDouble(7), r.getDouble(8),
r.getDouble(9), r.getDouble(10))
)}
```

10. 创建一个可变队列用来追加数据：

```scala
val trainQueue = new Queue[RDD[LabeledPoint]]()
val testQueue = new Queue[RDD[LabeledPoint]]()
```

11. 创建 Spark 流式队列接收流式数据：

```scala
val trainingStream = ssc.queueStream(trainQueue)
val testStream = ssc.queueStream(testQueue)
```

12. 配置 Spark 的流式线性回归模型：

```scala
val numFeatures = 11
 val model = new StreamingLinearRegressionWithSGD()
 .setInitialWeights(Vectors.zeros(numFeatures))
 .setNumIterations(25)
 .setStepSize(0.1)
 .setMiniBatchFraction(0.25)
```

13. 训练回归模型，预测最终值：

```scala
model.trainOn(trainingStream)
val result = model.predictOnValues(testStream.map(lp => (lp.label,
lp.features)))
result.map{ case (id: Double, prediction: Double) => (id,
prediction, lookupQuality(id.asInstanceOf[Long])) }.print()
```

14. 启动 Spark streaming 上下文：

```
ssc.start()
```

15. 将 LabeledPoint 格式数据划分为训练集和测试集：

```
val Array(trainData, test) = labelPoints.randomSplit(Array(.80,
.20))
```

16. 追加数据到训练数据队列用于后续处理：

```
trainQueue += trainData
 Thread.sleep(4000)
```

17. 将测试数据划分为 2 份，将其追加到队列做进一步处理：

```
val testGroups = test.randomSplit(Array(.50, .50))
 testGroups.foreach(group => {
 testQueue += group
 Thread.sleep(2000)
 })
```

18. 流式队列接收到数据之后，将在控制台输出图 13-10 所示的信息：

```
-------------------------------------------
Time: 1465787342000 ms
-------------------------------------------
(22.0,2.518480861677331E74,5)
(26.0,3.438143854672930E74,7)
(30.0,2.643700071474678E74,7)
(42.0,2.374305454885237E74,7)
(44.0,2.935242117306453E74,8)
(46.0,3.854792342218932E74,5)
(88.0,3.591392050188154E74,6)
(90.0,3.906325277871570E74,7)
(98.0,3.502364950368686E74,5)
(110.0,4.384047719080207E74,6)
...

-------------------------------------------
Time: 1465787344000 ms
-------------------------------------------
(4.0,2.330551425952938E74,6)
(24.0,1.763900147968015E74,5)
(38.0,3.141803259908679E74,5)
(50.0,5.728473063697256E74,6)
(64.0,2.397328318539249E74,6)
(68.0,4.093243263541032E74,5)
(74.0,3.270470649992019E74,6)
(78.0,3.565065843042807E74,5)
(84.0,3.702129801237807E74,6)
(96.0,3.702129801237807E74,6)
...
```

图 13-10

19. 停止 spark streaming 上下文，关闭程序：

```
ssc.stop()
```

13.9.2 参考资料

首先,使用 Databrick 的 sparkcsv 库加载葡萄酒质量数据集,并保存为 DataFrame。下一步,对数据集中的每一行都追加一个唯一标识符,用来匹配葡萄酒的预测质量和实际质量。原始数据转换为 LabeledPoint 格式之后,可以用作流式线性回归算法的输入。在 13.9.1 节的步骤 9 和步骤 10 中,我们创建可变队列的实例和 Spark 的 QueueInputDStream 类,将其作为管道结合到回归算法中。

然后,创建流式线性回归模型,将预测得到的葡萄酒质量作为最终结果。我们通常根据原始数据创建训练数据集和测试数据集,并追加到适当的队列,进而启动模型处理流数据。每个微批次的最终结果显示包括生成的唯一标识符、预测质量和原始数据集中的实际质量。

13.9.3 更多

查阅 Spark 官网上有关 StreamingLinearRegressionWithSGD() 的文档。

13.9.4 参考资料

StreamingLinearRegressionWithSGD() 的超参数:

- setInitialWeights(Vectors.zeros());
- setNumIterations();
- setStepSize();
- setMiniBatchFraction()。

Spark 官网上的 StreamingLinearRegression() API 属于不使用随机梯度下降(SGD)算法的版本。维基百科的"Linear_regression"词条页面也提供了线性回归的实现。

13.10 下载 Pima 糖尿病数据,用于监督分类

在这个攻略中,我们从 UCI 机器学习库下载并熟悉 Pima 糖尿病数据集,稍后将在 Spark 的流式逻辑回归算法中使用这个数据集。

13.10.1 操作步骤

1. 使用 wget 和 curl 命令下载 UCI 网站上的 pima-indians-diabetes.data 数据文件。

2. 开始数据探索的第一步,观察数据文件 pimaindians-diabetes.data 中的数据如何组织(Mac 或 Linux 终端)。

```
head -5 pima-indians-diabetes.data
6,148,72,35,0,33.6,0.627,50,1
1,85,66,29,0,26.6,0.351,31,0
8,183,64,0,0,23.3,0.672,32,1
1,89,66,23,94,28.1,0.167,21,0
0,137,40,35,168,43.1,2.288,33,1
```

3. 继续查看 Pima 糖尿病数据集,理解数据格式:

```
tail -5 pima-indians-diabetes.data
10,101,76,48,180,32.9,0.171,63,0
2,122,70,27,0,36.8,0.340,27,0
5,121,72,23,112,26.2,0.245,30,0
1,126,60,0,0,30.1,0.349,47,1
1,93,70,31,0,30.4,0.315,23,0
```

13.10.2 工作原理

数据集一共有 768 个观测值。每行包含 10 个特征和一个标签值,可用于监督学习模型(即逻辑回归)。当标签或类为 1,则表示测试为糖尿病阳性;当标签或类则为 0,则测试结果为阴性。

特征或属性:

- 怀孕次数;
- 口服葡萄糖耐量试验中血浆葡萄糖浓度为 2 小时;
- 舒张压(mm Hg);
- 肱三头肌皮褶厚度(mm);
- 2 小时血清胰岛素(μU/ml);
- 体重指数 [体重(kg)/身高^2(m)];
- 糖尿病谱系功能;

- 年龄（岁）；
- 类变量（0 或 1）。

标签或类：
- 1 – 检测为阳性；
- 0 – 检测为阴性。

13.10.3　更多

来自普林斯顿大学的可选数据集非常有用。

13.10.4　参考资料

在研究这个攻略时，所用数据的标签（预测类别）必须是以二进制（糖尿病检测为阳性或阴性）的形式组织。

13.11　用于在线分类器的流式逻辑回归

在这个攻略中，我们会使用前面已经下载得到的 Pima 糖尿病数据集，并使用带 SGD 的 Spark 流式逻辑回归算法预测拥有各种特性的 Pima 是否会被检测为阳性的糖尿病。这个流式逻辑回归算法属于在线分类器，可以基于流式数据进行学习和预测。

13.11.1　操作步骤

1. 使用 IntelliJ 或其他所喜欢的 IDE 创建一个新项目，确保已经导入必要的 Jar 包。

2. 创建程序所在的包目录：

package spark.ml.cookbook.chapter13

3. 导入所需要的必要包：

import org.apache.log4j.{Level, Logger}
import org.apache.spark.mllib.classification.StreamingLogisticRegressionWithSGD
import org.apache.spark.mllib.linalg.Vectors
import org.apache.spark.mllib.regression.LabeledPoint

```
import org.apache.spark.rdd.RDD
import org.apache.spark.sql.{Row, SparkSession}
import org.apache.spark.streaming.{Seconds, StreamingContext}
import scala.collection.mutable.Queue
```

4. 创建一个 SparkSession 对象作为访问集群的入口点,再创建一个 SteamingContext:

```
val spark = SparkSession
 .builder
.master("local[*]")
 .appName("Logistic Regression Streaming App")
 .config("spark.sql.warehouse.dir", ".")
 .getOrCreate()

import spark.implicits._

val ssc = new StreamingContext(spark.sparkContext, Seconds(2))
```

5. 日志信息交叉显示会导致难以阅读,将日志级别设置为 ERROR:

```
Logger.getLogger("org").setLevel(Level.ERROR)
```

6. 导入 Pima 数据文件,保存为 String 类型的 Dataset:

```
val rawDS = spark.read
.text("../data/sparkml2/chapter13/pima-indiansdiabetes.
data").as[String]
```

7. 根据原始 Dataset,通过生成元组的方式构建一个 RDD,在该元组中将原始数据的最后一个元素项转为标签,而原始数据的所有元素转为序列:

```
val buffer = rawDS.rdd.map(value => {
val data = value.split(",")
(data.init.toSeq, data.last)
})
```

8. 将处理后的数据转换为机器学习库可以使用的 LabeledPoint 格式:

```
val lps = buffer.map{ case (feature: Seq[String], label: String) =>
val featureVector = feature.map(_.toDouble).toArray[Double]
LabeledPoint(label.toDouble, Vectors.dense(featureVector))
}
```

9. 创建可变队列用来追加数据：

```
val trainQueue = new Queue[RDD[LabeledPoint]]()
val testQueue = new Queue[RDD[LabeledPoint]]()
```

10. 创建 Spark 流队列来接收流数据：

```
val trainingStream = ssc.queueStream(trainQueue)
val testStream = ssc.queueStream(testQueue)
```

11. 配置流式的逻辑回归模型：

```
val numFeatures = 8
val model = new StreamingLogisticRegressionWithSGD()
 .setInitialWeights(Vectors.zeros(numFeatures))
 .setNumIterations(15)
 .setStepSize(0.5)
 .setMiniBatchFraction(0.25)
```

12. 训练逻辑回归模型，预测得到最终结果：

```
model.trainOn(trainingStream)
val result = model.predictOnValues(testStream.map(lp => (lp.label,
lp.features)))
 result.map{ case (label: Double, prediction: Double) => (label,
prediction) }.print()
```

13. 启动 Spark Streaming 上下文：

```
ssc.start()
```

14. 将 LabeledPpoint 格式数据划分为训练集合和测试集合：

```
val Array(trainData, test) = lps.randomSplit(Array(.80, .20))
```

15. 追加数据到训练数据集，继续处理：

```
trainQueue += trainData
 Thread.sleep(4000)
```

16. 将测试集合划分为两部分，追加到队列中继续处理：

```
val testGroups = test.randomSplit(Array(.50, .50))
```

```
testGroups.foreach(group => {
testQueue += group
Thread.sleep(2000)
})
```

17. 当流队列接收到数据之后，控制台输出如下信息：

```
-------------------------------------------
Time: 1488571098000 ms
-------------------------------------------
(1.0,1.0)
(1.0,1.0)
(1.0,0.0)
(0.0,1.0)
(1.0,0.0)
(1.0,1.0)
(0.0,0.0)
(1.0,1.0)
(0.0,1.0)
(0.0,1.0)
...

-------------------------------------------
Time: 1488571100000 ms
-------------------------------------------
(1.0,1.0)
(0.0,0.0)
(1.0,1.0)
(1.0,0.0)
(0.0,1.0)
(0.0,1.0)
(0.0,1.0)
(1.0,0.0)
(0.0,0.0)
(1.0,1.0)
...
```

18. 停止 Spark streaming 上下文，关闭程序：

```
ssc.stop()
```

13.11.2 工作原理

首先，加载 Pima 糖尿病数据，保存为 Dataset。将原始数据的每一项作为特征，除最后一个元素之外的所有标签均解析为元组。第二，将元组形式的 RDD 转为 LabeledPoint 格式数据，用于流式逻辑回归算法。第三，创建多个可变队列实例和 Spark QueueInputDStream 类，作为逻辑回归算法的输入。第四，我们创建流式逻辑回归模型，将预测得到的葡萄酒质量数据作为最终结果。最后，我们按照通常方式从原始数据中创建训练集和测试数据集，并追加到合适的队列中，用以触发模型对流式数据的处理。每一个微批处理的最终结果包括原始标签和预测得到的标签，其中标签为 1 说明检测为真阳性，属于糖尿病，而标签为 0 说明真阴性。

13.11.3 更多

读者需要进一步查阅 Spark 官网上有关 StreamingLogisticRegressionWithSGD() 的文档。

13.11.4 参考资料

模型的超参数如下：

- setInitialWeights()；
- setNumIterations()；
- setStepSize()；
- setMiniBatchFraction()。